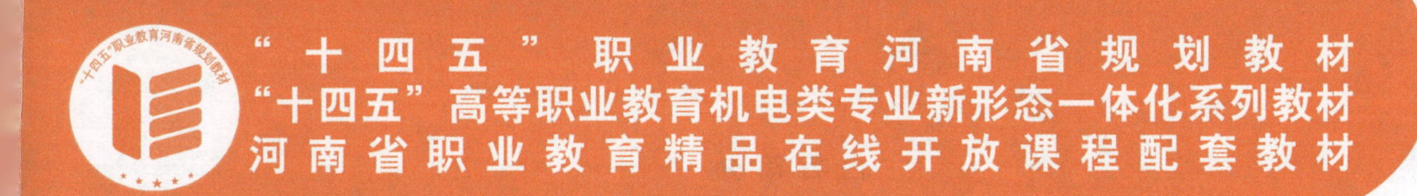

电子技术基础

（第四版）

李晓洁　冯明卿◎主　编
郭雷岗　李云松　石　浪◎副主编
张　钢◎主　审

中国铁道出版社有限公司
CHINA RAILWAY PUBLISHING HOUSE CO., LTD.

内容简介

本书采用项目化结构编写,以电子技术中的典型项目为载体,通过"做中学、学中做"的方式,将理论知识与实际操作紧密结合,培养学生的应用能力和创新思维。本书包含直流稳压电源的安装与调试、扩音机电路的制作与调试、信号产生电路的安装与调试、裁判判定电路的设计与制作、数字显示电路的设计与制作、数字钟电路的设计与制作和阶梯波发生器的设计与制作等七个项目。这些项目不仅涵盖了电子技术的基本知识点,注重筑牢学生电子技术理论基础,还注重培养学生的实践能力和团队合作精神。

本书理论讲解深入浅出,实例丰富且贴近工程实践,配备大量习题与实验指导,促进学以致用。

本书适合作为高等职业院校、独立学院、成人高校机电类、自控类、电气类、电子类和能源类专业的教材,也可作为工程技术人员的参考书。

图书在版编目(CIP)数据

电子技术基础 / 李晓洁, 冯明卿主编. -- 4版. 北京 : 中国铁道出版社有限公司, 2025. 2. -- ("十四五"职业教育河南省规划教材)("十四五"高等职业教育机电类专业新形态一体化系列教材). -- ISBN 978-7-113-31978-6

Ⅰ. TN

中国国家版本馆 CIP 数据核字第 2024EP5379 号

书　　名:**电子技术基础**
作　　者:李晓洁　冯明卿

策　　划:何红艳　　　　　　　　**编辑部电话**:(010)63560043
责任编辑:何红艳　绳　超
封面设计:付　巍
封面制作:刘　颖
责任校对:安海燕
责任印制:赵星辰

出版发行:中国铁道出版社有限公司(100054,北京市西城区右安门西街8号)
网　　址:https://www.tdpress.com/51eds
印　　刷:河北宝昌佳彩印刷有限公司
版　　次:2013年1月第1版　2025年2月第4版　2025年2月第1次印刷
开　　本:787 mm×1 092 mm　1/16　印张:16　字数:430千
书　　号:ISBN 978-7-113-31978-6
定　　价:49.80元

前　言

在科技日新月异的今天，电子技术作为推动社会进步与产业升级的关键力量，其重要性不言而喻。党的二十大报告中明确提出了“加强基础学科、新兴学科、交叉学科建设，加快建设中国特色、世界一流的大学和优势学科”的要求。作为高校教师，我们深感责任重大。因此，对《电子技术基础》（第三版）进行了全面而细致的修订。

本书自第一版出版以来，就以其系统性强、理论与实践紧密结合的特色，受到了广大师生及工程技术人员的广泛好评。它不仅为学生构建了扎实的电子技术知识体系，更为他们后续的专业学习及职业生涯奠定了坚实的基础。同时，我们也收到了来自各方的宝贵反馈，这些声音不仅肯定了我们的工作，也指出了需要进一步完善之处。

此次修订，我们基于以下几点考虑：一是紧跟电子技术领域的最新发展动态，确保教材内容的时效性与前沿性；二是针对读者反馈，优化知识结构，提升教材的易读性和实用性；三是融入党的二十大报告关于创新驱动发展战略的精神，鼓励学生在掌握基础理论的同时，勇于创新，敢于探索。

在修订过程中，我们保留了前三版的精华内容，如清晰的理论阐述、丰富的实例分析以及贴近工程实践的教学设计，同时体现了诸多新特色：一是增加了各项电子技术知识的相关例题，强化学生的理论知识基础；二是强化了实验与实践环节，引入更多基于项目的学习模式，培养学生的动手能力和解决实际问题的能力；三是融入了思政教育元素，引导学生树立正确的价值观，为实现科技自立自强贡献力量。

本书编写团队由学科专家、优秀教师、行业企业技术人员、教科研人员组成，团队协作能力强、专业性与创新性并重。本书由郑州电力高等专科学校李晓洁、冯明卿任主编，郑州电力高等专科学校郭雷岗、李云松和百科荣创科技发展有限公司石浪任副主编，郑州电力高等专科学校王一姝、江扬帆、陈亚琨参与编写。李晓洁负责总体策划和全书统稿，冯明卿负责全书思政内容的编写，石浪负责全书基础训练内容的编写和对项目实施的指导，郭雷岗和李云松负责全书PPT的制作。具体编写分工如下：李云松编写项目一，郭雷岗、石浪编写项目二，王一姝编写项目三，冯明卿编写项目四，江扬帆编写项目五，李晓洁编写项目六，陈亚琨编写项目七。全书由郑州电力高等专科学校张钢主审。

本书融合河南省职业教育精品在线开放课程“电子技术”，其数字化资源丰富、互动性强，可通过扫描书中的二维码观看相应的视频资源，从而为学生提供更加生动、直观的学习体验，激发学生的学习兴趣和积极性。通过本书的学习，学生可以更好地了解电子技术的应用和发展趋势，为其未来的职业发展打下坚实的基础。

我们坚信，通过本次修订，本书将更加符合时代发展的需求，成为培养高素质电子信息技术人才的重要工具。我们期待广大读者在使用过程中，继续提出宝贵的意见和建议，具体请发至邮箱lixiaojie@zepc.com.cn。

编　者

2024年10月

目 录

直流稳压电源的安装与调试

学习笔记

当今社会人们极大地享受着电子设备带来的便利，电子设备的正常运行离不开稳定的直流电源，大到超级计算机，小到袖珍计算器，所有的电子设备都必须在电源电路的支持下才能正常工作。由于电子技术的特性，电子设备对电源电路的要求就是能够提供持续稳定、满足负载要求的直流电能。提供这种稳定的直流电能的电源就是直流稳压电源，直流稳压电源在电源技术中占有十分重要的地位。

学习目标

1. 知识目标

①了解半导体的基本知识，熟悉二极管的结构及特性。

②掌握桥式整流电路的组成、原理及正确接法。

③了解电容及电感滤波的原理，掌握硅稳压管稳压电路的组成与工作原理。

④了解串联型稳压电路的组成与原理，掌握三端集成稳压器的典型应用。

2. 技能目标

①能检测和识别二极管。

②会测量稳压器的基本性能。

③利用仿真软件设计和测试直流稳压电源。

④按电路图安装和制作稳压电源，具有检查和排除故障的能力。

3. 素质目标

①明确任务分工，培养团队协作能力与统筹规划能力。

②进一步培养工程思维能力，具有电子设计工程师职业素养。

③通过项目设计，进一步加强逻辑思维能力。

④提升严谨负责、求知进取的职业道德水准。

学习笔记

思维导图

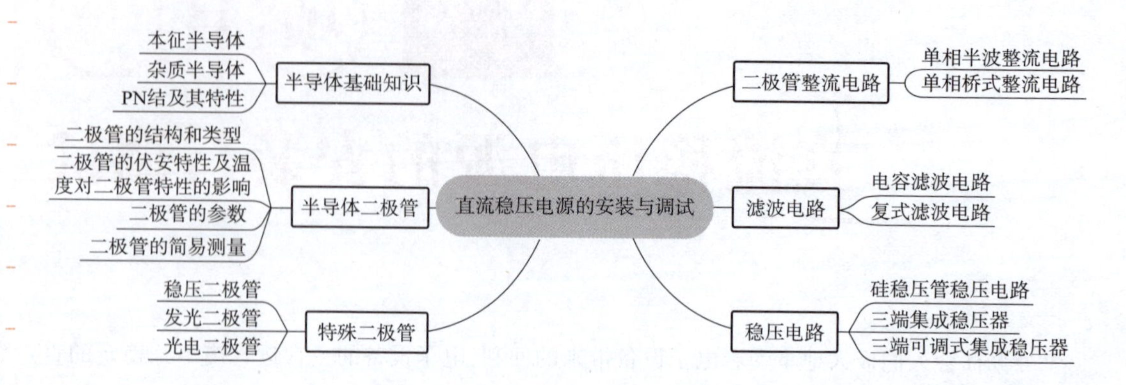

项目描述

各种电子设备的正常运行都离不开稳定的直流电源，除了在某些特定场合下采用太阳能电池或化学电池作直流电源外，大多数情况需要将电网提供的 50 Hz 的正弦交流电转换为稳定的直流电源。本项目中直流稳压电源的安装与调试，主要利用整流电路、滤波电路、稳压电路实现直流电压的稳定输出。

相关知识

电子电路中最常用的半导体器件是用半导体材料制成的电子器件，也是构成集成电路的基本单元。常用的半导体器件有二极管、光电二极管、发光二极管、稳压管等。直流稳压电源的设计与制作，需要了解半导体基础知识、半导体二极管特点，掌握半导体二极管在整流、滤波和稳压电路中的应用。

视频

半导体基础知识

一、半导体基础知识

自然界中不同的物质，由于其原子结构不同，因而导电能力也各不相同。根据导电能力的强弱，可以把物质分成导体、半导体和绝缘体。半导体的导电能力介于导体和绝缘体之间，如硅、锗、砷化镓以及金属氧化物和硫化物等都是半导体。半导体的电阻率为 $10^{-3} \sim 10^{9}\ \Omega \cdot \mathrm{cm}$。

1. 本征半导体

本征半导体是化学成分纯净、物理结构完整的半导体。半导体在物理结构上有多晶体和单晶体两种形态，制造半导体器件必须使用单晶体，即整个一块半导体材料是由一个晶体组成的。制造半导体器件的半导体材料纯度要求很高，要达到 99.999 9% 以上。

（1）结构特点

自然界的一切物质都是由原子组成的，而原子又是由一个带正电的原子核与若干个带负电的电子所组成的。电子分层围绕原子核做不停的旋转运动，其中内层的电子受原子核的吸引力较大，外层电子受原子核的吸引力较小，外层电子的自由度较大，因此外层的电子如果获得外来的能量，就容易挣脱原子核的束缚而成为**自由电子**。把最外层的电子称为**价电子**。在

电子器件中,用得最多的半导体材料是硅和锗,它们的原子结构如图 1-1 所示。硅和锗都是四价元素,其原子最外层轨道上都具有 4 个价电子。

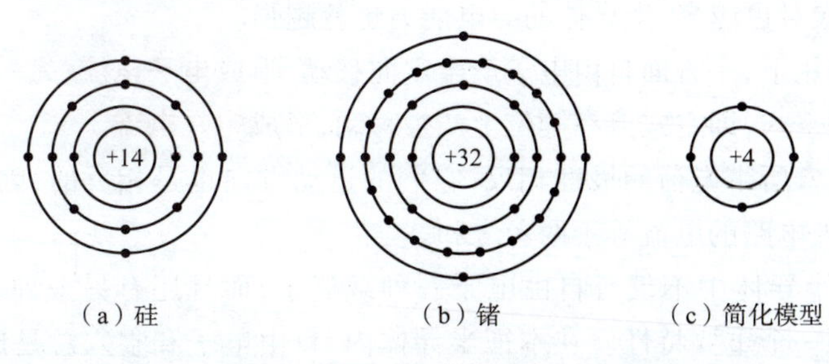

图 1-1　原子结构示意图

价电子的数目越接近 8 个,物质的化学结构也就越稳固。对于金属材料,其价电子一般较少,因此金属中的价电子很容易变成自由电子,所以金属是良导体;对于单质绝缘体,其价电子数一般多于 4 个,因此绝缘体中的价电子均被原子核牢牢地吸引着,很难形成自由电子,所以不能导电;对于半导体来说,原子的价电子数为 4 个,其原子的外层电子既不像金属那样容易挣脱出来,也不像绝缘体那样被原子核紧紧束缚住,因此半导体的导电性能就比较特殊,具备可变性。

当硅或锗被制成单晶体时,其原子有序排列,每个原子最外层的 4 个价电子不仅受自身原子核的束缚,而且还与周围相邻的 4 个原子发生联系。这时,每两个相邻原子之间都共用一对电子,使相邻两原子紧密地连在一起,形成**共价键结构**,如图 1-2 所示。

(2)半导体的导电机理

当本征半导体的温度升高或受到光线照射时,其共价键中的价电子就从外界获得能量。由于半导体原子外层的电子不像绝缘体那样被原子核紧紧地束缚着,因此就有少量的价电子在获得足够能量后,挣脱原子核的束缚而成为**自由电子**,同时在原来共价键上留下了相同数量的空位,这种现象称为**本征激发**。在本征半导体中,每激发出来一个自由电子,就必然在共价键上留下一空位,把该空位称为**空穴**,由于空穴失去电子,因而带正电。可见自由电子和空穴总是成对出现的,称为**电子-空穴对**,如图 1-3 所示。

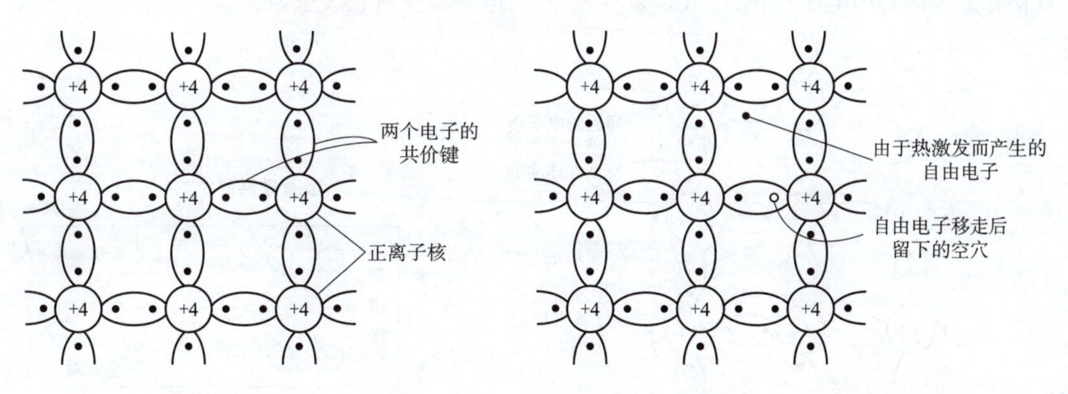

图 1-2　硅和锗的共价键结构　　图 1-3　热激发产生电子-空穴对

在产生电子-空穴对的同时,有的自由电子在杂乱的热运动中又会不断地与空穴相遇,重新结合,使电子-空穴对消失,这称为**复合**。在一定温度下**载流子**的产生过程和复合过程是相

学习笔记

对平衡的，载流子的浓度是一定的。在常温下，本征半导体受热激发所产生的自由电子和空穴数量很少，同时本征半导体的导电能力远小于导体的导电能力，导电能力很差。温度越高，所产生的电子-空穴对也越多，半导体的导电能力也就越强。

在外电场的作用下，一方面自由电子产生定向移动，形成**电子电流**；另一方面价电子也按一定方向依次填补空穴，即空穴流在键位上产生移动，形成**空穴电流**。

由于电子和空穴所带电荷的极性相反，它们的运动方向也是相反的，因此形成的电流方向是一致的，流过外电路的电流等于两者之和。

综上所述，在半导体中不仅有自由电子一种载流子，而且还有另一种载流子——**空穴**。这是半导体导电的一个重要特性。在本征半导体内，自由电子和空穴总是成对出现的，任何时候本征半导体中的自由电子数和空穴数总是相等的。

2. 杂质半导体

视频

杂质半导体与PN结

本征半导体中虽然存在两种载流子，但因本征半导体内载流子的浓度很低，所以导电能力很差。在本征半导体中，人为有控制地掺入某种**微量杂质**，即可大大改变它的导电性能。掺入的杂质主要是三价或五价元素。掺入杂质的本征半导体称为**杂质半导体**。按照掺入杂质的不同，可获得P型和N型两种杂质半导体。

（1）P型半导体

在本征半导体（硅或锗的晶体）中掺入三价元素杂质，如硼、镓、铟等，因杂质原子的最外层只有三个价电子，它与周围硅（锗）原子组成共价键时，缺少一个电子，于是在晶体中便产生一个穴位。当相邻共价键上的电子受到热振动或在其他激发条件下获得能量时，就有可能填补这个穴位，使硼原子成为不能移动的负离子，而原来硅原子的共价键则因缺少一个电子，形成空穴，如图1-4（a）所示。

这样，掺入硼杂质的硅半导体中就具有数量相当的空穴，空穴浓度远大于电子浓度，这种半导体主要靠空穴导电，称为**P型半导体**。

掺入的三价杂质原子，因在硅晶体中接受电子，故称**受主原子**。受主原子都变成了负离子，它们被固定在晶格中不能移动，也不参与导电，如图1-4（b）所示。此外，在P型半导体中由于热运动还产生少量的电子-空穴对。总之，在P型半导体中，不但有数量很多的空穴，而且还有少量的自由电子存在，空穴是**多数载流子**，电子是**少数载流子**。

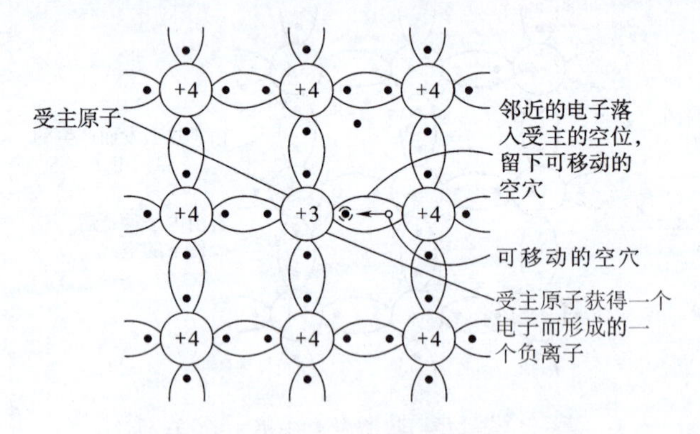

（a）共价键结构

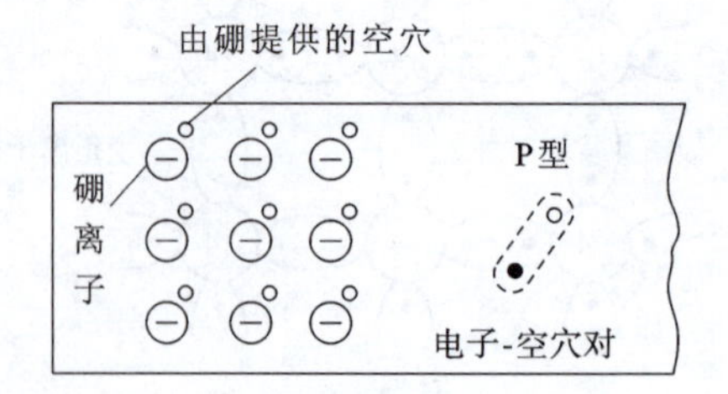

（b）电子-空穴对

图1-4　P型半导体的共价键结构

学习笔记

(2)N 型半导体

在本征半导体中掺入五价元素杂质,如磷、锑、砷等。掺入的**磷原子**取代了某处硅原子的位置,它同相邻的四个硅原子组成共价键时,多出了一个电子,这个电子不受共价键的束缚,因此在常温下有足够的能量使它成为自由电子,如图 1-5 所示。这样,掺入杂质的硅半导体就具有相当数量的自由电子,且自由电子的浓度远大于空穴的浓度。显然,这种掺杂半导体主要靠电子导电,称为 **N 型半导体**。

由于掺入的五价杂质原子可提供自由电子,故称为**施主原子**。每个施主原子给出一个自由电子后都带上一个正电荷,因此杂质原子都变成正离子,它们被固定在晶格中不能移动,也不参与导电。

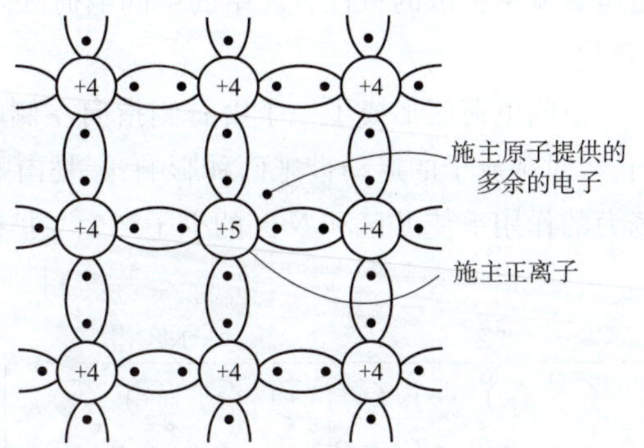

图 1-5　N 型半导体的共价键结构

此外,在 N 型半导体中热运动也会产生少量的电子-空穴对。总之,在 N 型半导体中,不但有数量很多的自由电子,而且也有少量的空穴存在,自由电子是**多数载流子**,空穴是**少数载流子**。

必须指出,虽然 N 型半导体中有大量带负电的自由电子,P 型半导体中有大量带正电的空穴,但是由于带有相反极性电荷的杂质离子的平衡作用,无论是 N 型半导体还是 P 型半导体,对外表现都是电中性的。

(3)半导体的其他主要特性

①热敏性。半导体对温度很敏感。例如纯锗,温度每升高 10 ℃,它的电阻率就会减小到原来的一半左右。由于半导体的电阻对温度变化的反应灵敏,而且大都具有负的电阻温度系数,所以人们就把它制成了各种自动控制装置中常用的热敏电阻传感器和能迅速测量物体温度变化的半导体点温计等。

②光敏性。与金属不同,半导体对光和其他射线都很敏感。例如一种硫化镉半导体材料,在没有光照射时,电阻高达几十兆欧;受到光照射时,电阻可降到几十千欧,两者相差上千倍。利用半导体的这种光敏特性可以制成光敏电阻、光电二极管、光电三极管以及太阳能电池等。

3. PN 结及其特性

单纯的 P 型或 N 型半导体仅仅是导电能力增强了,但还不具备半导体器件所要求的各种特性。

如果通过一定的生产工艺把一块 P 型半导体和一块 N 型半导体结合在一起,则它们的交界处就会形成 PN 结,这是构成各种半导体器件的基础。

(1)PN 结的形成

当 P 型半导体和 N 型半导体通过一定的工艺结合在一起时,由于 P 型半导体的空穴浓度高,自由电子浓度低,而 N 型半导体的自由电子浓度高,空穴浓度低,所以交界面附近两侧的载流子形成了浓度差。浓度差将引起载流子的**扩散运动**,如图 1-6(a)所示。

有一些自由电子要从 N 区向 P 区扩散,并与 P 区的空穴复合;也有一些空穴要从 P 区

学习笔记

向N区扩散,并与N区的自由电子复合。由于自由电子和空穴都是带电的,因此扩散的结果就使P型半导体和N型半导体原来保持的电中性被破坏。P区一边失去空穴,留下了带负电的杂质离子;N区一边失去电子,留下了带正电的杂质离子。半导体中的离子虽然也带电,但由于物质结构的关系,它们不能任意移动,因此并不参与导电。这些不能移动的带电粒子集中在P区和N区交界面附近,形成了一个很薄的空间电荷区,这就是PN结。PN结具有阻碍载流子扩散的特性,PN结的空间电荷区内的载流子浓度已减小到耗尽程度,因此又称耗尽层。

空间电荷区形成了一个由右侧指向左侧的内电场,如图1-6(b)所示。内电场的这种方向,将对载流子的运动带来两种影响:一是内电场阻碍两区多子的扩散运动;二是内电场在电场力的作用下使P区和N区的少子产生与扩散方向相反的漂移运动。

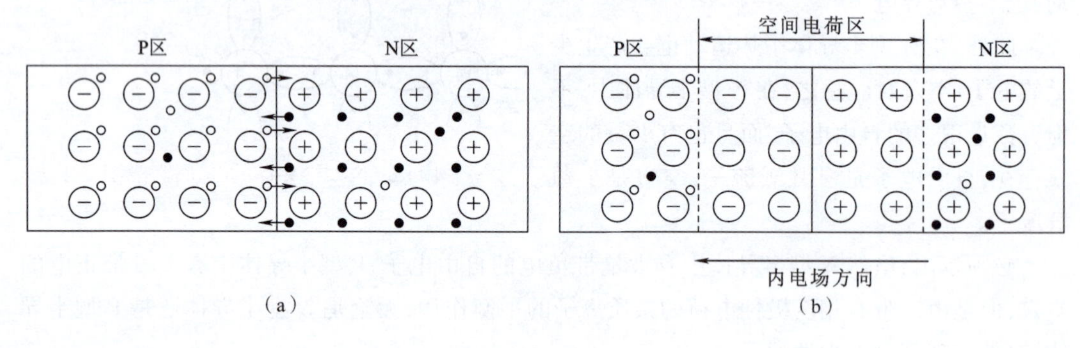

图1-6 PN结的形成

PN结形成的最初阶段,载流子的扩散运动占优势,随着空间电荷区的建立,内电场逐渐增强,载流子的漂移运动也在增强,最终漂移运动将与扩散运动达到动态平衡。

(2)PN结的单向导电性

PN结上外加电压的方式通常称为偏置方式。如果在PN结上加正向电压(也称正向偏置),即P区接电源正极,N区接电源负极,如图1-7(a)所示,这时电源产生的外电场与PN结的内电场方向相反,内电场被削弱,使耗尽层变薄,多子的扩散运动大于漂移运动,形成较大的扩散电流,即正向电流。这时PN结的正向电阻很低,处于正向导通状态。正向导通时,外部电源不断向半导体供给电荷,使电流得以维持。

如果给PN结加反向电压(也称反向偏置),即N区接电源正极,P区接电源负极,如图1-7(b)所示,这时外电场与内电场方向一致,增强了内电场,使耗尽层变厚。这就削弱了多子的扩散运动,增强了少子的漂移运动,从而形成微小的漂移电流,即反向电流。这时PN结呈现的电阻很高,处于反向截止状态。反向电流由少子漂移运动形成,少子的数量随温度升高而增多,所以温度对反向电流的影响很大。在一定温度下,反向电流不仅很小,而且基本上不随外加反向电压变化,故称其为反向饱和电流。

由此可见,PN结在正向电压作用下,电阻很小,PN结导通,电流可顺利流过;而在反向电压作用下,电阻很大,PN结截止,阻止电流通过。这种现象称为PN结的单向导电性。

学习笔记

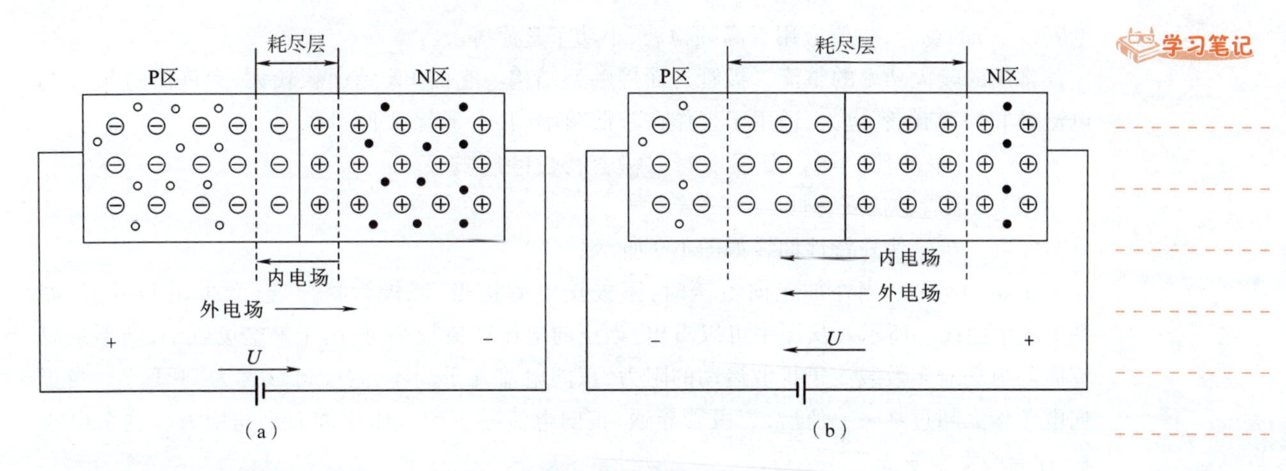

图 1-7　PN 结的单向导电性

二、半导体二极管

视频

半导体二极管

1. 二极管的结构和类型

半导体二极管是最简单的半导体器件。它由一个 PN 结、两根电极引线并用外壳封装而成。从 PN 结的 P 区引出的电极称为**阳极**（正极）；从 PN 结的 N 区引出的电极称为**阴极**（负极）。

常见的二极管外形如图 1-8(a)、(b)、(c)所示，二极管的图形符号如图 1-8(d)所示。

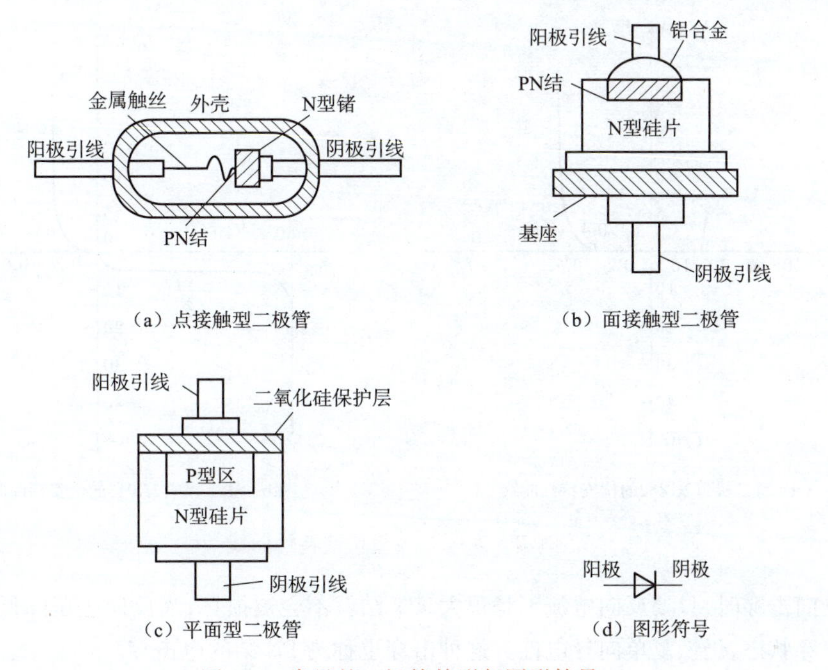

图 1-8　常见的二极管外形与图形符号

二极管的种类很多，按制造材料分，有硅二极管和锗二极管等；按用途分，有整流二极管、开关二极管等；按结构工艺分，有点接触型、面接触型等。

点接触型二极管的 PN 结面积很小，结电容也小，适用于高频（几百兆赫）、小电流（几十

学习笔记

毫安以下)的场合,主要应用于高频检波、小功率整流等。

常用的较大功率的整流二极管为面接触型结构。它的 PN 结面积较大,允许流过较大的电流,同时其结电容也大,适用于工作在较低频率(几十千赫以下)上。

2. 二极管的伏安特性及温度对二极管特性的影响

(1)二极管的伏安特性

实际二极管伏安特性曲线如图 1-9 所示。

①**正向特性**。当外加正向电压时,阳极接电源正极,二极管将导通,产生正向电流,如图 1-9 中曲线①所示。从图中可以看出:当正向电压数值较小时,由于外电场较小,尚不足以克服内电场对多数载流子扩散运动的阻力,正向电流几乎为零,这个区域称为“**死区**”。当正向电压增大超过某一数值后,二极管导通,正向电流随正向电压增加而迅速增大。这个电压 U_{on} 称为**门槛电压**或**阈值电压**。

二极管导通后,在正常使用的电流范围内,其正向电压数值很小,且基本上恒定。对于小功率**硅管**,为 0.6 ~0.8 V(典型值取 0.7 V);对于**锗管**,为 0.2 ~0.3 V(典型值取 0.3 V)。

②**反向特性**。当外加反向电压时,阳极接电源负极,由少数载流子产生反向饱和电流;其数值很小,在小于反向击穿电压的范围内。一般硅管的反向饱和电流比锗管的要小得多。小功率硅管的反向饱和电流为几百纳安,锗管为几十微安,如图 1-9 中曲线②所示。

③**反向击穿特性**。当外加反向电压增大至某一数值 U_{BR} 时,反向电流急剧增大,这种现象称为二极管的**反向击穿**。U_{BR} 称为**反向击穿电压**,如图 1-9 中曲线③所示。二极管的反向击穿电压一般在几十伏至几千伏之间。

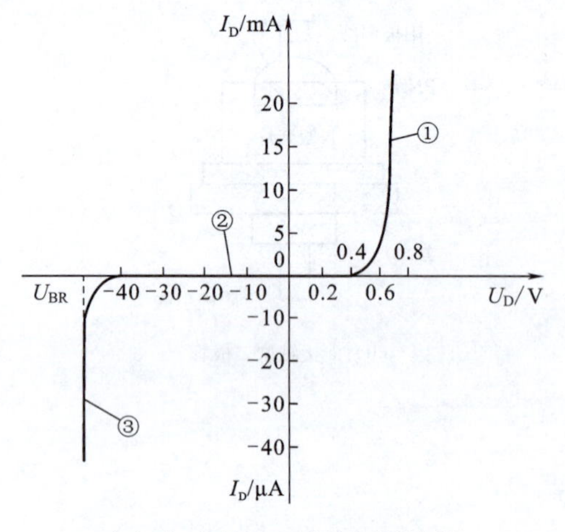

(a)硅二极管2CZ52的伏安特性曲线

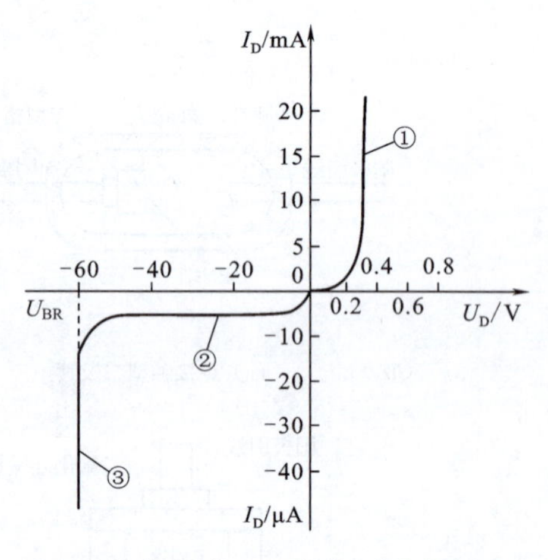

(b)锗二极管2AP15的伏安特性曲线

图 1-9 实际二极管伏安特性曲线

在反向击穿时,只要反向电流不是很大,PN 结就不会被损坏;当反向电压降低后,二极管将退出击穿状态,仍恢复单向导电性。这种击穿也称为 PN 结的电击穿。

如果在反向击穿时,流过 PN 结的电流过大,使 PN 结温度过高而烧毁,就会造成二极管永久损坏。这称为 PN 结的热击穿。

(2)温度对二极管特性的影响

当温度变化时,二极管的反向饱和电流与正向压降将会随之变化。

学习笔记

当正向电流一定时,温度每增加 1 ℃,二极管的正向压降减少 2 ~ 2.5 mV。

温度每增高 10 ℃,反向电流约增大一倍。

3. 二极管的参数

为了正确、合理地使用二极管,必须了解二极管的参数。

(1)最大整流电流 I_F

它是二极管长期运行允许通过的最大正向平均电流。它由 PN 结的面积和散热条件所决定,使用时不得超过此值,否则会烧坏二极管。

(2)最高反向工作电压 U_{RM}

它是指允许加在二极管上的反向电压的最大值(峰值)。一般地,最高反向工作电压约为击穿电压的一半。

(3)反向电流 I_R

它是在室温下,二极管两端加上规定的反向电压时的反向电流。其数值越小,二极管的单向导电性越好。它随温度升高而增大。

此外,二极管的参数还有最高工作频率、正向压降、结电容等。

4. 二极管的简易测量

在一般情况下多采用普通万用表来检查二极管的质量或判别正、负极。

将万用表拨到电阻的 R×100 或 R×1k 挡,此时万用表的红表笔接的是表内电池的负极,黑表笔接的是表内电池的正极。因此当黑表笔接至二极管的正极、红表笔接至二极管的负极时为正向连接。具体的测量方法是:将万用表的红、黑表笔分别接在二极管两端,如图 1-10(a)所示,而测得电阻比较小(几千欧以下),再将红、黑表笔对调后连接在二极管两端,如图 1-10(b)所示,而测得的电阻比较大(几百千欧以上),说明二极管具有单向导电性,质量良好。测得电阻小的那一次黑表笔接的是二极管的正极。

如果测得二极管的正、反向电阻都很小,甚至为零,表示二极管内部已短路;如果测得二极管的正、反向电阻都很大,则表示二极管内部已断路。

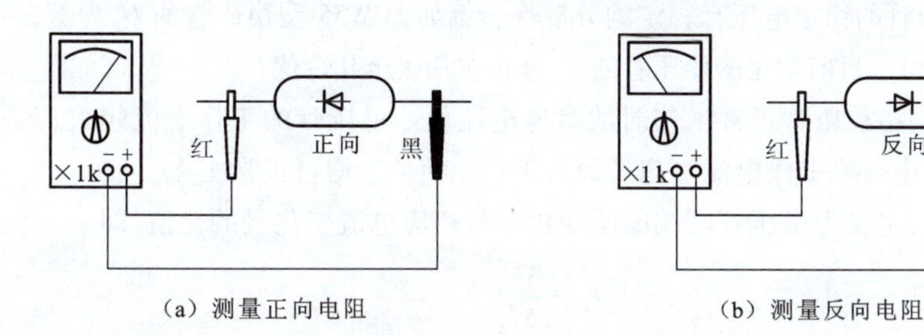

图 1-10　二极管的简易测量

三、特殊二极管

1. 稳压二极管

(1)稳压二极管及其伏安特性

稳压二极管(简称“稳压管”)是一种用特殊工艺制造的面接触型硅二极管。它在电路中能起稳定电压的作用。稳压管的图形符号与伏安特性曲线如图 1-11 所示。

学习笔记

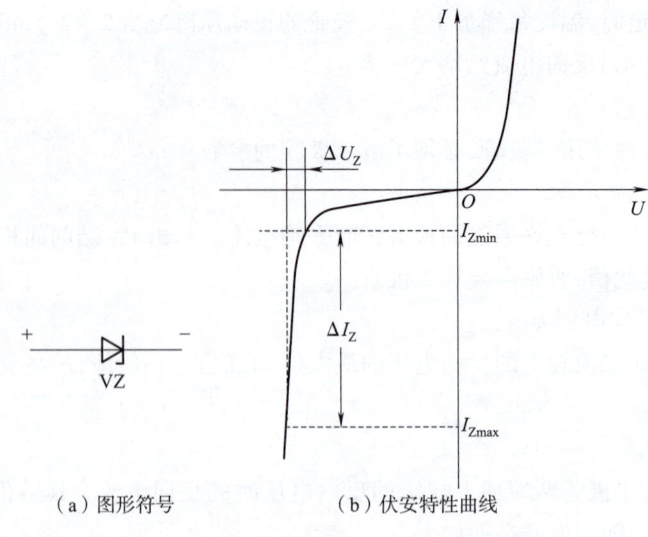

（a）图形符号　　（b）伏安特性曲线

图 1-11　稳压管的图形符号与伏安特性曲线

由图 1-11 可知，稳压管的正向特性曲线与普通硅二极管相似。但是，它的反向击穿特性较陡。

稳压管通常工作于**反向击穿区**。稳定电压 U_Z处在 I_{Zmin} 与 I_{Zmax} 对应的两点电压之间。反向击穿后，当流过稳压管的电流在很大范围内变化时（从 I_{Zmin} 到 I_{Zmax}），对应稳压管两端的电压几乎不变，ΔU_Z很小，电流吞吐调节能力很强，因而可以获得一个稳定的电压 U_Z。多个稳压管可以串联起来工作，组合成不同的稳压值。

只要击穿后的反向电流不超过允许范围，稳压管就不会发生热击穿损坏。为此，可以在电路中串接入一个限流电阻。

（2）稳压管的主要参数

①稳定电压 U_Z，指稳压管通过规定的测试电流时稳压管两端的电压值。由于制造工艺的原因，同一型号的稳压管的稳定电压有一定的分散性。例如 2CW55 型稳压管的 U_Z为 1.2 ~ 7.5 V（测试电流为 10 mA）。目前常见的稳压管的 U_Z分布在几伏至几百伏。

②稳定电流 I_Z，指稳压管正常工作时的参考电流值。稳压管的工作电流越大，其稳压效果越好。实际应用中只要工作电流不超过最大工作电流 I_{Zmax} 均可正常工作。

③动态电阻 r_Z，定义为稳压管两端电压变化量与相应电流变化量的比值，即

$$r_Z = \frac{\Delta U_Z}{\Delta I_Z}$$

稳压管的反向特性曲线越陡，则动态电阻越小，稳压性能越好。

④最大工作电流 I_{Zmax} 和最大耗散功率 P_{ZM}。最大工作电流 I_{Zmax} 指稳压管允许流过的最大电流。最大耗散功率 P_{ZM} 指稳压管允许耗散的最大功率，即

$$P_{ZM} = U_Z I_Z$$

在实际应用中，如果选择不到稳压值符合要求的稳压管，可以选用稳压值较低的稳压管，将其串联使用，或者串联一只或几只硅二极管“**枕垫**”，把稳定电压提高到所需数值。这是利用硅二极管的正向压降为 0.6 ~ 0.7 V 的特点来进行稳压的。因此，硅二极管在电路中必须正向连接，这是与稳压管不同的。

学习笔记

2. 发光二极管

(1)结构与工作原理

发光二极管是一种将电能转换成光能的发光器件。其基本结构是一个 PN 结,采用砷化镓、磷化镓、氮化镓等化合物半导体材料制造而成。它的伏安特性与普通二极管类似,但由于材料特殊,其正向导通电压较大,在 1.5 ~3 V。当二极管正向导通时将会发光。

发光二极管简写为 LED(light emitting diode)。发光二极管具有体积小、工作电压低(多为 2 ~5 V)、工作电流小(10 ~30 mA)、发光均匀稳定、响应速度快和寿命长等优点。常用作显示器件,除单个使用外,也可制成七段式或点阵式显示器。

其中以氮化镓为材料的绿、蓝、紫、白光 LED 的正向导通电压在 4 V 左右。

发光二极管的图形符号和外形如图 1-12 所示。

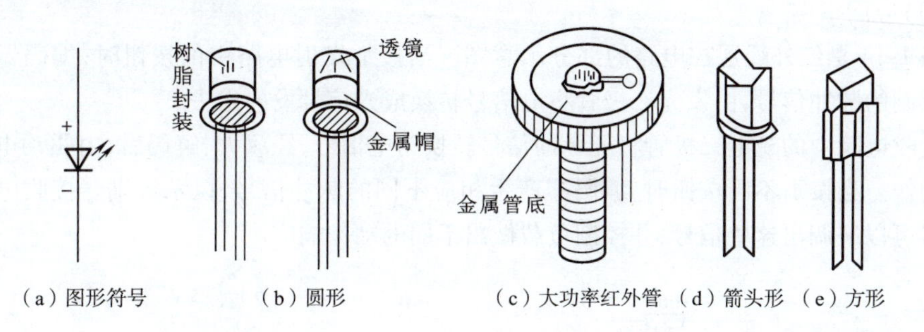

图 1-12　发光二极管的图形符号和外形

(2)主要参数

LED 的主要参数有电学参数和光学参数。

电学参数主要有极限工作电流 I_{FM}、反向击穿电压 U_{BR}、反向电流 I_R、正向电压 U_F、正向电流 I_F 等,这些参数的含义与普通二极管类似。

光学参数主要有

峰值波长 λ_P,它是最大发光强度对应的光波波长,单位为 nm。

常见的 LED 发光颜色有红、黄、绿、蓝、紫、白等。

亮度 L,它与流过二极管的电流和环境温度有关,单位为 cd/m^2。

光通量 Φ,单位为 lm。

3. 光电二极管

(1)结构与工作原理

光电二极管又称光敏二极管,它是一种能够将光信号转换为电信号的器件。

图 1-13(a)所示为光电二极管的图形符号,图 1-13(b)是它的特性曲线。光电二极管的基本结构也是一个 PN 结,但管壳上有一个窗口,使光线可以照射到 PN 结上。

光电二极管工作在反偏状态下。当无光照时,与普通二极管一样,反向电流很小,称为暗电流。当有光照时,其反向电流随光照强度的增加而增加,称为光电流。

(2)主要参数

光电二极管的主要电参数有:暗电流、光电流和最高工作电压等。

光电二极管的主要光参数有:光谱范围、灵敏度和峰值波长等。

学习笔记

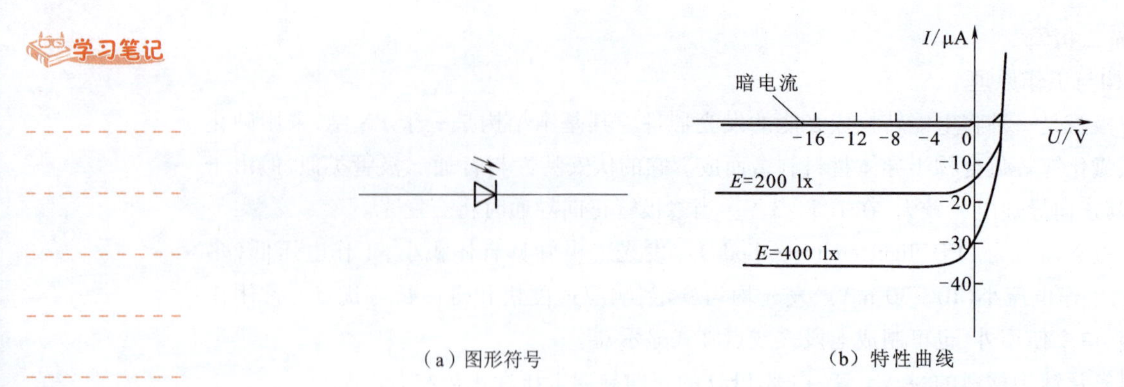

(a)图形符号　　(b)特性曲线

图 1-13　光电二极管

(3)应用举例

图 1-14 是红外线遥控电路的部分示意图。当按下发射电路中的按钮时,编码器电路产生出调制的脉冲信号,由发光二极管将电信号转换成光信号发射出去。

接收电路中的光电二极管将光脉冲信号转换为电信号,经放大、解码后,由驱动电路驱动负载动作。当按下不同按钮时,编码器产生相应不同的脉冲信号,以示区别。接收电路中的解码器可以解调出这些信号,并控制负载做出不同的动作响应。

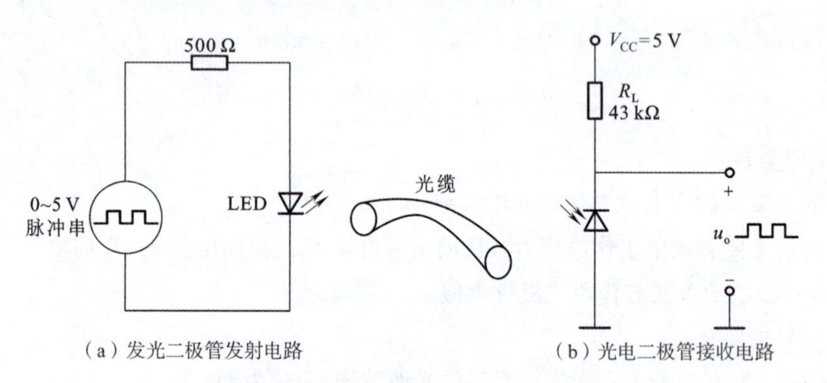

(a)发光二极管发射电路　　(b)光电二极管接收电路

图 1-14　红外线遥控电路的部分示意图

视频

二极管整流电路

四、二极管整流电路

利用二极管的**单向导电性**组成整流电路,可将交流电压变为单方向脉动电压。为便于分析整流电路,这里把整流二极管当作理想元件,即认为它的正向导通电阻为零,而反向电阻为无穷大。但在实际应用中,应考虑到二极管有内阻,整流后所得波形,其输出幅度会减少 0.6～1 V,当整流电路输入电压大时,这部分压降可以忽略。但输入电压小时,例如输入为 3 V,则输出只有 2 V 多,需要考虑二极管正向压降的影响。

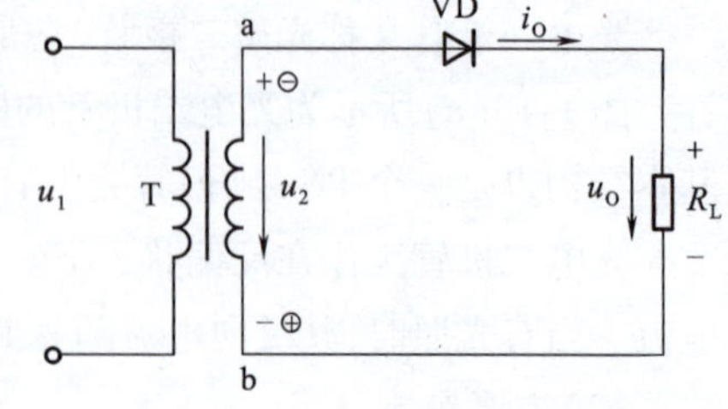

图 1-15　单相半波整流电路

常用的二极管整流电路有单相半波整流电路和单相桥式整流电路等。单相半波整流电路如图 1-15 所示。

学习笔记

1. 单相半波整流电路

(1)单相半波整流电路的工作原理

利用二极管的单向导电性，在变压器二次电压 u_2 为正的半个周期内，二极管正向偏置，处于**导通**状态，负载 R_L 上得到半个周期的直流脉动电压和电流；而在 u_2 为负的半个周期内，二极管反向偏置，二极管 VD 截止，处于**关断**状态，负载中没有电流流过，负载上电压为零。由于二极管的单向导电作用，将变压器二次侧的交流电压变换成为负载 R_L 两端的单向脉动电压，达到整流目的，其波形如图 1-16 所示。因为这种电路只在交流电压的半个周期内才有电流流过负载，所以称为**单相半波**整流电路。

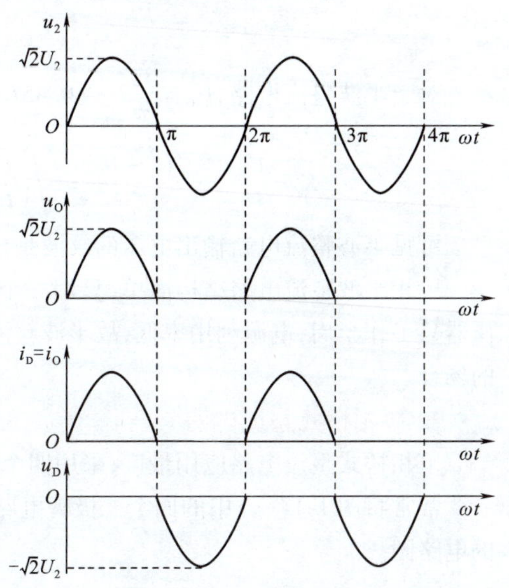

图 1-16　单相半波整流电路波形

设变压器二次电压 $u_2=\sqrt{2}U_2\sin\omega t$。当 u_2 为正半周时，二极管 VD 导通，负载 R_L 上的电压 u_O、流过 R_L 的电流 i_O 及二极管的电流 i_D 分别为

$$u_O=u_2$$

$$i_O=i_D=u_2/R_L$$

(2)直流电压 U_O 和直流电流 I_O 的计算

利用傅里叶级数将单相半波脉动电压分解为

$$u_O=\sqrt{2}U_2\left(\frac{1}{\pi}-\frac{2}{3\pi}\cos 2\omega t-\frac{2}{15\pi}\cos 4\omega t-\cdots\right)$$

式中，第一项为 u_O 的直流分量，即 u_O 在一个周期的平均值 U_O，即

$$U_O=\frac{\sqrt{2}}{\pi}U_2\approx 0.45U_2$$

可以看出，在半波整流情况下，负载上的直流电压只有变压器二次绕组电压有效值的 45%。如果考虑二极管正向电阻和变压器内阻引起的压降，U_O 的数值还要低一些。

负载上的直流电流为

$$I_O=\frac{U_O}{R_L}=0.45\frac{U_2}{R_L}$$

(3)二极管参数的计算

在单相半波整流电路中，流过二极管的电流就等于输出电流

$$I_D=I_O=0.45\frac{U_2}{R_L}$$

从图 1-16 中可以看出，二极管在截止时所承受的最高反向电压就是 u_2 的最大值，即

$$U_{DRM}=\sqrt{2}U_2$$

在选择二极管时，所选二极管的最大整流电流和最高反向电压，应大于上式的计算值。

(4)纹波系数 K_r

整流输出后的电压除含有直流分量外，还含有不小的高次谐波分量，这些谐波分量总称为**纹波**。常用**纹波系数** K_r 来衡量输出电压中的纹波大小，它定义为输出交流电压有效值 U_{Or}

学习笔记

与平均值（直流分量）U_O之比，即

$$K_r = \frac{U_{Or}}{U_O}$$

而输出交流电压有效值为

$$U_{Or} = \sqrt{U_2^2 - U_O^2}$$

对于半波整流电路，$U_O = \frac{\sqrt{2}}{\pi}U_2 \approx 0.45U_2$，所以纹波系数为

$$K_r = \frac{U_{Or}}{U_O} = \frac{\sqrt{U_2^2 - U_O^2}}{U_O} = \sqrt{\left(\frac{U_2}{U_O}\right)^2 - 1} = \sqrt{\left(\frac{U_2}{0.45U_2}\right)^2 - 1} = 1.985$$

可见半波整流电路输出电压的纹波是比较大的。

单相半波整流电路结构简单，只用一个整流管，但输出波形脉动大，输出直流电压低，变压器只工作半周，电源利用率低，故半波整流电路只用在对直流电源要求不高，输出电流较小的场合。

2. 单相桥式整流电路

单相桥式整流电路应用最广，采用四个整流二极管，组成桥式电路，如图1-17(a)所示。常常将图1-17(a)中的四个二极管电路，称为**整流桥**。图1-17(b)为采用了整流桥符号的电路图。

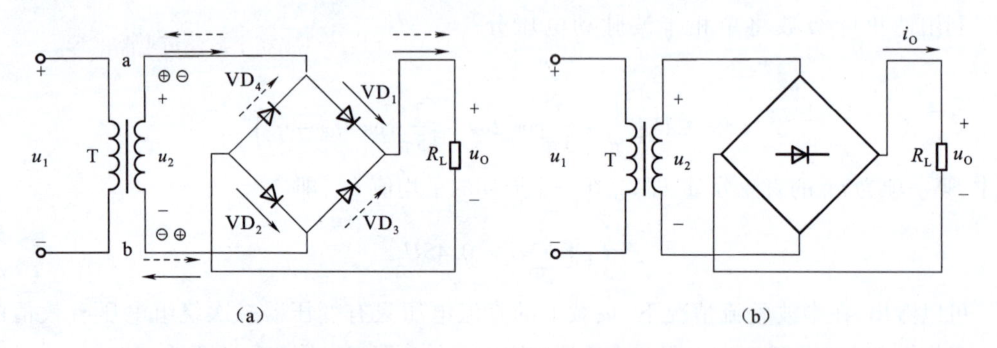

图1-17　单相桥式整流电路

(1) 单相桥式整流电路的工作原理

在图1-17(a)中，当u_2为交流电的正半周时，a点电位高于b点电位。二极管VD_1、VD_2正偏导通，VD_4、VD_3反偏截止。电流从变压器二次侧a点，经VD_1，R_L，VD_2流通到b点。负载R_L上得到正半周的输出电压。电流如图1-17(a)中实线方向。

当u_2为交流电的负半周时，b点电位高于a点电位。二极管VD_4、VD_3正偏导通，VD_2、VD_1反偏截止。电流从变压器二次侧b点，经VD_3、R_L，VD_4流通到a点。负载R_L上依然得到正半周的输出电压。电流如图1-17(a)虚线方向。

可见，虽然u_2为交流电压，但负载R_L上的输出电压u_O却已经变成为大小脉动而方向单一的直流电了。

单相桥式整流电路中各电压、电流的波形如图1-18所示。

(2) 单相桥式整流电路的参数计算

整流电路的输出电压u_O是脉动的直流电压，直流电压的大小用其平均值U_O来衡量。

$$U_O = \frac{1}{2\pi}\int_0^{2\pi} u_O \mathrm{d}\omega t = \frac{1}{2\pi}\int_0^{\pi} 2u_O \mathrm{d}\omega t = \frac{1}{\pi}\int_0^{\pi}\sqrt{2}U_2 \sin \omega t \mathrm{d}\omega t$$

$$U_O = \frac{2\sqrt{2}}{\pi}U_2 \approx 0.9U_2$$

式中　U_2——变压器二次电压的有效值。

整流电路的输出电流 i_O 的平均值 I_O 为

$$I_O = \frac{U_O}{R_L} = 0.9\frac{U_2}{R_L}$$

由于在每个周期中，四个整流二极管分为两组，轮流导通。所以流过每个二极管的平均电流 I_D 是总负载电流的一半，即

$$I_D = \frac{1}{2}I_O = 0.45\frac{U_2}{R_L}$$

当正向偏置的二极管导通时，另外两个二极管承受反向电压而截止。其承受的最高反向电压 U_{DRM} 为 $\sqrt{2}U_2$（忽略二极管的导通压降），即

$$U_{DRM} = \sqrt{2}U_2$$

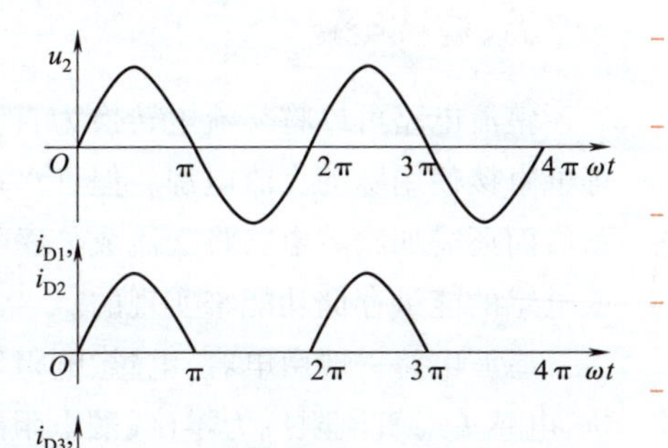

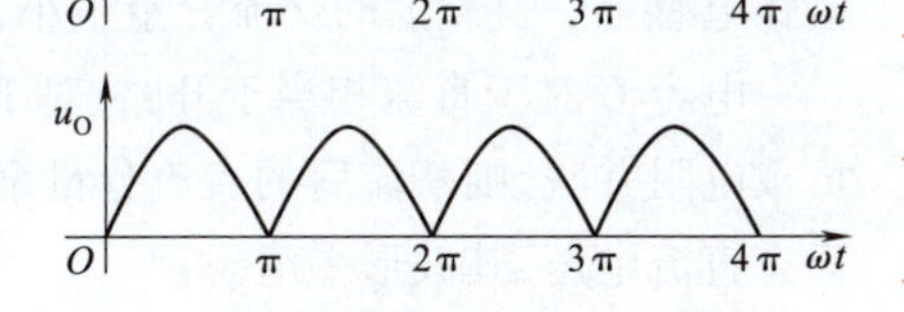

图 1-18　单相桥式整流电路波形

由分析可知，流过变压器二次侧的电流是交流电流。其有效值为

$$I_2 = \frac{U_2}{R_L} = \frac{I_O}{0.9} \approx 1.11I_O$$

上述几个公式，是分析、设计整流电路的重要依据。可以根据它们来选择电源变压器和整流二极管的参数。

例 1-1　设计一个输出直流电压为 36 V，输出电流为 1 A 的单相桥式整流电路。已知交流电压为 220 V。①如何选取整流二极管的参数？②求电源变压器的二次电压及容量。

解　①因为 $U_O = 0.9U_2$，所以 $U_2 = 1.11U_O = 1.11 \times 36\ \mathrm{V} = 39.96\ \mathrm{V} \approx 40\ \mathrm{V}$。

流过每个二极管的平均电流为

$$I_D = \frac{1}{2}I_O = \frac{1}{2} \times 1\ \mathrm{A} = 0.5\ \mathrm{A}$$

每个二极管承受的最高反向电压为

$$U_{DRM} = \sqrt{2}U_2 = \sqrt{2} \times 40\ \mathrm{V} = 56.57\ \mathrm{V} \approx 60\ \mathrm{V}$$

所以，可以选用整流二极管 1N4002，其参数为 $I_F = 1\ \mathrm{A}$，$U_{DRM} = 100\ \mathrm{V}$。

②变压器二次电压 $U_2 = 40\ \mathrm{V}$，变压器二次电流为

$$I_2 = \frac{U_2}{R_L} = \frac{I_O}{0.9} = 1.11I_O = 1.11\ \mathrm{A}$$

变压器的容量为

$$S = U_2I_2 = 40 \times 1.11\ \mathrm{V \cdot A} = 44\ \mathrm{V \cdot A}$$

以上计算为理论计算。在工程实践中，各参数应当参照理论值有适当的余量。

学习笔记

视频

二极管滤波电路

整流电路中的电源变压器，除了具有变换电压的作用之外，还担任“安全隔离”的重要任务，即将整流电路的用户与电网电压隔离开来。这样就保证了用户在接触变压器二次电路时，不会出现单相触电事故。

五、滤波电路

整流电路可以将交流电转换为直流电，但脉动较大，在某些应用中，如电镀、蓄电池充电等可直接使用脉动直流电源。但许多电子设备需要平稳的直流电源。这种电源中的整流电路后面还需加**滤波电路**将交流成分滤除，以得到比较平滑的输出电压。滤波通常是利用电容或电感的能量存储功能来实现的。

滤波电路一般由电容、电感、电阻等元件组成。滤波电路对直流和交流反映出不同的阻抗，电感 L 对直流阻抗为零（线圈电阻忽略不计），对于交流却呈现较大的阻抗（$X_L=\omega L$）。若把电感 L 与负载 R_L 串联，则整流后的直流分量几乎无衰减地传到负载，交流分量却大部分降落在电感上。负载上的交流分量很小，因此负载上的电压接近于直流。

电容 C 对于直流相当于开路，对于交流却呈现较小的阻抗（$X_C=1/\omega C$）。若将电容 C 与负载电阻并联，则整流后的直流分量全部流过负载，而交流分量则被电容旁路，因此在负载上只有直流电压，其波形平滑。

常用的滤波电路有电容滤波、电感滤波、复式滤波等。

1. 电容滤波电路

图 1-19 为单相桥式整流及电容滤波电路。在分析电容滤波电路时，要特别注意电容器两端电压 u_C 对整流组件导电的影响。整流组件只有受正向电压作用时才导通，否则便截止。

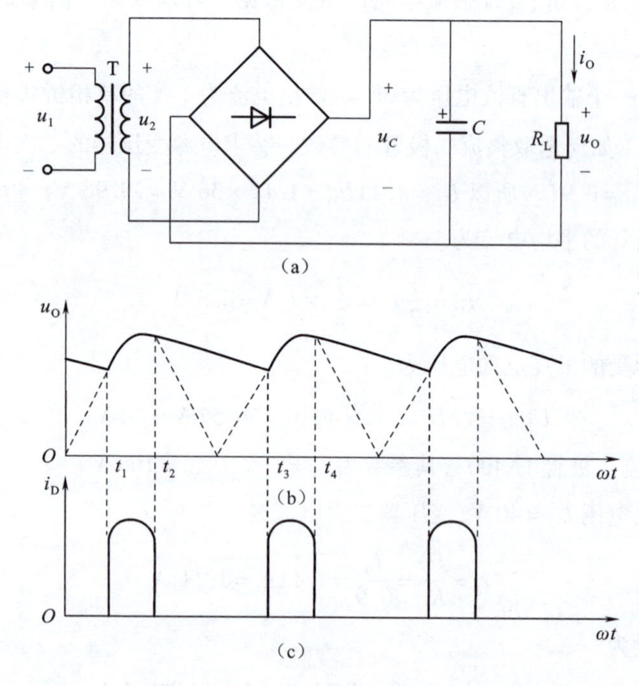

图 1-19　单相桥式整流及电容滤波电路

学习笔记

(1)工作原理

负载R_L未接入时的情况:设电容器两端初始电压为零,接入交流电源后,当u_2为正半周时,u_2通过VD_1、VD_2向电容器C充电;u_2为负半周时,经VD_3、VD_4向电容器C充电,充电时间常数为

$$\tau_C = R_n C$$

式中,R_n包括变压器二次绕组的电阻和二极管VD的正向电阻。

接通电源时,变压器二次电压u_2由0开始上升,二极管VD_1、VD_2导通,电源向负载R_L供电,同时,也向电容C充电,电容器很快就充电到交流电压u_2的最大值$\sqrt{2}U_2$,$u_0 = u_C = u_2$,达峰值后u_2减小,当$u_0 \geqslant u_2$时,二极管VD_1、VD_2截止,充电电流中断,电容C开始通过R_L放电,使$u_0 = u_C$逐渐下降,直到下个半周u_2幅度上升至$u_2 \geqslant u_0$,此后电源通过VD_3、VD_4又向负载R_L供电,同时又给电容C充电,如此周而复始。图1-19(b)所示为输出电压波形。

注意:电容充电电流i_D出现不到半个周期,只有当$u_2 \geqslant u_0$那一段时间充电($t_1 \sim t_2$,$t_3 \sim t_4$),如图1-19(c)所示。当R_L开路,由于电容器无放电回路,故输出电压(即电容器C两端的电压u_C)保持在$\sqrt{2}U_2$,输出为一个恒定的直流,显然,当R_L很小,即I_0很大时,电容滤波的效果不好。所以,电容滤波适合输出电流较小的场合。

(2)滤波电容的选择

从电容滤波电路的工作原理来看,电容越大,滤波效果越好。因为输出电压的脉动程度与电容放电的时间常数$R_L C$有关。为了得到比较平直的输出电压,桥式整流电路要求放电时间常数τ应大于u_2的周期T,一般要求:

$$R_L C \geqslant (3 \sim 5)\frac{T}{2}$$

所以,在满足上式的条件下,负载电压的平均值可按下式估算:

单相半波整流电容滤波:

$$U_0 = U_2$$

单相桥式整流电容滤波:

$$U_0 = 1.2U_2$$

电容越大,波形越平滑,输出电压的平均值越大。

2. 复式滤波电路

为进一步提高滤波效果,可将电容和电感组合成复式滤波电路。常见的有Γ型LC、π型LC和π型RC复式滤波电路,其具体接线形式分别如图1-20(a)、(b)、(c)所示。

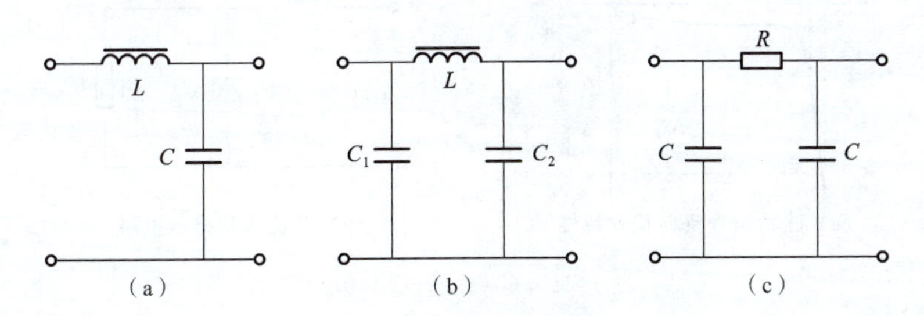

图1-20　复式滤波电路

学习笔记

（1）Γ 型 *LC* 滤波

根据电感的特点，流过线圈的电流发生变化时，线圈中要产生自感电动势的方向与电流方向相反，自感电动势阻碍电流的增加，同时将能量储存起来，使电流增加缓慢；反之，当电流减小时，自感电流减小缓慢。因而使负载电流和负载电压脉动大为减小。

在电感滤波之后，再在负载两端并联一个电容 *C*，如图 1-20(a)所示。经整流后输出的脉动直流电压经过电感 *L* 时，大部分交流成分降落在 *L* 上，再经电容 *C* 滤波，即可得到比单电感或单电容滤波更加平滑的直流电压。

（2）π 型 *LC* 滤波

为进一步提高输出电压平滑度，可在 Γ 型 *LC* 滤波电路的输入端再并联一个电容，就形成了 π 型 *LC* 滤波电路，如图 1-20(b)所示。π 型 *LC* 滤波电路的滤波效果很好，但电感体积较大，故只适用于负载电流不大的场合，且其带负载能力差。

（3）π 型 *RC* 滤波

在负载电流小、滤波要求不高情况下，常用电阻 *R* 代替电感 *L* 来组成 π 型 *RC* 滤波电路，如图 1-20(c)所示。这种滤波电路的体积小、成本低，滤波效果也不错，但由于电阻 *R* 的存在，会使输出电压降低。它也只适用于负载电流不大的场合。

视频

二极管稳压电路

六、稳压电路

经整流滤波后输出的直流电压，虽然平滑程度较好，但其稳定性是比较差的。

滤波电路之后通常还有**稳压电路**，稳压电路的作用是使直流电源的输出电压稳定，尽可能不随负载电流和电网电压的变化而变化。在某些要求更高的场合，还要求输出电压具有较小的温度系数。随着电子技术的发展，集成电路得到了广泛的应用，集成稳压器具有体积小、外围元件少、可靠性高、使用方便、价格低廉等优点。

1. 硅稳压管稳压电路

（1）电路组成

硅稳压管稳压电路是直流稳压电源的重要基本单元。前面已经介绍了硅稳压管的反向伏安特性，如图 1-21(a)所示，在反向击穿区，当反向电流 ΔI_Z 在一个较大范围内变化时，稳压管两端的电压变化量 ΔU_Z 很小，说明稳压管有很强的电流吞吐调节能力，故具有稳压性能。电压稳定是相对而言。

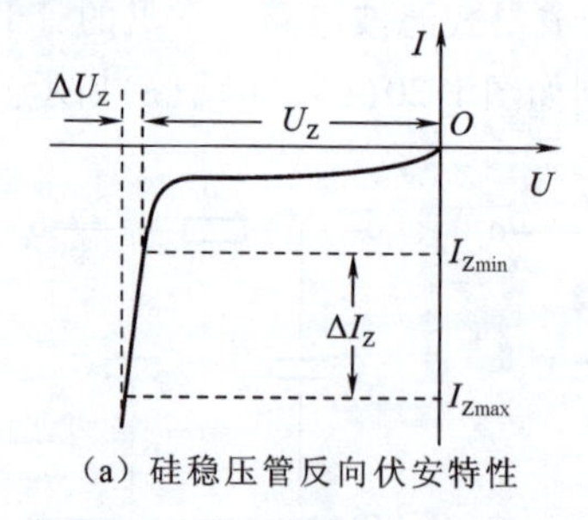

(a) 硅稳压管反向伏安特性

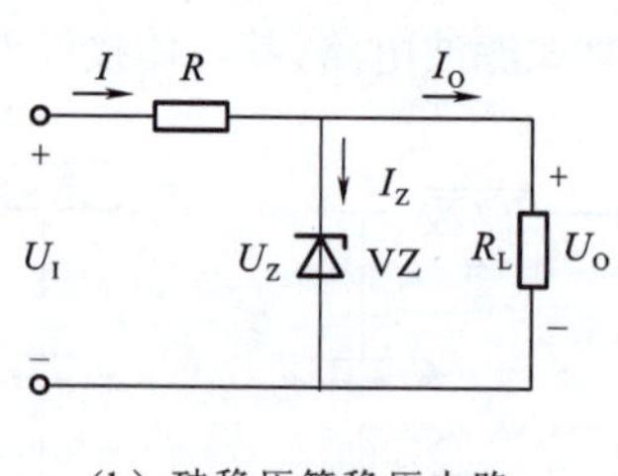

(b) 硅稳压管稳压电路

图 1-21　硅稳压管稳压电路

（2）硅稳压管稳压电路工作原理

①先分析负载 R_L 不变，电网电压变化时的稳压过程。若电网电压升高，将使整流后的直

流电压 U_I 增加，随之输出电压 U_O 也增大，由稳压管伏安特性可见，I_Z 将急剧增加，则电阻 R 上的压降 U_R 增大，导致 U_O 下降，从而使输出电压基本保持不变。I_Z 则分流了负载电流增量。其稳压过程可表示如下：

$$U_I\uparrow \rightarrow U_O\uparrow \rightarrow I_Z\uparrow \rightarrow I_R\uparrow \rightarrow U_R\uparrow \rightarrow U_O\downarrow$$

②分析输入电压 U_I 不变，负载变化时的稳压过程。当负载电阻 R_L 减小，立即引起 I_O 和 I_R 增加，由于电流 I_R 在电阻 R 上的压降升高，输出电压 U_O，即 U_Z 将下降，由伏安特性可以看出，电流 I_Z 将急剧减小，使 I_R 和 U_R 减小，导致 U_O 回升，接近原来值并趋于稳定。

其稳压过程可表示如下：

$$R_L\downarrow \rightarrow I_O\uparrow \rightarrow I_R\uparrow \rightarrow U_O\downarrow \rightarrow I_Z\downarrow \rightarrow I_R\downarrow \rightarrow U_O\uparrow$$

综上所述，稳压管的稳压原理是将负载电流 I_O 的变化量等值转化为稳压管电流 I_Z 的反向变化量，使 I_O 和 U_O 近于维持不变。

(3)稳压管的参数选择

通常根据稳压电路的输出电压 U_O、最大电流 I_{Omax} 和输出电阻 R_O 来选择稳压管的型号。一般取 $U_Z=U_O$，$I_{Zmax}=(1.5\sim3)I_{Omax}$。

(4)限流电阻 R 的选择

限流电阻 R 的作用是当电网电压波动和负载电阻变化时，使流过稳压管的电流 I_Z 始终在极限值 I_{ZM}（即在最大工作电流 I_{Zmax}）和最小工作电流 I_{Zmin} 之间波动。由图 1-21(b)可知，$I_Z=\dfrac{U_I-U_O}{R}-I_O$，所以稳压管应满足以下两个条件：

①当电网电压 U_I 最高，且负载电流 I_O 最小时，流过稳压管的电流 I_Z 最大，其值不应超过 I_{ZM}，否则稳压管将损坏，即

$$\frac{U_{Imax}-U_O}{R}-I_{Omin}\leqslant I_{ZM}$$

故有

$$R\geqslant\frac{U_{Imax}-U_O}{I_{ZM}+I_{Omin}}$$

②当电网电压 U_I 最低，且负载电流 I_O 最大时，流过稳压管的电流 I_Z 最小，其值不应低于所允许的最小工作电流 I_{Zmin}，即

$$\frac{U_{Imin}-U_O}{R}-I_{Omax}\geqslant I_{Zmin}$$

故有

$$R\leqslant\frac{U_{Imin}-U_O}{I_{Zmin}+I_{Omax}}$$

因此，限流电阻 R 的取值范围为

$$\frac{U_{Imax}-U_O}{I_{ZM}+I_{Omin}}\leqslant R\leqslant\frac{U_{Imin}-U_O}{I_{Zmin}+I_{Omax}}$$

式中，输入电压 U_I 的波动范围为 $\pm10\%$；而 I_{Omin} 一般可取为零，即负载开路时，I_Z 达最大值。

应当指出，这种稳压电路简单、可靠、实用，但是稳定电压不能调整，负载电流太小，一般多用作电路前级的稳压和其他电源的参考电压。

学习笔记

视频

集成稳压器

2. 三端集成稳压器

集成稳压器可分为输出电压固定式和输出电压可调式。由于集成稳压器仅有三个外接引脚，所以也常称为**三端集成稳压器**。

集成稳压器的内部电路除了包括基准电源、采样电路、调整管和放大电路外，还包括启动电路和保护电路。启动电路用于集成稳压器的启动，保护电路可以使电路在过载、短路、过热等情况下仍不被损坏。图 1-22 是集成稳压器的内部结构框图。

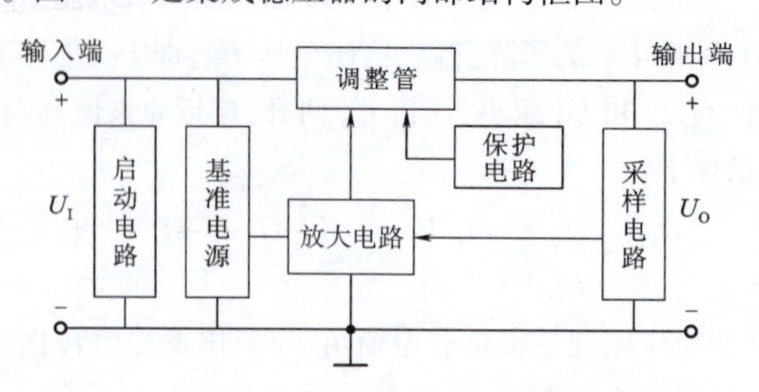

图 1-22　集成稳压器的内部结构框图

78××和 79××等系列的集成稳压器是输出电压固定的三端稳压器，如图 1-23 所示。78××为输出"**正电压**"的集成稳压器，79××为输出"**负电压**"的集成稳压器。集成稳压器型号末尾的两位数字××，代表电路的输出电压数值。例如：7805、7812 分别是输出电压为5 V、12 V 的正电压集成稳压器。国产对应 CW7800 系列、CW 7900 系列。

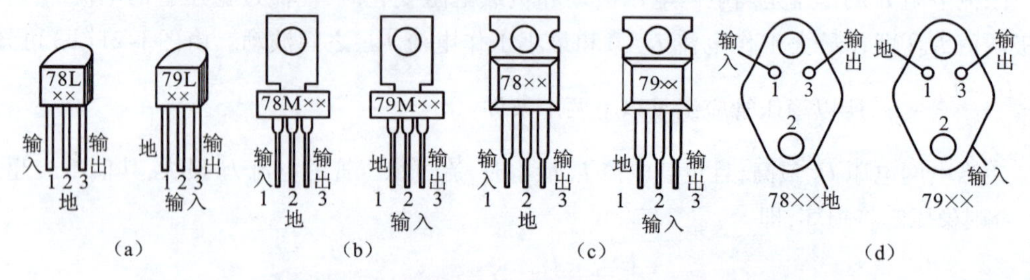

图 1-23　三端集成稳压器的外形及引脚排列

78××和 79××系列集成稳压器的输出电压值分为 5 V、6 V、9 V、10 V、12 V、15 V、18 V、24 V 共 8 个数值。78××和 79××的三端集成稳压器的最大输出电流为 1 A。同类型的产品，还有 78L××和 79L××，它们的最大输出电流为 0. 1 A；78M××和 79M××产品，它们的最大输出电流为 0. 5 A。

三端集成稳压器使用时，应当注意输入电压 U_I与输出电压 U_O之间的电压差，不能过小，一般应在 2 ~3 V 以上。集成稳压器的典型应用电路如图 1-24 所示。

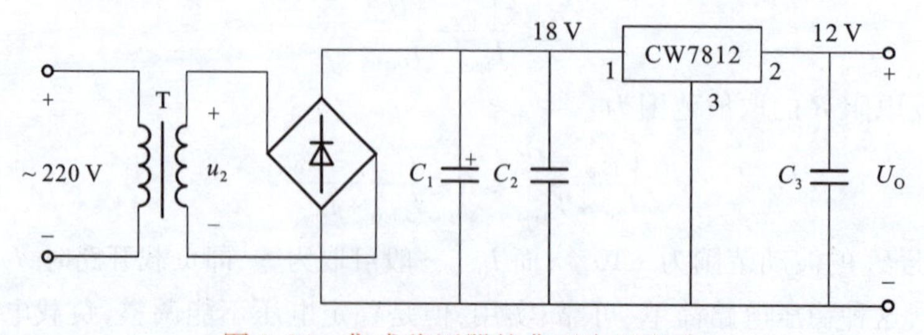

图 1-24　集成稳压器的典型应用电路

学习笔记

使用时根据输出电压和输出电流来选择集成稳压器的型号。稳压电路中只需外接两个电容，输入电容 C_2 和输出电容 C_3 是用于减小输入、输出电压的脉动和改善负载的瞬态响应的，其值均在 0.1～1 μF。当集成稳压器工作于输出电流较大状态时，应当注意安装散热器。

图 1-25 为输出正负 15 V 的“双电源直流稳压电路”。很多电子仪器中配有该稳压电路。

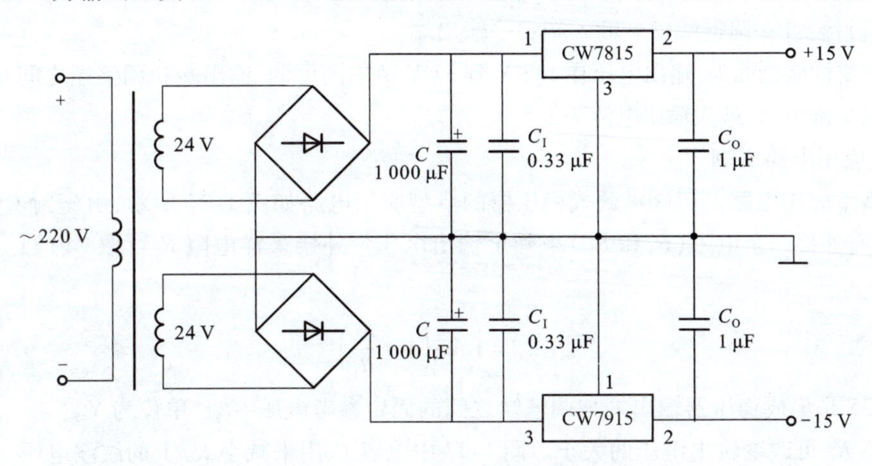

图 1-25　输出正负 15 V 的“双电源直流稳压电路”

集成稳压器质量指标：

电压调整率：不同子系列的稳压电路，电压调整率会各有不同；同一子系列的稳压电路，其输出电压不同时，电压调整率也可能略有不同，例如 LM7800 子系列稳压电路的 7805 和 7824，前者输出电压为 5 V，后者为 24 V，它们的电压调整率分别为：

LM7805：输出电流 1 A，输入电压在 7.5 V 至 20 V 范围内变化时，输出电压变化 0.5 mV（即电压调整率为 0.5 mV）；

LM7824：输出电流 1 A，输入电压在 27 V 至 38 V 范围内变化时，输出电压变化 2.7 mV（即电压调整率为 2.7 mV）。

选择和使用三端集成稳压器时，除关注它的输出电压和电流外，还应查阅产品手册，注意它的稳压性能及对输入电压的要求。

3. 三端可调式集成稳压器

（1）概述

三端式可调集成稳压器是指**输出电压可调节**的稳压器，它克服了三端集成稳压器固定输出的缺点，具有电压调整率和负载调整率高的优点，只需配备少量的外围元件就可以方便地组成精密可调的稳压器。常用的三端可调式集成稳压器有 117/217/317 和 137/237/337。其中 117/217/317 为正电压的可调式集成稳压器，137/237/337 为负电压的可调式集成稳压器。它们的输出电压可调范围从 1.2 V 到 34 V。最大输出电流为 1.5 A。

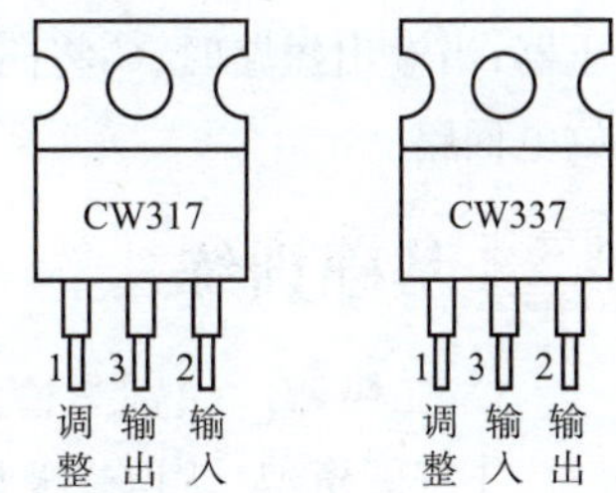

图 1-26　引脚排列顺序

有金属封装和塑料封装两类，其内部电路和外形与三端固定输出稳压器相似，但引脚排列不同。按与图 1-26 引脚同样排列顺序，三端式可调集成稳压器各引脚具体含义表示如下：

学习笔记

CW×17 系列：

金属封装：1—调整端；2—输入端；3—输出端。

塑料封装：1—调整端；2—输出端；3—输入端。

CW×37 系列：

金属封装：1—调整端；2—输出端；3—输入端。

塑料封装：1—调整端；2—输入端；3—输出端。

其主要性能指标为：输出电压在 1.2 V 到 37 V 范围内可调，输出端和调整端之间是 U_{REF} = 1.25 V 的基准电压，最大输出电流为 1.5 A。

（2）应用电路实例

①基本应用电路。三端可调式稳压器的典型应用电路如图 1-27 所示，由塑封 CW117 组成，它只需外接两个电阻（R_1 和 R_P）来确定输出电压。外接采样电阻 R_1 可取 240 Ω。其输出电压为

$$U_O = 1.25\left(1+\frac{R_P}{R_1}\right)$$

式中，1.25 是集成稳压器输出端与调整端之间的固定参考电压 U_{REF}，单位为 V。

调节 R_P 可改变输出电压的大小。图 1-27 中电容 C_2 用来减小 R_P 上的纹波电压。

②可调电压输出典型应用电路。如图 1-28 所示，采用 CW317，其输出电压为

$$U_O = 1.25\left(1+\frac{R_P}{R_1}\right)$$

调节 R_P 可改变输出电压的大小。图中电容 C_2 用于抑制调节电位器时产生的纹波干扰，C_3 用来抑制容性负载时的阻尼振荡，C_1 可消除长线输入引起的自激振荡。

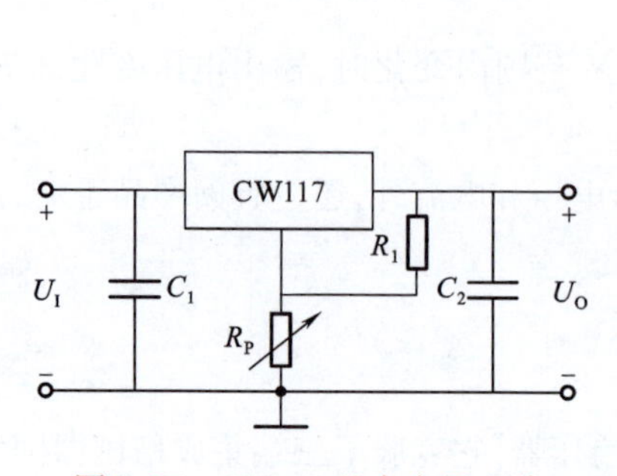

图 1-27　CW117 基本应用电路

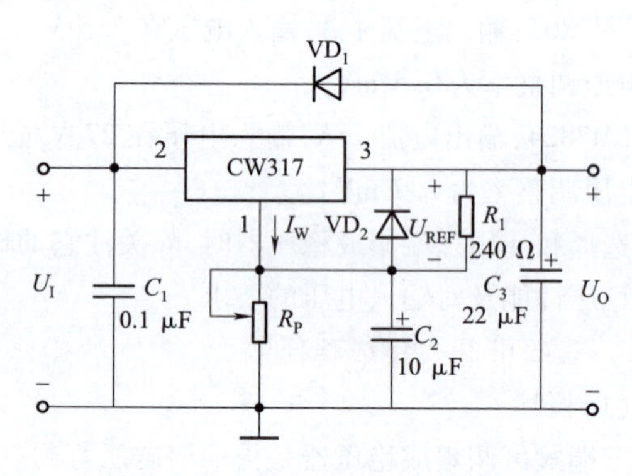

图 1-28　CW317 典型应用电路

二极管 VD_1、VD_2 为保护电路。VD_1 用于输入端短路时提供给 C_3 的放电回路，防止损坏稳压器；当输出短路时，C_2 将向稳压器调整端放电，为了保护稳压器，可加二极管 VD_2 提供一个放电回路。

基础训练

1. 二极管的识别与检测

①查阅资料，认识二极管的型号，填写表 1-1。

表 1-1　二极管各部分的含义

型　号	最高反向电压/V	最大整流电流/mA	反向电流/μA
2AP9			
2CZ52C			
1N4007			

②判断二极管的极性：

a. 外观判断二极管的极性。

b. 用指针式万用表（MF47 型或 DT9204 型）测量二极管的极性及质量好坏。

将判别、测量结果记录于表 1-2 中。

表 1-2　二极管的极性及质量好坏

型号	阻值/Ω						质量判断	
	R×1k		R×100		R×10			
	正向	反向	正向	反向	正向	反向	好	坏
2AP9								
2CZ52C								
1N4007								

③用数字式万用表来判别二极管极性与好坏。与指针式万用表不同，数字式万用表的红表笔接的是表内电池的正极，黑表笔接的是表内电池的负极。数字式万用表在电阻测量挡内，设置了“二极管、蜂鸣器”挡位，该挡具有两个功能。第一个功能是测量二极管的极性和正向压降，方法是将红、黑表笔分别接二极管的两个引脚，若出现溢出，说明测的是反向特性，交换表笔后再测时，则应出现一个三位数字，此数字是以小数表示的二极管正向压降，由此可判断二极管的极性和好坏。显示正向压降时红表笔所接引脚为二极管的正极，并可根据正向压降的大小进一步区分是硅材料还是锗材料。第二个功能是检查电路的通断，在确认电路不带电的情况下，用红、黑两个表笔分别检测两极，蜂鸣器有声响时表明电路是通的，无声响时则表示电路不通。

④注意事项：

a. 检测二极管的极性及质量好坏时，指针式万用表的欧姆挡倍率不宜选得过低（R×1 挡），也不能选得过高（R×10k 挡）。

b. 测量时，手不要碰到引脚，以免人体电阻的介入影响到测量值的准确性。

c. 由于二极管的伏安特性是非线性的，用万用表的不同电阻挡测量二极管的电阻时，会得到不同的电阻值。

2. 单相半波整流、滤波、稳压电路的安装与测试

①利用 Multisim 仿真软件设计图 1-29 所示的单相半波整流滤波三端稳压器稳压电路。

②利用电子实验台完成图 1-29 所示电路的安装与测试。若三端集成稳压器采用 CW7812，可选 $U_1 \approx 14$ V；若三端集成稳压器采用 CW7805，可选 $U_1 \approx 6$ V。整流后的（脉动）直流电压 U_2、稳压后的输出直流电压 U_0用万用表的直流电压挡或数字直流电压表测量，未加电

学习笔记

容滤波时的整流后的(脉动)直流电压($\approx 0.45U_1$)波形,可用示波器观测,将测量与观测数据记录于表1-3中。

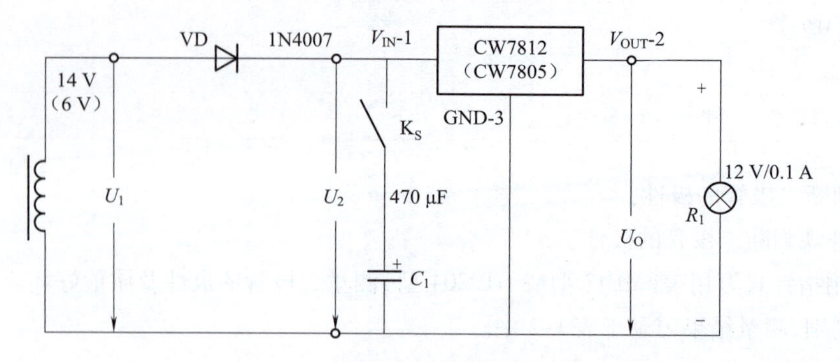

图1-29　单相半波整流滤波三端稳压器稳压电路图

表1-3　单相半波整流滤波稳压器稳压电路测试记录表

输入交流电压有效值 U_1/V	整流后的(脉动)直流电压 U_2			加电容滤波时稳压器输出电压 U_O/V
	未加电容滤波时		加电容滤波时	
	电压值/V	波形	电压值/V	
14				
6				

③注意事项:

a. 加了电容滤波后的直流电压[$\approx(0.45\sim1.414)U_1$]波形较平稳,表1-3中不要求测量。

b. 欲用示波器观测其脉动纹波,可通过减小滤波电容器的电容量(如只用10 μF)来实现。

c. 欲测量其脉动纹波的有效值,只能用交流毫伏表测量。

项目实施

1. 认识直流稳压电源的组成框图及功能

图1-30中各组成部分的功能如下:

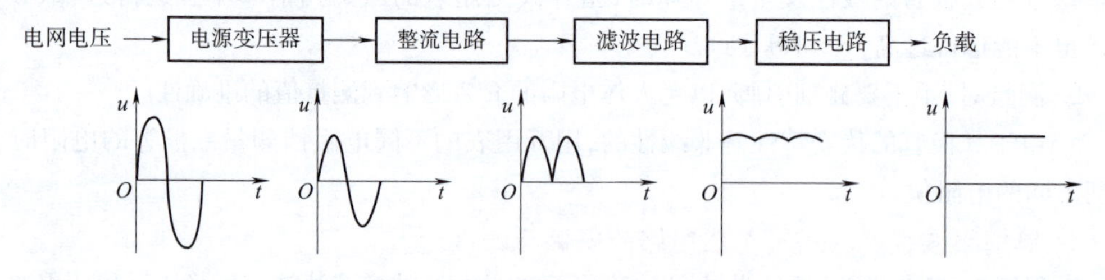

图1-30　直流稳压电源的组成框图

(1)电源变压器

将电网交流电压(220 V或380 V)变换成符合需要的交流电压,此交流电压经过整流后

可获得电子设备所需的直流电压。因为大多数电子电路使用的电压都不高，这个变压器是降压变压器。

（2）整流电路

利用具有单向导电性能的整流元件，把方向和大小都变化的 50 Hz 交流电变换为方向不变但大小仍有脉动的直流电。

（3）滤波电路

利用储能元件电容 C 两端的电压（或通过电感 L 的电流）不能突变的性质，把电容 C（或电感 L）与整流电路的负载 R_L 并联（或串联），就可以将整流电路输出中的交流成分大部分加以滤除，从而得到比较平滑的直流电。在小功率整流电路中，经常使用的是电容滤波。

（4）稳压电路

当电网电压或负载电流发生变化时，滤波电路输出的直流电压的幅值也将随之变化，因此，稳压电路的作用是使整流滤波后的直流电压基本上不随交流电网电压和负载的变化而变化。

2. 利用仿真软件设计单相桥式整流电容滤波三端稳压器稳压电路

参考电路如图 1-31 所示。

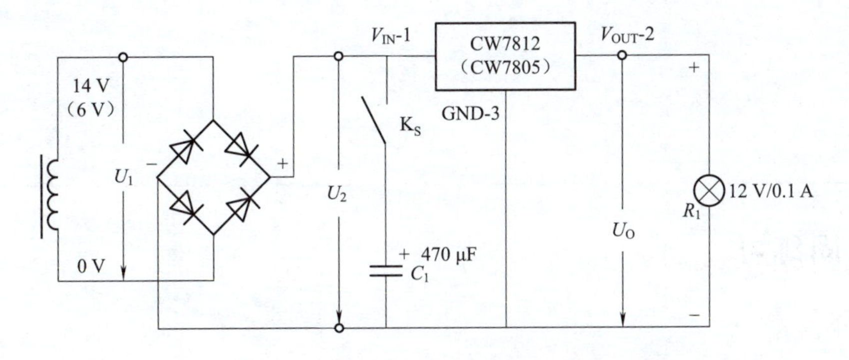

图 1-31　单相桥式整流电容滤波三端稳压器稳压电路图

3. 利用电子实验台完成直流稳压电源的安装与测试

参考电路如图 1-31 所示。将相关数据记录在表 1-4 中。

表 1-4　单相桥式整流电容滤波三端稳压器稳压电路测试记录表

输入交流电压有效值 U_1/V	整流后的（脉动）直流电压 U_2			加电容滤波时稳压器输出电压 U_O/V
	未加电容滤波时		加电容滤波时	
	电压值/V	波形	电压值/V	
14				
6				

项目评价

分组汇报项目的学习和电路的设计与制作情况，演示电路的功能。项目评价内容见表 1-5。

表 1-5 直流稳压电源的制作工作过程评价表

评价内容		配分	评价要求	扣分标准	得分
工作态度	(1)工作的积极性。 (2)安全操作规程的遵守情况。 (3)纪律遵守情况	30 分	积极参加工作，遵守安全操作规程和劳动纪律，有良好的职业道德和敬业精神	违反安全操作规程扣 20 分；不遵守劳动纪律扣 10 分	
电路安装	(1)安装图的绘制。 (2)电路的具体安装	40 分	电路安装正确且符合工艺要求	电路安装不规范，每处扣 5 分；电路接错扣 5 分	
电路测试	(1)直流稳压电源的功能验证。 (2)自拟表格记录测试结果	30 分	(1)熟悉电路每个元器件的功能。 (2)正确记录测试结果	(1)验证方法不正确扣 20 分。 (2)记录测试结果不正确扣 10 分	
合计		100 分			
自我总结					
总结项目设计与制作过程中遇到的问题以及解决的方法等					

巩固练习

一、填空题

1. N 型半导体是在本征半导体中掺入极微量的________价元素组成的。这种半导体内的多数载流子为________，少数载流子为________，不能移动的杂质离子带________电。P 型半导体是在本征半导体中掺入极微量的________价元素组成的。这种半导体内的多数载流子为________，少数载流子为________，不能移动的杂质离子带________电。

2. PN 结正向偏置时，外电场的方向与内电场的方向________，有利于________的________运动而不利于________的________；PN 结反向偏置时，外电场的方向与内电场的方向________，有利于________的________运动而不利于________的________，这种情况下的电流称为________电流。

3. 硅二极管的死区电压为________。

4. 两只硅稳压管的稳压值分别为 $U_{Z1}=6$ V，$U_{Z2}=9$ V。设它们的正向导通电压为 0.7 V。把它们串联相接可得到________种稳压值。

5. 在发光二极管的应用电路中，若发光二极管两端所加电压为 1.0 V，发光二极管________（能/不能）发光。

6. 常用直流稳压电源系统由________、________、________、________组成。

7. 三端可调输出稳压器的三端是指________、________和________三端。

8. 滤波电路中，滤波电容和负载________联，滤波电感和负载________联。

二、选择题

1. 点接触型二极管比较适用于(　　)。

A. 大功率整流　　B. 小信号检波　　C. 小电流开关

2. 稳压二极管是一个可逆击穿二极管，稳压时工作在(　　)状态，但其两端电压必须(　　)它的稳压值 U_Z 才有导通电流，否则处于(　　)状态。

A. 正偏　　B. 反偏　　C. 大于　　D. 小于

E. 导通　　F. 截止

3. 硅二极管的正向电压从 0.68 V 增大 10% 时，正向电流(　　)。

A. 基本不变　　B. 增加 10%　　C. 增加超过 10%

4. 下面(　　)的情况，二极管的单向导电性好。

A. 正向电阻小、反向电阻大　　B. 正向电阻大、反向电阻小

C. 正向电阻和反向电阻都小　　D. 正向电阻和反向电阻都大

5. 在二极管特性的正向区，二极管相当于(　　)。

A. 大电阻　　B. 接通的开关　　C. 断开的开关

6. 正弦电流经过二极管整流后的波形为(　　)。

A. 矩形方波　　B. 等腰三角波　　C. 正弦半波　　D. 仍为正弦波

7. 光电二极管在应用时是(　　)。

A. 正向连接　　B. 反向连接　　C. 都可以

8. 桥式无电容滤波整流电路的输出电压为(　　)。

A. $0.45U_2$　　B. $0.9U_2$　　C. $1.2U_2$

9. 整流电路中电容滤波器适用于(　　)的场合。

A. 输出电压较低　　B. 输出电压较高

C. 输出电流较大　　D. 输出电流较小

10. 单相半波整流电路输出电压平均值为变压器二次电压有效值的(　　)。

A. 0.9 倍　　B. 0.45 倍　　C. 0.707 倍　　D. 1 倍

三、分析计算题

1. 电路如图 1-32 所示，已知 $u_i = 10\sin \omega t$ V，$E = 5$ V，试画出 u_i 与 u_o 的波形。设二极管正向导通电压可忽略不计。

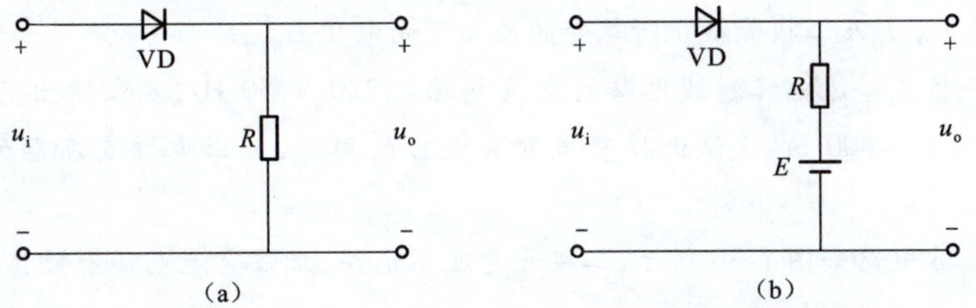

(a)　　(b)

图　1-32

学习笔记

2. 写出图 1-33 所示各电路的输出电压值，设二极管导通电压 $U_D=0.7$ V。

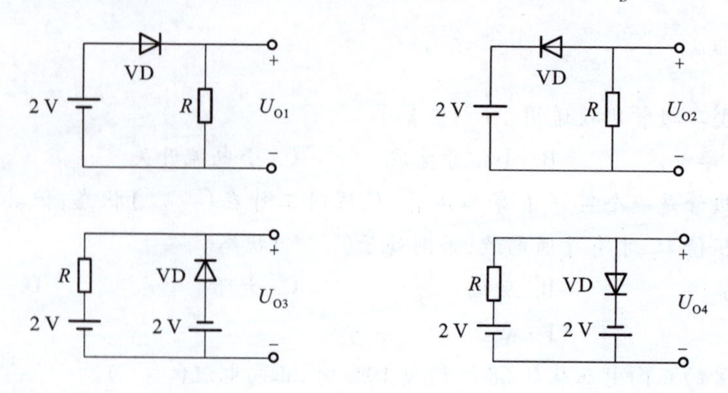

图 1-33

3. 在图 1-34 所示电路中，已知 $u_i=10\sin\omega t$ V，二极管的正向压降和反向电流均忽略不计，试分别画出输出电压 u_o 的波形。

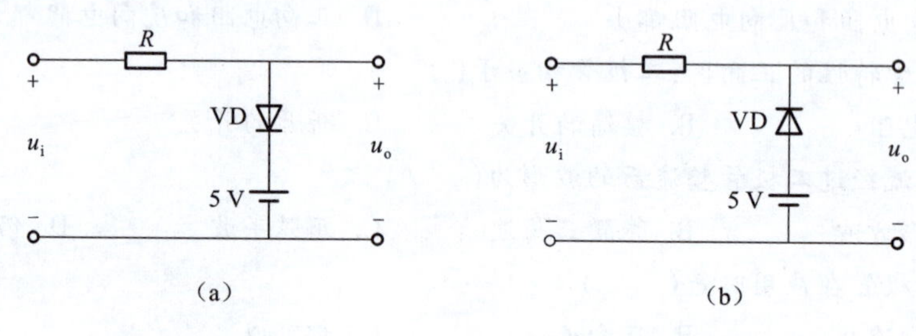

图 1-34

4. 现有两个稳压管 VZ_1 和 VZ_2，稳定电压分别是 4.5 V 和 1.5 V，正向压降都是 0.5 V，试求图 1-35 所示各电路中的输出电压 u_o。

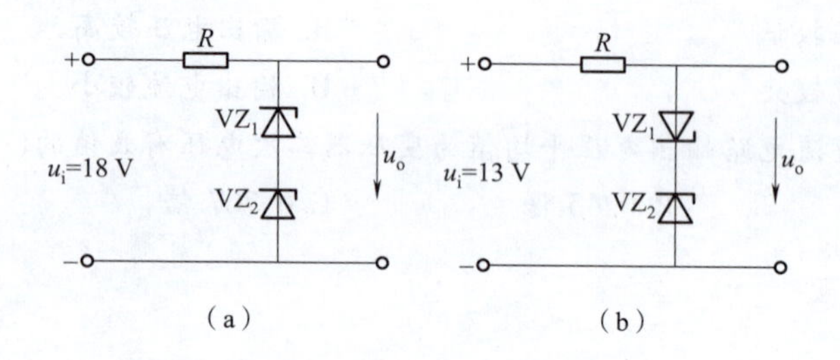

图 1-35

5. 已知单相半波整流负载电阻 $R_L=600\ \Omega$，变压器二次电压 $U_2=20$ V。试求输出电压、电流的平均值 U_O、I_O 及二极管截止时承受的最大反向电压 U_{DRM}。

6. 已知一桥式整流电容滤波电路的交流电源为 220 V，50 Hz，要求输出直流电压 $U_O=24$ V，输出电流 $I_O=600$ mA。试选择整流管和电容的参数，并求电源变压器的二次电压及容量。

7. 整流滤波电路如图 1-36 所示，二极管是理想元件，正弦交流电压有效值 $U_2=20$ V，负载电阻 $R_L=400\ \Omega$，电容 $C=1\ 000\ \mu$F，当直流电压表 Ⓥ 的读数为下列数据时，分析哪个是合理的？哪个表明出了故障？并指出原因。(1)28 V；(2)24 V；(3)18 V；(4)9 V。设电压表的内阻为无穷大。

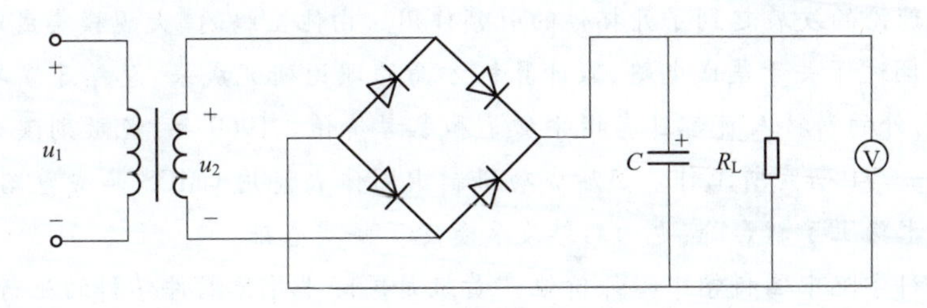

图　1-36

8. 电路如图 1-37 所示。试合理连线，构成 5 V 的直流稳压电源。

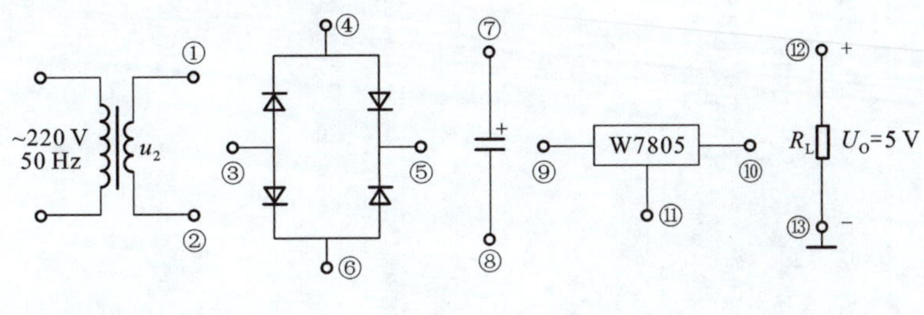

图　1-37

9. 试将 CW317 三端可调输出集成稳压器接入图 1-38 所示的电路中。

10. 在图 1-39 所示电路中，$R_1=240\ \Omega$，$R_2=3\ \mathrm{k}\Omega$；CW117 输入端和输出端电压允许范围为 3 ~ 40 V，输出端和调整端之间的电压 U_{REF} 为 1.25 V。试求：(1)输出电压的调节范围；(2)输入电压的允许范围。

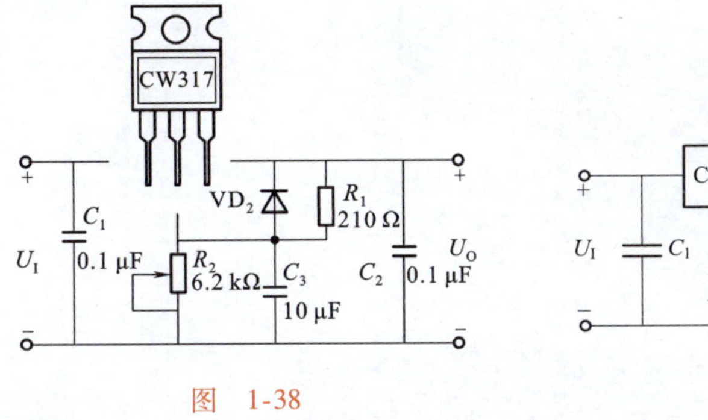

图　1-38

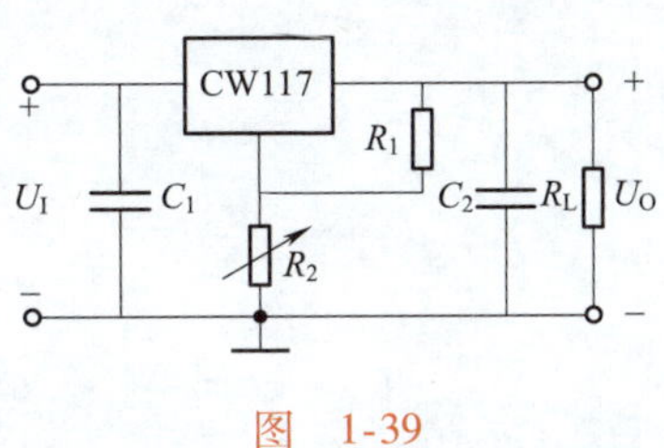

图　1-39

拓展阅读

黄敞：中国集成电路泰斗

黄敞是微电子专家，国际欧亚科学院院士，国际宇航科学院院士，毕生致力于研究航天微电子和集成电路。1947 年 7 月从清华大学毕业，获工学学士学位，后赴哈佛大学获得硕士与博士学位；1958 年 6 月由欧洲返回中国；1965 年 3 月调至同年组建的中国科学院 156 工程处，即 771 研究所前身，开始从事航天微电子与微计算机事业。

他提出的"载流子总量分析方法"，可系统分析器件内部载流子的运动规律，为晶体管模

学习笔记

型、集成电路的研究提供了一种科学的分析方法。这一开创性成果对半导体器件理论和超大规模集成电路理论的发展起到了开拓性的引领作用。由他主编的《大规模集成电路与微计算机》一书,系统阐述了关于集成电路、微计算机方面的理论研究成果,总结了多年来研制成果和经验,对业内外的科技人员都具有指导意义和参考价值。1969 年,黄敞到陕西临潼山沟的新研制基地——771 研究所工作。随后成功研制出固体火箭用 CMOS 集成电路计算机,使中国卫星运载技术跨上了新台阶,也为后续发展奠定了坚实基础。

国际欧亚科学院中国科学中心评价他:“黄敞是国际半导体器件学科的先行者,中国集成电路发展的引领者,航天微电子与微计算机技术的奠基人。”

扩音机电路的制作与调试

学习笔记

本项目将放大电路的相关知识运用到扩音机电路的制作与调试实践应用中。通过对扩音机电路的制作与调试，加深对各类放大电路的认识，熟悉电子电路的焊接、装配和调试过程，以及简单元器件质量检测和极性判别的方法，提高职业素养。

学习目标

1. 知识目标

①掌握三极管器件的结构、工作原理、特性曲线、主要参数、符号及性能和信号放大的概念。

②掌握共发射极基本放大电路的组成及各部分的作用；掌握基本共发射极单管放大器的静态、动态分析方法；掌握分压式偏置的共发射极放大电路的静态、动态分析计算。

③掌握共集电极放大电路的特点及其适用场合。

④熟悉多级放大电路的特点和计算。

⑤掌握放大电路中负反馈的基本类型和判断方法。

⑥熟悉差分放大电路的工作原理和类型特点。

2. 技能目标

①能够对基本放大电路静态工作点调试，会用示波器观察信号波形。

②会用万用表测量三极管的静态工作点，并由此判断工作状态。

③会用交流毫伏表测量输入、输出信号的有效值，并计算电压放大倍数、输入电阻和输出电阻。

④会进行负反馈放大电路静态工作点的测量与调整。

⑤会焊接、装配、调试典型放大电路。

3. 素质目标

①增强专业意识，培养良好的职业道德和职业习惯。

②培养吃苦耐劳、团结协作、积极主动的优良品质；提高人文素质。

③通过实践操作，将所学理论知识与实际应用相结合，提高动手能力和解决问题的能力。

学习笔记

思维导图

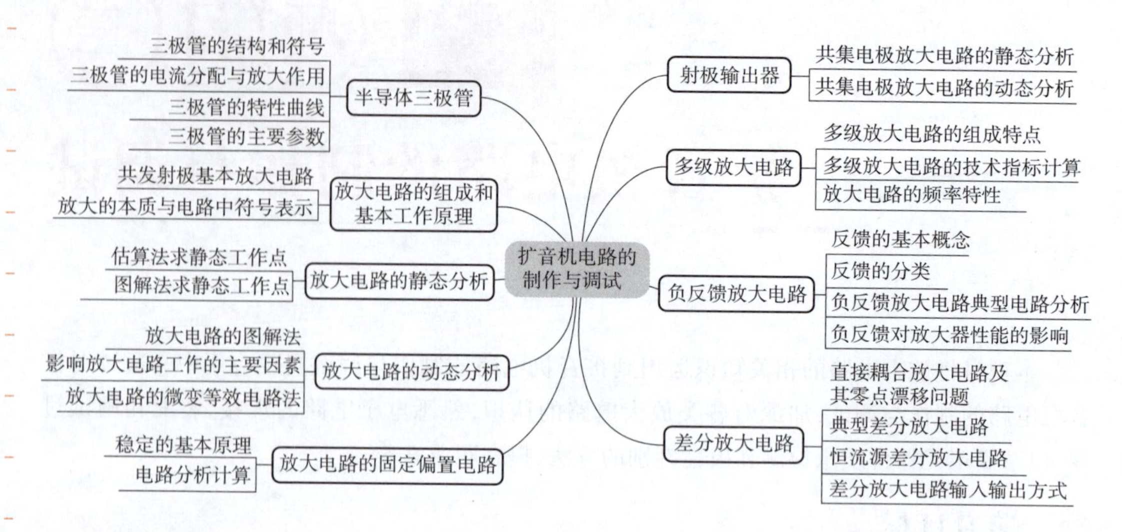

项目描述

本项目要进行的是扩音机电路制作与调试。所谓扩音机，就是把传声器、收音机或其他声源输出的微弱信号进行放大后，输送到扬声器，使之发出更大声音的装置。扩音机电路一般使用多级放大，是一种典型的放大器。

相关知识

一、半导体三极管

视频

半导体三极管

1. 三极管的结构和符号

半导体三极管简称**三极管**又称**晶体管**，是放大电路中的核心器件。其种类很多，按照工作频率分，有高频管和低频管；按照功率分，有小功率管和大功率管；按照半导体材料分，有硅管和锗管等。但是从它的外形来看，三极管都有三个电极，常见的三极管外形如图 2-1 所示。

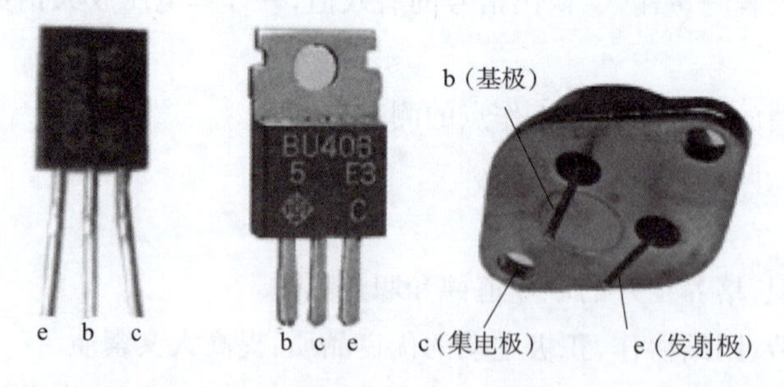

图 2-1 常见的三极管外形图

根据结构不同，三极管可分为 **NPN** 型和 **PNP** 型。图 2-2 是其结构示意图和符号。它由三块半导体两个 PN 结组成，从三块半导体上各自引出一个电极，它们分别是**发射极**

学习笔记

e(emitter)、**基极** b(base)和**集电极** c(collector),对应的每块半导体称为发射区、基区和集电区。三极管有两个 PN 结,发射区与基区交界处的 PN 结称为**发射结**,集电区与基区交界处的 PN 结称为**集电结**。发射极的箭头表示三极管正常工作时的实际电流方向。使用时应注意,由于内部结构的不同,发射区为高掺杂浓度,集电极和发射极不能互换。

NPN 型与 PNP 型三极管的工作原理相同,不同之处在于使用时所加电源的极性不同。在实际应用中,采用 NPN 型三极管较多,所以下面以 NPN 型三极管为例进行分析讨论。

2. 三极管的电流分配与放大作用

(1)三极管内部载流子的传输过程

要使三极管能正常工作,三极管外加电压必须满足"发射结加正向电压,集电结加反向电压"这两个外部放大条件,电源 V_{CC} 和 V_{BB} 正是为满足这两个条件而设置的。

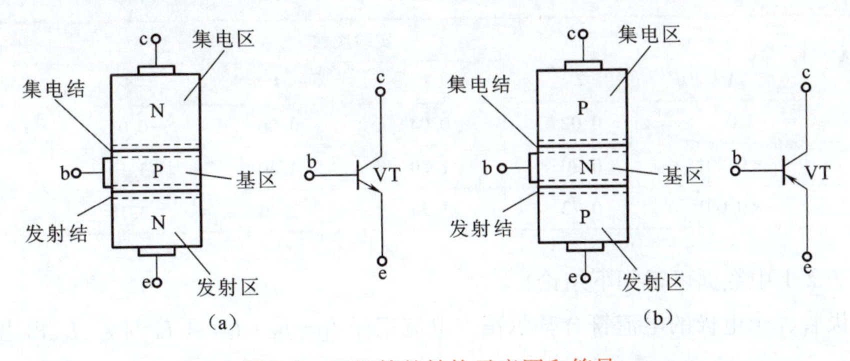

图 2-2　三极管的结构示意图和符号

将三极管接成两条电路:一条是由电源电压 V_{BB} 的正极经过电阻 R_B(通常为几百千欧的可调电阻)、基极、发射极到电源电压 V_{CC} 的负极,称为**基极回路**。另一条是由电源电压 V_{CC} 的正极经过电阻 R_C、集电极、发射极再回到电源电压 V_{CC} 的负极,称为**集电极回路**,如图 2-3 所示。

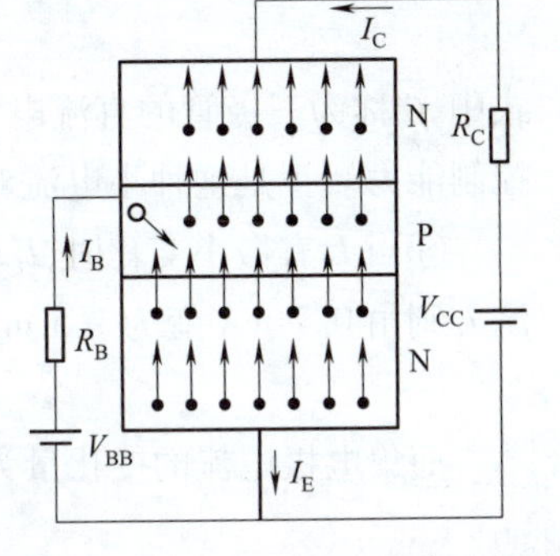

图 2-3　三极管内部载流子的传输过程

①发射区向基区注入电子,形成发射极电流 I_E。由于发射结正偏,因此,高掺杂浓度的发射区多子(自由电子)越过发射结向基区扩散,形成发射极电流 I_E,发射极电流的方向与电子流动方向相反,是流出三极管发射极的。

②电子在基区中的扩散与复合,形成基极电流 I_B。发射区来的电子注入基区后,由于浓度差的作用继续向集电结方向扩散。但因为基区多子为空穴,所以在扩散过程中,有一部分自由电子要和基区的空穴复合。在制造三极管时,基区被做得很薄,掺杂浓度又低,因此被复合掉的只是一小部分,大部分自由电子可以很快到达集电结。

③大部分从发射区"发射"来的自由电子很快扩散到了集电结。由于集电结反偏,在这个较强的从 N 区(集电区)指向 P 区(基区)的内电场的作用下,自由电子很快就被吸引、漂移过了集电结,到达集电区,形成集电极电流 I_C。集电极电流的方向是流入集电极的。集电区收

学习笔记

集扩散过来的电子，形成集电极电流 I_C。

为方便起见，上述过程暂时忽略了一些少子形成的很小的漂移电流。

由图2-3可见，三极管电流分配关系为

$$I_E = I_B + I_C$$

（2）三极管的电流分配与放大作用

为了说明三极管的电流分配与放大作用，先看下面的实验。实验电路如图2-4所示。实验时，改变 R_B，基极电流 I_B、集电极电流 I_C 和发射极电流 I_E 都随之发生变化，表2-1列出了一组实验数据。

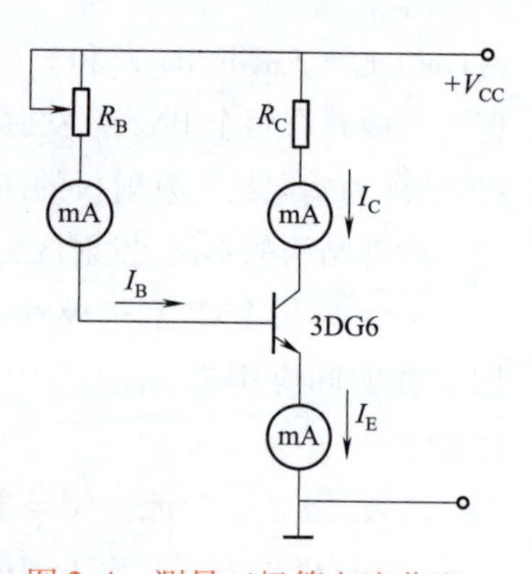

图2-4　测量三极管电流分配实验电路

表2-1　三极管电流分配实验数据

电流/mA	实验次数					
	1	2	3	4	5	6
I_B	0	0.02	0.04	0.06	0.08	0.10
I_C	<0.001	0.70	1.50	2.30	3.10	3.95
I_E	<0.001	0.72	1.54	2.36	3.18	4.05

根据表2-1中数据可得如下结论：

①三极管三个电极的电流符合基尔霍夫电流定律 $I_E = I_B + I_C$，且 I_B 与 I_C、I_E 相比小得多，并且 $I_E \approx I_C$。

② I_B 尽管很小，但对 I_C 有控制作用，I_C 随 I_B 的变化而变化，两者在一定范围内保持固定比例关系，即

$$\bar{\beta} \approx \frac{I_C}{I_B}$$

式中，$\bar{\beta}$ 称为三极管的直流**电流放大系数**，它反映了三极管的电流放大能力，或者说 I_B 对 I_C 的控制能力。正是这种小电流对大电流的控制能力，说明了三极管具有放大作用。

③当 I_B 有微小变化时，I_C 即有较大的变化。例如，当 I_B 由20 μA变到40 μA时，集电极电流 I_C 则由0.7 mA变为1.5 mA。这时基极电流 I_B 的变化量为

$$\Delta I_B = (0.04 - 0.02)\ \text{mA} = 0.02\ \text{mA}$$

而集电极电流的变化量为

$$\Delta I_C = (1.5 - 0.70)\ \text{mA} = 0.80\ \text{mA}$$

显然后者变化量大得多，更重要的是，两个变化量之比能保持固定的比例不变。这种用基极电流的微小变化来使集电极电流有较大变化的控制作用，就称为三极管的电流放大作用。把集电极电流变化量 ΔI_C 和基极电流变化量 ΔI_B 的比值，称为三极管的交流放大系数，用 β 表示，即 $\beta = \Delta I_C / \Delta I_B$。在工程计算时，可认为 $\bar{\beta} \approx \beta$，且在一定范围内几乎不变。

3. 三极管的特性曲线

三极管的特性曲线是指三极管各电极电压与电流之间的关系曲线，它是分析和设计各种三极管电路的重要依据。由于三极管有三个电极，构成二端口网络，输入端电压电流关系为

输入特性，输出端电压电流关系为**输出特性**。工程上最常用到的是三极管的输入特性和输出特性曲线。由于三极管特性的分散性，半导体器件手册中给出的特性曲线只能作为参考，在实际应用中可通过实验测量。图2-5是三极管特性曲线测量电路。

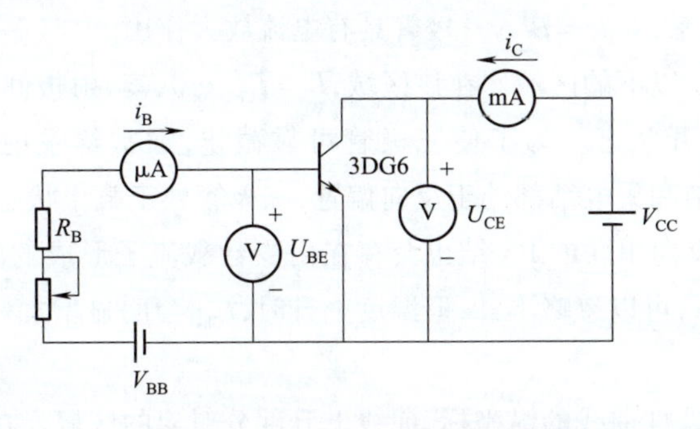

图2-5　三极管特性曲线测量电路

(1)输入特性曲线

输入特性是指当集电极与发射极之间的电压 U_{CE} 为某一常数时，加在三极管基极与发射极之间的电压 u_{BE} 与基极电流 i_B 之间的关系曲线，即

$$i_B = f(u_{BE})\big|_{U_{CE}=\text{常数}}$$

图2-6所示为硅管3DG6的输入特性曲线。一般情况下，当 $U_{CE} \geqslant 1$ V时，集电结就处于反向偏置，此时再增大 U_{CE} 对 i_B 的影响很小，也即 $U_{CE} > 1$ V以后的输入特性与 $U_{CE} = 1$ V的一条特性曲线基本重合，所以半导体器件手册中通常只给出一条 $U_{CE} \geqslant 1$ V时的输入特性曲线。

由图2-6可见，三极管的输入特性曲线与二极管的伏安特性曲线很相似，也存在一段死区，硅管的死区电压约为0.5 V，锗管的死区电压约为0.2 V。导通后，硅管的 U_{BE} 约为0.7 V，锗管的 U_{BE} 约为0.3 V。

(2)输出特性曲线

输出特性是在基极电流 I_B 为某一常数的情况下，集电极与发射极之间的电压 u_{CE} 与集电极电流 i_C 之间的关系，即

$$i_C = f(u_{CE})\big|_{I_B=\text{常数}}$$

图2-7所示为小功率三极管的输出特性曲线。由图可见，对于不同的 I_B，所得到的输出特性曲线也不同，所以，三极管的输出特性曲线是一族曲线。

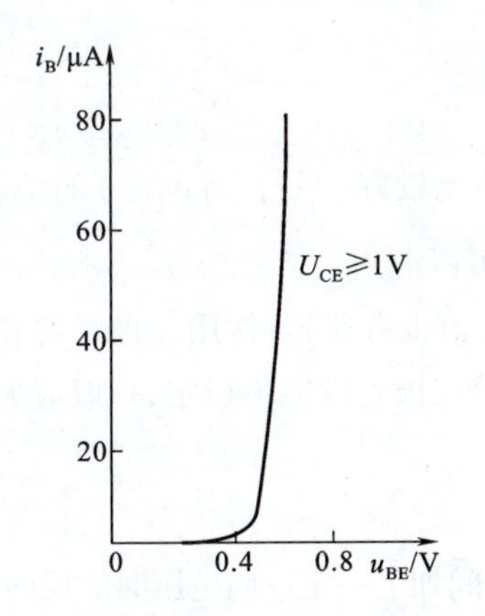

图2-6　三极管的输入特性曲线

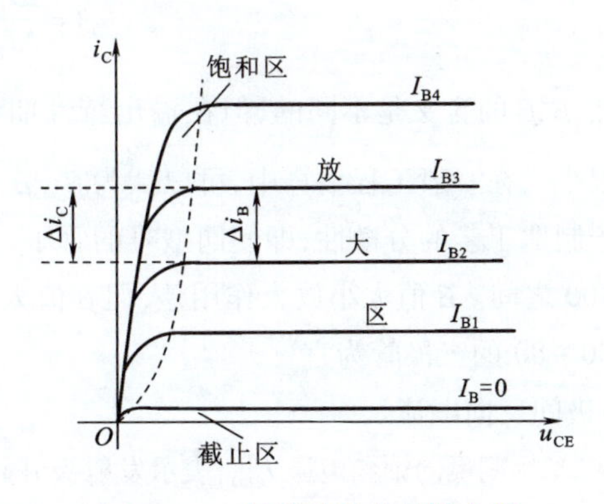

图2-7　三极管的输出特性曲线

学习笔记

三极管的输出特性曲线分为三个区域：放大区、截止区、饱和区。

放大区：放大区是输出特性曲线中基本平行于横坐标的曲线族部分。当 u_{CE} 超过一定值后（1 V 左右），i_C 的大小基本上与 u_{CE} 无关，呈现恒流特性。在放大区，发射结正偏和集电结反偏，i_C 与 i_B 成比例关系，即 $i_C=\beta i_B$，三极管具有电流放大作用。

截止区：对应 $I_B=0$ 以下的区域。在该区域，$I_C=I_{CEO}\approx 0$，集、射极间只有微小的反向饱和电流，近似于开关的断开状态。为了使三极管可靠截止，通常给发射结加上反向电压，即 $u_{BE}<0$ V。这样，发射结和集电结都处于反向偏置，三极管处于截止状态。

当 $I_B=0$ 时，两个反向串联的 PN 结也会存在由少数载流子形成的漏电流 I_{CEO}，该电流称为穿透电流。在常温下，可以忽略不计，但温度上升时，I_{CEO} 会明显增加。I_{CEO} 的存在是一种不稳定因素。

饱和区：靠近输出特性曲线的纵坐标，曲线上升部分对应的区域。在该区域，i_C 不受 i_B 的控制，无电流放大作用，且发射结和集电结均处于正向偏置。一般认为，$u_{CE}\approx u_{BE}$，即 $u_{CB}\approx 0$ 时，三极管处于临界饱和状态，$u_{CE}<u_{BE}$ 时为饱和状态。饱和时三极管 c 与 e 间的电压记作 U_{CES}，称为饱和压降。对于小功率管，饱和时的硅管管压降典型值 $U_{CES}\approx 0.3$ V，锗管典型值 $U_{CES}\approx 0.1$ V。近似于开关的闭合状态。在饱和状态下，三极管集电极电流为

$$I_{CS}=\frac{V_{CC}-U_{CES}}{R_C}=\frac{V_{CC}-0.3}{R_C}\approx\frac{V_{CC}}{R_C}$$

4. 三极管的主要参数

三极管的参数是用来表征三极管性能优劣和适用范围的，它是选用三极管的依据。了解这些参数的意义，对于合理使用和充分利用三极管达到设计电路的经济性和可靠性是十分必要的。

（1）电流放大系数 $\bar{\beta}$、β

根据工作状态的不同，在直流（静态）和交流（动态）两种情况下分别用 $\bar{\beta}$、β 表示。

直流电流放大系数的定义为电流静态值之比为

$$\bar{\beta}=\frac{I_C}{I_B}$$

交流电流放大系数的定义为电流变化量之比为

$$\beta=\frac{\Delta I_C}{\Delta I_B}$$

显然，$\bar{\beta}$、β 的含义是不同的，但在输出特性曲线线性比较好（平行、等间距）的情况下，两者差别很小。在一般工程估算中，可以认为 $\beta\approx\bar{\beta}$，两者可以混用。

由于制造工艺的分散性，即使同型号的管子，它的 β 值也有差异，常用三极管的 β 值通常在 10～100 之间。β 值太小放大作用差，但 β 值太大易使三极管性能不稳定，一般放大电路采用 β 为 30～80 的三极管为宜。

（2）极间反向电流

①集-基极间反向饱和电流 I_{CBO}：表示发射极开路，c、b 间加上一定反向电压时的反向电流，如图 2-8(a) 所示。它实际上和单个 PN 结的反向饱和电流是一样的，因此它只取决于温度和少数载

学习笔记

流子的浓度。一般 I_{CBO} 的值很小,小功率锗管的 I_{CBO} 约 10 μA。而硅管的 I_{CBO} 则小于 1 μA。

②**集-射极间反向饱和电流**(穿透电流)I_{CEO}:表示基极开路时,c、e 间加上一定反向电压时的集电极电流,如图 2-8(b)所示。I_{CEO} 和 I_{CBO} 的关系为

$$I_{CEO}=(1+\beta)I_{CBO}$$

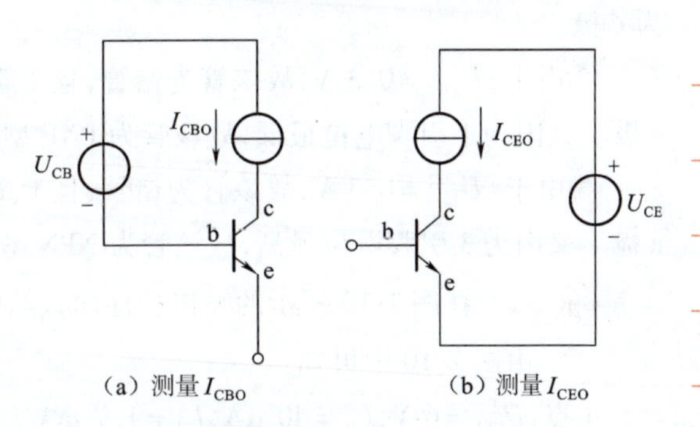

图 2-8 测量 I_{CBO} 和测量 I_{CEO} 的电路

I_{CEO} 和 I_{CBO} 都是衡量三极管质量的重要参数,由于 I_{CEO} 比 I_{CBO} 大得多,测量起来比较容易,所以平时测量三极管时,常常把测量 I_{CEO} 作为判断三极管质量的重要依据。小功率锗管的 I_{CEO} 为几百微安,硅管在几微安以下。

(3)极限参数

①**集电极最大允许电流** I_{CM}:指三极管的参数变化不超过允许值时集电极允许的最大电流。当集电极电流超过 I_{CM} 时,三极管性能将显著下降,甚至有烧坏三极管的可能。

②**反向击穿电压** $U_{(BR)CEO}$:指基极开路时,集电极与发射极间的最大允许电压。当 $U_{CE}>U_{(BR)CEO}$ 时,三极管的 I_{CEO} 急剧增加,表示三极管已被反向击穿,造成三极管损坏。使用时,应根据电源电压 V_{CC} 选取 $U_{(BR)CEO}$,一般应使 $U_{(BR)CEO}>(2\sim3)V_{CC}$。

③**集电极最大允许功率损耗** P_{CM}:表示三极管允许功率损耗的最大值。超过此值,就会使三极管性能变坏或烧毁。三极管功率损耗的计算公式为

$$P_{CM}\approx i_C u_{CE}$$

P_{CM} 与环境温度有关,温度越高,则 P_{CM} 越小。因此,三极管使用时受环境温度的限制,锗管的上限温度约 70 ℃,硅管可达 150 ℃。对于大功率管,为了提高 P_{CM},常采用加散热装置的办法,半导体器件手册中给出的 P_{CM} 值是在常温(25 ℃)下测得的,对于大功率管则是在常温下加规定尺寸的散热片的情况下测得的。

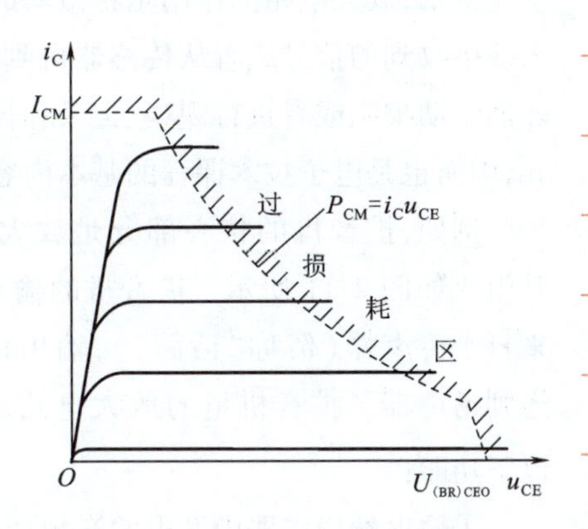

图 2-9 三极管的安全工作区

根据三极管的 P_{CM},可在输出特性曲线上画出三极管的允许功率损耗 P_{CM} 曲线,如图 2-9 所示。由 P_{CM}、I_{CM} 和 $U_{(BR)CEO}$ 三条曲线所包围的区域为三极管的安全工作区。

例 2-1 若测得放大电路中工作在放大状态的三个三极管的三个电极对地电位 U_1、U_2、U_3 分别为下述数值,试判断它们是硅管还是锗管?是 NPN 型还是 PNP 型?并确定 c、b、e 极。

①$U_1=2.5$ V,$U_2=6$ V,$U_3=1.8$ V。

②$U_1=-6$ V,$U_2=-3$ V,$U_3=-2.7$ V。

③$U_1=-1.7$ V,$U_2=-2$ V,$U_3=0$ V。

解 ①由于 $U_{13}=U_1-U_3=0.7$ V,故该管为硅管,且 1、3 引脚中一个是 e 极,一个是 b 极,

学习笔记

则 2 引脚为 c 极。又因为 2 引脚电位最高，故该管为 NPN 型，从而得出 1 引脚为 b 极，3 引脚为 e 极。

②由于 $|U_{23}|=0.3\ \text{V}$，故该管为锗管，且 2、3 引脚中一个是 e 极，一个是 b 极，则 1 引脚为 c 极。又因为 1 引脚电位最低，故该管为 PNP 型，从而得出 2 引脚为 b 极，3 引脚为 e 极。

③由于 $|U_{12}|=0.3\ \text{V}$，故该管为锗管，且 1、2 引脚中一个是 e 极，一个是 b 极，则 3 引脚为 c 极。又因为 3 引脚电位最高，故该管为 NPN 型，从而得出 1 引脚为 b 极，2 引脚为 e 极。

例 2-2 在图 2-10 所示的输出特性曲线给定点 A 处计算三极管的电流放大系数。

解 由图 2-10 中可知：

A 点，$U_{CE1}=6\ \text{V}, I_{B1}=40\ \mu\text{A}, I_{C1}=1.7\ \text{mA}$

B 点，$U_{CE2}=6\ \text{V}, I_{B2}=60\ \mu\text{A}, I_{C2}=2.6\ \text{mA}$

$$\bar{\beta}=\frac{I_{C1}}{I_{B1}}=\frac{1.7}{0.04}=42.5$$

$$\beta=\frac{\Delta I_C}{\Delta I_B}=\frac{2.6-1.7}{0.06-0.04}=45$$

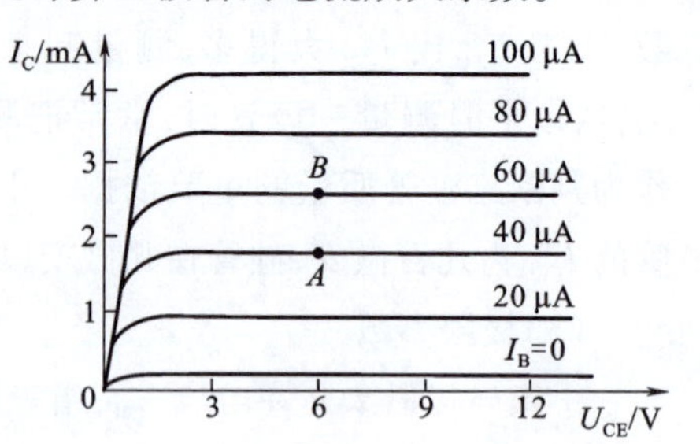

图 2-10 三极管的输出特性

结果表明：放大区的 $\bar{\beta}$ 和 β 是近似相等的。

二、放大电路的组成和基本工作原理

放大电路（又称放大器）是最基本的电子电路，应用十分广泛，无论日常使用的收音机、扩音器还是精密的测量仪器和复杂的自动控制系统，其中都有各种各样的放大电路，在这些电子设备中，放大电路的作用是将微弱的电信号放大，以便于人们测量和利用。例如，从收音机天线接收到的信号或者从传感器得到的信号，有时只有微伏或毫伏的数量级，必须经过放大才能驱动喇叭或者进行观察、记录和控制。由于放大电路是电子设备中最普遍的一种基本单元，因而也是电子技术课程的基本内容。

例如，扩音机的核心部分是放大电路，其组成如图 2-11 所示。扩音机的输入信号来自于传声器（俗称“话筒”），输出信号则送到扬声器。扩音机里的放大电路应完成以下功能：

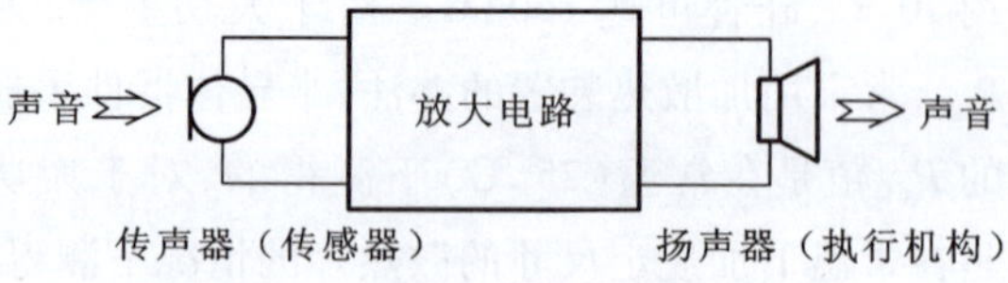

声音 放大电路 声音
传声器（传感器） 扬声器（执行机构）

图 2-11 放大电路的作用

①输出端扬声器中发出的音频功率一定要比输入端的音频功率大得多，即将输入的音频信号放大了若干倍输出。而扬声器所需的能量是由外接电源供给的，传声器送来的输入信号只起着控制输出较大功率的作用。

②扬声器中音频信号的变化必须与话筒中音频信号的变化一致，即不能失真。

1. 共发射极基本放大电路

（1）共发射极放大电路的组成

一个放大电路通常由输入信号源、放大元件、直流电源、相应的偏置电路以及输出负载等组成。在一般的放大电路中，有两个端点与输入信号相接，而由另两个端点，引出输出信号。所以，放大电路是一个四端网络。作为放大电路中的三极管，只有三个电极。因此，必有一个电极作为输入、输出电路的公共端。根据输入回路和输出回路共用的电极不同，由单个三极管构成的基本放大电路可有三种**组态**，即**共发射极**、**共集电极**和**共基极**放大电路。

图 2-12 所示为共发射极基本放大电路。共发射极放大电路的输入信号和输出信号的公共端为发射极。公共端在图中的符号“⊥”称为**接地**，它并不是真正接到大地的“地”电位，而是表示电路中的参考零电位。

三极管放大电路要完成对信号放大的任务，首先要设法让三极管工作于线性放大区。因此图中所加两个电源要保证发射结正向偏置和集电结反向偏置。然后再设法将待放大的输入信号 u_i 加到三极管的发射结上，使三极管的发射结电压 u_{BE} 随着 u_i 变化而变化。

在放大电路的输出端，再将经三极管放大了的集电极电流信号 Δi_C 转化为输出电压 u_o。它的发射极是输入信号和输出信号的公共端，u_i 是放大电路的输入电压，u_o 是输出电压。为分析方便，通常规定：电压的正方向是以公共端为负端，其他各点为正端。此电路称为**共发射极放大电路**，简称**共射放大电路**。

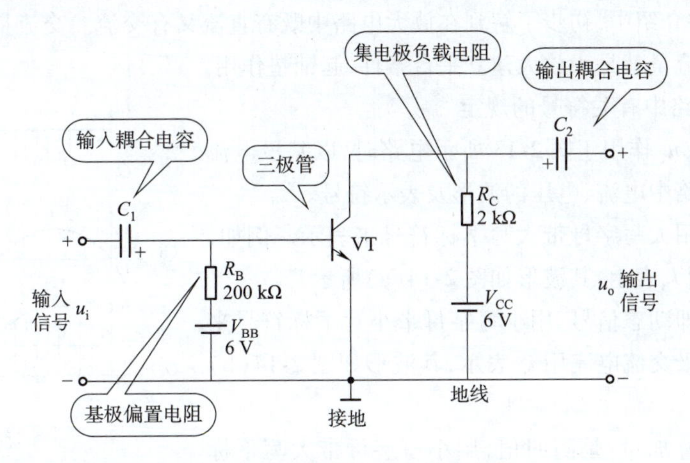

图 2-12　共发射极基本放大电路

(2) 电路中各元件的作用

三极管 VT：电路核心元件。起电流放大作用，用基极电流 i_B 控制集电极电流 i_C。

直流电源 V_{CC}：提供电路所需的能量，保证发射结正向偏置和集电结反向偏置，使三极管处于放大状态。V_{CC}一般在几至十几伏之间，使用时要注意电源的负极要接公共“**地**”。

偏置电阻 R_B：它与电源 V_{CC}一起为三极管提供合适的基极电流 I_B（直流分量），其阻值一般为几百至几千千欧。

集电极负载电阻 R_C：把三极管集电极电流 i_C 的变化转换为电压（$i_C R_C$）的变化，从而使三极管电压 u_{CE}发生变化，经耦合电容 C_2 获得输出电压 u_o。其阻值一般为几千欧。

耦合电容 C_1、C_2：放大电路中既有直流又有交流，它们有“**隔直、通交**”的作用。隔直是指利用电容对直流开路的特点，隔离信号源、放大电路、负载之间的直流联系，以保证它们的直流工作状态相互独立，互不影响。通交是指利用电容对交流近似短路的特点（要求 C_1、C_2 的电容量足够大），使交流信号能顺利地通过。图中 C_1、C_2 是有极性的电解电容，连接时要注意极性。

图 2-13 是共发射极基本放大电路的简便画法。两个电源可以合并为一个。R_L 为负载电阻。

学习笔记

2. 放大的本质与电路中符号表示

(1)放大的本质

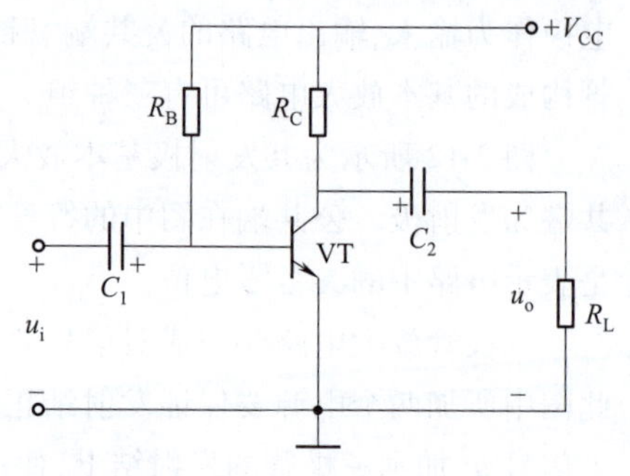

图 2-13　共发射极基本放大电路

电子电路中放大的对象是动态信号，在课程中为了分析方便，一般用**正弦波信号**来代表，实际中的动态信号是千变万化的。

所谓**放大**，表面看来是将信号的幅度由小增大，但是，放大电路本身并不能放大能量，实际上负载得到的能量来自放大电路的供电电源，放大的本质是实现能量的控制。放大电路的作用只不过是控制了电源的能量，放大输出后的信号形态及变化规律要和输入的信号保持一致，不能失真。由于输入信号的能量过于微弱，不足以推动负载，因此，需要另外提供一个能源，由能量较小的输入信号控制这个能源，使之输出较大的能量，然后推动负载，这种小能量对大能量的**控制**作用，就是放大作用的本质。

从以上元件介绍中，初步了解到在放大电路中既有直流又有交流。交流量就是需要放大的变化信号，直流量就是为放大建立平台条件，起铺垫作用。

(2)放大电路中有关符号的规定

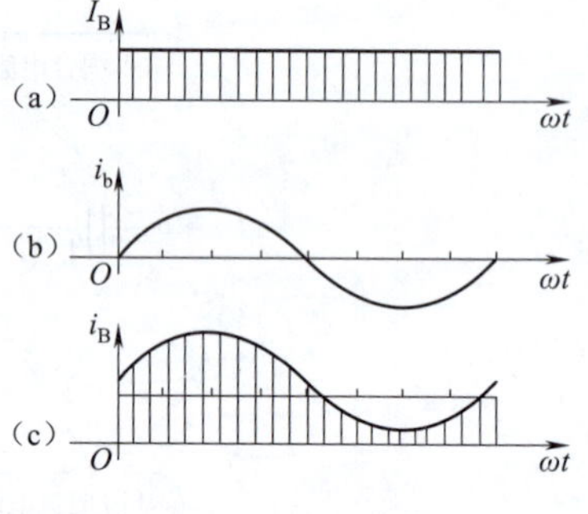

图 2-14　所示的波形

当交流信号 u_i 作用于图 2-13 所示电路时，以基极电流为例，说明在电路中电流、电压的波形及表示符号。

直流分量：用大写字母带大写下标符号来表示。例如，基极直流电流用 I_B 表示，其波形如图 2-14(a)所示。

交流分量：即动态信号，用小写字母带小写下标符号来表示。例如，基极交流电流用 i_b 表示，其波形如图 2-14(b)所示。

交流、直流叠加量：是瞬时值，用小写字母带大写下标符号来表示。例如，基极总电流用 i_B 表示，其波形如图 2-14(c)所示的波形，是交流电流和直流电流叠加后形成的，即

$$i_B = I_B + i_b$$

另外，在列式计算时也常用到有效值，或将正弦量用相量表示。

各种电压、电流表示符号见表 2-2。

表 2-2　各种电压、电流表示符号

名称	静态值	正弦交流分量		总电流或电压	直流电源
		瞬时值	有效值	瞬时值	对地电压
基极电流	I_B	i_b	I_b	i_B	
集电极电流	I_C	i_c	I_c	i_C	
发射极电流	I_E	i_e	I_e	i_E	
集-射极电压	U_{CE}	u_{ce}	U_{ce}	u_{CE}	
基-射极电压	U_{BE}	u_{be}	U_{be}	u_{BE}	
集电极电源					V_{CC}
基极电源					V_{BB}
发射极电源					V_{EE}

三、放大电路的静态分析

学习笔记

视频

放大电路静态分析

放大电路没有动态输入信号（$u_i=0$）时的工作状态称为**静态**，此时电路中的电压、电流是不变的直流，称为**静态值**。所谓静态分析就是求出静态值 I_B、I_C 和 U_{CE}。由于这组数值分别与三极管输入、输出特性曲线上一点的坐标值相对应，故常称这组数值为**静态工作点**，用 Q 表示。

静态情况下放大器各直流电流的通路称为放大器的**直流通路**。画直流通路的原则是：电容开路，电感短路。静态工作点 Q 是由直流通路决定的。

1. 估算法求静态工作点

待求直流电流和电压是 I_B、I_C、U_{CE}，放大电路如图 2-15 所示。

由于电路中只有直流量，耦合电容 C_1、C_2 对直流开路，因此可画出如图 2-16 所示的**直流通路**。

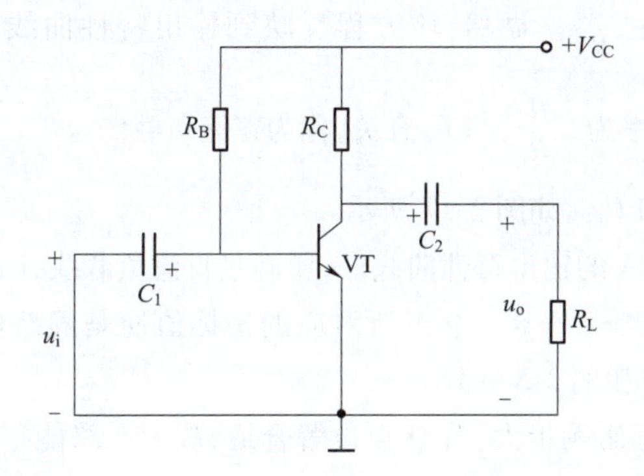

图 2-15　没有输入信号时的基本放大电路

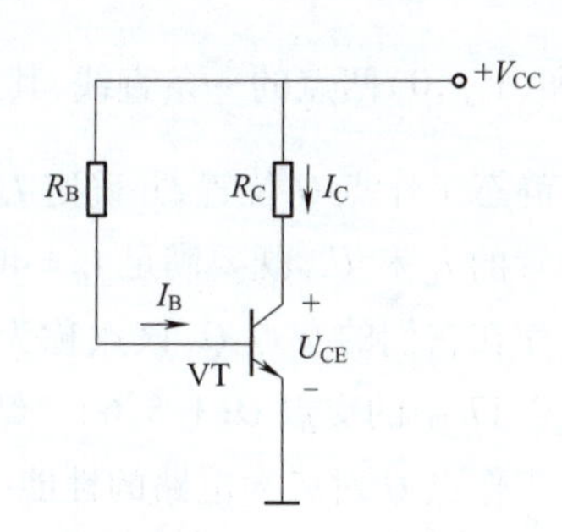

图 2-16　直流通路

静态基极电流 I_B 很重要，I_B 确定了放大电路的直流工作状态，通常称为**偏置电流**，简称**偏流**。产生偏流的电路称为**偏置电路**。R_B 称为**偏置电阻**。

由图 2-16 可得

$$I_B=\frac{V_{CC}-U_{BE}}{R_B}\approx\frac{V_{CC}}{R_B}$$

式中，U_{BE} 远小于 V_{CC}，可忽略不计。

由上式可见，当 V_{CC}、R_B 固定后，I_B 也固定下来，因此图 2-15 所示电路又称固定偏置的共射放大电路。

静态集电极电流为

$$I_C=\beta I_B$$

集-射极间的电压为

$$U_{CE}=V_{CC}-I_CR_C$$

由上述三个公式求得的 I_B、I_C 和 U_{CE} 值即静态工作点 Q。

例 2-3　在图 2-15 所示的基本共射放大电路中，已知三极管的 $V_{CC}=12\ \text{V}$，$\beta=32.5$，$R_B=300\ \text{k}\Omega$，$R_C=4\ \text{k}\Omega$，$R_L=4\ \text{k}\Omega$，试用估算法求出静态工作点。

学习笔记

解　图 2-15 所示电路的直流通路如图 2-16 所示。由直流通路可计算出

$$I_B \approx \frac{V_{CC}}{R_B} = \frac{12\ \text{V}}{300\ \text{k}\Omega} = 0.04\ \text{mA} = 40\ \mu\text{A}$$

$$I_C = \beta I_B = 37.5 \times 0.04\ \text{mA} = 1.5\ \text{mA}$$

$$U_{CE} = V_{CC} - I_C R_C = 12\ \text{V} - 1.5\ \text{mA} \times 4\ \text{k}\Omega = 6\ \text{V}$$

2. 图解法求静态工作点

除了用上述估算法计算电路的静态值之外，还可以用图解的方法求得。由于输入特性不易准确得到图解。因此图解分析主要是针对输出回路。

三极管的输出特性曲线如图 2-17 所示，图解法求静态工作点步骤如下：

①用计算法求出基极电流 I_B（如例 2-3 中 40 μA）。

②根据 I_B，在输出特性曲线上找到对应的 I_C 曲线。

③作直流负载线：

由 $U_{CE} = V_{CC} - I_C R_C$，整理得 $I_C = \frac{V_{CC}}{R_C} - \frac{U_{CE}}{R_C}$。显然，该方程反映到输出特性曲线上为过 $\left(0, \frac{V_{CC}}{R_C}\right)$ 和 $(V_{CC}, 0)$ 两点的一条直线，其斜率为 $-\frac{1}{R_C}$，与 R_C 有关，称为**直流负载线**。

④求静态工作点 Q 位置，并确定 I_C 和 U_{CE}，如图 2-17 所示。

三极管的 I_C 和 U_{CE} 既要满足 $I_B = 40\ \mu\text{A}$ 的输出特性曲线，又要满足直流负载线，因而三极管必然工作在它们的交点 Q，该点称为**静态工作点**。Q 点所对应的坐标值便是静态值 I_C 和 U_{CE}，如图 2-17 中的交点 $Q(1.5, 6)$。结果和例 2-3 一致。

静态工作点 Q 对放大电路的性能指标影响很大，若 Q 点设置合适，放大电路能很好地放大输入信号，否则电路不能正常工作。在后面将要介绍的多级放大电路、运算放大器和振荡器等电路中，也需要设置静态工作点。

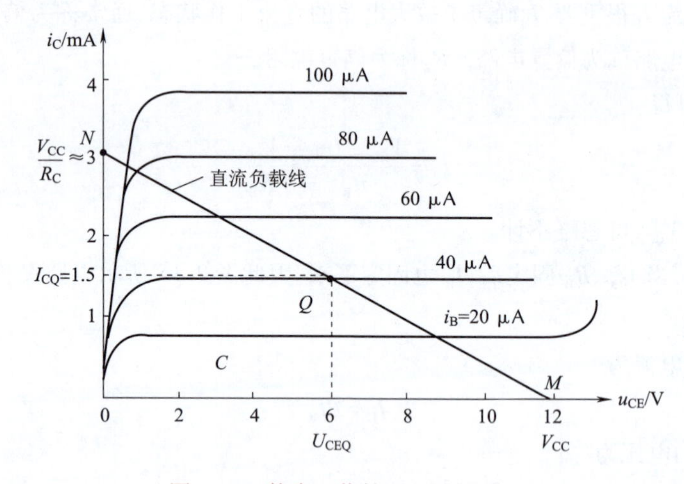

图 2-17　静态工作情况的图解分析

四、放大电路的动态分析

当放大电路加上输入信号时，即 $u_i \neq 0$，三极管各电极上的电流和电压都含有直流分量和

视频

放大电路动态分析

学习笔记

交流分量。直流分量可由静态分析来确定，而交流分量（信号分量）是通过放大电路的动态分析来求解的。微变等效电路法和图解法是动态分析的两种基本方法。

为分析放大电路的动态工作情况，计算放大电路的放大倍数，要按交流信号在电路中流通的路径画出交流通路。对频率较高的交流信号，放大电路中的耦合电容、旁路电容画交流通路时都视为短路；直流电源由于内阻很小，对交流信号也视为短路。图 2-18 所示为图 2-15 基本放大电路的交流通路。

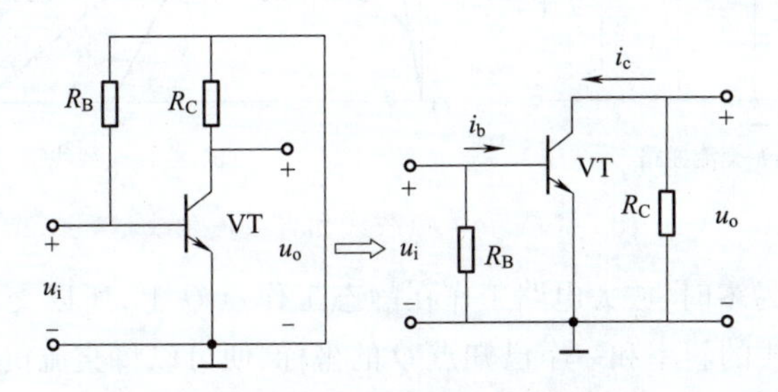

图 2-18　基本放大电路的交流通路

1. 放大电路的图解法

应用三极管的输入、输出特性，通过作图的方法来分析放大电路的工作性能，称为图解法。图解法形象直观，对建立放大概念，理解放大电路的原理极有帮助。

（1）交流负载线的引入

前面讲过，静态工作点的确定，可以通过画出直流负载线来求得，在输出特性曲线上找到和 $I_B\left(=\dfrac{V_{CC}-U_{BE}}{R_B}\right)$的交点 Q，这便是静态工作点。直流负载线的斜率是 $-\dfrac{1}{R_C}$。

静态工作点 Q 的坐标，即 $Q(U_{CE}、I_B、I_C)$，反映了放大电路无信号输入时的直流值。

加上动态信号后，就要引入交流负载线。这时放大电路的实际工作点是动态的，将沿交流负载线变化。

所谓交流负载线是交流动态信号 Δi_C 与 Δu_{CE}之间的关系曲线。交流负载线表现也为一条直线。且满足关系

$$\frac{\Delta u_{CE}}{\Delta i_C}=-R_L'$$

R_L' 即为交流通路中，接在三极管集-射极之间的交流等效电阻，$R_L'=R_C//R_L$，如图 2-19（a）所示。交流负载线的斜率是 $-\dfrac{1}{R_L'}$。比较两个负载线的斜率，$R_L'=R_C//R_L$数值上小于 R_C，因此交流负载线比直流负载线更陡些，如图 2-19（b）所示。

直流负载线与横轴方向的夹角是 $\alpha=\arctan\left(-\dfrac{1}{R_C}\right)$。

交流负载线与横轴方向的夹角是 $\alpha'=\arctan\left(-\dfrac{1}{R_L'}\right)$，其中 $R_L'=R_C//R_L$。

注意：在没有加上负载时，R_L相当于无穷大，交流负载线与直流负载线是重合的。

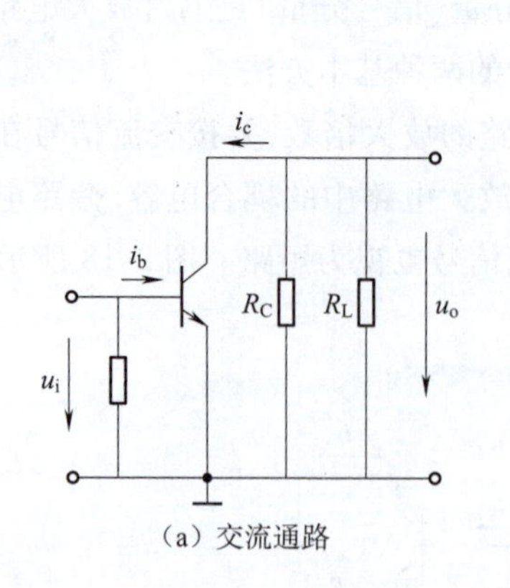

(a) 交流通路

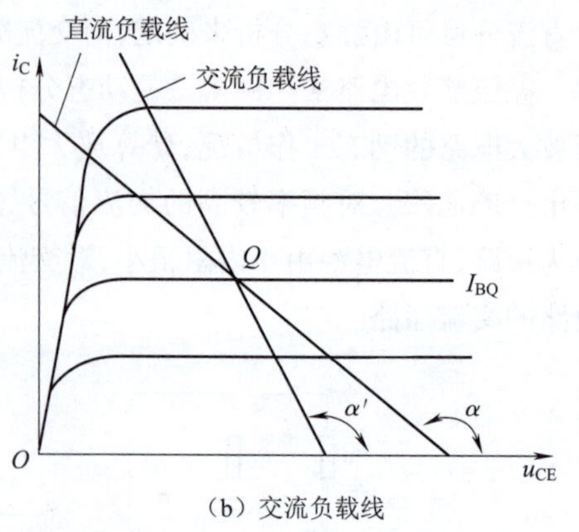

(b) 交流负载线

图 2-19 交流负载线和直流负载线

因为当输入信号为零时，放大电路工作在静态工作点 Q 上，所以交流负载线必定要通过 Q 点。根据交流负载线的斜率和一个已知点 Q 的坐标，便可以将交流负载线画出。

交流放大电路在动态时，工作点将沿着交流负载线、以静态工作点 Q 为中心而变化。电路各处的电压和电流瞬时值均为两部分叠加而成：一部分为直流量，即静态工作点；另一部分为交流量。

(2)放大电路有信号输入后的情况

先看输入回路。动态基极电流 i_b 可根据输入信号电压 u_i，从三极管的输入特性曲线上求得，如图 2-20 所示。

设输入信号电压 $u_i=20\sin\omega t$ mV，根据静态时 $I_B=40$ μA，当送入信号后，加在 e、b 极间的电压是一个在(700±20)mV 范围内变化的脉动电压 u_{BE}，$u_{BE}=U_{BE}+u_i$，其最小值为 $U_{BE}-u_{im}$，最大值为 $U_{BE}+u_{im}$，其中 u_{im} 为最大输入不失真电压。由 u_{BE} 产生的基极电流 i_b 是一个在 20～60 μA 范围内变化的脉动电流，该脉动电流由两个分量组成 $i_B=I_B+i_b$，即直流分量 I_B 和交流分量 i_b。交流分量的振幅是 20 μA，如图 2-20 所示。

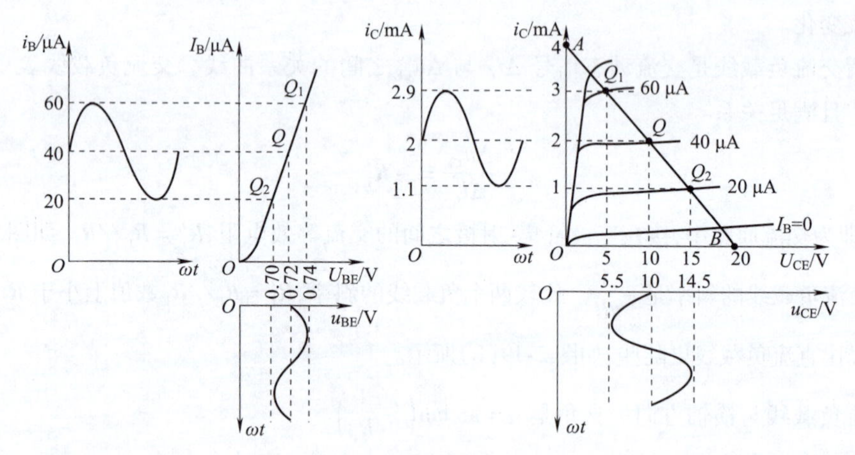

图 2-20 放大器的图解分析

(3)不接负载电阻 R_L 时的电压放大倍数(增益)

由基极电流 i_b 的变化，便可分析放大电路各量的变化规律，如图 2-20 所示。当基极电流在 20～60 μA 范围内变化时，放大器将在直流负载线(与交流负载线重合)上的 AB 段上工

学习笔记

作。可以从图上确定工作点的移动范围，当 $u_i=0$ 时，与静态工作点 Q 重合，随着 u_i 增加，i_B 增加，动态工作点由 Q 点→Q_1 点→Q 点→Q_2 点→Q 点。根据动态工作点的移动范围，可由输出特性曲线画出对应的 i_C 和 u_{CE} 的波形。在三极管的放大区内，i_C 和 u_{CE} 也是正弦波，这时 i_C 与 u_{CE} 的波形如图 2-20 所示，i_C 和 u_{CE} 均包含直流分量 I_C、U_{CE}。可表示为

$$i_C = i_c + I_C$$

$$u_{CE} = u_{ce} + U_{CE}$$

交流分量 u_{ce} 的振幅约为 4.5 V，i_c 的振幅约为 0.9 mA。

结合交流通路（见图 2-18）来看，i_c 方向向上，$u_{ce}=-R_C i_c$，说明 u_{CE} 是由直流分量 U_{CE} 和交流分量 $u_{ce}=-R_C i_c$ 叠加而成的，经过 C_2 的隔直通交作用，输出电压只剩交流分量，即 $u_o=u_{ce}=-R_C i_c$。注意，i_b 和 i_c 与 u_{ce} 变化方向相反，是反相的。放大器的电压放大倍数（增益）为输出与输入的振幅之比

$$A_u = \frac{u_{cem}}{u_{im}} = -\frac{4.5}{0.02} = -225$$

电压放大倍数是放大电路的主要指标，负号是表示同一时刻输入与输出反相。

（4）接入负载电阻 R_L 时的电压放大倍数

接入 R_L 后，总负载电阻是 R_C 并联 R_L，并联后的等效电阻为 R'_L，这时应该确定新的交流负载线。新的交流负载线与横轴方向的夹角为

$$\alpha' = \arctan\left(-\frac{1}{R'_L}\right)$$

式中，$R'_L = R_C // R_L$。

新的交流负载线比不带负载时更陡。因为当输入信号为零时，放大电路工作在静态工作点 Q 上，所以交流负载线必定要通过 Q 点。根据交流负载线的斜率和一个已知点 Q 的坐标，便可以将交流负载线 CD 画出，如图 2-21 所示。从图中得 u_{ce} 的振幅为 2.8 V，所以带负载后电压放大倍数为

$$A'_u = -\frac{2.8}{0.02} = -140$$

显然比不带负载时的 A_u 值小，这与理论推断的结果一致。

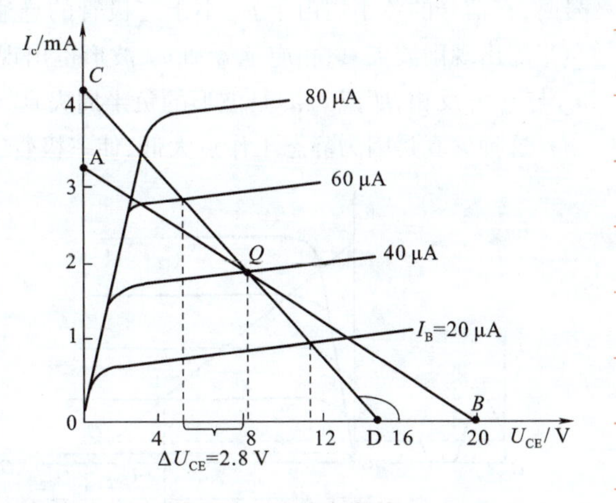

图 2-21　交流负载线

综上所述，关于图解法可以总结出以下几点：

①在静态值合适和输入信号满足小信号的条件下，当输入信号 u_i 为正半周时，交流基极电流 i_b 和交流集电极电流 i_c 也为正半周，但交流输出电压 u_{ce} 为负半周，即 i_b、i_c 与输入信号同相，u_{ce} 与输入信号反相，所以单管共射放大电路具有倒相作用。

②从图 2-20 可以看出，输出电压 u_{CE} 的直流分量 U_{CE} 没有变化，只有交流分量 u_{ce} 被放大了许多。所以，三极管的放大作用是对输出的交流分量，而不包括输出的直流分量。

③带负载后，交流负载线变陡，动态范围减小，A_u 比空载时下降。

学习笔记

视频
单管共发射极放大电路工作波形仿真

图 2-22 所示是单管共射放大电路各点工作波形。除了幅度放大，还要注意相位变化。

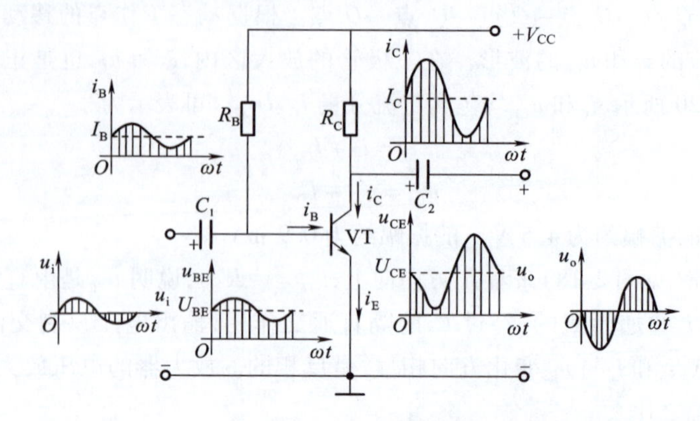

图 2-22　单管共射放大电路各点工作波形

2. 影响放大电路工作的主要因素

要保证放大电路正常工作，需要考虑很多因素，首先必须保证三极管工作在线性区。如果静态工作点位置太高或太低，或者输入信号幅值太大，都可能会因为三极管进入非线性区而产生**非线性失真**。

（1）静态工作点 Q 的位置

静态工作点 Q 的位置非常重要，如果选择不合适，会直接影响放大电路的工作。

①Q 点位置太低。如果静态基极电流 I_B 太小，即静态工作点 Q 位置太低，当输入正弦信号时，在信号的负半周由于 u_{BE} 小于三极管的导通电压，使三极管工作在截止区，则 i_b 波形的负半周出现削波失真，相应地 i_C 和 u_{CE} 波形也出现失真，如图 2-23 所示。需要注意的是，由于 u_{CE} 与 i_B、i_C 反相，所以 i_B、i_C 是波形的负半周失真，而 u_{CE} 是波形的正半周失真。

这种失真是因为静态工作点太低，使三极管工作在截止区形成的，所以又称**截止失真**。

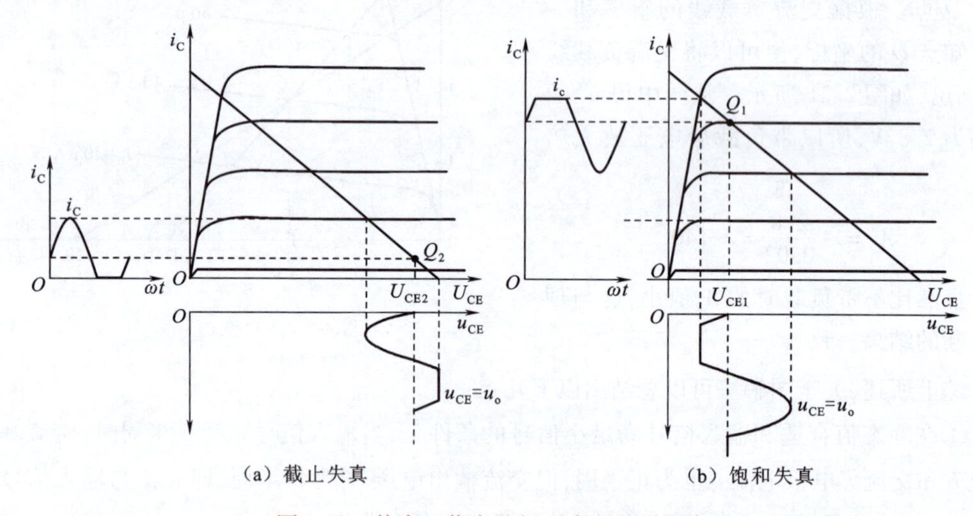

图 2-23　静态工作点选择不当引起的失真

②Q 点位置太高。如果静态基极电流 I_B 太大，即静态工作点 Q 位置太高，当输入正弦信号时，在信号的正半周使三极管进入饱和区工作。此时 i_B 的波形可能不出现失真，但由于在饱和区三极管已经失去了放大作用，虽然 i_B 增加，i_C 不再增加，其波形正半周出现失真。相应

学习笔记

的 u_{CE} 波形也出现失真，如图 2-23(b) 所示。需要注意的是，i_C 是波形的正半周失真，而 u_{CE} 是波形的负半周失真。

这种失真是因为静态工作点太高，使三极管工作在饱和区形成的，所以又称**饱和失真**。

(2) R_B 的重要影响

在其他条件不变时，如果 V_{CC}、R_C 不变，则直流负载线不变，改变 R_B 时，$I_B=\dfrac{V_{CC}-U_{BE}}{R_B}$ 改变，这就使静态工作点 Q 沿直流负载线上下移动。当 Q 点过高(Q_1点)或过低(Q_2点)时，i_C 将产生饱和或截止失真。i_C 失真，u_{CE} 也对应失真，如图 2-23 所示。

综上所述，改变 R_B 能直接改变放大器的静态工作点。但由于采用调整 R_B 的方法来调整静态工作点最为方便，因此在调整静态工作点时，通常总是首先调整 R_B，比如，要改变截止失真就要减小 R_B。

(3) 输入信号幅度

由以上分析可知，为了保证放大电路正常工作，减小和避免非线性失真，除了合理地设置静态工作点 Q 的位置，还需要适当限制输入信号的幅值。如果输入信号的幅值过大，超出放大区范围，会同时出现产生饱和失真和截止失真，即**双向失真**。任何状态下，不失真的最大输出称为放大电路的**动态范围**。通常情况下，静态工作点宜选择在交流负载线的中点附近，这时动态范围最大。

用图解法分析放大电路的工作情况，优点是直观、易于理解，缺点是比较烦琐、误差较大，而且必须精确画出三极管的特性曲线。所以，一般分析放大电路的静态工作情况常用估算法，分析放大电路的动态工作情况则常用下面的微变等效电路法。

3. 放大电路的微变等效电路法

微变等效电路法是一种线性化的分析方法，它的基本思想是：把三极管用一个与之等效的线性电路来代替，从而把非线性电路转化为线性电路，再利用线性电路的分析方法进行分析。当然，这种转化是有条件的，这个条件就是“**微变**”，即变化范围很小，小到三极管的特性曲线在 Q 点附近可以用直线代替。这里的“**等效**”是指对三极管的外电路而言，用线性电路代替三极管之后，端口电压、电流的关系并不改变。由于这种方法要求变化范围很小，因此，输入信号只能是小信号，一般要求 u_{be} 不大于几十毫伏。这种分析方法只能分析放大电路的动态。

(1) 三极管的线性化电路模型

如何把三极管线性化，用一个等效电路来代替，可从共发射极接法三极管的输入回路和输出回路两方面来分析讨论。

①输入回路。设三极管的基极与发射极之间加交流小信号 Δu_{BE}，产生的基极电流为 Δi_B，经三极管放大后，输出集电极电流、电压为 Δi_C 和 Δu_{CE}。

当三极管输入回路仅有很小的输入信号时，Δi_B 只能在静态工作点附近作微量变化。三极管的输入特性曲线如图 2-24(b) 所示，在 Q 点附近基本上是一段直线，此时三极管输入回路可用一等效电阻代替。Δu_{BE} 和 Δi_B 成正比，其比值为一常数，用 r_{be} 表示。

$$r_{be}=\left.\frac{\Delta u_{BE}}{\Delta i_B}\right|_{u_{CE}=\text{常数}}=\left.\frac{u_{be}}{i_b}\right|_{u_{ce}=0}$$

r_{be} 反映了三极管工作区间对微小信号的等效电阻，称为三极管的**输入电阻**。需要注意的

学习笔记

是，r_{be}是对变化信号的电阻，是交流电阻。它的估算公式为

$$r_{be}=300+(1+\beta)\frac{26(\text{mV})}{I_E(\text{mA})}$$

式中　I_E——发射极静态电流，mA。

对于小功率三极管，当$I_E=1\sim2$ mA 时，r_{be}约为 1 kΩ。

②输出回路。当三极管输入回路仅有微小的输入信号时，可以认为输出特性曲线是一组互相平行且间距相等的水平线。所谓平行且间距相等，是指变化相同的数值时，输出特性曲线平移相等的距离，如图 2-24(c)所示。

在这种情况下，三极管的β值是一常数，集电极电流变化量ΔI_C与u_{ce}基本无关，仅由ΔI_B大小决定。所以，三极管输出回路相当于一个受控制的恒流源。

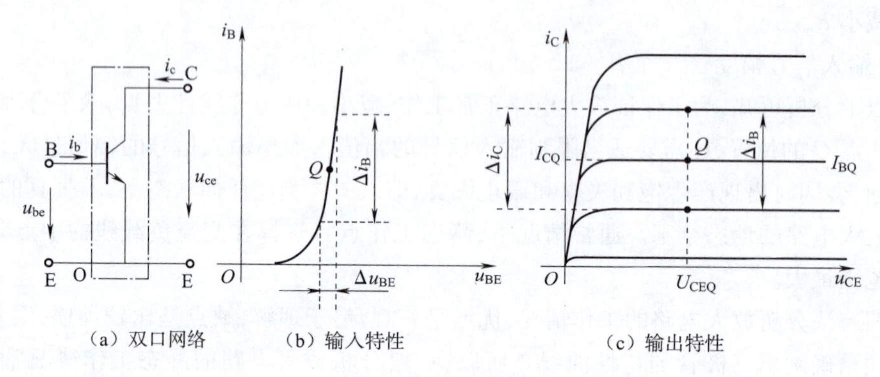

图 2-24　三极管的特性曲线

将恒流源βi_b代入三极管的输出回路，就可以得到输出电路的微变等效电路，这样，三极管整体等效电路如图 2-25 所示。

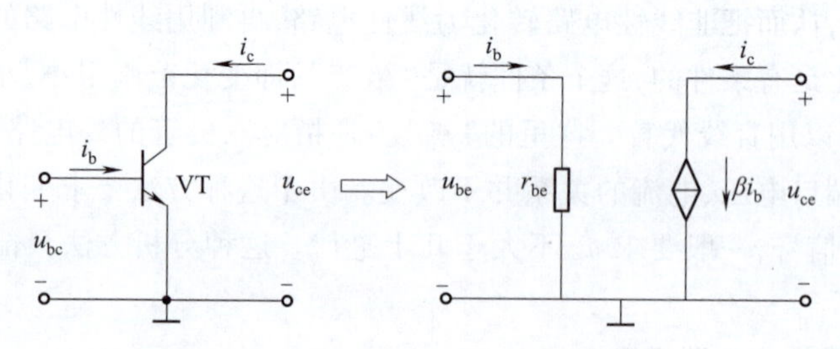

图 2-25　三极管的线性化电路模型

(2)放大电路的微变等效电路

用微变等效电路法分析放大电路时，需先画出放大电路的微变等效电路。画放大电路微变等效电路的步骤如下：

①画出放大电路的交流通路。熟练之后，这一步跳过，可直接画出微变等效电路。

前面讲过，耦合电容C_1和C_2的电容量比较大，其交流容抗很小，故用短路线取代；直流电源内阻很小也可以忽略不计，对交流分量直流电源可视为短路，如图 2-18(b)所示。

②逐个考查电路中的每一个元件的作用和在电路中的连接位置，并按上述原则处理耦合电容、射极旁路电容和供电电源，即可画出放大电路的微变等效电路。例如，对于图 2-26(a)所示放大电路，三极管射极 e 接地；R_B接在三极管基极 b 和地之间；由于V_{CC}对交流信号相当

于短路，而 R_C 接在三极管集电极 c 与地之间，由于 C_1、C_2 对交流信号相当于短路，故信号源直接接在三极管基极 b 与地之间，而负载电阻 R_L 接在三极管集电极 c 与地之间，与 R_C 并联，再画出放大电路的偏置电阻部分。完成后如图 2-26(b)所示。

最后，由图 2-26(b)微变等效电路可进行动态分析，计算图 2-26(a)基本放大电路的技术指标。

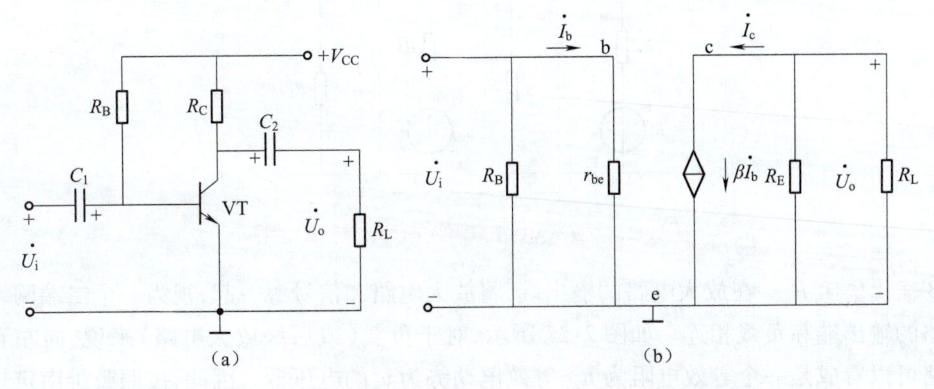

图 2-26　基本放大电路的微变等效电路

(3)技术指标的计算

①**电压放大倍数** A_u。A_u 反映了放大电路对电压的放大能力，定义为放大电路的输出电压 $\dot{U}_o$ 与输入电压 $\dot{U}_i$ 之比，即

$$\dot{A}_u = \frac{\dot{U}_o}{\dot{U}_i}$$

输入回路 $\dot{U}_i = \dot{I}_b r_{be}$。

输出回路 $\dot{U}_o = -\dot{I}_c R'_L = -\beta \dot{I}_b R'_L$，其中，$R'_L = R_C // R_L$，则

$$\dot{A}_u = \frac{\dot{U}_o}{\dot{U}_i} = -\frac{\dot{I}_c R'_L}{\dot{I}_b r_{be}} = -\beta \frac{R'_L}{r_{be}}$$

与交流等效负载电阻 R'_L 成正比，其中的负号表示输出电压与输入电压相位相反。

若不接负载 R_L 时，电压放大倍数为

$$\dot{A}_u = -\frac{\beta R_C}{r_{be}}$$

②**输入电阻** R_i。R_i 是从放大电路的输入端看进去的交流等效电阻，它等于放大电路输入电压与输入电流的比值，即

$$R_i = \frac{\dot{U}_i}{\dot{I}_i}$$

R_i 反映放大电路对所接信号源(或前一级放大电路)的影响程度。如图 2-27 所示，如果把一个内阻为 R_S 的信号源 u_S 加到放大电路的输入端时，放大电路的输入电阻就是前级信号源的负载。

从放大电路的输入端看，可将放大电路和负载 R_L 一起视为一个二端网络(见图 2-27)，二

学习笔记

端网络的输入端电阻即为放大电路的输入电阻，即

$$R_i=\frac{\dot{U}_i}{\dot{I}_i}=R_B//r_{be}$$

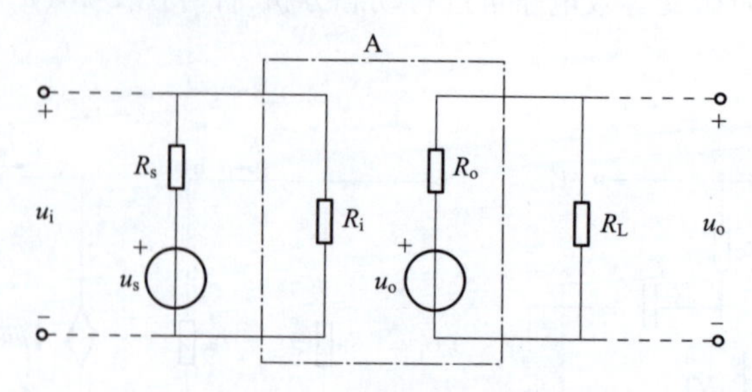

图 2-27　放大电路的输入电阻和输出电阻

③**输出电阻** R_o。在放大电路的输出端，将放大电路和信号源一起，视为一个二端网络，放大电路的输出端和负载相连。如图 2-27 所示，对于负载（或后级放大电路）来说，向左看，放大电路可以看成是一个等效电阻为 R_o、等效电动势为 u_o 的电压源。因此，按照戴维南定理有：

$$R_o=\frac{\dot{U}}{\dot{I}}\Bigg|_{\substack{\dot{U}_S=0\\R_L=\infty}}$$

从微变等效电路来看，当 $u_i=0$，$i_b=0$ 时，此时 i_c 也为零。输出电阻是从放大电路的输出端看进去的一个电阻，故

$$R_o=R_C$$

R_o 是衡量放大电路带负载能力的一个性能指标。放大电路接上负载后，要向负载（后级）提供能量，所以，这时可将放大电路看作一个具有一定内阻的信号源，这个信号源的内阻就是放大电路的输出电阻。这一概念以后要用到。

需要注意的是，R_i 和 R_o 都是放大电路的交流动态电阻，它们是衡量放大电路性能的重要指标。一般情况下，要求输入电阻尽量大一些，以减小对信号源信号的衰减；输出电阻尽量小一些，以提高放大电路的带负载能力。

例 2-4　在图 2-26（a）所示电路中，三极管 $\beta=50$，$r_{be}=1\ \mathrm{k\Omega}$，$R_B=300\ \mathrm{k\Omega}$，$R_C=3\ \mathrm{k\Omega}$，$R_L=2\ \mathrm{k\Omega}$，试求：①接入 R_L 前、后的电压放大倍数；②放大器的输入电阻、输出电阻。

解　①R_L 未接时，

$$A_u=-\beta\frac{R_C}{r_{be}}=-50\times\frac{3}{1}=-150$$

R_L 接入后有

$$A_u=-\beta\frac{R'_L}{r_{be}}=-50\times\frac{\frac{3\times2}{5}}{1}=-60$$

②$R_i\approx r_{be}\approx1\ \mathrm{k\Omega}$，$R_o=R_C=2\ \mathrm{k\Omega}$

该例表明，接入负载 R_L 后，电压放大倍数下降。

五、放大电路的固定偏置电路

放大电路静态工作点设置的不合适，是引起非线性失真的主要原因之一。实践证明，放

学习笔记

大电路即使有了合适静态工作点，在外部因素的影响下，例如温度变化、电源电压的波动等，也将引起静态工作点的偏移，由此同样会产生非线性失真，严重时放大电路不能正常工作。例如，随温度升高，发射结正向压降 U_{BE}减小（2～2.5 mV/℃）、电流放大系数 β 增大［（0.5%～2%）/℃］、穿透电流 I_{CEO}增加等，如图 2-28 所示。所有这些影响都使集电极电流 I_C 随温度升高而增大。如何克服温度变化的影响，稳定静态工作点是本节所要讨论的问题。三极管有合适的静态工作点（I_B、I_C、U_{CE}）是保证放大电路正常工作的关键。

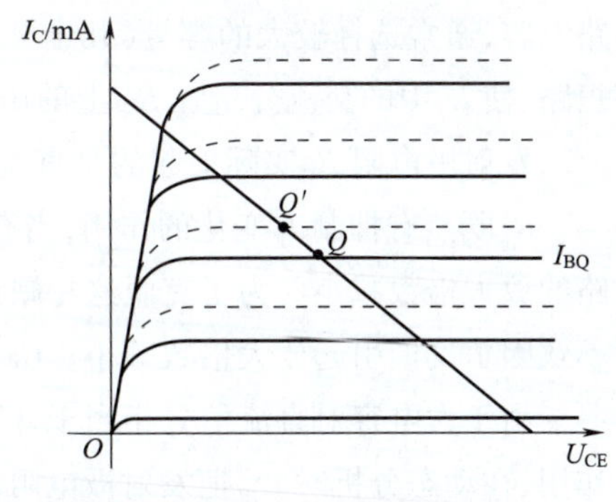

图 2-28　温度引起静态工作点的漂移

视频

分压式偏置放大电路

1. 稳定的基本原理

前面的图 2-13 所示的基本放大电路采用了固定偏置电路，静态基极电流 I_B 基本恒定，不能抑制温度对 I_C 的影响，所以，工作点是不稳定的，这将大大影响放大电路的性能和正常工作。

图 2-29 所示的放大电路是具有稳定工作点的分压式偏置放大电路，利用了自动控制的原理，能使电路静态工作点基本稳定。其工作原理简述如下：

在电路设计时，适当选取电阻 R_{B1}、R_{B2}的阻值，满足 $I_2 \approx I_1 \gg I_B$，可将 I_B忽略，则三极管基极电位 U_B 仅由 R_{B1}、R_{B2}对 V_{CC}的分压决定，即

$$U_B = \frac{R_{B2}}{R_{B1}+R_{B2}}V_{CC}$$

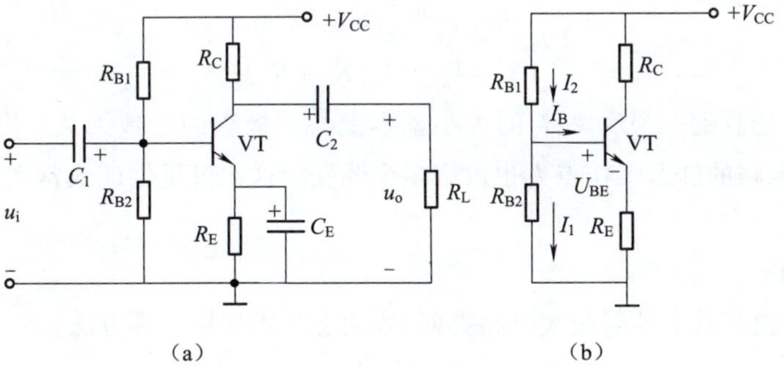

（a）　　　　（b）

图 2-29　分压式偏置放大电路

U_B 与温度无关。当温度改变如升高时，电流 I_C、I_E及射极电阻 R_E 上的压降趋于增大，射极电位 U_E 有升高的趋势，但因基极电位基本恒定，故三极管发射结正向电压 U_{BE}必然要减小，由三极管的输入特性曲线可知，这将导致三极管基极电流 I_B减小，正好对射极电流 I_E和集电极电流 I_C起到了补偿作用，即阻碍了 I_C、I_E随温度的变化，从而使 I_C、I_E趋于稳定，上述自动调节过程可表示为

$$T\uparrow \to I_C\uparrow \to I_E\uparrow \to U_E\uparrow \to U_{BE}\downarrow \to I_B\downarrow \to I_C\downarrow$$

调节作用显然与射极电阻 R_E 有关，R_E 越大，调节作用（即稳定工作点的效果）越显著，但 R_E 太大，其上过大的直流压降将使放大电路输出电压的动态范围减小。通常 R_E 的选择，使 R_E 上的电压降至小于或等于（3～5）U_{BE}，即 2.1～3.5 V 为宜。电路中的电容 C_E 称为射极旁

学习笔记

路电容，通常选择较大的容量（几十至上百微法），在动态情况下，对交流分量而言，C_E 可视为短路，使 i_E 中的交流分量在 R_E 上的压降为零，消除了 R_E 对放大器性能的影响。

发射极电阻 R_E 实际上起的是直流负反馈作用，后面将专门介绍负反馈的有关知识。

R_E 既然有抑制 I_E 变化的作用，当有信号时，对 i_E 的交流分量也同样起抑制作用，使放大电路的放大倍数减小。为了克服这一缺点，在 R_E 两端并联电容 C_E，使 C_E 对交流信号近似短路，不致因负反馈引起放大倍数减小。C_E 称为射极旁路电容，一般为 30 ~ 100 μF。

由于大电容对直流信号相当于开路，对交流信号相当于通路，所以在静态分析时 C_E 不起作用，在动态分析时 C_E 把发射极电阻 R_E 短接了，即 R_E 对交流信号没有影响。

接入旁路电容 C_E 后，分压式偏置放大电路与固定偏置放大电路的放大倍数表达式是相同的。

2. 电路分析计算

分压式偏置放大电路与固定偏置放大电路的计算方法类似。

（1）静态计算

在分析图 2-29 所示电路的静态工作点时，应先从计算 U_B 入手，然后求 I_C，按照 $I_1 \gg I_B$ 的假定，可得到

$$U_B = \frac{R_{B2}}{R_{B1}+R_{B2}} V_{CC}$$

$$I_C \approx I_E = \frac{U_B - U_{BE}}{R_E}$$

$$I_B = \frac{I_C}{\beta}$$

$$U_{CE} = V_{CC} - I_C(R_C + R_E)$$

从以上分析还看到一个现象：I_C 的大小基本上与三极管的参数无关。因此，即使三极管的特性不一样，电路的静态工作点 I_C 也没有多少改变。这在批量生产或常需要更换三极管的地方，非常方便。

（2）动态分析

由于交流通路和基本共射放大电路类似，故动态技术指标计算方法也一样：

$$\dot{A}_u = -\frac{\beta R'_L}{r_{be}}$$

$$R_i = R_{B1} // R_{B2} // r_{be}$$

$$R_o = R_C$$

例 2-5 试分析计算图 2-29 所示放大电路（接 C_E），已知 $V_{CC}=12$ V，$R_{B1}=20$ kΩ，$R_{B2}=10$ kΩ，$R_C=3$ kΩ，$R_E=2$ kΩ，$R_L=3$ kΩ，$\beta=50$。试求：①电路的静态工作点；②电压放大倍数、输入电阻及输出电阻；③若输入信号电压 $u_i=5\sin \omega t$ mV，试写出输出信号电压的表达式。

解 ①静态工作点：

$$U_B = \frac{R_{B2}}{R_{B1}+R_{B2}} V_{CC} = \frac{10}{20+10} \times 12 \text{ V} = 4 \text{ V}$$

学习笔记

$$I_C \approx I_E = \frac{U_B - U_{BE}}{R_E} = \frac{4-0.7}{2}\ \text{mA} = 1.65\ \text{mA}$$

$$I_B = \frac{I_C}{\beta} = \frac{1.65}{50}\ \text{mA} = 33\ \mu\text{A}$$

$$U_{CE} = V_{CC} - I_C(R_C + R_E)$$

$$= [12 - 1.65 \times (3+2)]\ \text{V} = 3.75\ \text{V}$$

②微变等效电路如图 2-30 所示，电压放大倍数、输入电阻及输出电阻。

$$r_{be} = 300 + (1+\beta)\frac{26}{I_{EQ}} = \left[300 + (1+50)\frac{26}{1.65}\right]\Omega = 1\ 100\ \Omega = 1.1\ \text{k}\Omega$$

$$\dot{A}_u = -\frac{\beta R'_L}{r_{be}} = -\frac{50 \times \frac{3\times 3}{3+3}}{1.1} = -68$$

$$R_i = R_{B1}//R_{B2}//r_{be} = 0.994\ \text{k}\Omega$$

$$R_o = R_C = 3\ \text{k}\Omega$$

③$u_i = 5\sin \omega t$ mV，则 $U_{om} = |\dot{A}_u| \times U_{im} = 68 \times 5$ mV $= 340$ mV，因为输出与输入反相，所以

$$u_o = 340\sin(\omega t + \pi)\ \text{mV}$$

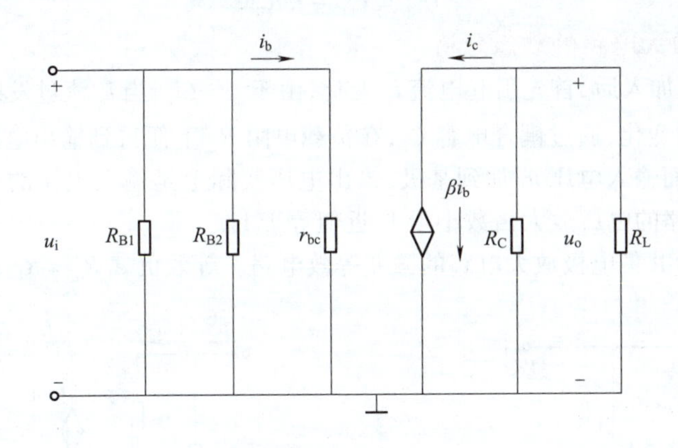

图 2-30　微变等效电路

在图 2-29(a)中，电容 C_E 称为射极旁路电容（一般取 10～100 μF），它对直流相当于开路，静态时使直流信号通过 R_E 实现静态工作点的稳定；对交流相当于短路，动态时 R_E 上的交流信号被 C_E 旁路掉，输入信号加在三极管发射结（若无 C_E，则输入信号会分压在 R_E 上），使输出信号不会减少，即 A_u 计算与基本放大电路完全相同。这样既稳定了静态工作点，又没有降低电压放大倍数。

六、射极输出器

射极输出器也是一种常用的基本单元放大电路，电路如图 2-31(a)所示，信号从基极和集电极之间输入，从发射极和集电极之间输出，由于输出信号 u_o 取自发射极，故称为**射极输出器**。对应的交流通路如图 2-31(b)所示。由交流通路可见，交流信号由基极输入，发射极输出，电路的交流信号公共端是集电极，所以又称**共集电极放大电路**。

视频

共集电极放大电路分析与仿真

学习笔记

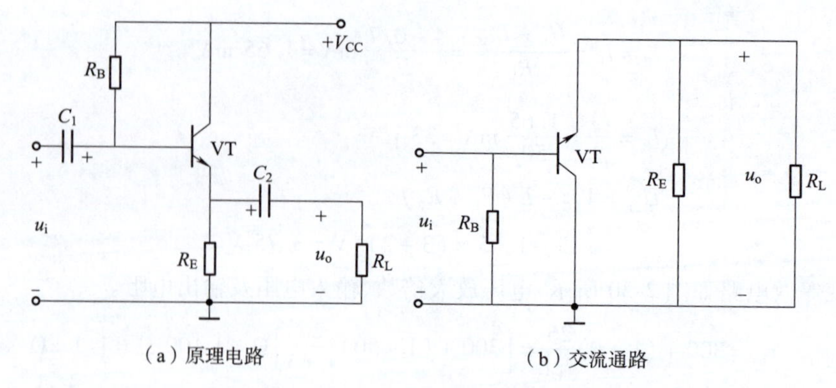

图 2-31　射极输出器

1. 共集电极放大电路的静态分析

典型共集电极放大电路如图 2-32 所示。运用 KVL，由电路直接可得

$$V_{CC} \approx I_B R_B + U_{BE} + (1+\beta) I_B R_E$$

解得

$$I_B = \frac{V_{CC} - U_{BE}}{R_B + (1+\beta) R_E}$$

$$I_C \approx \beta I_B$$

$$U_{CE} = V_{CC} - I_E R_E$$

2. 共集电极放大电路的动态分析

当输入信号 u_i 加入后，首先引起电流 i_b 变化，由于 $i_c = \beta i_b$，当 i_c 流过发射极电阻 R_E 时，引起发射极电位 u_e 的变化，通过耦合电容 C_2，在负载电阻 R_L 上便得到输出电压 u_o，由于输出电压 u_o 取自发射极，而输入电压 u_i 加到基极，输出电压实际上是输入电压的一部分（$u_i = u_{be} + u_o \approx u_o$），因而该电路的电压放大倍数小于 1，近似等于 1。

图 2-33 所示为共集电极放大电路的微变等效电路。等效负载 $R'_L = R_E // R_L$。

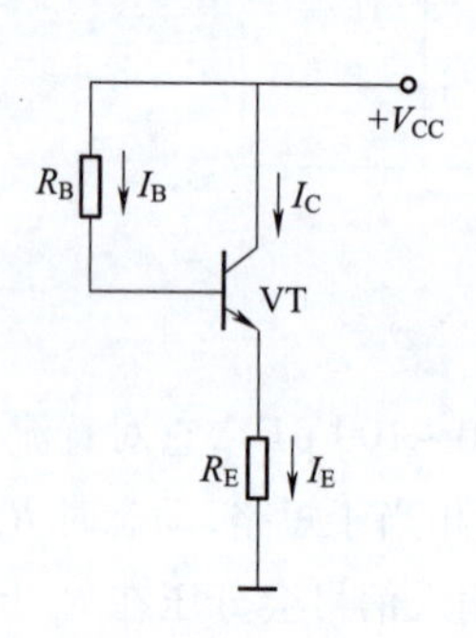

图 2-32　共集电极放大电路直流通路

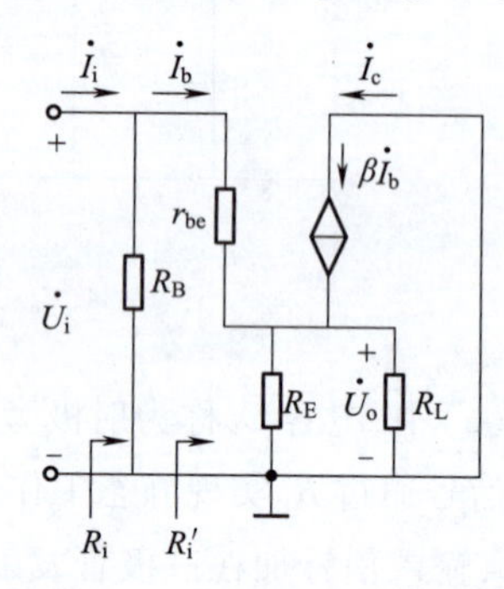

图 2-33　微变等效电路

（1）电压放大倍数 $\dot{A}_u$

由图 2-33 中可得

$$\dot{U}_o = \dot{I}_e R'_L = (1+\beta) \dot{I}_b R'_L$$

$$\dot{U}_i = \dot{I}_b r_{be} + \dot{I}_e R'_L = \dot{I}_b [r_{be} + (1+\beta) R'_L]$$

故

$$\dot{A}_u = \frac{\dot{U}_o}{\dot{U}_i} = \frac{(1+\beta) R'_L}{r_{be} + (1+\beta) R'_L}$$

一般情况下，$(1+\beta)R'_L \gg r_{be}$，$r_{be}+(1+\beta)R'_L \approx (1+\beta)R'_L$，所以 $\dot{A}_u \approx 1$ 但略小于1。由于 $\dot{A}_u \approx 1$，当基极电压上升时，发射极电压也上升；当基极电压下降时，发射极电压也下降，即输出电压与输入电压的相位是相同的。

发射极电流是基极电流的$(\beta+1)$倍，故共集电极放大电路的电流放大倍数很大。

(2)输入电阻 R_i

由图2-33可得

$$R'_i=\frac{\dot{U}_i}{\dot{I}_b}=\frac{\dot{I}_b r_{be}+(1+\beta)\dot{I}_b R'_L}{\dot{I}_b}=r_{be}+(1+\beta)R'_L$$

$$R_i=R_B//R'_i=R_B//[r_{be}+(1+\beta)R'_L]$$

可以看出，射极输出器的输入电阻比较大，一般比共发射极放大电路的输入电阻大几十至几百倍。

(3)输出电阻 R_o

按输出电阻的计算方法，$R_o=\left.\frac{\dot{U}}{\dot{I}}\right|_{\substack{\dot{U}_S=0\\R_L=\infty}}$，这里省略推导过程，直接得出

$$R_o \approx \frac{r_{be}+R'_S}{1+\beta}$$

式中 $R'_S=R_S//R_B$，这里 R_S 是信号源内阻，通常 r_{be} 为1 kΩ、R'_S 为几十欧，而$(1+\beta)$为100左右，所以射极输出器的输出电阻较小，一般为几十欧。

与共射极放大电路相比，射极输出器的输出电阻较小，只有几十至几百欧，而输入电阻较大，一般为几十至几百千欧。

例2-6　在图2-31所示电路中，已知三极管的 $\beta=50$，$U_{BE}=0.7\ \text{V}$，$V_{CC}=12\ \text{V}$，信号源内阻 $R_S=10\ \text{k}\Omega$，负载 $R_L=7.5\ \text{k}\Omega$，$R_B=180\ \text{k}\Omega$，$R_E=7.5\ \text{k}\Omega$。试求：①电路的静态工作点；②放大电路的电压放大倍数 $\dot{A}_u$、电流放大倍数 $\dot{A}_i$、输入电阻 R_i 和输出电阻 R_o。

解　①静态工作点：

由图2-32可列出：$V_{CC}\approx I_B R_B+U_{BE}+(1+\beta)I_B R_E$

$$I_B=\frac{V_{CC}-U_{BE}}{R_B+(1+\beta)R_E}=\frac{12-0.7}{180+51\times7.5}\ \text{mA}=0.02\ \text{mA}=20\ \mu\text{A}$$

$$I_C\approx\beta I_B=50\times0.02\ \text{mA}=1\ \text{mA}$$

$$I_E\approx I_C=1\ \text{mA}$$

$$U_{CE}=V_{CC}-I_E R_E\approx(12-1\times7.5)\ \text{V}=4.5\ \text{V}$$

$$r_{be}=300+(1+\beta)\frac{26}{I_E}=300+(1+50)\frac{26\ \text{mV}}{1\ \text{mA}}=1\ 626\ \Omega=1.63\ \text{k}\Omega$$

②电压放大倍数 $\dot{A}_u$：

由图2-33导出公式可得

$$\dot{A}_u=\frac{\dot{U}_o}{\dot{U}_i}=\frac{(1+\beta)R'_L}{r_{be}+(1+\beta)R'_L}=\frac{51\times3.75}{1.63+51\times3.75}=0.99$$，其中 $R'_L=R_E//R_L=3.75\ \text{k}\Omega$

$$R_i=R_B//R'_i=R_B//[r_{be}+(1+\beta)R'_L]=93.1\ \text{k}\Omega$$

学习笔记

$$R_o \approx \frac{r_{be}+R'_S}{1+\beta}=\frac{1.63+8.89}{51}\ \text{k}\Omega=0.21\ \text{k}\Omega=210\ \Omega$$，其中，$R'_S=R_S//R_B=8.89\ \text{k}\Omega$

综上所述，射极输出器具有下列特点：电压放大倍数小于1但非常接近于1，输入电阻高，输出电阻小。虽然没有电压放大作用，但仍有电流和功率放大作用。由于这些特点，射极输出器在电子电路中应用十分广泛，现分别说明如下：

①作多级放大电路的输入级。采用输入电阻大的射极输出器作为放大电路的输入级，可使输入到放大电路的信号电压基本上等于信号源电压。例如，在许多测量电压的电子仪器中，就是采用射极输出器作为输入级，可使输入到仪器的电压基本上等于被测电压。

②作多级放大电路的输出级。采用输出电阻小的射极输出器作为放大电路的输出级，可获得稳定的输出电压，因此对于负载电阻较小和负载变动较大的场合很适宜。

③作多级放大电路的缓冲级。将射极输出器接在两级放大电路之间，利用其输入电阻大、输出电阻小的特点，可作阻抗变换用，在两级放大电路中间起缓冲作用。

视频

多级放大电路的工作波形仿真

七、多级放大电路

前面学习了几种单级放大电路。在一般情况下，放大器的输入信号都很微弱，一般为毫伏或微伏级，输入功率常在1 mW以下，单级放大电路的放大倍数是有限的，当单级放大电路不能满足要求时，就需要把若干单级放大电路串联连接，组成**多级放大电路**。一个多级放大电路一般可分为输入级、中间级、输出级三部分。图2-34为多级放大电路的组成框图。第一级与信号源相连称为输入级，常采用有较高输入电阻的共集放大电路或共射放大电路；最后一级与负载相连称为输出级，常采用大信号放大电路——功率放大电路；其余为中间级，常由若干级共射放大电路组成，以获得较大的电压增益。

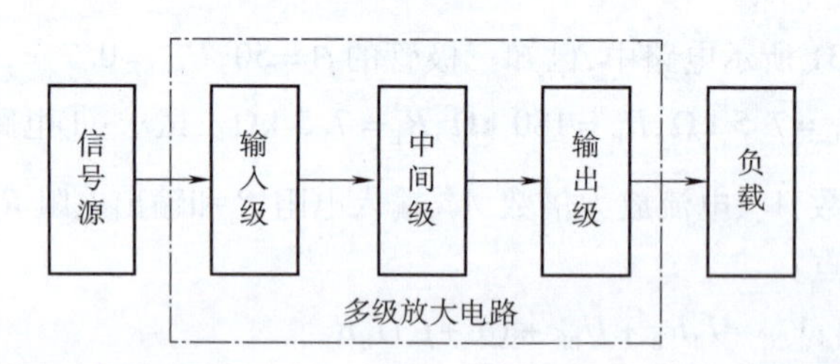

图2-34　多级放大电路的组成框图

1. 多级放大电路的组成特点

在多级放大电路中，每两个单级放大电路之间的连接方式称为**耦合**。耦合方式有**直接耦合**、**阻容耦合**、**变压器耦合**三种，如图2-35所示。

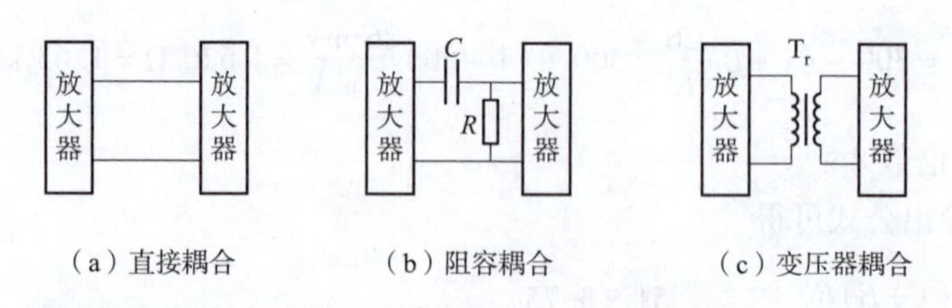

图2-35　多级放大电路的耦合方式

多级放大电路的各单元电路，除了对信号逐级进行放大之外，还担任与信号源配合、驱动实际负载等任务。

直接耦合最为简单，但却存在放大器静态工作点随温度变化的问题，也即零点漂移问题。零点漂移问题可以用差分放大器等方法加以解决。

直接耦合方式与后两种方式不同，它既可以用于交流放大电路，也可以用于直流放大电路。又因为不需要耦合电容和变压器，所以直接耦合方式被广泛应用于集成电路之中。

阻容耦合具有电路简单的特点，而且由于电容具有通交流隔直流的功能，所以阻容耦合方式适用于交流放大电路。

变压器耦合与阻容耦合类似，也是适用于交流放大电路。但它可以利用变压器的阻抗变换作用。由于变压器耦合在放大电路中的应用已经逐渐减少，所以这里只讨论另外两种耦合方式。

此外，还有一种**光电耦**合方式，前级与后级之间的耦合元件是光电耦合器，光电耦合器是把发光器件和光敏器件组装在一起，通过光线实现耦合，构成电—光—电的转换器件。将电信号送入发光器件时，发光器件将电信号转换成光信号，光信号经过光接收器接收，并将其还原成电信号，如图 2-36 所示。光电耦合器用发光二极管发射。

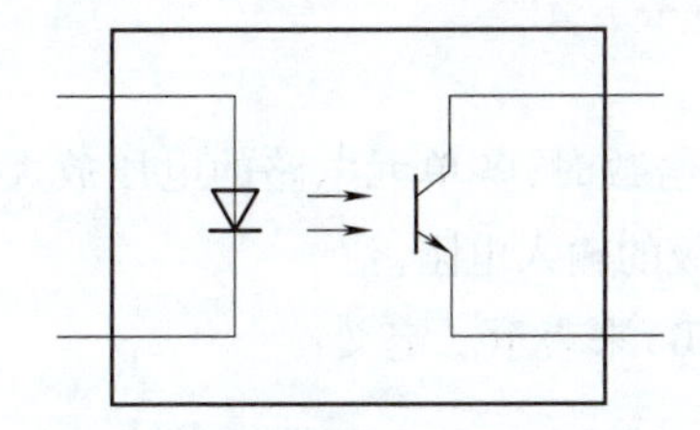

（a）光敏三极管作为接收器的光电耦合器

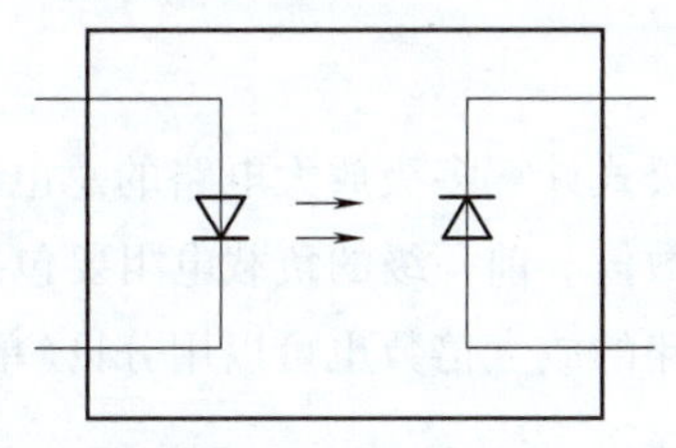

（b）光敏二极管作为接收器的光电耦合器

图 2-36　光电耦合器

光电耦合器是通过电—光—电的转换来实现级间耦合的，优点有：

①各级的直流工作点相互独立；

②采用光电耦合，可以提高电路的抗干扰能力。

2. 多级放大电路的技术指标计算

多级放大电路一般采用微变等效电路法分析。其分析方法与单级放大电路基本相同。

将多级放大电路整体作微变信号模型分析，因电路复杂，相当麻烦，并且各级放大电路之间的关系也不清楚，所以一般不予以采用。通常采用的方法是在考虑级间影响的情况下，将多级放大电路分成若干个单级放大电路分别研究。然后再将结果加以综合，以得到多级放大电路总的特性，即把复杂的多级放大电路的分析归结为若干个单级放大电路的分析。

前面讨论了各种类型的单级放大电路，结论可直接用于多级放大电路的分析。剩下的问题，只是如何处理前后级之间的影响了。

在多级放大电路中，前级输出信号经耦合电容加到后级输入端作为后级的输入信号，所以，可将后级输入电阻视为前级的负载，前级按接负载的情况分析，即在前级的分析中考虑前后级之间的影响。

（1）电压放大倍数 $\dot{A}_u$

对于多级放大电路，总的电压放大倍数 $\dot{A}_u$ 可以表示为各级单元电路的电压放大倍数 $\dot{A}_{ui}$

学习笔记

的乘积，即

$$\dot{A}_u=\dot{A}_{u1}\dot{A}_{u2}\cdots\dot{A}_{un}$$

例如，对于图 2-37 所示两级放大电路，总的电压放大倍数 $\dot{A}_u=\dot{A}_{u1}\dot{A}_{u2}$，其中

$$\dot{A}_u=\frac{\dot{U}_o}{\dot{U}_i}=\frac{\dot{U}_{o2}}{\dot{U}_{i2}}\frac{\dot{U}_{o1}}{\dot{U}_{i1}}=\dot{A}_{u2}\dot{A}_{u1}$$

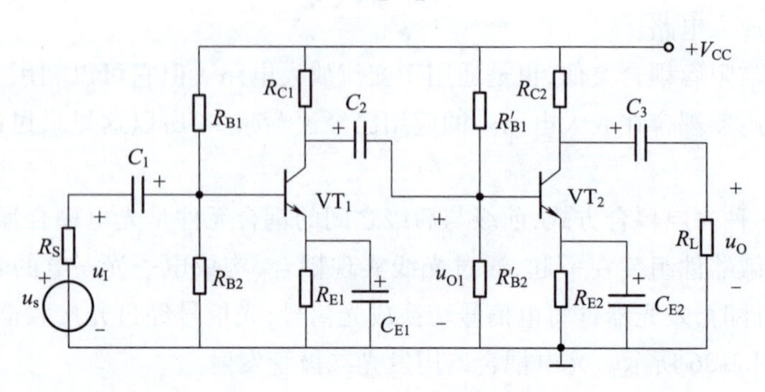

图 2-37　典型两级放大电路

在应用公式计算多级放大电路的总电压放大倍数时，各单元电路的电压放大倍数 $\dot{A}_{ui}$ 是带负载时的数值。前一级的负载电阻要包括后一级的输入电阻。

放大电路的放大倍数也可以用分贝（单位为 dB）来表示。定义：

$$\dot{A}_u=\ 20\lg\left(\frac{\dot{U}_o}{\dot{U}_i}\right)\quad(\mathrm{dB})$$

用分贝表示的放大倍数，又称**增益**。所以 n 级放大电路的总电压增益为

$$\dot{A}_u=\dot{A}_{u1}+\dot{A}_{u2}+\cdots+\dot{A}_{un}$$

（2）输入电阻 R_i

多级放大电路，总的输入电阻 R_i 即为第一级（输入级、前置级）的输入电阻 R_{i1}。

（3）输出电阻 R_o

多级放大电路，总的输出电阻 R_o 即为最后一级（输出级、末级）的输出电阻 R_{on}。

例 2-7　在图 2-37 所示两级放大电路中，已知 $V_{CC}=12\ \mathrm{V}$，$R_{B1}=30\ \mathrm{k\Omega}$，$R_{B2}=15\ \mathrm{k\Omega}$，$R_{C1}=3\ \mathrm{k\Omega}$，$R_{E1}=3\ \mathrm{k\Omega}$，$R'_{B1}=20\ \mathrm{k\Omega}$，$R'_{B2}=10\ \mathrm{k\Omega}$，$R_{C2}=2.5\ \mathrm{k\Omega}$，$R_{E2}=2\ \mathrm{k\Omega}$，$R_L=5\ \mathrm{k\Omega}$，$\beta_1=\beta_2=50$，$U_{BE1}=U_{BE2}=0.7\ \mathrm{V}$。试求：

①各级电路的静态值；

②各级电路的电压放大倍数 $\dot{A}_{u1}$、$\dot{A}_{u2}$ 和总电压放大倍数 $\dot{A}_u$。

解　①静态值的估算：

第一级：

$$U_{B1}=\frac{R_{B2}}{R_{B1}+R_{B2}}V_{CC}=\frac{15}{30+15}\times 12\ \mathrm{V}=4\ \mathrm{V}$$

$$I_{C1}\approx I_{E1}=\frac{U_{B1}-U_{BE1}}{R_{E1}}=\frac{4-0.7}{3}\ \mathrm{mA}=1.1\ \mathrm{mA}$$

学习笔记

$$I_{B1}=\frac{I_{C1}}{\beta_1}=\frac{1.1}{50}\text{ mA}=22\ \mu\text{A}$$

$$U_{CE1}=V_{CC}-I_{C1}(R_{C1}+R_{E1})=[12-1.1\times(3+3)]\text{V}=5.4\text{ V}$$

第二级：

$$U_{B2}=\frac{R'_{B2}}{R'_{B1}+R'_{B2}}V_{CC}=\frac{10}{20+10}\times12\text{ V}=4\text{ V}$$

$$I_{C2}\approx I_{E2}=\frac{U_{B2}-U_{BE2}}{R_{E2}}=\frac{4-0.7}{2}\text{ mA}=1.65\text{ mA}$$

$$I_{B2}=\frac{I_{C2}}{\beta_2}=\frac{1.65}{50}\text{ mA}=33\ \mu\text{A}$$

②求各级电路的电压放大倍数 $\dot{A}_{u1}$、$\dot{A}_{u2}$ 和总电压放大倍数 $\dot{A}_u$。

首先画出电路的微变等效电路，如图 2-38 所示。

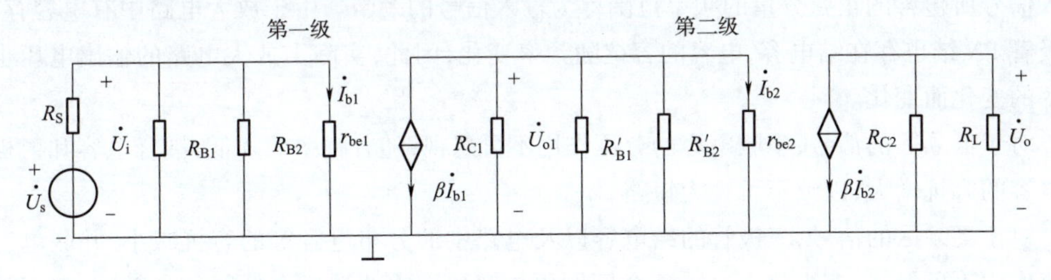

图 2-38　两级放大电路的微变等效电路

三极管 VT_1 的动态输入电阻为

$$r_{be1}=300+(1+\beta_1)\frac{26}{I_{E1}}=\left[300+(1+50)\times\frac{26}{1.1}\right]\Omega=1\ 500\Omega=1.5\text{ k}\Omega$$

三极管 VT_2 的动态输入电阻为

$$r_{be2}=300+(1+\beta_2)\frac{26}{I_{E2}}=\left[300+(1+50)\times\frac{26}{1.65}\right]\Omega=1\ 100\ \Omega=1.1\text{ k}\Omega$$

第二级输入电阻为

$$R_{i2}=R'_{B1}//R'_{B2}//r_{be2}=0.94\text{ k}\Omega$$

第一级等效负载电阻为

$$R'_{L1}=R_{C1}//R_{i2}=0.72\text{ k}\Omega$$

第二级等效负载电阻为

$$R'_{L2}=R_{C2}//R_L=1.67\text{ k}\Omega$$

第一级电压放大倍数为

$$\dot{A}_{u1}=-\frac{\beta_1R'_{L1}}{r_{be1}}=-\frac{50\times0.72}{1.5}=-24$$

第二级电压放大倍数为

$$\dot{A}_{u2}=-\frac{\beta_2R'_{L2}}{r_{be2}}=-\frac{50\times1.67}{1.1}=-76$$

两级总电压放大倍数为

$$\dot{A}_u=\dot{A}_{u1}\dot{A}_{u2}=(-24)\times(-76)=1\ 824$$

学习笔记

3. 放大电路的频率特性

放大电路的**频率特性**，反映的是输入信号频率变化时，放大电路的性能随之发生变化的情况。信号频率过高或过低时，放大电路的性能会在以下两方面发生变化：

①电压放大倍数下降，其变化规律称为**幅频特性**。

②输出信号与输入信号之间将产生附加的相位移动，其变化规律称为**相频特性**。

放大电路中除有电容量较大的、串联在支路中的隔直耦合电容和旁路电容外，还有电容量较小的、并联在支路中的极间电容以及杂散电容。因此，分析放大电路的频率特性时，为分析的方便，常把频率范围划分为三个频区：**低频区**、**中频区**和**高频区**。

前面对放大电路的讨论仅限于中频区，即频率不太高也不太低的情况。在所讨论的频段内，放大电路中所有电容的影响都可以忽略。因而放大电路的各项指标均与频率无关，如电压放大倍数为一常数，输出信号对输入信号的相位偏移恒定（为 π 的整数倍）等。

通常放大电路的输入信号不是单一频率的正弦波，而是包括各种不同频率的正弦分量。输入信号所包含的正弦分量的频率范围称为输入信号的**频带**。由于放大电路中有电容存在，三极管 PN 结也存在结电容，电容的容抗随频率变化，因此，实际上放大电路的输出电压也随频率的变化而变化。

对于**低频区**的信号，串联电容的分压作用不可忽视，随着频率的降低，耦合电容和射极旁路电容的容抗增大，以致不可视为短路。

对于**高频区**的信号，三极管的结电容以及电路中的分布电容等的容抗减小，并联电容的分流作用不可忽视，多级放大电路这个问题更为突出。由此造成在低频和高频区，电压放大倍数降低，输出信号对输入信号也会产生附加的相位偏移，且随频率而改变。所以，同一放大电路对不同频率的输入信号电压放大倍数不同，电压放大倍数与频率的关系称为放大器的**幅频特性**。实验求得单管放大器的幅频特性如图 2-39（b）所示。

所谓**附加相移**，是指相对于中频信号来说，输出电压对于输入电压所增加的相位移动。以单级共射放大电路为例，这种电路的输出电压与输入电压的相位有倒相关系，即输出电压相对于输入电压有 180°的相位移动。如果输入信号的频率过高或过低，输出电压相对于输入信号的相移就不等于 180°，其相差的部分称为**附加相移**，如图 2-39（c）所示。

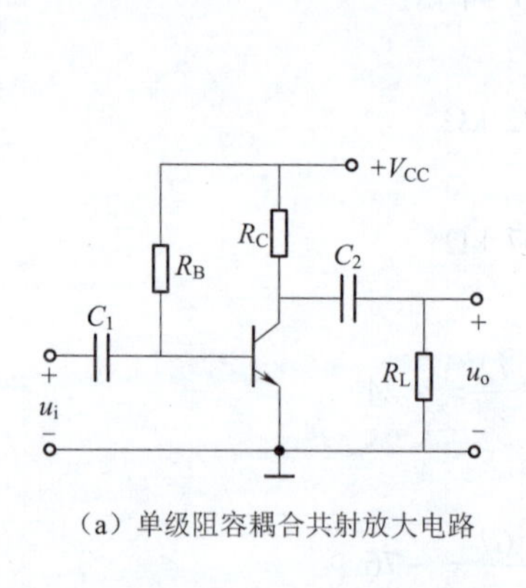

（a）单级阻容耦合共射放大电路

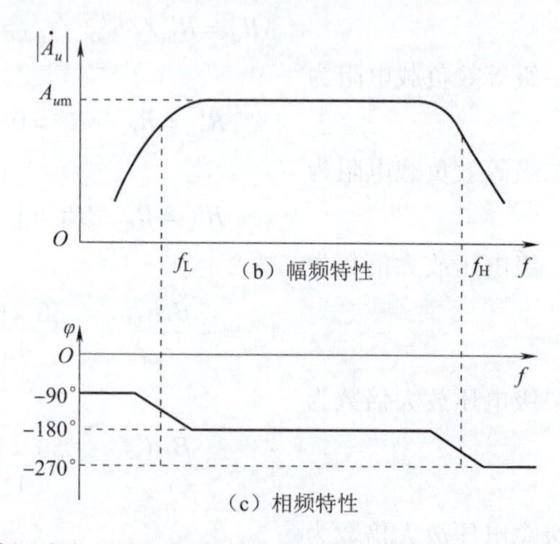

（b）幅频特性

（c）相频特性

图 2-39 单级放大电路及频率特性

学习笔记

通频带是表示放大器频率性能的一个重要指标。

从图2-40中可以看出，幅频特性在中频区的电压放大倍数最大，且几乎与频率无关，能够正常放大，用A_{um}表示。当频率很低或很高时，A_u都将下降。通常将A_u下降到$\frac{A_{um}}{\sqrt{2}}$时所对应的频率f_L称为下限截止频率，将对应的频率f_H称为上限截止频率。两者之间的频率范围f_H-f_L称为通频带BW，即

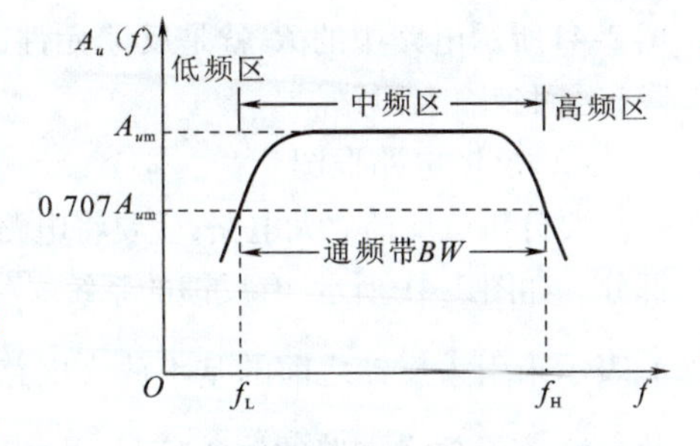

图2-40　放大器的幅频特性和通频带

$$BW=f_H-f_L$$

在多级放大电路中，总的通频带比其中一个单级放大电路的通频带要窄。

八、负反馈放大电路

视频

负反馈放大电路

负反馈常常用于电子放大电路中，用来改善放大电路的工作性能。在放大电路中引入负反馈是提高放大电路性能的一个重要手段。负反馈可以提高放大电路的稳定性，减小非线性失真，扩展通频带，改变电路的输入输出电阻等。负反馈在现代科技中的应用十分广泛，所有具有自动调节作用的系统都是通过负反馈来实现自动控制的。

1. 反馈的基本概念

（1）反馈的定义

所谓反馈，就是在电子系统中把输出量（电流量或电压量）的一部分或全部以某种方式送回输入端，使原输入信号增大或减小并因此影响放大电路某些性能的过程。此时放大器（基本放大器）中的输入信号，就不再仅仅是来自信号源的输入信号，而且还包括来自输出端的反馈信号。

下面通过一个具体的例子来建立反馈的概念。

前面介绍的分压偏置静态工作点稳定电路中［见图2-29（a）］，当电阻R_{B1}和R_{B2}选择适当，满足$I_1\approx I_2\gg I_B$时，则电阻R_{B1}和R_{B2}组成的分压器使基极电位U_B基本固定，即

$$U_B\approx\frac{R_{B2}V_{CC}}{R_{B1}+R_{B2}}$$

此时，当环境温度上升使三极管的参数I_{CBO}、β、U_{BE}发生变化，引起I_C增加时，I_E也随之增加，则$U_E=I_ER_E$必然增加。由于U_B固定，则$U_{BE}=U_B-U_E$将随之减小，从而使I_B减小，I_C也随之减小，这样就牵制了I_C和I_E的增加，使其基本不随温度而改变，稳定了电路的静态工作电流。其过程表示如下：

$$(\text{温度}\ T\uparrow)\rightarrow I_C\uparrow\rightarrow I_E\uparrow\rightarrow U_E\uparrow\xrightarrow{(U_B\text{不变})}U_{BE}\downarrow\rightarrow I_B\downarrow\rightarrow I_C\downarrow$$

上述由输出到输入的负反馈作用结果，抑制了温度变化引起的静态工作点漂移，使静态工作点稳定，这就是负反馈改善放大器性能的一个例子。在这个电路中对负反馈的简单理解就是对输出端集电极电流产生的变化量进行回馈，反馈至输入端去影响输入，进而调节了三极管的净输入U_{BE}，从而调节和稳定了输出。在实际的电子电路中，不仅需要直流负反馈来稳定静态工作点，更多是需要引入交流负反馈实现对交流性能的改善。

反馈现象在电子电路中普遍存在，或以显露或以隐含的形式出现。判断一个电路中是否存在反馈，要分析电路的输出回路与输入回路之间是否有起联系作用的反馈元件（网络）。

学习笔记

图2-41所示电路中的R_E就是反馈元件，因为它能将输出回路的信息（输出电流在R_E上的压降）送回到输入回路。

（2）反馈电路框图

要分析负反馈放大电路，就要将电路划分成基本放大电路，反馈网络，信号源和负载等几个部分。如图2-41所示，有反馈的系统又称**闭环**系统，无反馈的系统则称为**开环**系统。图2-41中$\dot{A}$表示未引入反馈之前的基本放大电路的放大倍数（开环增益）。$\dot{F}$表示反馈网络的反馈系数。$\dot{X}_i$表示放大电路的输入信号、$\dot{X}_o$表示输出信号、$\dot{X}_f$表示反馈信号。它们可以是电压，也可以是电流。图中箭头表示信号的传递方向。符号⊕表示比较环节，其输出为放大电路的净输入信号$\dot{X}_d$，它们的关系为

$$\dot{X}_d=\dot{X}_i-\dot{X}_f,\dot{X}_o=\dot{A}\dot{X}_d,\dot{X}_f=\dot{F}\dot{X}_o$$

由于净输入$\dot{X}_d=\dot{X}_i-\dot{X}_f$，若引回的反馈信号$\dot{X}_f$使得净输入信号$\dot{X}_d$减小，为负反馈。若引回的反馈信号$\dot{X}_f$使得净输入信号$\dot{X}_d$增大，为正反馈。

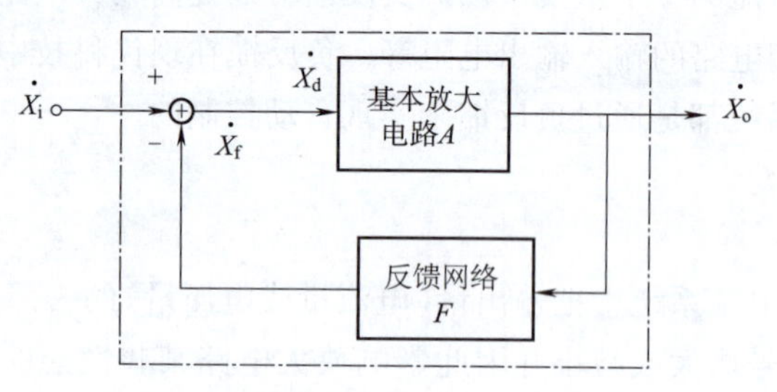

图2-41　反馈放大电路

2. 反馈的分类

按照基本放大电路、反馈网络、信号源和负载之间的相互连接关系，根据输出采样的不同及输入比较方式的不同，负反馈可以构成四种基本组态，即电压串联负反馈、电压并联负反馈、电流串联负反馈和电流并联负反馈。

（1）正反馈与负反馈

所谓**负反馈**，是指引入的反馈效果是削弱基本放大电路的输入信号的。即当未加入反馈时，基本放大电路的输入信号等于信号源提供的信号；当引入负反馈后，反馈信号会减小输入信号，使输入到基本放大器的输入信号小于信号源所提供的信号。

如果反馈的效果与上述相反，反馈信号增强了输入信号，则为**正反馈**。正反馈一般会造成放大电路的性能变坏，但正反馈可以用到各种振荡电路中。

反馈放大电路的反馈极性（负反馈还是正反馈），可以用**瞬时极性法**来判定。

先假定输入信号处于某一个瞬时极性，在电路图中以⊕或⊖标记，分别表示该点瞬时信号的变化为升高或降低，然后沿放大电路向后逐级标出各点极性，通过反馈网络再回到输入回路，依次推出有关各点的瞬时极性，最后判断反馈到输入端节点的反馈信号的瞬时极性是增强还是削弱了放大电路的输入信号，增强为正反馈，削弱则为负反馈。

常见的三极管电路信号相位间关系如图2-42所示。图2-42(a)是分立器件三极管组成的放大电路，对于共射组态，其输入电压和输出电压是反相位的。对于共射组态（带R_E）或共集电极组态，如图2-42(b)所示，其输入电压与射极电压是同相位的，称为射极跟随。

学习笔记

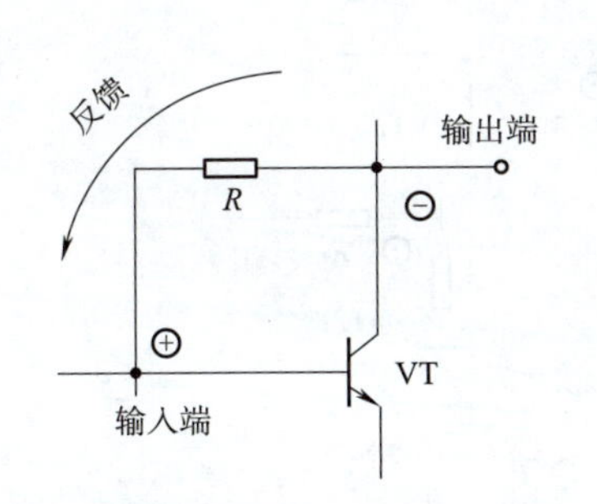

（a）反馈支路处于输出端和输入端之间

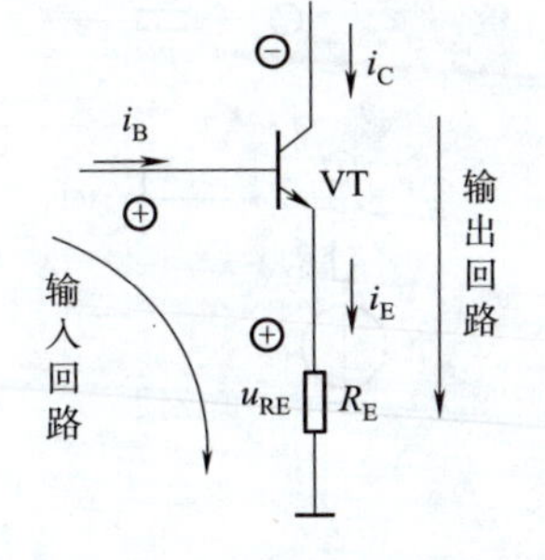

（b）反馈支路同时处于输出回路和输入回路中

图 2-42　电子电路中常见的两种信号相位间关系

(2)串联反馈与并联反馈

所谓**串联反馈**，就是在输入端，信号源与基本放大电路、反馈电路以串联的形式相连接，如图 2-43(a)、(b)所示。**并联反馈**就是在输入端，信号源与基本放大电路、反馈电路以并联的形式相连接，如图 2-43(c)、(d)所示。

串联反馈和并联反馈的判别：串联反馈的反馈信号和输入信号以电压串联方式叠加，以电压的形式相减，即 $u_i' = u_i - u_f$，以得到基本放大电路的净输入电压 u_i'，所以反馈信号与输入信号加在两个不同的输入端；并联反馈的反馈信号和输入信号以电流并联方式叠加，即 $i_i' = i_i - i_f$，以得到基本放大电路的净输入电流 i_i'，所以反馈信号与输入信号加在同一个输入端。从图 2-43 能够看出，串联反馈电路满足 $u_i' = u_i - u_f$，$i_i' = i_i$ 的关系；并联反馈满足 $i_i = i_i' - i_f$ 的关系。

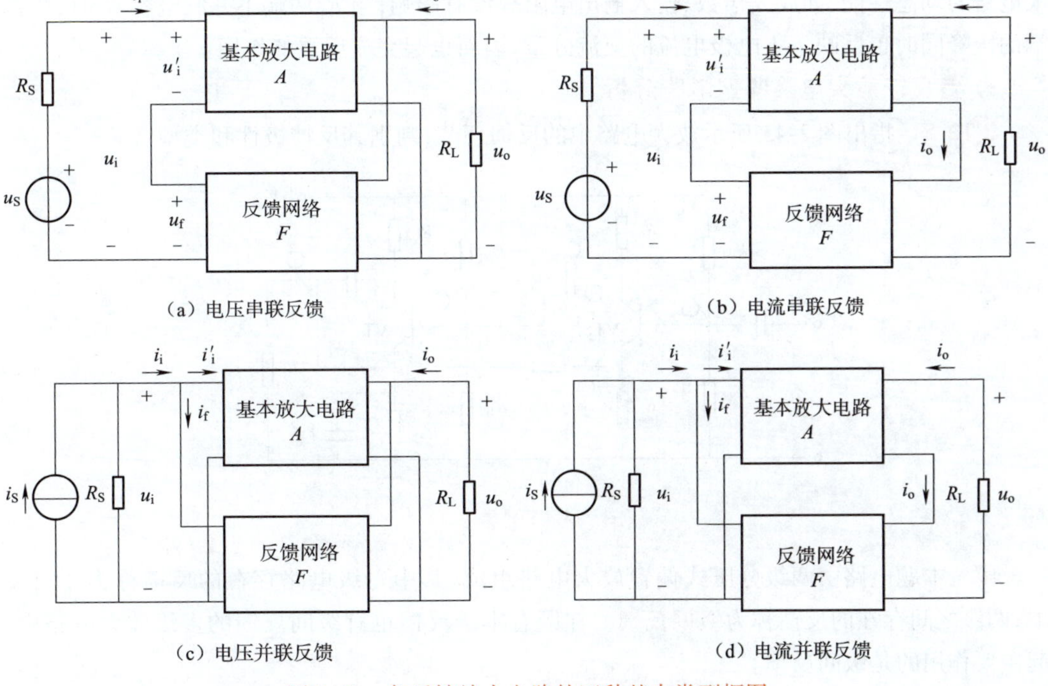

（a）电压串联反馈　（b）电流串联反馈

（c）电压并联反馈　（d）电流并联反馈

图 2-43　负反馈放大电路的四种基本类型框图

常见的三极管电路前端连接关系如图 2-44 所示。

学习笔记

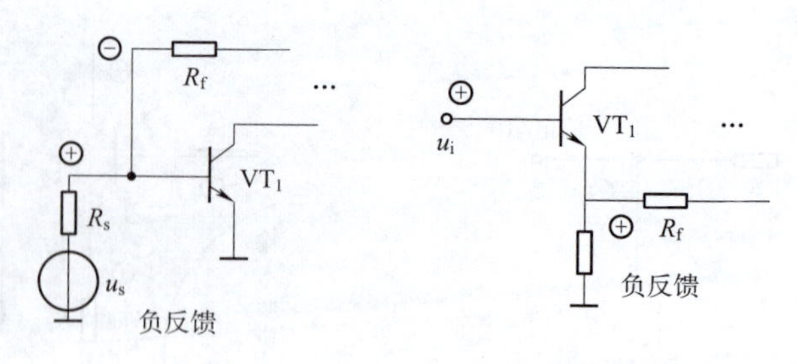

图 2-44　常见的三极管电路前端连接关系

（3）电压反馈与电流反馈

所谓**电压反馈**是指反馈信号取自输出电压 u_o；而**电流反馈**是指反馈信号取自电流信号 i_o。一般地，电压反馈时，反馈信号的大小与输出电压 u_o成正比；电流反馈时，反馈信号的大小与输出电压 i_o成正比。

电压反馈和电流反馈的判别：电压反馈的反馈电路是直接从输出端引出的，如图 2-43(a)、(c)所示。若假定输出端交流短路(即 $u_o=0$)，则反馈信号一定消失。

电流反馈的反馈电路不是直接从输出端引出的，若假定输出端交流短路，反馈信号仍然存在，如图 2-43(b)、(d)所示。

（4）直流反馈与交流反馈

根据反馈本身的交直流性质，可分为直流反馈和交流反馈。

如果在反馈信号中只包含直流成分，则称为**直流反馈**；只包含交流成分，则称为**交流反馈**。不过，在很多情况下，交直流反馈是同时存在的。例如，图 2-41 中的射极旁路电容 C_E足够大时，对交流信号短路，此时 R_E引入的反馈为直流反馈，起稳定静态工作点的作用，而对放大电路的动态性能，如放大倍数、输入输出电阻等没有影响；当 R_E两端不并联电容 C_E时，R_E两端的压降同时也反映了集电极电流的交流分量，因而也起交流反馈的作用。

3. 负反馈放大电路典型电路分析

例 2-8　指出图 2-45 所示放大电路中的反馈环节，判别其反馈极性和类型。

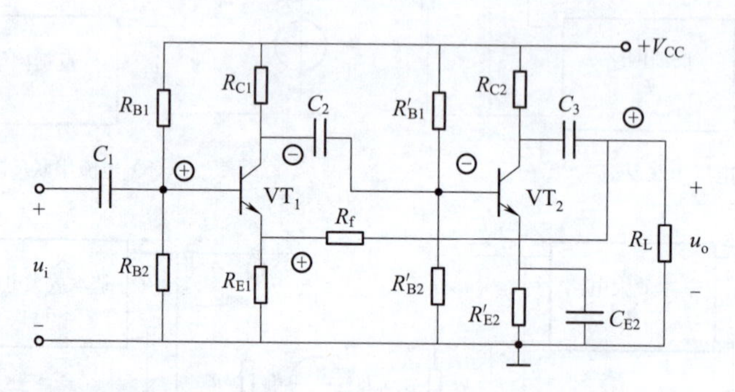

图 2-45　例 2-8 图

解　本题电路由两级分压式偏置放大电路组成，其中每级电路存在的反馈称为**本级反馈**；两级之间存在的反馈称为**级间反馈**。在既有本级反馈也有级间反馈的多级放大电路中，起主要作用的是级间反馈。

R_f接在第一级放大器的输入回路和第二级放大器的输出回路之间，是级间反馈元件，故电路中有反馈存在。由于 C_3的隔直作用，使得 R_f只将输出端的交流电压反馈到输入回路，所

学习笔记

以是交流反馈。

设 VT_1 基极的瞬间极性为正，则其集电极的瞬间极性为负，VT_2 基极的瞬间极性也为负，VT_2 集电极的瞬间极性为正。经 R_f 反馈后，使 VT_1 发射极的瞬间极性为正，发射极的电位升高，相当于净输入 $u_{be1}=u_{b1}-u_{e1}$ 下降，即反馈信号与原信号极性相反，减弱了输入信号，是负反馈。

若将 VT_2 的输出端短路，则反馈信号也就消失，故为电压负反馈；再看输入端，输入信号 u_i 和 R_{E1} 上的反馈信号 u_f 在输入回路中的关系是头尾相连接的关系（即电压串联关系），以电压的形式相减，因此属串联负反馈。由此可知，该电路属电压串联负反馈。

另外，R_{E1} 是第一级的负反馈电阻，起电流串联负反馈作用，交流负反馈与直流负反馈同时存在。R_{E2} 是第二级 VT_2 的发射极电阻，因其两端并联旁路电容，故 R_{E2} 仅起直流反馈作用，用来稳定工作点。

补充一点，请思考，如果 R_f 接到 VT_1 的基极，会是怎样的反馈？（是电压并联正反馈）。

4. 负反馈对放大器性能的影响

由图 2-41 可知：

$\dot{X}_d=\dot{X}_i-\dot{X}_f,\ \dot{X}_o=\dot{A}\dot{X}_d,\ \dot{X}_f=\dot{F}\dot{X}_o$

式中，$\dot{A}=\dfrac{\dot{X}_o}{\dot{X}_d}$是基本放大电路的放大倍数（开环放大倍数），$\dot{F}=\dfrac{\dot{X}_f}{\dot{X}_o}$是反馈网络的反馈系数。

则电路的闭环放大倍数为

$$\dot{A}_f=\frac{\dot{X}_o}{\dot{X}_i}=\frac{\dot{A}\dot{X}_d}{\dot{X}_d+\dot{X}_f}=\frac{\dot{A}\dot{X}_d}{\dot{X}_d+\dot{X}_o\dot{F}}=\frac{\dot{A}\dot{X}_d}{\dot{X}_d+\dot{X}_d\dot{A}\dot{F}}=\frac{\dot{A}}{1+\dot{A}\dot{F}}$$

$$\dot{A}_f=\frac{\dot{A}}{1+\dot{A}\dot{F}}$$

这是一个经典公式。由上式可见，引入反馈后，放大器的增益改变了，改变的多少与 $(1+\dot{A}\dot{F})$ 这一因数有关，$(1+\dot{A}\dot{F})$ 称为**反馈深度**。

若 $|1+\dot{A}\dot{F}|>1$，则 $|\dot{A}_f|<|\dot{A}|$，即引入反馈后，闭环增益减小了，该反馈为负反馈；

若 $|1+\dot{A}\dot{F}|<1$，则 $|\dot{A}_f|>|\dot{A}|$，即引入反馈后，闭环增益增大了，该反馈为正反馈。

理论分析表明，引入负反馈虽然会降低放大器放大倍数的数值，但可以改善放大电路的各项性能指标，实际上放大器增益并不是电路唯一的重要指标，正像人的身高并不是唯一重要的体征指标一样。

负反馈对放大电路的主要影响包括：

(1) 提高放大电路放大倍数的稳定性，使其不随温度等因素的改变而改变

为简化推导，假设放大电路工作于中频段，反馈网络为纯电阻性的，即 $\dot{A}$、$\dot{F}$均为实数，则闭环增益可表示为

$$A_f=\frac{A}{1+AF}$$

对 A 求导可得

$$\frac{dA_f}{dA}=\frac{(1+AF)-AF}{(1+AF)^2}=\frac{1}{(1+AF)^2}$$

学习笔记

整理得

$$dA_f=\frac{dA}{(1+AF)^2}$$

上式两边分别除以A_f，可得

$$\frac{dA_f}{A_f}=\frac{1}{1+AF}\frac{dA}{A}$$

上式表明，引入负反馈后增益的相对变化量是未加反馈时增益变化量的$\frac{1}{1+AF}$。也就是说，引入负反馈后，增益下降了$(1+AF)$倍，但增益的稳定性却提高了$(1+AF)$倍。

例 2-9 某反馈放大电路的开环增益$A=10^3$，反馈系数$F=0.02$。由于温度变化使A增加了10%，求闭环增益的相对变化量$\frac{dA_f}{A_f}$。

解

$$\frac{dA_f}{A_f}=\frac{1}{1+AF}\frac{dA}{A}=\frac{1}{1+10^3\times0.02}\times10\%\approx0.5\%$$

可见，引入反馈后增益稳定度提高了约20倍。但是，这是以牺牲放大倍数为代价的。

（2）负反馈对输入电阻的影响

放大电路的输入电阻，是从输入端看进去的交流等效电阻。而输入电阻的变化，取决于输入端的负反馈方式（串联或并联），与输出端采用的反馈方式（电流或电压）无关。具体来说有：

引入串联负反馈，可以增大放大电路的输入电阻。

引入并联负反馈，可以减小放大电路的输入电阻。

（3）负反馈对输出电阻的影响

放大电路的输出电阻，就是从放大电路的输出端看进去的交流等效电阻。而输出电阻的变化，取决于输出端采用的反馈方式（电流或电压），而与输入端的反馈连接方式无关。

电流负反馈使输出电阻增大。放大电路对输出端而言，可以等效成一个实际电流源，内阻就是放大电路的输出电阻。显然，输出电阻越大，输出电流就越稳定。因为电流负反馈可以稳定输出电流，所以，其效果就是增大了电路的输出电阻。

电压负反馈使输出电阻减小。放大电路对输出端而言，也可以等效成一个实际电压源，内阻就是放大电路的输出电阻。显然，输出电阻越小，输出电压就越稳定。因为电压负反馈可以稳定输出电压，所以，其效果就是减小了电路的输出电阻。

综上，如果需要放大电路的输入电阻大，就应当采用串联负反馈形式；如果需要放大电路的输出电阻小，就应当引入电压负反馈。

反之如果希望得到恒流源输出，就应当设计一个电流负反馈电路；如果希望是一个直流稳压电路，就应当引入直流的电压负反馈。

（4）负反馈能减小电路的非线性失真，克服三极管特性曲线非线性的影响

由于三极管的非线性特性或静态工作点选得不合适等，当输入信号较大时，在其输出端就产生了正半周幅值大、负半周幅值小的非线性失真信号，如图2-46(a)所示。

引入负反馈后，如图2-46(b)所示，反馈信号来自输出回路，其波形也是上大下小，将它送到输入回路，使净输入信号变成上小下大，经放大，输出波形的失真获得补偿。从本质上

说，负反馈是利用了“预失真”的波形来改善波形的失真，因而不能完全消除失真，并且对输入信号本身的失真不能减少。

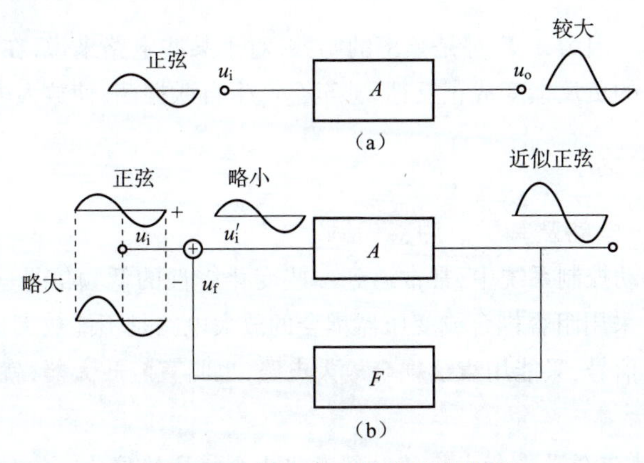

图 2-46　减小电路的非线性失真

(5)负反馈扩展了放大电路的通频带

在阻容耦合交流放大电路中，耦合电容和旁路电容的存在引起低频段增益下降，而三极管极间电容和寄生电容的存在又引起高频段增益下降，使通频带变窄。引入负反馈后，由于提高了放大电路增益的稳定度，使得放大电路的增益在低频段和高频段下降的速度减缓，相当于展宽了频带，如图 2-47 所示。

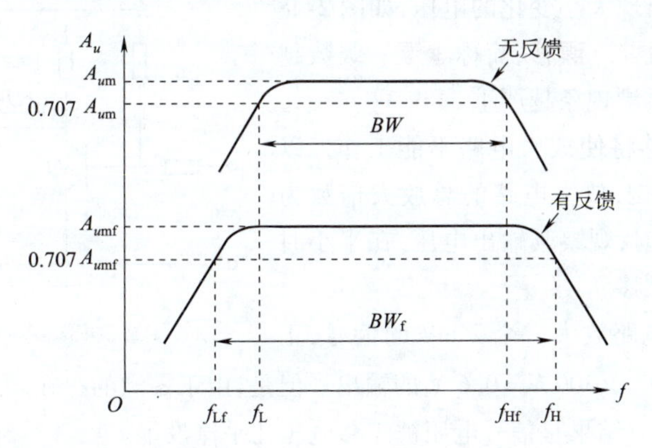

图 2-47　负反馈扩展了放大电路的通频带

负反馈电路对交流性能的影响见表 2-3。

表 2-3　负反馈电路对交流性能的影响

交流性能	电压串联负反馈	电压并联负反馈	电流串联负反馈	电流并联负反馈
输入电阻	增大	减小	增大	减小
输出电阻	减小	减小	增大	增大
稳定性	稳定输出电压，提高增益稳定性	稳定输出电压，提高增益稳定性	稳定输出电流，提高增益稳定性	稳定输出电流，提高增益稳定性
通频带	展宽	展宽	展宽	展宽
环内非线性失真	减小	减小	减小	减小
环内噪声、干扰	抑制	抑制	抑制	抑制

学习笔记

这里介绍的只是一般原则。要注意的是，负反馈对放大电路性能的影响只局限于反馈环内，反馈回路未包括的部分并不适用。性能的改善程度均与反馈深度 $|1+\dot{A}\dot{F}|$ 有关，但并不是 $|1+\dot{A}\dot{F}|$ 越大越好。因为 $\dot{A}$、$\dot{F}$ 都是频率的函数，对于某些电路来说，在一些频率下产生的附加相移可能使原来的负反馈变成正反馈，甚至会产生自激振荡，使放大电路无法正常工作。

视频

差分放大电路

九、差分放大电路

1. 直接耦合放大电路及其零点漂移问题

在测量仪表和自动控制系统中，常常遇到一些变化缓慢的低频信号（频率为几赫至几十赫，甚至接近于零）。采用阻容耦合或变压器耦合的放大电路是不能放大这种信号的。因此，放大这类变化缓慢的信号，只能用**直接耦合放大电路**，也叫**直流放大器**，就是能够对直流信号进行放大的电路。

注意：这里的直流信号是指大小随时间变化十分缓慢的信号。例如用温度传感器采集的温度信号，就属于直流信号。所以直流信号的信号频率很低，接近于或者等于零。在直流放大电路中，信号仍是以变化量 Δu、Δi 的形式存在的。$\Delta u=u-U$，$\Delta i=i-I$。这里的 u、i 为电压、电流的瞬时值，而 U、I 为电压、电流的静态值。

与阻容耦合的放大电路相比，直接耦合放大电路突出的问题就是**零点漂移**问题。

从实验中可以发现，对于两级以上的直接耦合放大电路，即使在输入端不加信号（即输入端短路），输出端也会出现大小变化的电压，如图 2-48 所示。这种现象称为**零点漂移**，简称**零漂**。级数越多，放大倍数越大，零漂现象越严重。

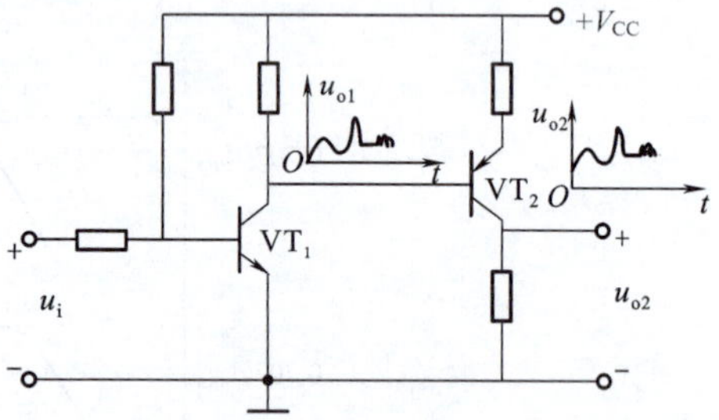

严重的零点漂移将使放大电路不能工作。以图 2-48 所示电路为例，放大电路的总放大倍数为 300。当输入端短路时，观察其输出电压，在半小时内出现了 0.5 V 的漂移。

图 2-48　零点漂移现象

若用这个放大电路放大一个 2 mV 的信号，正常时应有 $U_o=2\times10^{-3}\times300\ \text{V}=0.6\ \text{V}$ 的输出。但是，由于零漂的存在，输出端实际输出可达 1.1 V，而不是 0.6 V。结果是信号电压被漂移电压几乎淹没了。

引起零漂的原因很多，如电源电压波动、温度变化等，其中以温度变化的影响最为严重。当环境温度发生变化时，晶体管的 β、I_{CBO}、U_{BE} 随温度而变。这些参数变化造成的影响，也相当于在输入端加入一种信号，使输出电压发生变化。

在阻容耦合电路中，由于电容隔直，各级的零漂被限制在本级内，所以影响较小。而在直接耦合电路中，前一级的零漂电压将直接传递到下一级，并逐级放大，所以第一级的零漂影响最为严重。抑制零漂，应着重在第一级解决。

抑制零漂最常用的一种方法，是利用两只特性相同的三极管，接成**差分放大电路**。这种电路在模拟集成电路中作为基本单元而被广泛采用。

2. 典型差分放大电路

差分放大电路简称**差放电路**，它能比较理想地抑制零点漂移，常用于要求较高的直流放大电路中。

(1)差放电路组成和抑制零漂原理

图2-49所示电路为典型的差分放大电路。两侧的三极管电路完全对称,即 $R_{C1}=R_{C2}$,$R_{B1}=R_{B2}$,三极管 VT_1 和 VT_2 的参数相同,两管的射极相连并接有公共的射极电阻 R_E,由两组电源 $+V_{CC}$ 和 $-V_{EE}$ 供电。差分放大器的左右对称,是为了保证电路具有良好的抗零点漂移能力。要求电路的对称性越高越好。电路元件的参数,包括两个三极管的参数也要求做得完全相同。这在半导体集成电路中是容易实现的。

采用正负双电源给差分放大电路提供工作电源,是为了让电路中的电位可以在正负两个方向上变化,这样为应用提供了许多方便。

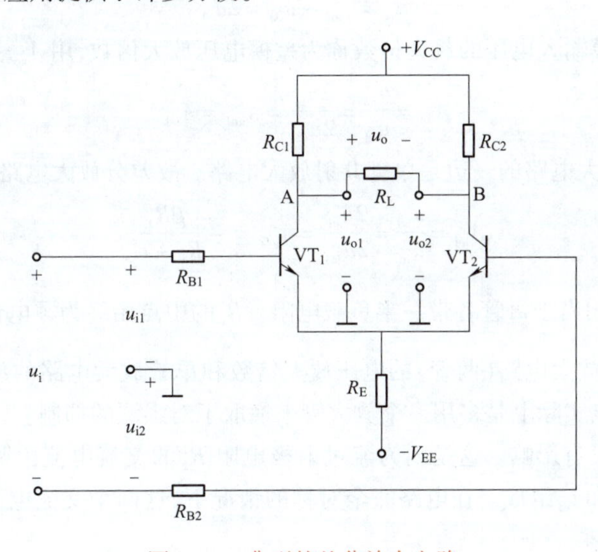

图2-49　典型的差分放大电路

由于三极管 VT_1 和三极管 VT_2 参数完全相同且电路对称,因而在静态时,$U_i=0$,三极管集电极电压 $U_{C1}=U_{C2}$,$U_o=U_{C1}-U_{C2}=0$,实现了零输入对应零输出的要求。

如果温度升高,I_{C1} 和 I_{C2} 同时增大,U_{C1} 与 U_{C2} 同时下降,且两管集电极电压变化量相等。所以 $\Delta U_o=\Delta U_{C1}-\Delta U_{C2}=0$,输出电压仍然为零,这就说明,零点漂移因为电路对称而抵消了。这就是差分放大电路抑制零点漂移的原理。

(2)差模信号和差模放大倍数

在图2-49中,输入信号 u_i 分成幅度相同的两个部分:u_{i1} 和 u_{i2},它们分别加到两只三极管的基极。由图2-49看出:u_{i1} 和 u_{i2} 极性(或相位)相反

$$u_{i1}=-u_{i2}=\frac{1}{2}u_{id}$$

这种对地大小相等、极性(或相位)相反的电压信号称为**差模信号**,用 u_{id}(d代表差模)表示为

$$u_{id}=u_{i1}-u_{i2}$$

差模信号就是待放大的有用信号。在它的作用下,一只三极管内电流上升,另一只三极管内电流下降,两管的集电极电位一减一增,变化的方向相反,变化的大小相同,就像是“跷跷板”的两端,于是输出端将有电压输出,即

$$u_{od}=u_{o1}-u_{o2}=2u_{o1}$$

学习笔记

所以,差分放大电路对差模信号能进行放大。

设差分放大电路单侧的放大倍数为 A_{ud},因为两边单管放大电路对称,所以放大倍数相等。$A_{ud1}=A_{ud2}$,则两个三极管的集电极输出电压分别为

$$u_{o1}=A_{ud1}u_{id1}=A_{ud1}\times\frac{1}{2}u_{id}$$

$$u_{o2}=A_{ud2}u_{id2}=-A_{ud2}\times\frac{1}{2}u_{id}=-u_{o1}$$

那么放大电路的输出电压

$$u_{od}=u_{o1}-u_{o2}=2u_{o1}$$

放大电路对差模输入电压的放大倍数称为差模电压放大倍数,用 A_{ud} 表示,那么

$$A_{ud}=\frac{u_{od}}{u_{id}}=\frac{2u_{o1}}{2u_{id1}}=A_{ud1}=A_{ud2}$$

实际上,差分放大电路的一边是单管共射放大电路。故差分放大电路的电压放大倍数为

$$A_{ud}=\frac{u_{od}}{u_{id}}=\frac{2u_{o1}}{2u_{id1}}=A_{ud1}=-\frac{\beta R'_L}{R_B+r_{be}}$$

式中,$R'_L=R_C//\frac{R_L}{2}$,相当于每管各带一半负载电阻。R_L 的中点始终为零电位,相当于接地。

上式说明:差分放大电路(两管)的电压放大倍数和单管放大电路的放大倍数基本相同。差分放大电路的特点实际上是多用一个放大管来换取了对零漂的抑制。

R_E 对放大倍数没有影响。这是因为流过射极电阻 R_E 的交流电流由两个大小相等、方向相反的交流电流 i_{e1} 和 i_{e2} 组成。在电路完全对称的情况下,这两个交流电流之和在 R_E 两端产生的交流压降 u_{R_E} 为零。

电路的输入电阻 R_{id} 则是从两个输入端看进去的等效电阻。由交流通路(图略)可推知,

$$R_{id}=2(R_B+r_{be})$$

电路输出电阻为

$$R_o=2R_C$$

(3)共模信号和共模抑制比 K_{CMRR}

在差分放大电路中,如果两输入端同时加一对对地大小相等、极性(或相位)相同的电压信号,这种信号称为**共模信号**,用 u_{ic}(c 代表共模)表示,即

$$u_{i1}=u_{i2}=u_{ic}$$

零漂信号同时影响到两个三极管,因此可以看作是一种共模信号。共模信号是无用的干扰或噪声信号。

差分放大电路由于电路对称,当输入共模信号时,$u_{ic1}=u_{ic2}$,三极管 VT_1 和三极管 VT_2 各电量同时等量变化,输出端 $u_{oc1}=u_{oc2}$,所以共模输出 $u_{oc}=u_{oc1}-u_{oc2}=0$,表明差分放大电路对共模信号无放大能力,这反映了差分放大电路抑制共模信号的能力。实际上,差分放大电路对零点漂移的抑制就是抑制共模信号的一个特例。

另外,由于射极电阻 R_E 存在负反馈作用,R_E 对共模信号及零点漂移也有强烈的抑制作用。

为了表示一个电路放大有用的差模信号和抑制无用的共模信号的能力,引入了一个称为抑制比(common mode rejection ratio)的指标 K_{CMRR},它定义为

$$K_{CMRR}=\left|\frac{A_{ud}}{A_{uc}}\right| \quad 或 \quad K_{CMRR}=20\lg\left|\frac{A_{ud}}{A_{uc}}\right| \quad (dB)$$

式中　A_{ud}——差模信号放大倍数；

A_{uc}——共模信号放大倍数；

K_{CMRR}——共模抑制比，对理想的差分放大电路为无穷大；对实际差分放大电路，K_{CMRR}越大越好。

(4)典型差放电路的静态分析

由于两边单管放大电路结构对称，所以有$U_{BE1}=U_{BE2}=U_{BE}$，$I_{B1}=I_{B2}=I_B$，$I_{C1}=I_{C2}=I_C$，$\beta_1=\beta_2=\beta$，$U_{C1}=U_{C2}=U_C$，所以分析单边放大电路即可。

由基尔霍夫电压定律，由左边放大电路回路可得

$$I_BR_B+U_{BE}+2I_ER_E=V_{EE}$$

考虑到正常情况下$2I_ER_E\gg I_BR_B$，$V_{EE}\gg U_{BE}$，因此估算中可忽略I_BR_B、U_{BE}两项。

所以，

$$I_E\approx\frac{V_{EE}}{2R_E}\approx I_C$$

$$I_B\approx\frac{V_{EE}}{2(1+\beta)R_E}$$

$$U_{CE}=(V_{CC}+V_{EE})-I_CR_C-2I_ER_E$$

(5)比较输入

还有一种情况，差分放大电路的两个输入信号大小不等、极性可相同或相反，即$u_{i1}\neq u_{i2}$，这时，可分解为共模信号和差模信号的组合，即

$$u_{i1}=u_{ic}+u_{id}$$

$$u_{i2}=u_{ic}-u_{id}$$

式中，u_{ic}为共模信号，$u_{ic}=\frac{1}{2}(u_{i1}+u_{i2})$；$u_{id}$为差模信号，$u_{id}=\frac{1}{2}(u_{i1}-u_{i2})$。

输出电压为

$$u_{o1}=A_{uc}u_{ic}+A_{ud}u_{id}$$

$$u_{o2}=A_{uc}u_{ic}-A_{ud}u_{id}$$

$$u_o=u_{o1}-u_{o2}=2A_{ud}u_{id}=A_{ud}(u_{i1}-u_{i2})$$

上式表明，比较输入时输出电压的大小仅与输入电压的差值有关，而与信号本身的大小无关，这就是差分放大电路的差值特性。因此，无论差分放大电路的输入信号是何种类型，都可以认为是一对共模信号和一对差模信号的组合，差分放大电路仅对差模信号进行放大。

3. 恒流源差分放大电路

为了提高差分放大电路的共模抑制比，理论上应当提高电阻R_E的阻值。但R_E的阻值太大会使I_C下降太多，对电源要求也高。实际中常用三极管电路组成的恒流源来代替发射极电阻R_E。恒流源具有很大的交流等效电阻，本身可流过较大的直流电流，而直流压降却不大。在放大区的很大范围内，I_C基本是恒定的，相当于一个内阻很大的电流源。

电路如图2-50所示。R_E被恒流源取代，为恒流源式差分放大电路的电路结构。恒流管VT_3的基极电位U_{B3}由R_1、R_2决定，基本上不随温度变化而变化，所以I_{B3}是固定的。从三极管的输出特性曲线恒流特性可推知，当I_{B3}固定以后，I_{C3}也基本不变，具有恒流特性。它的直流

学习笔记

电阻 $R_{CE}=\dfrac{U_{CE}}{I_C}$ 并不大，交流等效电阻很大，可以大大提高差分放大电路的共模抑制比。

恒流源差分放大电路动态技术指标 A_{ud} 与上面典型差放的计算公式相同。

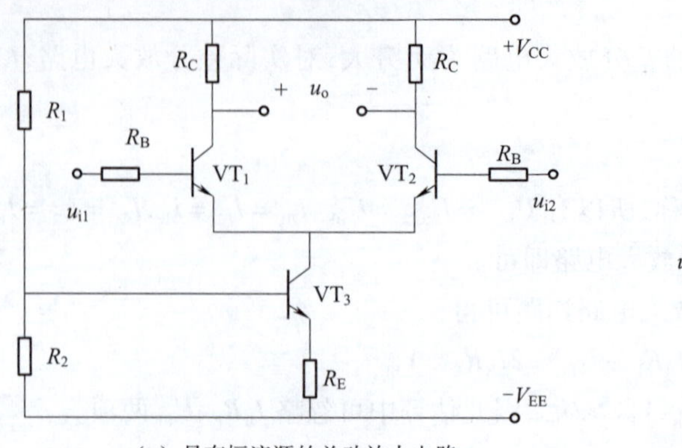

（a）具有恒流源的差动放大电路

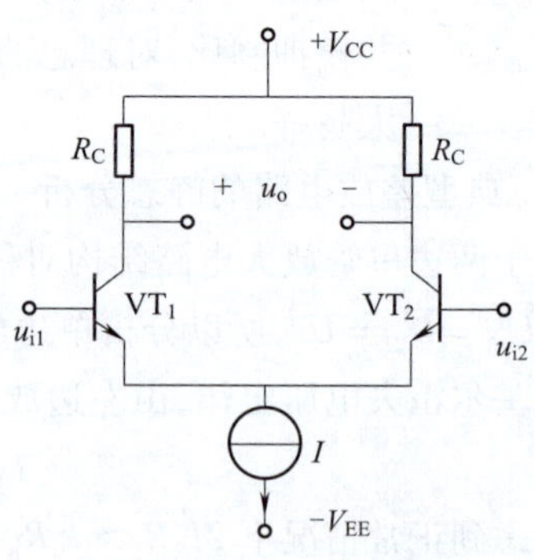

（b）图（a）的简化电路

图 2-50　恒流源差动放大电路

4. 差分放大电路输入输出方式

差分放大电路有四种输入输出方式，上面讲的是典型的**双端输入双端输出**方式。而在实际的电子电路中，经常需要把信号的一端接地使用。为了适应这种需要，差分放大电路还有**双端输入单端输出**、**单端输入双端输出**、**单端输入单端输出**几种接法，如图 2-51 所示。这些接法是不对称的，又称为**不对称接法**的差分放大电路。

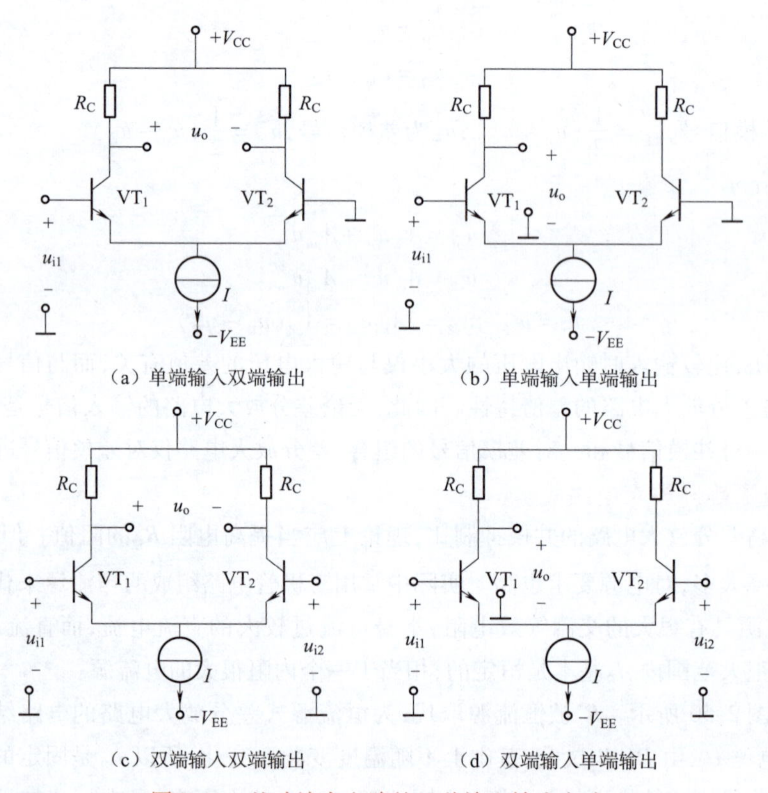

（a）单端输入双端输出
（b）单端输入单端输出
（c）双端输入双端输出
（d）双端输入单端输出

图 2-51　差动放大电路的四种输入输出方式

学习笔记

(1)单端输出

差分放大电路也可以单端输出,即分别从 u_{o1} 或 u_{o2} 端输出。

单端输出式差分放大电路中非输出管的输出电压未被利用,输出减小了一半,所以差模放大倍数亦减小为双端输出时的二分之一。此外,由于两个单管放大电路的输出漂移不能互相抵消,所以零漂比双端输出时大一些。

但由于 R_E 或恒流源有负反馈作用,对共模信号有强烈抑制作用,因此其输出零漂还是比普通的单管放大电路小得多。所以,单端输出时仍常采用差分放大电路。

(2)单端输入

单端输入式差分放大电路的输入信号只加到放大电路的一个输入端,另一个输入端接地,可以看成是双端输入的一种特例。

由于两个三极管发射极电流之和恒定,所以当输入信号使一个三极管发射极电流改变时,另一个三极管发射极电流必然随之做相反的变化,情况和双端输入时相同。此时由于恒流源等效电阻或发射极电阻 R_E 的耦合作用,两个单管放大电路都得到了输入信号的一半,但极性相反,即为差模信号。所以,单端输入属于差模输入。

(3)同相输入端与反相输入端

对差分放大电路来说,输出和输入的连接形式比较灵活,实际应用中可有多种选择,输出和输入的相位关系也不尽相同。当输出端一定时,对于单端输入,当 u_{i2} 为 0 时,若输出与输入 u_{i1} 同相位,则称 u_{i1} 对应的输入端为**同相输入端**;当 u_{i1} 为 0 时,若输出与输入 u_{i2} 反相位,则称 u_{i2} 对应的输入端为**反相输入端**,反之亦然。

基础训练

共射单管放大电路的调试与测量

电路如图 2-52 所示。为防止干扰,各仪器的公共端必须连在一起,即电路的“地”;设备的“地”和电源的负极连在一起。同时,信号源、交流毫伏表和示波器的引线应采用屏蔽线,屏蔽线的外包金属网(黑色夹子)应接在公共接地端上。电路调试过程中,切忌电源短路。

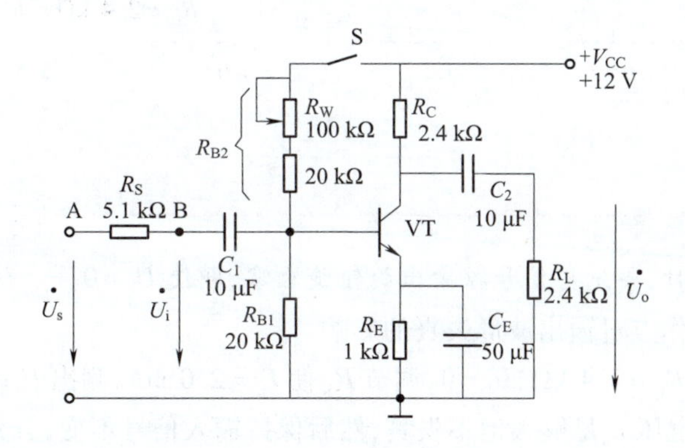

图 2-52　共射极单管放大器电路

(1)调试静态工作点

接通 +12 V 电源,接通开关 S,调节 R_W,使 $I_C = 2.0$ mA(即 $U_E = 2.0$ V),用数字式万用表

学习笔记

直流电压挡测量 U_B、U_E、U_C，用电阻挡测量 R_{B2} 值（测量电阻时要将开关 S 断开）。将结果记入表 2-4 中。

表 2-4　实验测量数据（一）　　$I_C = 2$ mA

测量值				计算值		
U_B/V	U_E/V	U_C/V	R_{B2}/kΩ	U_{BE}/V	U_{CE}/V	I_C/mA

(2) 测量电压放大倍数

在放大器输入端加入频率为 1 kHz 的正弦信号 u_S，调节函数信号发生器的输出旋钮使放大器输入电压 $U_i = 20$ mV，同时用示波器观察放大器输出电压 u_o 波形，在波形不失真的条件下用交流毫伏表测量下述三种情况下的 U_o 值，并用双踪示波器观察 u_o 和 u_i 的相位关系，记入表 2-5 中。

表 2-5　实验测量数据（二）　　$I_C = 2.0$ mA　$U_i = 20$ mV

R_C/kΩ	R_L/kΩ	U_o/V	A_u	观察记录一组 u_i 和 u_o 波形
2.4	∞			u_i O t　　u_o O t
1.2	∞			
2.4	2.4			

注：R_C 由 2.4 kΩ 变为 1.2 kΩ 时，可在原 2.4 kΩ 电阻上并联一个 2.4 kΩ 电阻。

(3) 观察静态工作点对电压放大倍数的影响

置 $R_C = 2.4$ kΩ，$R_L = \infty$，$U_i = 20$ mV，调节 R_W，用示波器监视输出电压波形，在 u_o 不失真的条件下，根据给出 I_C 和测量 U_o 值，记入表 2-6 中。

表 2-6　实验测量数据（三）

$R_C = 2.4$ kΩ　$R_L = \infty$　$U_i = 20$ mV

I_C/mA	1.0	1.5	2.0	2.5	3.0
U_o/V					
A_u					

注意：给出 I_C 时，要先将信号源输出旋钮旋至零，即使 $U_i = 0$。

(4) 观察静态工作点对输出波形失真的影响

置 $R_C = 2.4$ kΩ，$R_L = 2.4$ kΩ，$U_i = 0$，调节 R_W 使 $I_C = 2.0$ mA，测出 U_{CE} 值（直流），再逐步加大输入信号，使输出电压 u_o 足够大但不失真，然后保持输入信号不变，分别增大和减小 R_W，使波形出现失真，绘出 u_o 的波形，并测出失真情况下的 I_C 和 U_{CE} 值，记入表 2-7 中。每次测 I_C 和 U_{CE} 值时都要将信号源的输出旋钮旋至零。

学习笔记

表 2-7　实验测量数据(四)

$R_C=2.4\ k\Omega$　$R_L=\infty$　$U_i=0\ mV$

I_C/mA	U_{CE}/V	u_o波形	失真情况	三极管工作状态
		u_o O t		
2.0		u_o O t		
		u_o O t		

(5)测量最大不失真输出电压

置 $R_C=2.4\ k\Omega$,$R_L=2.4\ k\Omega$,同时调节输入信号的幅度和电位器 R_W,用示波器和交流毫伏表测量 U_{OPP}及 U_{om}值,记入表 2-8 中。

表 2-8　实验测量数据(五)　$R_C=2.4\ k\Omega$　$R_L=2.4\ k\Omega$

I_C/mA	U_{im}/mV	U_{om}/V	U_{OPP}/V

(6)测量输入电阻和输出电阻

置 $R_C=2.4\ k\Omega$,$R_L=2.4\ k\Omega$,$I_C=2.0\ mA$。输入 $f=1\ kHz$ 的正弦信号,在输出电压 u_o不失真的情况下,用交流毫伏表测出 U_S、U_i和 U_L记入表 2-9 中。

保持 U_S不变,断开 R_L,测量输出电压 U_o,记入表 2-9 中。

表 2-9　实验测量数据(六)

$I_C=2\ mA$　$R_C=2.4\ k\Omega$　$R_L=2.4\ k\Omega$

U_S/mV	U_i/mV	R_i/kΩ		U_L/V	U_o/V	R_o/kΩ	
		测量值	计算值			测量值	计算值

项目实施

1. 分析项目要求

设计简易的低频信号多级放大电路,当输入信号为音频信号时,该电路就是扩音机电路,该电路共三级,第一级(VT_1)为前置电压放大,第二级(VT_2)是推动级,第三级是 OTL 互补对称功率放大电路。电路如图 2-53 所示。

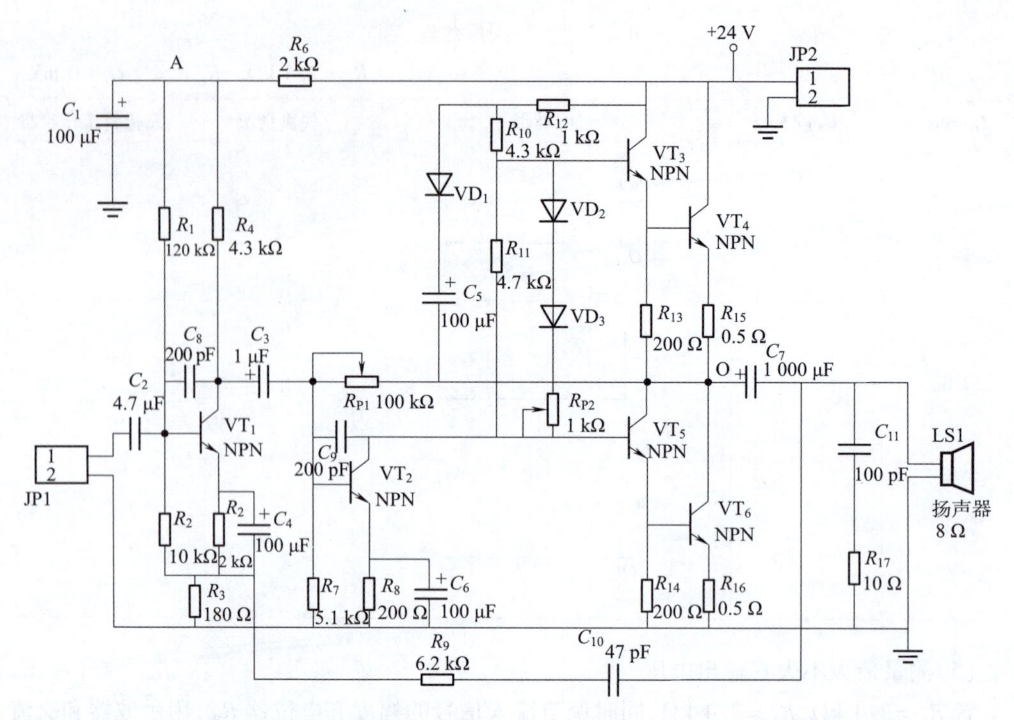

图 2-53　扩音机电路

①前置放大级。前置放大级采用能自动稳定静态工作点的分压式偏置放大电路，R_1 为上偏置电阻，R_2 为下偏置电阻，C_4 为射极旁路电容。通过限流降压电阻 R_5，使三极管 VT_1 有一个合适的静态工作点；C_1 为电源退耦电容，以稳定节点 A 的电压；C_8 用于抑制 VT_1 的高频自激现象；C_2 为信号输入耦合元件。

②推动级。推动级的三极管 VT_2 采用小功率低噪声三极管，目的是通过对信号的放大，使第三级功放电路获得足够的推动信号。通过 R_{P1} 和 R_7 两个偏置电阻，使 VT_2 获得偏置电压，R_{P1} 和 R_7 兼具有负反馈作用，既稳定工作点又改善电路性能。调节 R_{P1}，就可设置合适的静态工作点；R_{P1} 和 R_7 值选取合适，可使 O 点的电位为扩音机电路的中点电位（+12 V）。C_6、C_9 分别为射极旁路电容和抑制高频自激电容。

③OTL 互补对称功率输出级。输出级采用甲乙类 OTL 互补对称功率放大电路，VT_3、VT_4 复合等效为一只 NPN 型管，VT_5、VT_6 复合等效为一只 NPN 型管，VD_2、VD_3 和 R_{P2} 为复合功放管提供偏置电压，使其微导通，工作在甲乙类状态。VD_2、VD_3 管选用具有负温度系数的二极管，可以稳定复合功放管的静态电流。调节 R_{P2}，可实现静态工作点的调整。一般在能够消除交越失真的情况下，尽量使 Q 点低。

R_{15}、R_{16} 是防止 VT_4、VT_6 过电流的限流电阻，取值一般在 0.5 ~ 1 Ω。R_{13}、R_{14} 为泄放电阻，主要是放掉 VT_3、VT_5 的部分反向饱和电流，改善复合管的稳定性，其值不可过小，否则将使有用信号损失过大。

VD_1、C_5 和 R_{12} 组成"自举升压电路"。在信号正半周输出时，由于大电容 C_5 的作用，使 B 点的电位随 O 点的电位同幅上升（升幅刚好弥补这一过程中的 R_{10} 和 VT_3、VT_4 的基极与集电极间的压降），提高了正半周信号的输出幅度。若 C_5 失容，输出可能出现正半周失真。

学习笔记

2. 扩音机电路的工作原理

电路的第一级、第二级属于小信号电压放大电路，音频信号通过 VT_1、VT_2 两级放大后，从 VT_2 的集电极输出经两次倒相后的放大了的音频信号，输入到 OTL 功率放大电路。

OTL 功率放大电路静态时，由于上、下两复合管的特性对称，O 点的电位为中点电位，这个电压对大电容 C_7 进行充电，使其两端的直流电压为电源电压的一半（+12 V），作为下部复合管电路的供电电源。

动态时，VT_2 的集电极输出信号的正半周时，VT_3、VT_4 导通，VT_5、VT_6 截止。同样，输出信号的负半周时，VT_5、VT_6 导通，VT_3、VT_4 截止。这样，在负载上就可得到一个放大的完整信号。

3. 扩音机电路的安装与测试

安装时要遵循安装工艺的要求。电路调试与检测时，要检查元件的安装和焊接是否正确可靠，二极管、三极管、电解电容器极性有无装反，大功率管与散热支架之间的绝缘是否良好，并且检验电路功能。

项目评价

分组汇报项目的学习与电路的制作情况，演示电路的功能。项目评价内容见表 2-10。

表 2-10　扩音机电路的制作与调试工作过程评价表

评价内容		配分	评价要求	扣分标准	得分
工作态度	(1)工作的积极性。 (2)安全操作规程的遵守情况。 (3)纪律遵守情况	30 分	积极参加工作，遵守安全操作规程和劳动纪律，有良好的职业道德和敬业精神	违反安全操作规程扣 20 分；不遵守劳动纪律扣 10 分	
电路安装	(1)按照实验电路组装扩音机电路。 (2)调试电路静态工作点	40 分	能正确组装扩音机电路，能正确测试电路的静态工作点	电路安装不规范，每处扣 2 分；静态工作点测试错误扣 5 分	
功能测试	(1)测试扩音机电路的性能。 (2)记录测试结果	30 分	(1)掌握扩音机性能参数测量方法。 (2)正确记录测试结果	(1)测量方法不正确每处扣 2 分。 (2)记录测试结果不正确每处扣 2 分	
合计		100 分			

自我总结
总结电路搭建和调试的过程中遇到的问题以及解决的方法，目前仍然存在的问题等

学习笔记

巩固练习

一、填空题

1. 放大电路有两种工作状态，当 $u_i=0$ 时电路的状态称为________态，有交流信号 u_i 输入时，放大电路的工作状态称为________态。在________态情况下，三极管各极电压、电流均包含________态分量和________态分量。放大器的输入电阻越________，就越能从前级信号源获得较大的电信号；输出电阻越________，放大器带负载能力就越强。

2. 共射基本放大电路在放大信号时，若信号出现失真，通常调节的是________电阻。

3. 单管共射放大电路，输出电压与输入电压相位差为________。

4. 在三极管（NPN 型管）放大电路中，当输入电流一定时，静态工作点设置太高，会使 i_C 的________半周及 u_{CE} 的________半周失真；静态工作点设置太低时，会使 i_C 的________半周及 u_{CE} 的________半周失真。

5. 在单管共射放大电路中，R_C 减小，而其他条件不变，则电路直流负载线变________。

6. 在单管共射放大电路中，如果其他条件不变，减小 R_B，则静态工作点沿着负载线________，容易出现________失真；若增大 R_B，静态工作点沿着负载线________，容易出现________失真。

7. 三极管的输入特性曲线和二极管的________相似，三极管输入特性的最重要参数是交流输入电阻，它是________和________的比值。

8. 对放大电路来说，人们总是希望电路的输入电阻________越好，因为这可以减轻信号源的负荷。人们又希望放大电路的输出电阻________越好，因为这可以增强电路的带负载能力。

9. 射极输出器具有________恒小于 1、接近于 1，________和________同相，并具有________高和________低的特点。

10. 有一个三极管继电器电路，其三极管与继电器的吸引线圈相串联，继电器的动作电流为 6 mA。若三极管的直流电流放大系数为 50，便使继电器开始动作，三极管的基极电流至少为________。

11. 在多级放大器中，________的输入电阻是________的负载，________的输出电阻是________的信号源内阻；________放大器输出信号是________放大器输入信号电压。

12. 将放大器________的全部或部分通过某种方式回送到输入端，这部分信号称为________信号。使放大器净输入信号减小，放大倍数也减小的反馈，称为________反馈；使放大器净输入信号增加，放大倍数也增加的反馈，称为________反馈。放大电路中常用的负反馈类型有________负反馈、________负反馈、________负反馈和________负反馈。

13 放大电路为稳定静态工作点，应该引入________负反馈；为提高电路的输入电阻，应该引入________负反馈；为了稳定输出电压，应该引入________负反馈。

14. 三极管由于在长期工作过程中，受外界________及电网电压不稳定的影响，即使输入信号为零时，放大电路输出端仍有缓慢的信号输出，这种现象称为________漂移。克服________漂移的最有效且常用电路是________放大电路。

15. 差分放大电路可以用来抑制________，放大对象是________信号。

16. 若差分放大电路中三极管输入电压 $u_{i1}=3$ mV，$u_{i2}=5$ mV。则其共模分量是________；差模分量是________。

17. 负反馈放大电路虽然使电路的放大倍数降低了，但它却改善了放大电路的性能，比如：提高了放大倍数的________，展宽了________等。

18. 已知某放大电路在输入信号电压为 1 mV 时，输出电压为 1 V；当加负反馈后达到同样的输出电压时需加输入信号为 10 mV。由此可知所加的反馈深度为________，反馈系数为________。

二、选择题

1. 三极管的电流放大作用实质体现在（　　）。

A. $I_C > I_B$　　B. $I_E > I_C > I_B$　　C. $\Delta I_C > \Delta I_B$　　D. $I_E > I_B$

2. 阻容耦合放大电路能放大（　　）信号，直接耦合放大电路能放大（　　）信号。

A. 交流　　B. 直流　　C. 交、直流

3. 在共集电极放大电路中，输出电压与输入电压的相位关系是（　　）。

A. 相位相同，幅度增大　　B. 相位相反，幅度增大

C. 相位相同，幅度相似

4. 放大电路工作在动态时，为避免失真，发射结电压直流分量和交流分量大小关系通常为（　　）。

A. 直流分量大　　B. 交流分量大

C. 直流分量和交流分量相等　　D. 以上均可

5. 分压偏置放大电路的反馈元件是（　　）。

A. 电阻 R_B　　B. 电阻 R_E　　C. 电阻 R_C

6. 在一个三级直接耦合放大器中，如各级的放大倍数均为 10，各级自身的漂移输出均为 0.01 V，即当输入电压为零时，输出端的漂移电压为（　　）。

A. 0.03 V　　B. 1 V　　C. 1.11 V

7. 如图 2-54 所示为某放大器幅频特性曲线，其下限频率 f_L 及上限频率 f_H 分别约为（　　）。

A. 7 Hz、1 MHz

B. 4 Hz、4 MHz

C. 3 Hz、5 MHz

D. 5 Hz、3 MHz

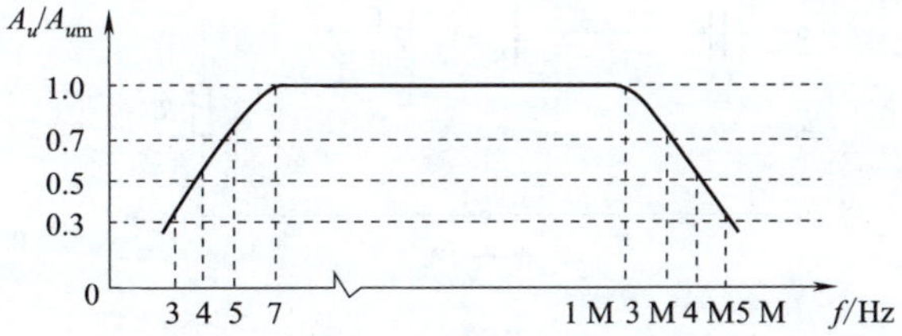

图　2-54

三、分析计算题

1. 如图 2-55 所示电路，三极管均为硅管且 $\beta = 50$，试估算静态值 I_B、I_C、U_{CE}。

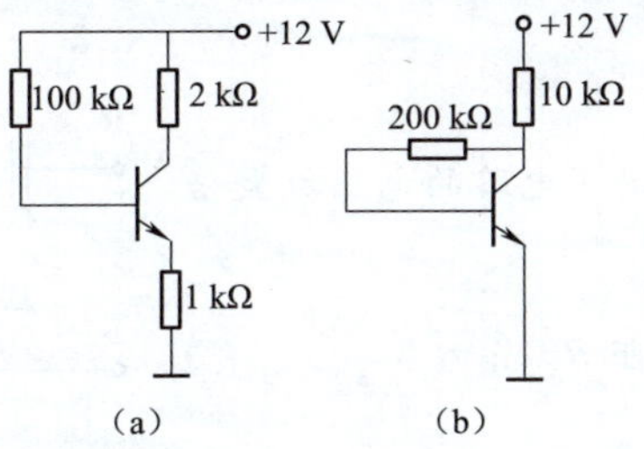

图　2-55

学习笔记

2. 判断图2-56所示的各电路能否放大交流电压信号？为什么？各电容对交流可视为短路。

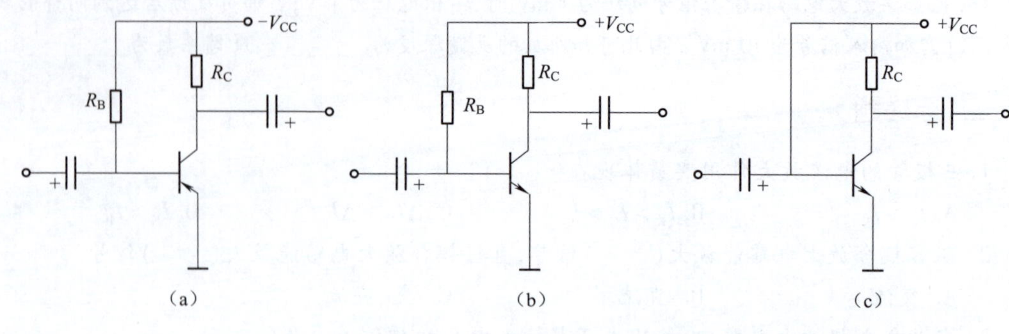

图 2-56

3. 在图2-57(a)所示基本放大电路中，三极管的输出特性及交、直流负载线如图2-57(b)所示，用图解法，通过相关点坐标值，试求：

(1) 电源电压 V_{CC}，静态电流 I_B、I_C 和管压降 U_{CE} 的值。

(2) 电阻 R_B、R_C 的值。

(3) 输出电压的最大不失真幅度 U_{om}。

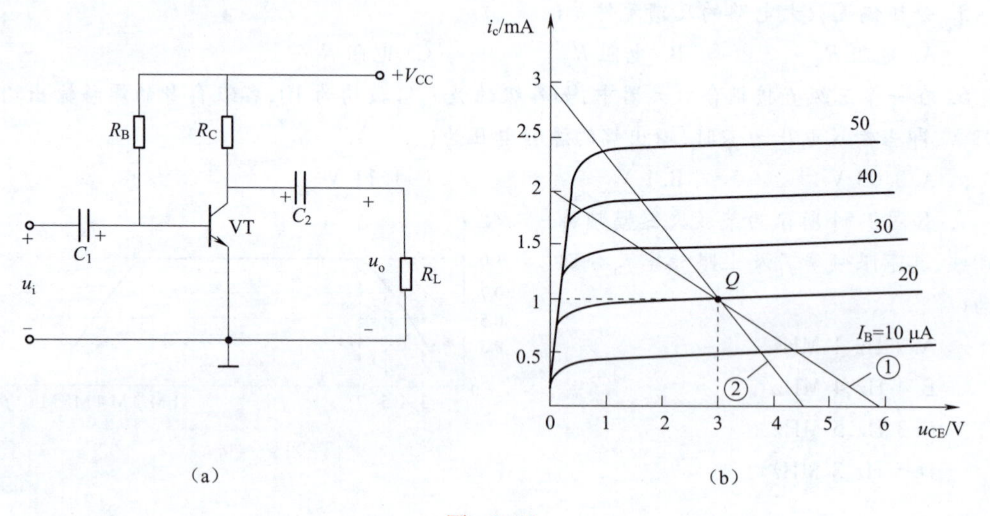

图 2-57

4. 共射基本放大电路如图2-58所示。已知 V_{CC} = 12 V，R_B = 300 kΩ，R_C = 3 kΩ，R_L = 3 kΩ，R_S = 3 kΩ，β = 50，试求：

(1) 电路的静态工作点。

(2) R_L 接入和断开两种情况下电路的电压放大倍数 $\dot{A}_u$。

(3) 输入电阻 R_i 和输出电阻 R_o。

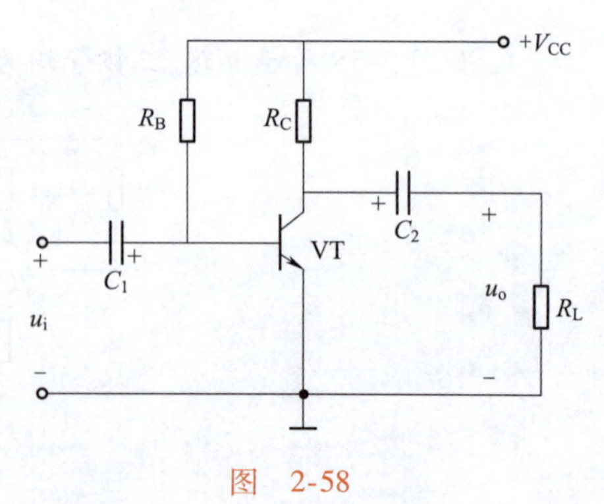

图 2-58

5. 如图2-59所示分压式偏置放大电路中，已知 $V_{CC}=25$ V，$R_{B1}=40$ kΩ，$R_{B2}=10$ kΩ，$R_C=3.3$ kΩ，$R_E=1.5$ kΩ，$R_L=3.3$ kΩ，$\beta=70$。

(1)试估算静态工作点。

(2)画出微变等效电路。

(3)求电压放大倍数 $\dot{A}_u$、输入电阻、输出电阻。

6. 在图2-60所示射极输出器电路中，已知 $V_{CC}=15$ V，$R_B=200$ kΩ，$R_E=3$ kΩ，$R_L=3$ kΩ，$R_S=3$ kΩ，三极管 $\beta=100$。

(1)计算放大电路的静态值。

(2)画出放大电路的微变等效电路。

(3)计算放大电路的电压放大倍数、输入电阻和输出电阻。

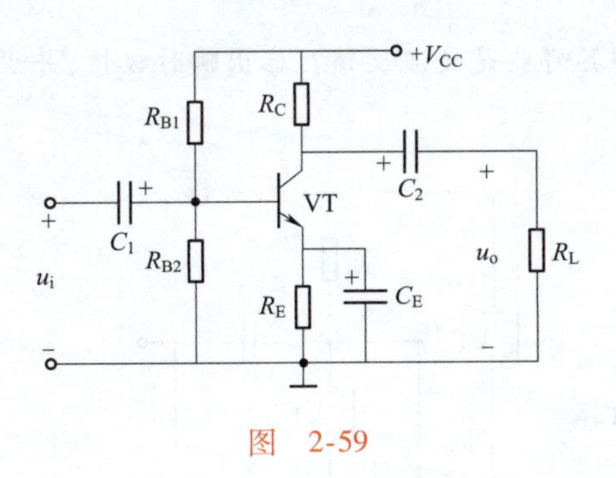

图　2-59

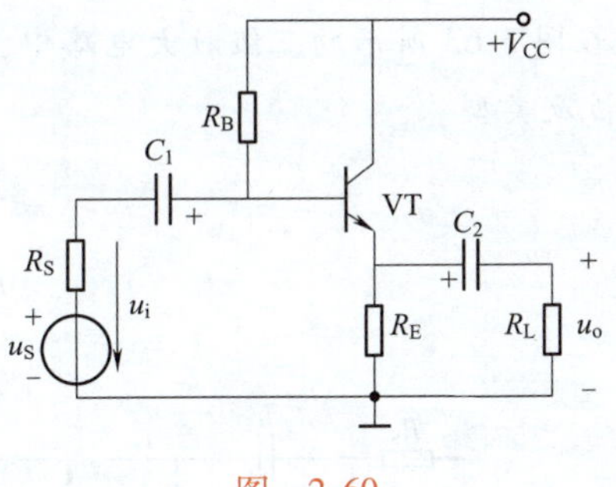

图　2-60

7. 在图2-61所示的两级阻容耦合放大电路中，已知 $V_{CC}=24$ V，$R_{B1}=1$ MΩ，$R_{E1}=27$ kΩ，$R'_{B1}=82$ kΩ，$R_{B2}=43$ kΩ，$R_{C2}=10$ kΩ，$R_{E2}=8.2$ kΩ，$R_L=10$ kΩ，$\beta_1=\beta_2=50$。

(1)求前、后级放大电路的静态值。

(2)画出微变等效电路。

(3)求各级电压放大倍数 $\dot{A}_{u1}$、$\dot{A}_{u2}$ 和总电压放大倍数 $\dot{A}_u$。

(4)前级采用射极输出器有何好处？

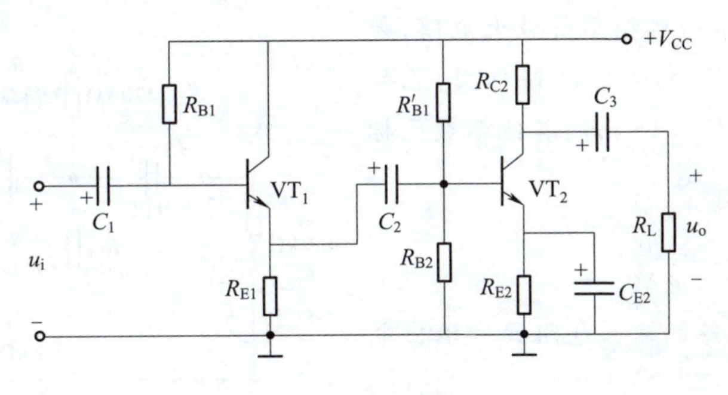

图　2-61

8. 图2-62所示为用于音频或视频放大的通用前置放大电路。试回答：

(1)哪些是直流反馈？

(2)哪些是交流反馈？标出瞬时极性，并说明其反馈极性及类型。

学习笔记

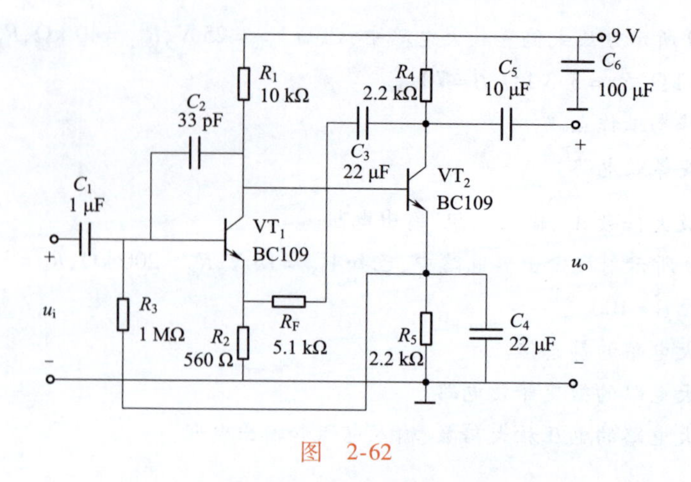

图 2-62

9. 在图2-63所示的三级放大电路中，试回答哪些是交流反馈？标出瞬时极性，并说明其反馈极性及类型。

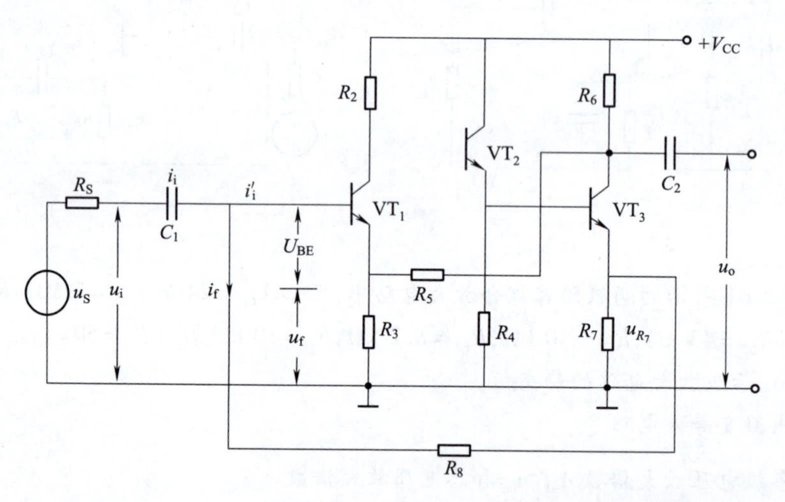

图 2-63

10. 图2-64所示为典型单管放大电路，射极电阻R_F有交流串联电流负反馈作用，已知$\beta=60$，$r_{be}=1.8\ k\Omega$，$U_S=15\ mV$，其他参数已标在图中。

（1）试求静态值。

（2）画出微变等效电路。

（3）计算放大电路的输入电阻R_i和输出电阻R_o。

（4）计算电压放大倍数A_u和输出电压U_o。

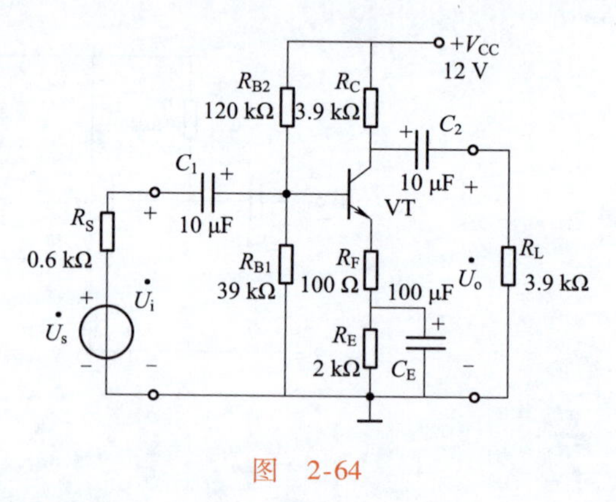

图 2-64

拓展阅读

许居衍：创建中国第一个集成电路专业研究所

1934年7月9日，许居衍出生于福建省闽侯县，1953—1956年于厦门大学物理系学习，

学习笔记

1956—1957年于北京大学物理系学习。1970年，他参与了中国第一个集成电路专业研究所——第二十四研究所的创建，组织中国第一块硅平面单片集成电路的研制定型、参与计算机辅助制板系统及离子注入技术的基础研究，在集成电路工程技术的研究方面做出了创新性贡献。

1978年起，他开始担任所级技术领导工作，对第二十四研究所在确定科技方向、预先研究、繁荣学术活动、加速人才培养、组织科技攻关等方面，均做出了突出贡献。在他担任总工程师期间，第二十四研究所完成了4K、16K、64K DRAM，八位微机，超高速ECL，八位数/模转换器等重大科技开发工作，先后获得国家科技进步奖1项，部科技进步一等奖10多项。

许居衍同志是中国微电子工业初创奠基的参与者，为中国微电子工业发展做出了重大贡献。

信号产生电路的安装与调试

集成电路是20世纪60年代初期发展起来的一种半导体器件,它是在半导体工艺的基础上,将各种元器件和连线等集成在一个芯片上。其中使用最多的是集成运算放大器,简称集成运放或运放。本项目将集成运放的功能与实践应用相结合。使学生掌握一些基本的运算电路和信号产生电路,提高职业素养。

学习目标

1. 知识目标

①掌握集成运放的基本组成、结构、指标。

②熟悉集成运放在线性区的工作特性。

③熟悉集成运放在非线性区的工作特性。

2. 技能目标

①能根据需要设计简单的运算电路。

②能根据需要设计简单的波形产生电路。

③完成波形发生器电路的分析与设计。

3. 素质目标

①明确任务分工,培养团队协作能力与统筹规划能力。

②进一步培养工程思维能力,具有电子设计工程师职业素养。

③通过项目设计,进一步加强逻辑思维能力,做到问题导向。

④提升严谨负责、求知进取的职业道德水准。

思维导图

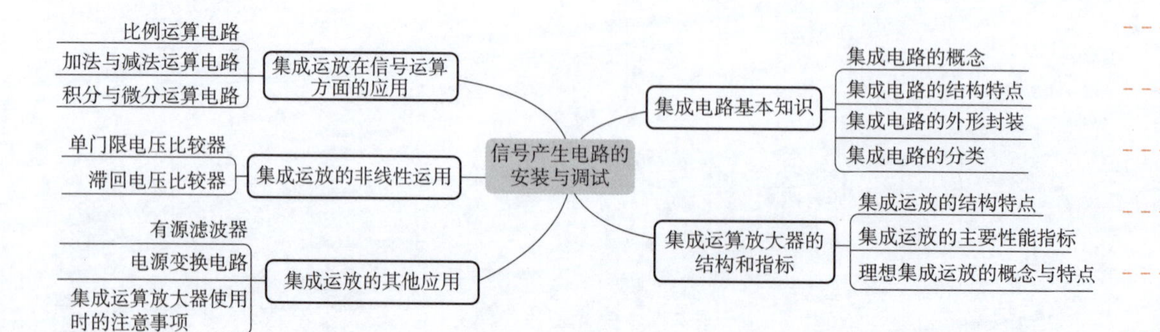

学习笔记

项目描述

信号产生电路是一种能提供各种频率、波形和输出电平电信号的设备。它能够产生正弦波、方波、三角波等多种波形，是电路设计中必不可少的设备。本项目利用集成运放设计一个能够产生正弦波的信号产生电路。

相关知识

一、集成电路基本知识

1. 集成电路的概念

前面讲述的放大电路均是由彼此相互分开的三极管、二极管、电阻、电容等元件，借助导线或印制电路连接成的一个完整的电路系统，称为分立器件电路。

视频

集成运放基础知识

利用半导体三极管常用的硅平面工艺技术，把组成电路的电阻、电容、二极管、三极管及连接导线同时制作在一小块硅片上，便成为一块集成电路（见图 3-1），其对外部完成某一电路的功能。集成电路具有体积小、质量小、可靠性高、组装和调试工作量小等一系列优异性能。目前，各类集成电路已在计算机、国防科技及仪器仪表、通信、广播电视等领域广泛使用。

图 3-1　集成电路实物图

2. 集成电路的结构特点

图 3-2 是半导体硅片集成电路放大了的剖面结构示意图。集成电路把小硅片电路及其引线封装在金属或塑料外壳内，只露出外引线。

集成电路看上去是个器件，实际上又是个电路系统，它把元器件和电路一体化了，单片计算机系统就是一个典型例子。集成电路在结构上有以下三个特点：

①使用电容较少，不用电感和高阻值电阻。

②大量使用三极管作为有源单元。

③三极管占据单元面积小且成本低廉，所以在集成电路内部用量最多。

三极管单元除用作放大以外，还大量用作恒流源或作为二极管、稳压管使用，如图 3-2 所示。

就集成度而言，集成电路有小规模、中规模、大规模和超大规模（即 SSI、MSI、LSI 和 VLSI）之分。目前的超大规模集成电路，每块芯片上制有上亿个元件，而芯片面积只有几十平方毫米。就导电类型而言，有双极型、单极型（场效应管）和两者兼容的。就功能而言，有模拟集成电路和数字集成电路，而前者又有集成运算放大器、集成功率放大器、集成稳压电源和集成数/模和模/数转换器等。

学习笔记

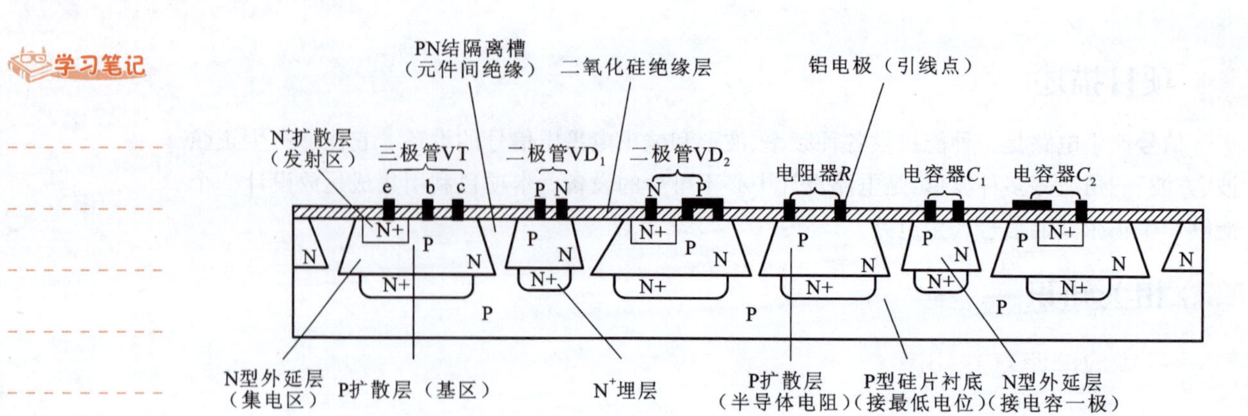

图 3-2　集成电路剖面结构示意图

3. 集成电路的外形封装

图 3-3 所示为半导体集成电路的几种封装形式。图 3-3(a)所示为双列直插式封装，它的用途最广；图 3-3(b)所示为单列直插式封装；图 3-3(c)所示为表面安装器件，又称贴片式封装，这种封装方式外壳多为塑料，四面都有引出线。

此外，还有金属圆壳式封装。采用金属圆筒外壳，类似于一个多引脚的普通三极管，但引线较多，有 8 极、12 极、14 根引出线。

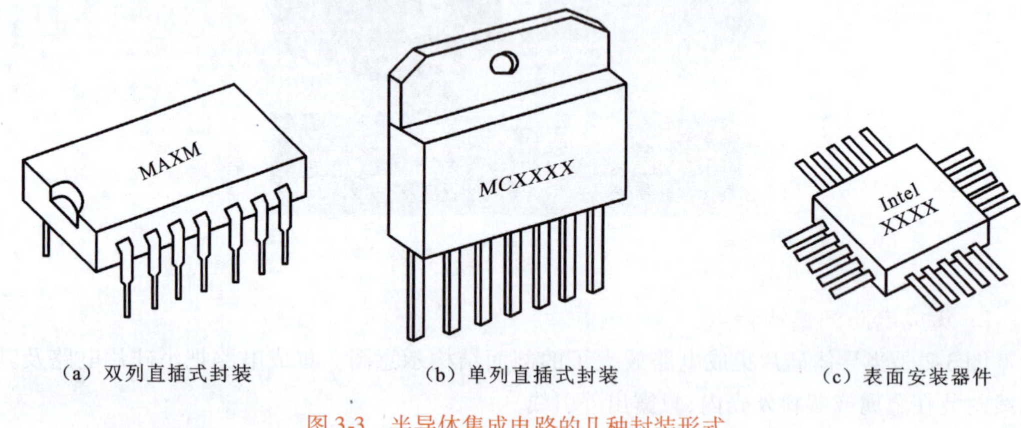

(a) 双列直插式封装　(b) 单列直插式封装　(c) 表面安装器件

图 3-3　半导体集成电路的几种封装形式

4. 集成电路的分类

集成电路按其功能可分为**模拟集成电路**和**数字集成电路**两大类。模拟集成电路用于放大、变换和处理模拟信号(所谓模拟信号，是指幅度随时间做连续变化的信号)。模拟集成电路又称线性集成电路。数字集成电路用于产生、变换和处理各种数字信号(所谓数字信号，是指幅度随时间做不连续变化，只有高、低两种电位的信号)。

模拟集成电路的品种很多，按其产品大致可分为集成运算放大器，集成稳压电源，时基电路，功放、宽带放大、射频放大等其他线性电路，接口电路，电视机、音响、收音机等专用电路以及敏感型集成电路等。

这里应当指出，在模拟集成电路中，由于内部有源器件工作状态复杂，制造难度大，所以一般能在单片上集成 100 个以上的元器件就称为大规模集成电路。这点是与数字电路的集成度数量有很大差别的。

学习笔记

二、集成运算放大器的结构和指标

集成运算放大器(简称“集成运放”)是模拟集成电路中品种最多、应用最广泛的一类组件,集成运放实际上是一种高电压放大倍数的多级直接耦合放大电路。最初是用于数的计算,所以称为运算放大器。它是把电路中所有三极管和电阻等制作在一小块硅片上。具有差分输入级的集成运放的主要特点表现为开环增益非常高(高达1万倍至百万倍)、体积小、质量小、功耗低、可靠性高等,并且在使用上具有很大的通用性。

集成运放在发展初期主要用来实现模拟运算功能,但后来发展成为像三极管一样的通用器件,被称为“万能放大器件”。

集成运放产品种类和型号很多,按性能指标可分为两大类:通用型运放和专用型运放。专用型运放按性能可分为高精度型、高速型、高输入阻抗型、低漂移型、低功耗型等许多种类,可用于各种不同频带的放大器、振荡器、有源滤波器、模/数转换器、高精度测量电路中,以及电源模块等许多场合。

1. 集成运放的结构特点

(1)集成运放的内部电路组成与特点

作为一个电路器件,集成运放是一种理想的增益器件,它的放大倍数可达10^4~10^7。集成运放的输入电阻从几十千欧到几十兆欧,而输出电阻很小,仅为几十欧,而且在静态工作时有零输入时零输出的特点。

集成运放内部电路可分为输入级、中间级、输出级和偏置电路四部分,如图3-4所示。

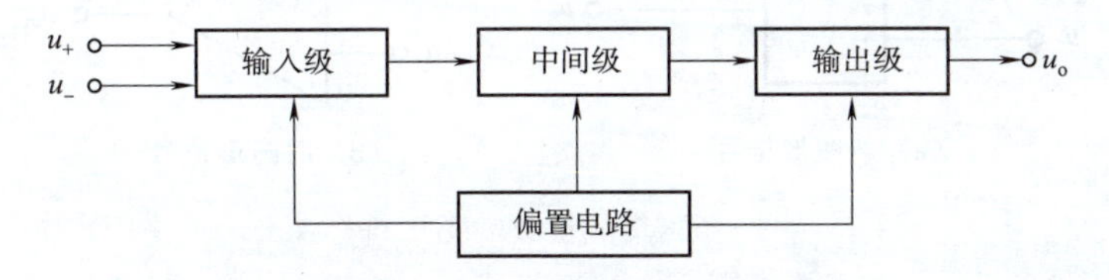

图3-4　集成运放内部电路框图

输入级是具有恒流源的差分放大电路,电路中的输入级要求能够获得尽可能低的失调、尽可能高的共模抑制比及输入电阻。

中间级的主要任务是提供足够大的电压放大倍数。从对中间级的要求来说,不仅要具有较高的电压增益,同时还应具有较高的输入电阻以减少本级对前级电压放大倍数的影响。中间级通常用1~2级直接耦合放大电路组成。

输出级的主要作用是给出足够的电流以满足负载的需要,同时还要具有较低的输出电阻和较高的输入电阻,以起到将放大级和负载隔离的作用。放大倍数要适中,太高了没有什么特别的好处,而太低将影响总的放大倍数。输出级常采用互补对称OCL功放输出级电路。输出级大多为互补推挽电路,除此之外,还应该有过载保护,以防输出端短路或过载电流过大。

偏置电路采用恒流源电路,为各级电路设置稳定的直流偏置。

集成运放内部除以上几个组成部分以外,电路中还附有双端输入到单端输出的转换电路,实现零输入、零输出所要求的电平位移电路及输出过载保护电路等。

(2)集成运放的外形与外部引出端子

集成运放的外部引出端子有输入端子、输出端子、连接正负电源的电源端子、失调调整端

学习笔记

子、相位校正用的相位补偿端子、公共接地端子和其他附加端子。图3-5为常用集成运放的外形与外引线图，图中包括输入端子2和3、输出端子6、电源端子7和4，还有失调调整端子1和5。对于不同的产品，其外部引出端子的排列可以从产品说明书上查阅。

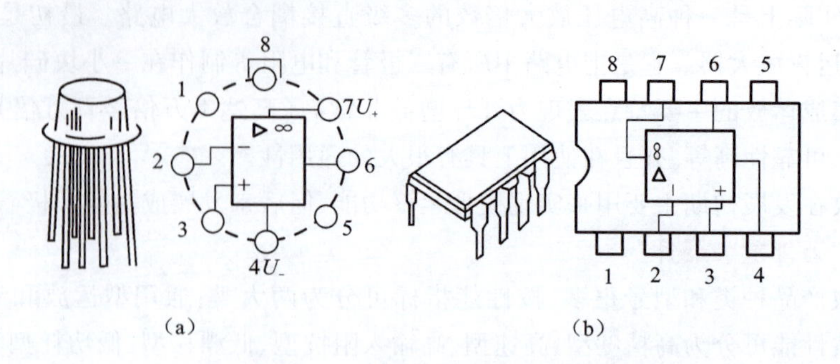

图3-5　常用集成运放的外形与外引线图

图3-6所示为集成运放的图形符号。集成运放主要有两个输入端，一个输出端。输入与输出相位相同的输入端称为**同相输入端**，用“+”表示；输入与输出相位相反的输入端称为**反相输入端**，用“-”表示。当两输入端都有信号输入时，称为**差分输入**方式。集成运放在正常应用时，可以单端输入，也可以双端输入。注意：不论采用何种输入方式，运算放大器放大的是两输入信号的差。

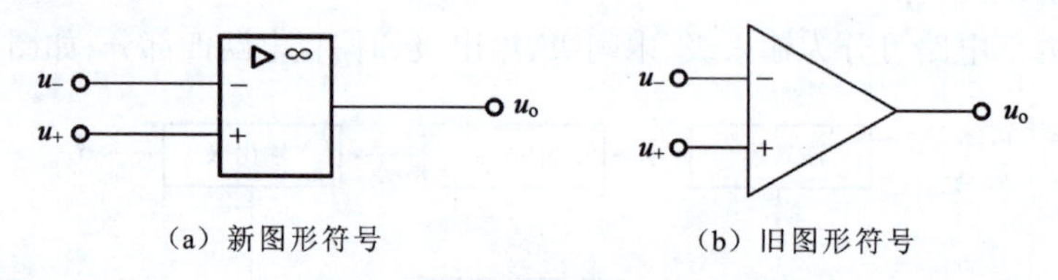

（a）新图形符号　　（b）旧图形符号

图3-6　集成运放的图形符号

2. 集成运放的主要性能指标

集成运放的性能指标比较多，具体使用时要查阅有关的产品说明书或资料。下面简单介绍几项主要的性能指标。

（1）开环差模电压放大倍数 A_{uo}

集成运放在没有外部反馈作用时的差模直流电压放大倍数称为开环差模电压放大倍数，它是决定集成运放电路运算精度的重要因素，定义为集成运放开环时的输出电压与差模输入电压之比，即

$$A_{uo}=\frac{u_o}{u_+-u_-}$$

A_{uo}是决定集成运放精度的重要因素，其值越大越好。通用型集成运放的 A_{uo}一般在 10^3 ~ 10^7范围。

（2）差模输入电阻 R_{id}

差模信号输入时，集成运放开环（无反馈）输入电阻一般在几十千欧到几十兆欧范围。

（3）差模输出电阻 R_{od}

差模输出电阻是集成运放输入端短路、负载开路时，集成运放输出端的等效电阻，一般为

学习笔记

$20 \sim 200\ \Omega$。

(4)共模开环电压放大倍数 A_{uc}

A_{uc} 指集成运放本身的共模电压放大倍数，它反映集成运放抗温漂、抗共模干扰的能力，优质的集成运放 A_{uc} 应接近于零。

(5)最大输出电压 U_{OPP}

在额定电源电压（± 15 V）和额定输出电流时，集成运放不失真最大输出电压可达 ± 13 V 左右。

(6)输入失调电压 U_{OS}

当输入电压为零时，为了使输出电压也为零，两输入端之间所加的补偿电压称为输入失调电压 U_{OS}。它反映了差放输入级不对称的程度。U_{OS} 值越小，说明集成运放的性能越好。通用型集成运放的 U_{OS} 为毫伏数量级。

(7)输入失调电流 I_{OS}

当集成运放输出电压为 0 时，流入两输入端的电流之差 $I_{OS} = |I_{B1} - I_{B2}|$ 就是输入失调电流。I_{OS} 反映了输入级电流参数（如 β）的不对称程度，I_{OS} 越小越好。

视频

理想运算放大器

3. 理想集成运放的概念与特点

由于结构及制造工艺上的许多特点，集成运放的性能非常优异。通常在电路分析中把集成运放作为一个理想化器件来处理，从而使集成运放的电路分析、计算大为简化。也就是说，将集成运放的各项技术指标理想化，所引起的误差可以忽略不计。

(1)理想集成运放的条件

①开环差模电压放大倍数 $A_{uo} \to \infty$。

②开环输入电阻 $R_{id} \to \infty$。

③输出电阻 $R_{od} \to 0$。

④共模抑制比 $K_{CMR} \to \infty$。

⑤输入失调电压 U_{OS}、输入失调电流 I_{OS} 以及它们的温漂均为零。

使用中，理想集成运放的技术指标主要指前三个。图 3-7 所示为理想运放内部简化等效电路。

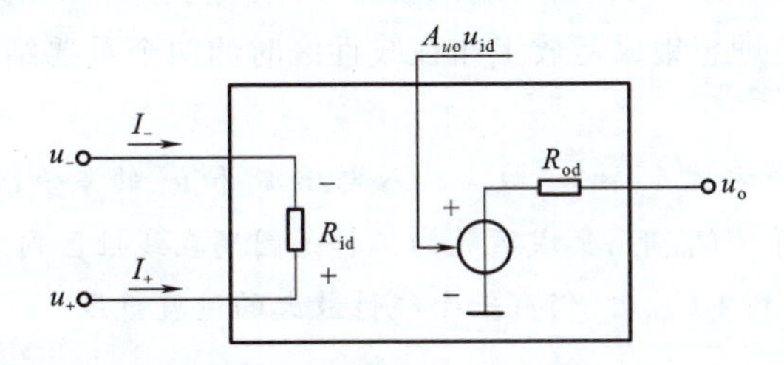

图 3-7　理想运放内部简化等效电路

以后分析各种由集成运放构成的电路时，将以此为基础，按理想集成运放分析，这在工程上是允许的。

理想集成运放的符号如图 3-8（a）所示。传输特性如图 3-8（b）所示。在各种应用电路中，集成运放的工作范围有两种，即工作在**线性区**或**非线性区**。

(2)线性区

如图 3-8 中的曲线 AC 段所示。集成运放工作在线性区时有两个重要特点：

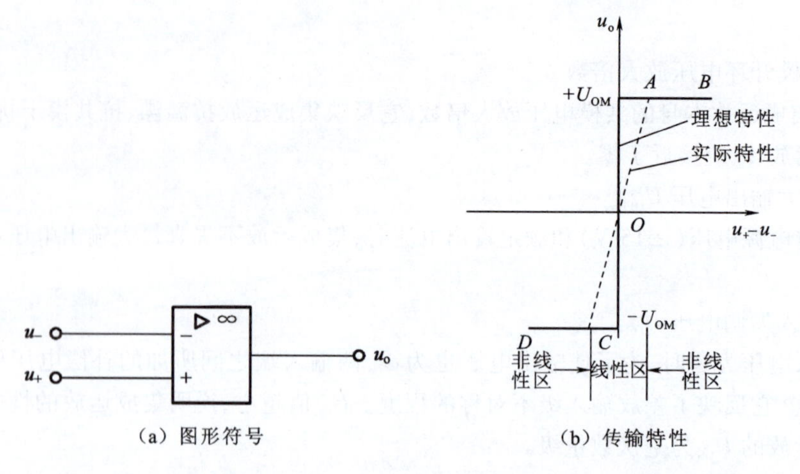

(a) 图形符号　　(b) 传输特性

图 3-8　理想集成运放的符号和运放的传输特性

①集成运放的输出电压与输入电压 $u_i=u_+-u_-$ 之间存在着线性放大关系，即

$$u_o=A_{uo}(u_+-u_-)$$

式中，u_+ 是同相输入端的输入信号；u_- 是反相输入端的输入信号。对实际集成运放，线性区的斜率取决于 A_{uo} 的大小。

将上式整理，并考虑理想运放 $A_{uo}\to\infty$，则有 $u_+-u_-=\dfrac{u_o}{A_{uo}}=0$，故有

$$u_+\approx u_-$$

上式表明，由于理想运放的 A_{uo} 为无穷大，差模输入信号 u_+-u_- 很小就可以使输出达到额定值，因而"+""-"两端的对地电位近似相等，相当于同相输入端和反相输入端两点间短路，但实际上并未短路，所以称为"虚短"。

②由于同相输入端和反相输入端的对地电位几乎相等，而集成运放的 $R_{id}\to\infty$，因而可以认为"+""-"两端的输入信号电流为零，即

$$i_+=i_-\approx 0$$

此时相当于同相输入端和反相输入端都被断开，但实际上并未断路，所以是"虚断"。

"虚短"和"虚断"是理想集成运放工作在线性区时的两个重要结论，对分析集成运放电路非常有用。

注意：实际的集成运放 $A_{uo}\neq\infty$，故当输入电压 u_+ 和 u_- 的差值很小时，经放大后仍小于饱和电压值 $+U_{OM}$ 或大于 $-U_{OM}$ 时，集成运放的工作范围尚在线性区内。所以，实际的输入、输出特性上，从 $-U_{OM}$ 转换到 $+U_{OM}$ 时，仍有一个线性放大的过渡范围。

(3)非线性区

受电源电压的限制，输出电压不可能随输入电压的增加而无限增加。如果集成运放的工作信号超过了线性放大的范围，则输出电压与输入电压不再有线性关系，输出将达到饱和而进入非线性区。如图 3-8(b)中的曲线 AB 和 CD 段所示。

集成运放工作在非线性区时，也有两个特点：

①"虚短"现象不再存在，即 $u_+\neq u_-$。

输出电压 u_o 只有两种可能，由传输特性可见：

当 $u_+>u_-$ 时，$u_o=+U_{OM}$；

学习笔记

当 $u_+ < u_-$ 时，$u_o = -U_{OM}$。

②虽然 $u_+ \neq u_-$，但是由于 $R_{id} \to \infty$，所以仍然认为此时的输入电流等于零，即

$$i_+ = i_- \approx 0$$

综上所述，理想运放工作在线性区和非线性区时，各有不同的特点。因此，在分析各种应用电路时，首先必须搞清集成运放工作在哪个区域。另外有一点必须注意，由于集成运放的开环差模电压放大倍数 $A_{uo} \to \infty$，一个很小的输入信号就容易使其饱和，所以当要求其工作在线性区时一定要加负反馈支路。

下面给出一些定量上的说明。以典型集成运放 F007 为例，$A_{uo} = 10^5$，最大输出电压 $U_{OM} = \pm 10$ V；当该集成运放在线性区工作时，其允许的差模输入电压为

$$u_{id} = u_+ - u_- = \frac{U_{OM}}{A_{uo}} = \frac{\pm 10}{10^5} = \pm 0.1 \text{ mV}$$

结果说明，若输入端的电压变化量超过 0.1 mV，集成运放的输出电压立即超出线性放大范围，进入正向饱和电压 $+U_{OM}$ 或负向饱和电压 $-U_{OM}$。因此有 $u_+ \approx u_-$。

另外，集成运放 F007 的输入电阻 $R_{id} = 2\ \text{M}\Omega$，此时输入电流为

$$I_+ = \frac{u_- - u_+}{R_{id}} = \frac{0.1 \times 10^{-3}}{2 \times 10^6} = 0.05 \times 10^{-9}\ \text{A} = 0.05\ \text{nA}$$

这一数值表明流入集成运放的电流是极其微弱的。

总之，分析集成运放的应用电路时，首先将集成运放当成理想运放，以便简化分析过程。然后判断集成运放是否工作在线性区。在此基础上根据理想运放的线性或非线性特点，分析电路的工作过程。

(4) 集成运放电路中的反馈环节

由集成运放的特点可知，集成运放的开环差模电压放大倍数通常很大。因此，要使集成运放工作在线性区，必须引入深度负反馈，以减小直接施加在集成运放两个输入端的净输入电压。如果集成运放没有引入反馈（处于开环），或引入了正反馈，那么集成运放就工作在非线性区。可见，在集成运放的线性应用中，反馈的引入是很重要的。

由于电路结构已经定义了反相输入端和同相输入端，故反馈性质较容易判别。在单集成运放构成的反馈电路中，若反馈网络接回到集成运放的同相输入端，且该端也是信号接入端，则为正反馈；若接回到反相输入端，该端也是信号接入端，则为负反馈。

反馈类型的一般判断：

电压反馈一般直接从集成运放的输出端采样；电流反馈一般不直接从集成运放的输出端采样。

并联反馈：反馈网络一般接在信号进入端；串联反馈：反馈网络接在非信号进入端。

例如，对图 3-9 所示电路，设输入信号 u_i 瞬时极性为正，则输出信号 u_o 的瞬时极性为正，经 R_f 反送回反相输入端，反馈信号 u_f 的瞬时极性为正，净输入信号 u_d 与没有反馈时相比减小了，即反馈信号削弱了输入信号的作用，故可确定为负反馈。是串联电压负反馈。

图 3-9　集成运放电路中的反馈

视频

集成运放线性应用

三、集成运放在信号运算方面的应用

用集成运放对模拟信号进行运算，就是要求输出信号反映出输入信号的某种运算结果。

学习笔记

由此可以想到，输出电压将在一定范围内变化，而不能只有 $+U_{om}$ 和 $-U_{om}$ 两种状态。因此，集成运放必须工作在线性区。

为了保证集成运放工作在线性区而不进入非线性区，在随后将要介绍的线性应用电路中，都引入了**深度负反馈**。将运算放大器的输出量（电压或电流）的部分或全部反方向送回到放大电路的输入端，大大降低了放大倍数。

用集成运放对模拟信号实现的基本运算有比例、求和、积分、微分、对数、乘法等，下面简单介绍其中的主要几种。

1. 比例运算电路

能将输入信号按比例放大的电路，称为比例运算电路。根据输入信号所加的输入端不同，比例运算电路又分为**反相比例**运算电路和**同相比例**运算电路。

(1) 反相比例运算电路

反相比例运算电路由一个集成运放和三个电阻组成，结构比较简单。输入电压经过一个输入电阻 R_1 加在反相输入端，同相输入端经过一个电阻 R_2 接地。电路的输出端与集成运放的反相输入端由一个电阻 R_f 相连，保证集成运放工作在线性区。其电路如图 3-10 所示。

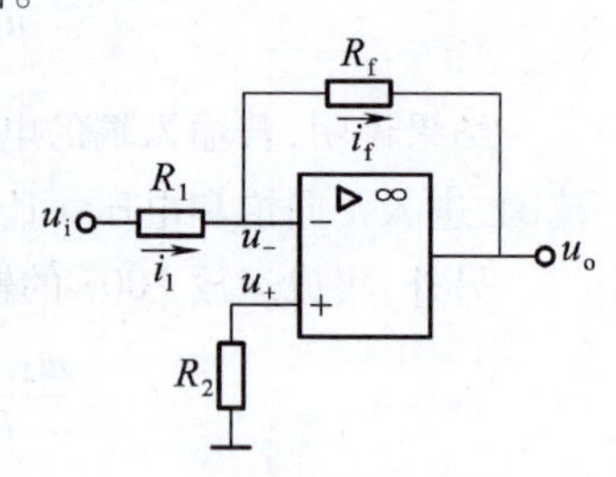

图 3-10 反相比例运算电路

根据理想运放“虚断”的特点，$i_+=i_-\approx0$，故 $i_1=i_f$。由于电阻 R_2 上没有电压降，故同相输入端的对地电位 $u_+=0$。

又根据“虚短”的特点，可得 $u_-\approx u_+=0$。相当于同相输入端和反相输入端都接地，但实际上是不可能都接地，所以这种情况反相输入端称为“虚地”。

由 $i_1=i_f$ 可得

$$\frac{u_i-u_-}{R_1}=\frac{u_--u_o}{R_f},$$

因为 $u_-=0$，所以 $\frac{u_i}{R_1}=\frac{-u_o}{R_f}$。

故

$$u_o=-\frac{R_f}{R_1}u_i$$

上式表明，输出电压与输入电压成正比，并且由于输入电压加在集成运放的反相输入端，输出与输入反相，故称为**反相比例**运算电路，比例系数为 $\frac{R_f}{R_1}$。同时亦可知反相比例运算电路的电压放大倍数为

$$A_{uf}=\frac{u_o}{u_i}=-\frac{R_f}{R_1}$$

电路中的电阻 R_2 称为平衡电阻，是为了保证集成运放的同相输入端和反相输入端的对地电阻相等，以便均衡放大电路的偏置电流及其漂移的影响而设置的，在数值上 $R_2=R_1//R_f$。

考虑到反相输入端为“虚地”，所以反相比例运算电路的输入电阻为

$$R_{if}=\frac{u_i}{i_i}=R_1$$

R_1 一般为几欧至几十千欧。故反相比例运算电路的输入电阻是较小的。当反相比例运算电路的 $R_f=R_1$ 时，输出变形为 $u_o=-u_i$，此时的反相比例运算电路称为**反相器**。

学习笔记

(2)同相比例运算电路

同相比例运算电路也是由一个集成运放和三个输入电阻组成的。但与反相比例运算电路不同的是,输入电压通过输入电阻R_2加在同相输入端,反相输入端通过电阻R_1接地,电路的输出端与反相输入端由一个电阻R_f相连,引回一个负反馈,如图 3-11 所示。

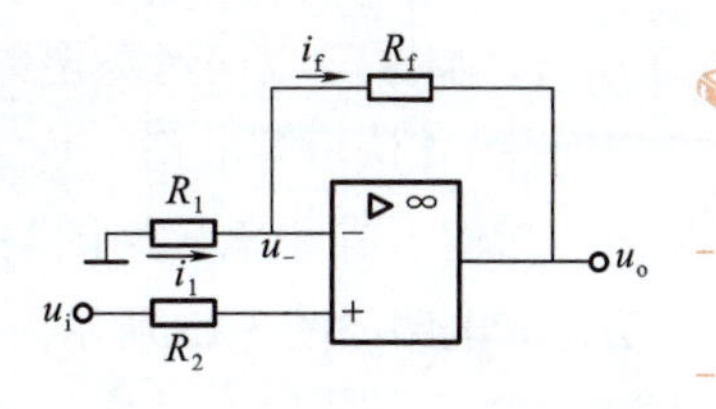

图 3-11　同相输入比例运算电路

根据理想集成运放"虚断"和"虚短"的特点,由图 3-11 可得

$$i_1 = i_f \quad u_+ \approx u_- = u_i$$

因为

$$i_1 = \frac{0 - u_-}{R_1} = -\frac{u_i}{R_1} \quad i_f = \frac{u_- - u_o}{R_f} = \frac{u_i - u_o}{R_f}$$

所以

$$-\frac{u_i}{R_1} = \frac{u_i - u_o}{R_f}$$

整理得

$$u_o = \frac{R_1 + R_f}{R_1} u_i = \left(1 + \frac{R_f}{R_1}\right) u_i$$

上式表明,输出电压与输入电压成正比,并且由于输入电压加在同相输入端,输出与输入同相,故称为**同相比例**运算电路,比例系数为$1 + \frac{R_f}{R_1}$。同时得到同相比例运算电路的电压放大倍数为

$$A_{uf} = \frac{u_o}{u_i} = 1 + \frac{R_f}{R_1}$$

电阻R_2是平衡电阻,$R_2 = R_1 // R_f$。

在同相输入比例运算电路中,若$R_1 = \infty$(开路)或$R_f = 0$(短路),如图 3-12 所示,该电路比例系数$A_{uf} = 1$,输出电压$u_o = u_i$,则此电路称为**电压跟随器**。电压跟随器电路广泛作为阻抗变换器或作为输入级使用。由于电阻R上无压降,图 3-12 所示两个电路是等同的。

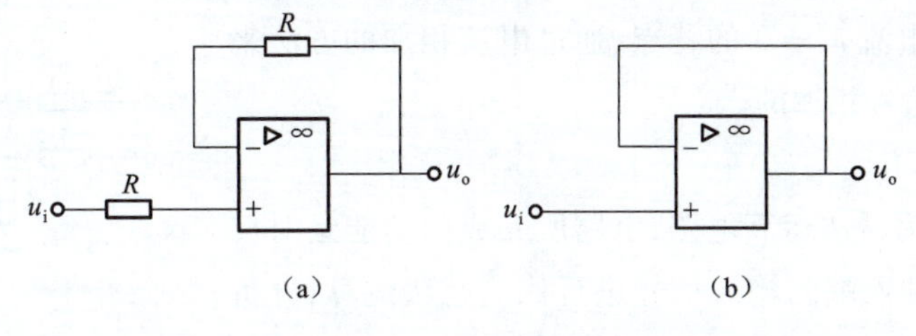

图 3-12　电压跟随器

同相输入运算电路的特点是:集成运放两输入端u_+和u_-对地电压相等,存在"虚短"现象,无"虚地"现象。比例系数大于 1,且u_o与u_i同相位,输入电阻极大。

例 3-1　设计一个同相比例运算电路,要求其电压放大倍数$|A_{uf}| = 100$,输入电阻R_1不小于 3 kΩ,试求R_f的阻值至少应为多大?

解　电路如图 3-11 所示。

取输入电阻$R_1 = 5\ \text{k}\Omega$,由$A_{uf} = \frac{u_o}{u_i} = 1 + \frac{R_f}{R_1}$,得到$100 = 1 + \frac{R_f}{5\ \text{k}\Omega}$,

解之$R_f = (100 - 1) \times 5\ \text{k}\Omega = 495\ \text{k}\Omega$。

学习笔记

2. 加法与减法运算电路

(1)加法运算电路

当输出信号等于多个模拟输入量相加的结果时，称为加法运算电路，又称求和电路。加法运算电路如图3-13所示。

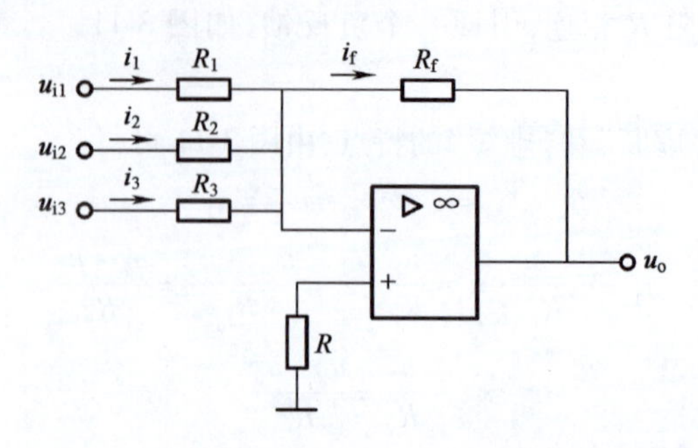

图 3-13　加法运算电路

因为运算放大器的反相输入端为虚地，所以

$$i_1 = \frac{u_{i1}}{R_1}, i_2 = \frac{u_{i2}}{R_2}, i_3 = \frac{u_{i3}}{R_3}, i_f = -\frac{u_o}{R_f}$$

$$i_f = i_1 + i_2 + i_3 = \frac{u_{i1}}{R_1} + \frac{u_{i2}}{R_2} + \frac{u_{i3}}{R_3}$$

因为 $i_f = \frac{-u_o}{R_f}$，所以 $u_o = -R_f i_f = -\left(\frac{R_f}{R_1}u_{i1} + \frac{R_f}{R_2}u_{i2} + \frac{R_f}{R_3}u_{i3}\right)$。

当 $R_1 = R_2 = R_3$ 时

$$u_o = -\frac{R_f}{R_1}(u_{i1} + u_{i2} + u_{i3})$$

以上分析说明：反相输入求和电路的实质是利用“－”点的“虚地”和输入电流 $i_- = 0$ 的特点，通过电流相加的方法来实现各输入电压信号相加的。

(2)减法运算电路

图3-14所示为减法运算电路，电路所完成的功能是对反相输入端和同相输入端的输入信号进行比例减法运算，分析电路可知，它相当于由一个同相比例放大电路和一个反相比例放大电路组合而成。

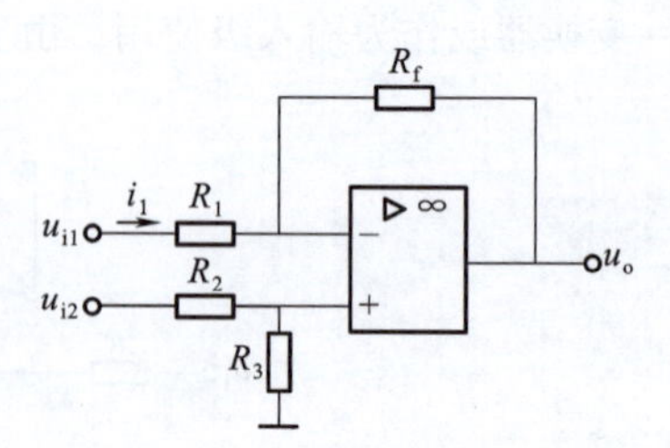

图 3-14　减法运算电路

$$u_- = u_{i1} - i_1 R_1 = u_{i1} - \frac{R_1}{R_1 + R_f}(u_{i1} - u_o)$$

$$u_+ = \frac{R_3}{R_2 + R_3}u_{i2}$$

因为 $u_- = u_+$，代入整理得

$$u_o = \left(1 + \frac{R_f}{R_1}\right)\frac{R_3}{R_2 + R_3}u_{i2} - \frac{R_f}{R_1}u_{i1}$$

当满足条件 $R_1 = R_2, R_f = R_3$ 时，整理上式得

学习笔记

$$u_o=\frac{R_f}{R_1}(u_{i2}-u_{i1})$$

由此可见，只要适当选择电路中的电阻，就实现了输出信号与输入信号的差值成比例的运算。

此时放大倍数

$$A_{uf}=\frac{u_o}{u_{i1}-u_{i2}}=-\frac{R_f}{R_1}$$

当 $R_1=R_2=R_f=R_3$ 时有

$$u_o=u_{i2}-u_{i1}$$

3. 积分与微分运算电路

积分和微分运算互为逆运算，在自控系统中，常用微分电路和积分电路作为调节环节。此外，它们还广泛应用于波形的产生、变换以及仪器仪表中。以集成运放作为放大器，用电阻和电容作为反馈网络，利用电容器充电电流与其端电压的关系，可以实现微分和积分运算。

(1)积分运算电路

实现输出信号与输入信号的积分按一定比例运算的电路称为积分运算电路。图3-15(a)所示为积分运算电路，它是把反相比例运算电路中的反馈电阻 R_f 用电容 C 代替。

根据集成运放反相输入线性应用的特点：$u_-=0$（A点虚地），故有

$$i_C=i_R=\frac{u_i-u_-}{R}=\frac{u_i}{R}\qquad u_o=-u_C$$

由于

$$i_C=C\frac{\mathrm{d}u_C}{\mathrm{d}t}$$

所以

$$u_o=-u_C=-\frac{1}{RC}\int u_i\mathrm{d}t$$

上式表明，输出电压与输入电压对时间的积分成正比。RC 称为积分时间常数。若 u_i 为恒定电压 U，则输出电压 u_o 为

$$u_o=-\frac{U}{RC}t$$

图3-15(b)表示，输入为正向阶跃电压时，积分运算电路输出负向电压波形；输入为负向阶跃电压时，积分运算电路输出正向电压波形。u_o 为近似三角波。

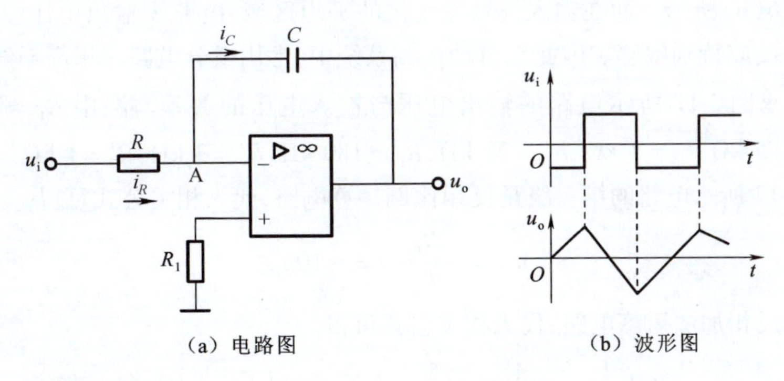

(a) 电路图　　(b) 波形图

图3-15　积分运算电路

在自动控制系统中，积分运算电路常用于实现延时、定时和产生各种波形。积分运算电

学习笔记

路也可以方便地将方波转换成锯齿波。在控制和测量系统中得到广泛应用。

当积分时间足够大时，达到集成运放输出饱和值（$\pm U_{OM}$），此时电容 C 不会再充电，相当于断开，运算放大器负反馈不复存在，这时集成运放已离开线性区而进入非线性区工作。所以，电路的积分关系只是在集成运放线性区内有效。

（2）微分运算电路

微分运算电路如图 3-16（a）所示，输入电压 u_i 通过电容 C 接到反相输入端，输出端与输入端通过电阻 R 引回一个深度负反馈。由图 3-16（a）可以看出，这种反相输入的微分运算电路，是把积分运算电路的电阻 R 和电容 C 互换位置得到的。

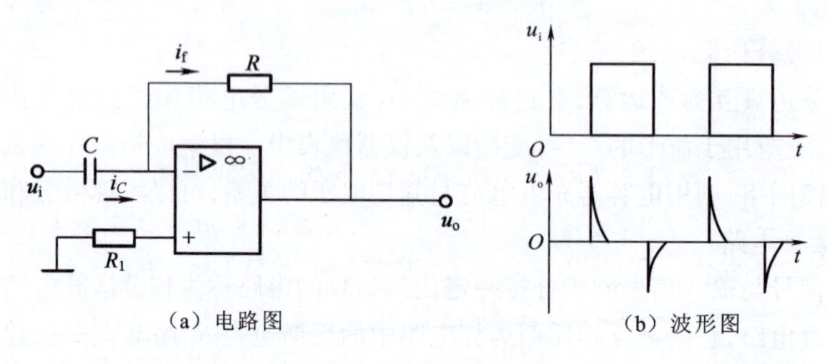

图 3-16　微分运算电路

根据理想集成运放“虚断”和“虚短”的特点，由图中可得

$$i_C = i_f \quad u_- \approx u_+ = 0$$

由于

$$u_i = u_C$$

故

$$i_C = C\frac{du_C}{dt} = C\frac{du_i}{dt}$$

而

$$u_o = -i_f R = -i_C R$$

故

$$u_o = -i_C R = -RC\frac{du_i}{dt}$$

上式表明：输出电压与输入电压的微分成比例，比例系数为 $-RC$，负号表示输出与输入反相。

平衡电阻 $R_1 = R$。微分电路也可以用于波形变换，当输入信号突变时，输出为一尖脉冲电压，如图 3-16（b）所示。而在输入信号无变化的平坦区域，电路无输出电压。显然，微分电路对突变信号反应特别敏感。因此在自动控制系统中，常用微分电路来提高系统的灵敏度。

例 3-2　求图 3-17 所示电路的输出电压与输入电压的关系。图中 $R_1 = 3.3\ \mathrm{k\Omega}$，$R_2 = 180\ \mathrm{k\Omega}$，$R_3 = 1.5\ \mathrm{k\Omega}$，$R_4 = 3\ \mathrm{k\Omega}$，$R_{f1} = 33\ \mathrm{k\Omega}$，$R_{f2} = 180\ \mathrm{k\Omega}$，$R_1' = 3\ \mathrm{k\Omega}$，$R_2' = 1\ \mathrm{k\Omega}$。

解　图 3-17 所示电路的第一级是反相比例运算电路，代入相关公式可得

$$u_{o1} = -\frac{R_{f1}}{R_1}u_{i1} = -10u_{i1}$$

第二级是反相加法运算电路，代入相关公式可得

$$u_o = -R_{f2}\left(\frac{1}{R_2}u_{o1} + \frac{1}{R_3}u_{i2} + \frac{1}{R_4}u_{i3}\right) = -180\left(\frac{-10u_{i1}}{180} + \frac{u_{i2}}{1.5} + \frac{u_{i3}}{3}\right)$$

$$= 10u_{i1} - 20u_{i2} - 60u_{i3}$$

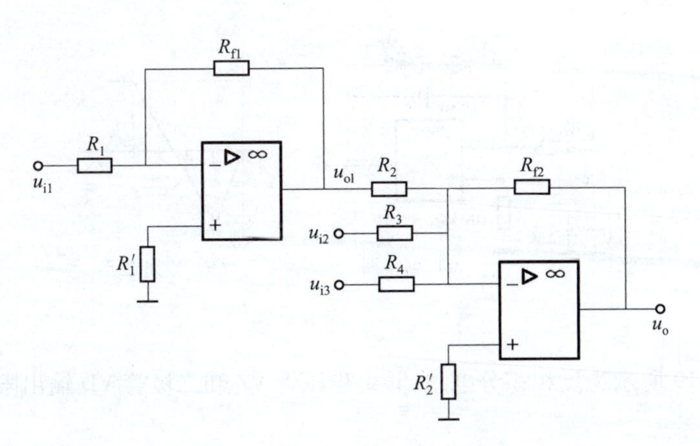

图 3-17　例 3-2 图

例 3-3　测振仪用于测量物体振动时的位移、速度和加速度，原理框图如图 3-18 所示。试说明该仪器的工作原理。

解　设物体振动的位移为 x，振动的速度为 v，加速度为 a，则

$$v=\frac{dx}{dt}$$

$$a=\frac{dv}{dt}=\frac{d^2x}{dt^2}$$

$$x=\int v dt$$

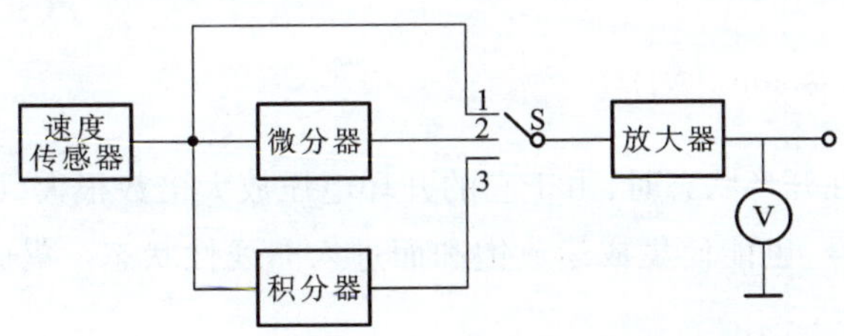

图 3-18　例 3-3 图

图中速度传感器产生的信号与速度成正比，开关在位置“1”时，它可以直接放大测量速度；开关在位置“2”时，速度信号经微分器进行微分运算再放大，可测量加速度 a；开关在位置“3”时，速度信号经积分器进行积分运算再一次放大，以可测量位移 x。在放大器的输出端，可接测量仪表或示波器进行观察和记录。

例 3-4　集成运放组成的积分电路如图 3-19(a)所示，电容上的初始电压为零。若集成运放 A、稳压管 VZ 和二极管 VD 均为理想器件，稳压管的稳压值 $U_Z=6$ V，二极管的导通压降为零。当 $t=0$ 时，开关 S 在 1 的位置；当 $t=2$ s 后，开关 S 打到 2 的位置。试求：

①$t=2$ s 时，输出电压 u_o 的值。

②输出电压 u_o 再次过零的时间。

③输出电压 u_o 达到稳压值的时间。

④画出输出电压 u_o 的波形。

学习笔记

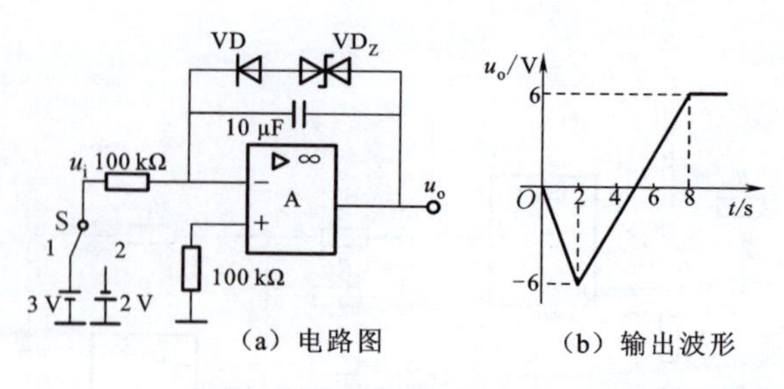

图 3-19　例 3-4 图

解　①图 3-19 所示为反相积分电路，并由稳压管 VZ 和二极管 VD 输出限幅，其输出信号与输入信号的关系为

$$u_o = \frac{-1}{RC}\int u_i \mathrm{d}t \quad (u_o < 6\ \mathrm{V})$$

$0 < t \leqslant 2$ s；$u_i = 3$ V，$u_o = \dfrac{-3t}{RC} = -3t$。

当 $t = 2$ s 时，$u_o = -6$ V。

②$t > 2$ s，$u_i = -2$ V，并考虑电容上的初始电压 $u_o = 2t - 6$，当 $u_o = 0$ V 时，$t = 3$ s，可见，当 $t = (2+3)$ s $= 5$ s 时，输出电压 u_o 再次过零。

③根据 $u_o = 2t - 6$，当 $u_o = 6$ V 时，$t = 6$ s，可见当 $t = (2+6)$ s $= 8$ s 时，输出电压 u_o 达到稳压值。

④输出电压 u_o 的波形如图 3-19(b) 所示。

视频

集成运放非线性应用

四、集成运放的非线性应用

当集成运放工作在开环状态时，由于它的开环电压放大倍数很大，即使在两个输入端之间输入一个微小的信号，也能使集成运放饱和而进入非线性状态。集成运放在非线性应用时，仍有“虚断”的特性。

电压比较器便是根据这一原理工作的。电压比较器就是将一个模拟量的输入电压信号去和一个参考电压相比较，在二者幅度相等的临界点，输出电压将产生跃变，并将比较结果以高电平或低电平的形式输出。所以，通常电压比较器输入的是连续变化的模拟信号，输出的是以高、低电平为特征的数字信号或脉冲信号。

电压比较器广泛地用于越限报警、模/数转换、波形变换及信号测量等方面。

1. 单门限电压比较器

(1) 简单比较器

图 3-20(a) 所示为反相电压比较器，图中输入信号 u_i 加于集成运放的反相输入端，U_R 为参考电压，接在同相输入端。

根据对集成运放在非线性区工作特点的分析，对图 3-20 所示的反相电压比较器的工作原理说明如下：

当 $u_i < U_R$ 时，差分输入信号 $u_- - u_+ < 0$，$u_o = +U_{OM}$；

当 $u_i > U_R$ 时，差分输入信号 $u_- - u_+ > 0$，$u_o = -U_{OM}$。

学习笔记

也就是说，当变化的输入电压 $u_i > U_R$ 时，电路即刻反转，输出负饱和电压 $-U_{OM}$；当输入电压 $u_i < U_R$ 时，电路反转，输出正饱和电压 $+U_{OM}$。

传输特性就是输出电压和输入电压的关系特性。根据比较器的工作原理归纳，反相电压比较器的传输特性如图 3-20（b）所示。

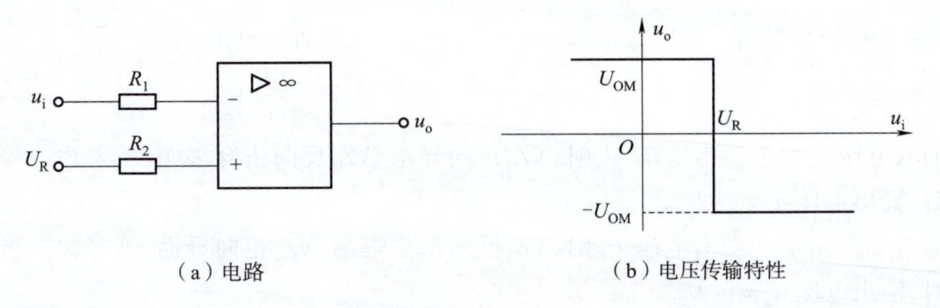

图 3-20　反相电压比较器及电压传输特性

注意： 输入信号也可以加在同相输入端，则参考电压加在反相输入端，构成同相输入比较器，其分析方法类似，电压传输特性曲线和图 3-20(b) 所示的曲线以纵轴对称。

（2）过零比较器

在图 3-20（a）所示的电压比较器中，当参考电压 $U_R = 0$ 时，该电路就变为一个**过零比较器**。其比较关系是：当 $u_i > 0$ 时，$u_o = -U_{OM}$；当 $u_i < 0$ 时，$u_o = +U_{OM}$；$u_i = U_R = 0$ 为临界跃变点。

过零比较器及其电压传输特性如图 3-21 所示。

过零比较器可以进行波形变换。例如，将输入的正弦波变换成矩形波电压输出。图 3-21（a）所示电路以正弦波输入到过零比较器，图 3-22 就是在 t_1、t_2、t_3 等时刻得到的一系列矩形波输出。

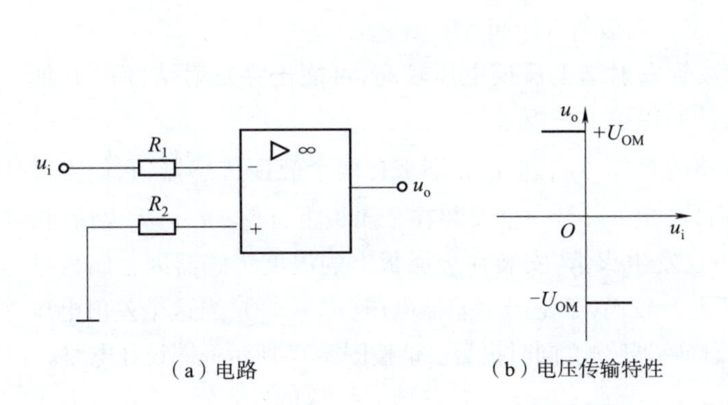

图 3-21　过零比较器及其电压传输特性

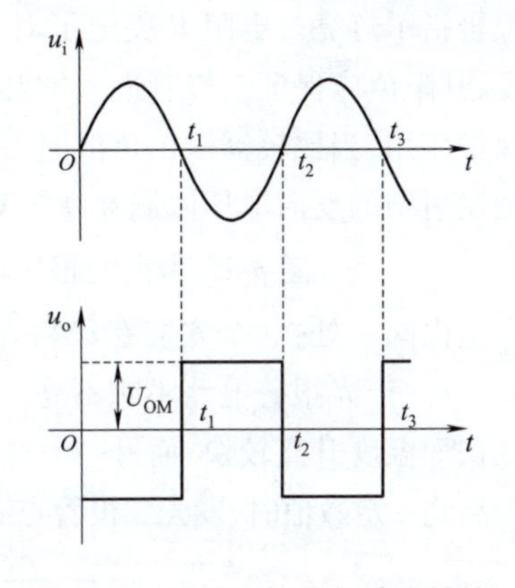

图 3-22　过零比较器的波形转换

（3）采取限幅的比较器

有时为了获取特定输出电压或限制输出电压值，在输出端采取稳压管限幅，如图 3-23 所示。在图 3-23 中，VZ_1、VZ_2 为两只反向串联的稳压管（也可以采用一个双向稳压管），实现**双向限幅**。

学习笔记

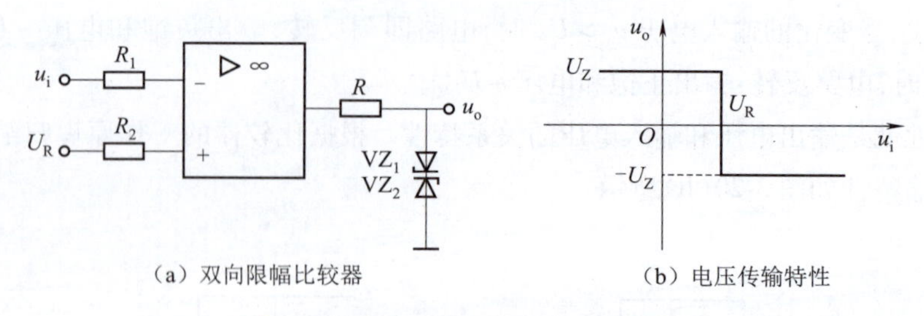

（a）双向限幅比较器　　（b）电压传输特性

图 3-23　采取双稳压管限幅的比较器

当输入电压 u_i 大于参考电压 U_R 时，VZ_2 正向导通，VZ_1 反向击穿限幅，不考虑二极管正向管压降时，输出电压 $u_o = -U_Z$。

当输入电压 u_i 小于参考电压 U_R 时，VZ_2 反向击穿限幅，VZ_1 正向导通，不考虑二极管正向管压降时，输出电压 $u_o = +U_Z$。

因此，输出电压被限制在 $\pm U_Z$ 之间。

除了集成运放可以构成比较器之外，目前有很多种集成比较器芯片，例如，AD790、LM119、LM193、MC1414、MAX900 等，虽然它们比集成运放的开环增益低、失调电压大、共模抑制比小，但是它们速度快，传输延迟时间短，而且一般不需要外加电路就可以直接驱动 TTL、CMOS 等集成电路，并可以直接驱动继电器等功率器件。

（4）应用实例

如需要对某一参数（如压力、温度、噪声等）进行监控，可将传感器输出的监控信号 u_i 送给比较器监控报警。图 3-24 所示是利用比较器设计出的监控报警电路。

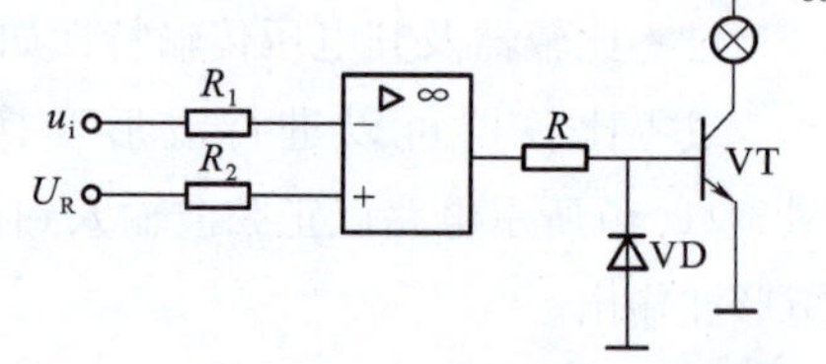

图 3-24　应用实例

当 $u_i > U_R$ 时，比较器输出负值，三极管 VT 截止，指示灯熄灭，表明工作正常；当 $u_i < U_R$ 时，被监控的信号超过正常值，比较器输出正值，三极管 VT 饱和导通，报警指示灯亮。电阻 R 决定了对三极管导通的驱动程度，其阻值应保证三极管进入饱和状态。二极管 VD 起保护作用，当比较器输出负值时，三极管发射结上反偏电压较高，可能击穿发射结，而 VD 能把发射结的反向电压限制在 0.7 V，从而保护了三极管。

例 3-5　图 3-25 为火灾报警电路的框图。u_{i1} 和 u_{i2} 分别来自两个温度传感器，它们安装在室内同一处：一个安装在塑料壳内，产生 u_{i1}；另一个安装在金属板上，产生 u_{i2}。无火情时，$u_{i1} = u_{i2}$，声光报警电路不响不亮。一旦发生火情，安装在金属板上的温度传感器因金属板导热快而温度升高较快，而另一个温度上升较慢，于是产生差值电压（$u_{i2} - u_{i1}$），当这个差值电压增高到一定数值时，发光二极管点亮，蜂鸣器鸣响，同时报警。请按图 3-27 所示框图设计电路。

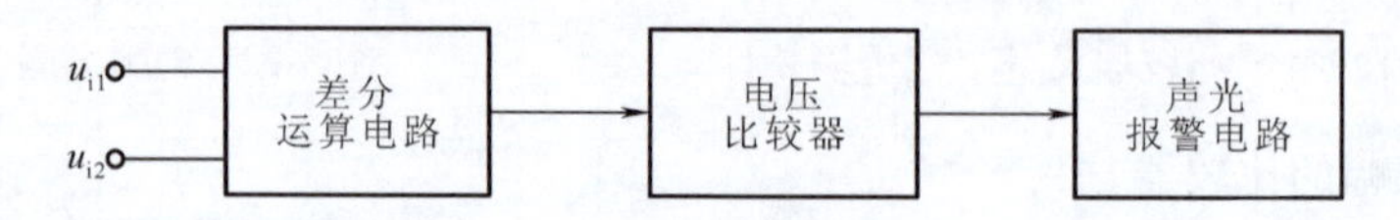

图 3-25　火灾报警电路的框图

解　按照题意，本电路可依照框图采用图 3-26 所示电路设计。可分为三部分，各部分电

路原理前面都已讲到。此处不再重复。

本例颇具实用性,读者可依照题目自行分析。

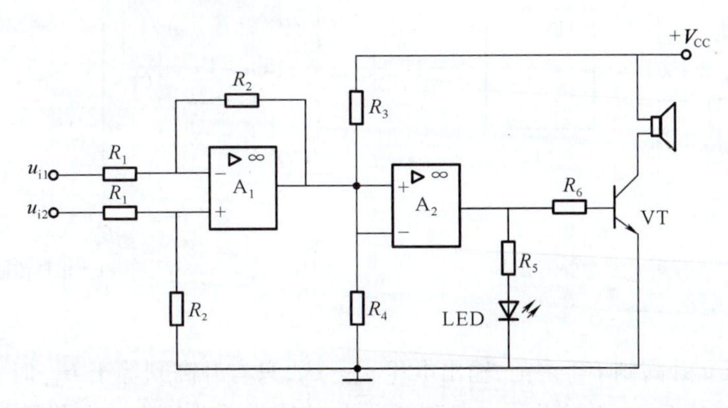

图 3-26　火灾报警电路的电路图

2. 滞回电压比较器

基本电压比较器电路比较简单,当输入电压在参考电压值附近有干扰的波动时,将会引起输出电压的跳变,可能致使电路的执行电路产生误动作。并且,电路的灵敏度越高越容易产生此现象。为了提高电路的抗干扰能力,常常采用滞回电压比较器。

(1)滞回电压比较器的原理

滞回电压比较器电路如图 3-27(a)所示。在电路中,U_R 为参考电压。输出端引入一个正反馈到同相输入端,这样,作为基准电压的同相输入端电压不再固定,而是随输出电压而变,集成运放工作在非线性区。

当输出电压为正最大值 U_Z 时,同相输入端电压为

$$U_+ = \frac{R_f}{R_2 + R_f}U_R + \frac{R_2}{R_2 + R_f}U_Z$$

即当输入电压 u_i 升高到这个值时,比较器发生翻转。此时输出电压由正的最大值跳变为负的最大值。把比较器的输出电压从一个电平跳变到另一个电平时刻所对应的输入电压值称为门限电压,又称阈值电压或转折电压。

把输出电压由正的最大值跳变为负的最大值所对应的门限电压称为上限门限电压 U_{T+}。它的值为

$$U_{T+} = U_+ = \frac{R_f}{R_2 + R_f}U_R + \frac{R_2}{R_2 + R_f}U_Z$$

类似地,把输出电压由负的最大值跳变为正的最大值,所对应的门限电压称为下限门限电压 U_{T-}。

当输出电压为负最大值 $-U_Z$ 时,这时的下限门限电压为

$$U_{T-} = U_+ = \frac{R_f}{R_2 + R_f}U_R + \frac{R_2}{R_2 + R_f}(-U_Z)$$

即当输入电压下降到这个值时,比较器发生翻转。此时输出电压由负的最大值跳变为正的最大值。

电路的输出和输入电压变化关系,如图 3-27(b)所示。

学习笔记

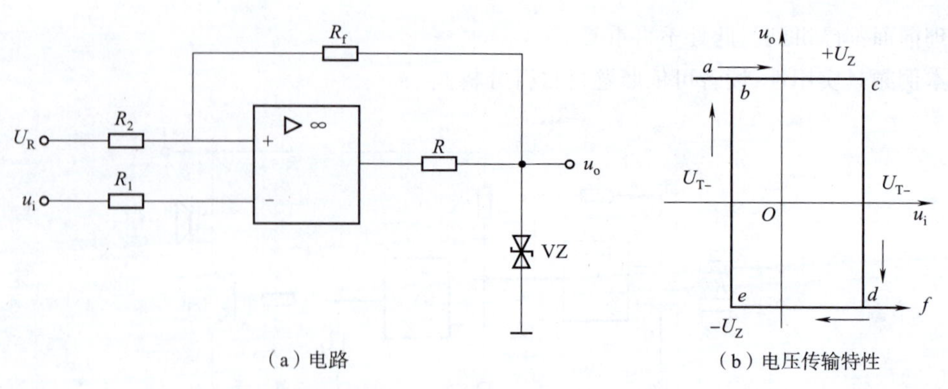

（a）电路　　　　（b）电压传输特性

图 3-27　滞回电压比较器及其电压传输特性

当输入电压 u_i 升高到 U_{T+} 之前，输出电压 $u_o=U_Z$，只有升高到等于 U_{T+} 时，电路才发生翻转，输出电压 $u_o=-U_Z$，u_i 再增大，u_o 也不改变。如传输特性曲线中向右路径 *abcdf*；如果这时 u_i 再下降，在没有下降到下限门限电压 U_{T-} 之前，输出电压 $u_o=-U_Z$，只有下降到下限门限电压 U_{T-} 时电路才能翻转，输出电压 $u_o=U_Z$，如传输特性曲线中向左路径 *fdeba*。把上、下限门限电压之差称为**回差电压** ΔU_T 或**迟滞电压**。可通过改变 R_2 和 R_f 的大小来改变门限电压和回差电压的大小。从图 3-27(b) 中可知，传输特性曲线具有滞后回环特性，滞回电压比较器因此而得名。它又称施密特触发器。回差电压为

$$\Delta U_T=(U_{T+}-U_{T-})=\frac{2R_2}{R_2+R_f}U_Z$$

(2)滞回电压比较器的应用

滞回电压比较器的抗干扰能力很强，电路一旦翻转，只要叠加在 u_i 上的干扰不超过 ΔU_T，就不会再翻转过来。有些信号受噪声的影响很大，输出的波形不规则，因此引入了滞回电压比较器用其尽量减小噪声的影响。其工作波形如图 3-28(a) 所示。可以看到这种电路输入信号中即使叠加噪声，若噪声电平在滞回范围以内，输出就不会发生称为**多重触发**的误动作。

但是相伴而生的是滞回电压比较器分辨能力较差，有时候在 ΔU_T 范围内的信号变化不能分辨。由于抗干扰能力和分辨能力相互矛盾，应在相互兼顾的前提下来选择 ΔU_T 的大小。

滞回电压比较器还可用作波形转换和整形，如图 3-28(b) 所示。

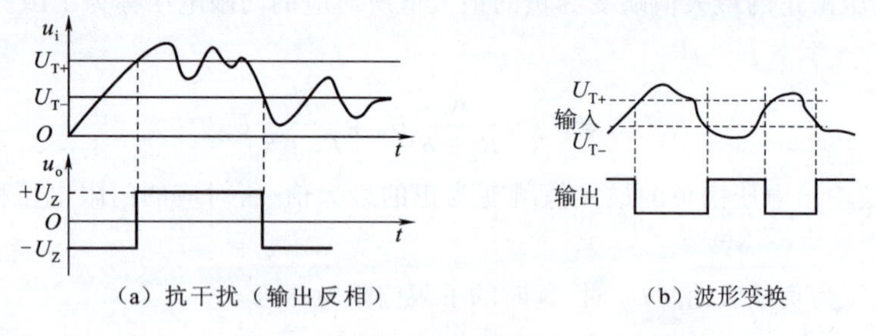

（a）抗干扰（输出反相）　　　　（b）波形变换

图 3-28　滞回电压比较器的用途

五、集成运放的其他应用

1. 有源滤波器

滤波器的作用是选出有用频率的信号，抑制无用频率的信号，使一定频率范围内的信号

学习笔记

能顺利通过，衰减很小，而在此频率之外的信号则衰减很大。

滤波器可以用无源元件，如电阻、电感、电容构成，称为无源滤波器；有源滤波器是指使用了有源器件集成运放和 R、C 元件组成的滤波器。与无源滤波器相比，有源滤波器具有体积小、质量小，输入、输出阻抗易于匹配，频率精度高且对输入信号有一定的放大作用等优点，因此在通信、测量和控制等领域获得了广泛的应用。

通常把能够通过的信号频率范围定义为通带，而把受衰减的信号频率范围称为阻带。滤波器按其功能可分为低通滤波器、高通滤波器、带通滤波器和带阻滤波器等类型，各种滤波器的理想频率特性如图 3-29 所示。

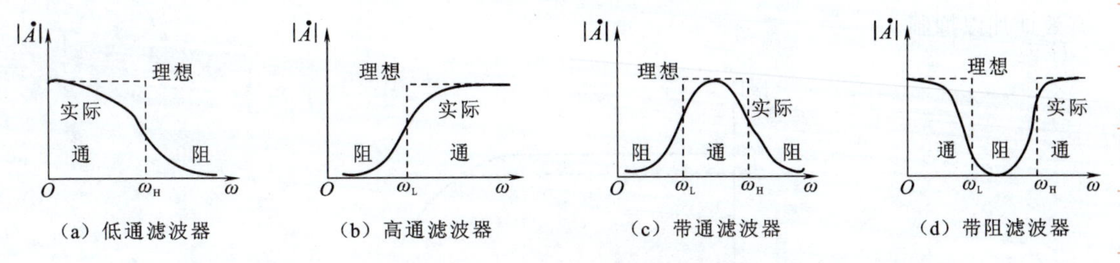

图 3-29 各种滤波器的理想频率特性

低通滤波器可以作为直流电源整流后的滤波电路，以便得到平滑的直流电压；高通滤波器可以作为交流放大电路的耦合电路，隔离直流成分，削弱低频成分，只放大频率高于 f_L 的信号；带通滤波器常用于载波通信或弱信号提取等场合，以提高信噪比；带阻滤波器用于在已知干扰或噪声频率的情况下，阻止其通过。

图 3-30 所示为两个简单有源滤波器的电路。由图 3-30 可以看出，集成运放将 RC 网络与负载 R_L 隔开，RC 网络的等效负载是集成运放的输入电阻，因输入电阻很高，故集成运放本身对 RC 网络的影响可忽略不计；而集成运放的输出电阻很低，提高了电路的带负载能力。而且有源滤波器是由 RC 滤波器和同相集成运放电路串联而成的，既能滤波又能放大。

有源滤波器的电路中，滤波电容 C 对低频信号相当于开路，对高频信号相当于短路。在图 3-30(a)中，低频信号容易进入集成运放被放大，而高频信号则被“滤”出，故称为有源低通滤波器。相反地，在图 3-30(b)中，低频信号被阻隔，而高频信号容易通过，故称为有源高通滤波器。这两种有源滤波器均由一阶 RC 电路构成，称为一阶有源滤波器。为了使滤波特性更接近理想情况，可以采用二阶或三阶有源滤波器。

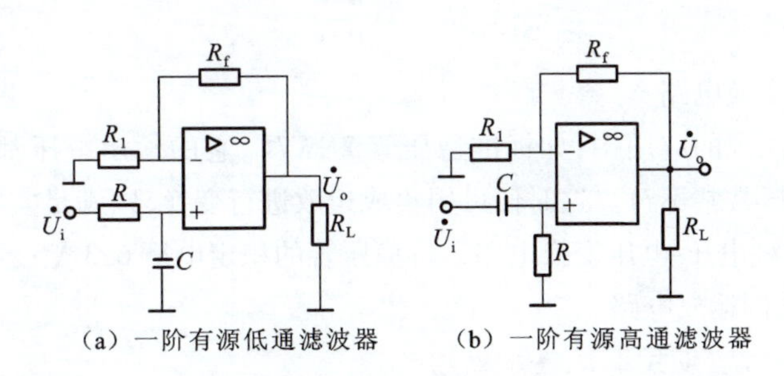

图 3-30 有源滤波器

可以证明，对于图 3-30(a)所示的有源低通滤波器，传递函数表达式为

学习笔记

$$\dot{A}_u = \frac{\dot{U}_o}{\dot{U}_i} = \frac{A_{up}}{1 + jf/f_0}$$

式中，$A_{up} = 1 + R_f/R_1$，称为**通带增益**；f_0 为特征频率或转折频率，由 RC 决定。

当 $f = f_0$ 时，$|\dot{A}_u| = A_{up}/\sqrt{2} = 0.707A_{up}$，故 f_0 为**低通截止频率** f_H，即

$$f_H = f_0 = \frac{1}{2\pi RC}$$

一阶有源低通滤波器的频率特性曲线如图3-31所示。在实际电路中，低通滤波器用来除掉电子设备和电机等产生的噪声（高频干扰信号）。对频率大于 f_0 的信号或高频干扰信号能有效地加以抑制。

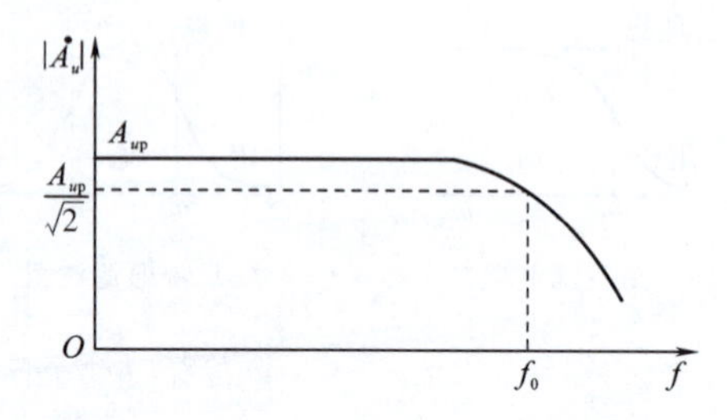

图3-31　一阶有源低通滤波器的频率特性曲线

2. 电源变换电路

在电子电路中，常常需要把电压和电流相互转换。利用集成运算放大器具有高输入阻抗、高增益、低温漂的特点，可以较容易地实现电压电流间的相互转换。属于信号转换的电路种类很多，主要有电源变换电路和非电量转换成电信号的电路。

在电源变换电路中，有电压-电压变换、电压-电流变换、电流-电压变换、电流-电流变换。

在非电量转换成电信号的电路中，有光-电转换电路、时间-电压转换电路，还有将机械变形、压力、温度等物理量变换成电信号的电路。下面举例说明集成运放在这些方面的应用。

（1）电压-电流变换电路

图3-32所示为反相电压-电流变换电路，其形式与反相放大器相似，所不同的是反馈元件即为负载，构成了并联电流负反馈电路。根据集成运放线性应用的特点可知负载中电流为

$$i_o = -\frac{u_i}{R_1}$$

（2）电压-电压变换电路

在一些基准电压源的应用中，如标准稳压管2CW7C，它的输出电压都是固定的，其值与实际要求的基准电压常常不符。这时便可用集成运放进行变换，以满足实际要求的基准电压值。图3-33便是这种电压-电压变换电路。将稳压管的稳定电压6.3 V变换成3 V基准电压输出，这里应用了比例运放电路。

3. 集成运算放大器使用时的注意事项

随着集成技术的发展，集成运放的品种越来越多，集成运放的各项技术指标不断改善，应用日益广泛。为了确保集成运算放大器正常可靠地工作，使用时应注意以下事项。

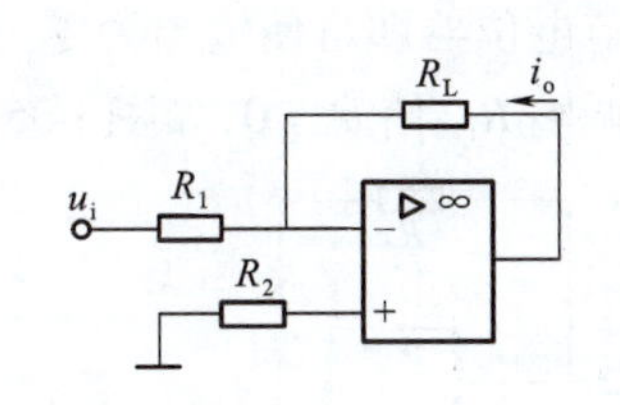

图 3-32　电压-电流变换电路

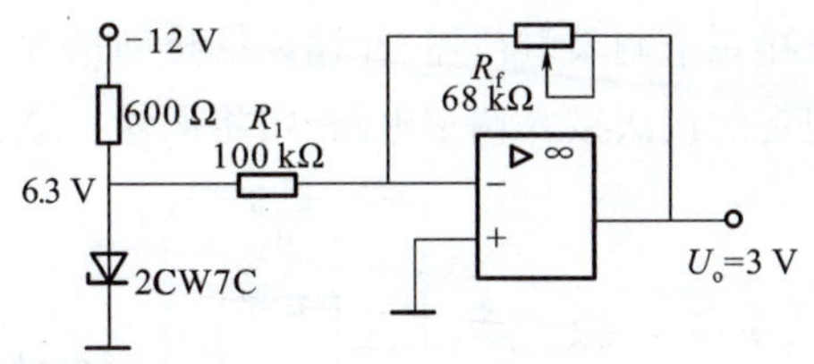

图 3-33　电压-电压变换电路

(1)集成运放分类与选择

集成运放的用途十分广泛,包括模拟信号的产生、放大和处理等多个方面。不同的用途,往往对集成运放的某些方面的特性提出特别高的要求。为适应这种需要,生产厂家在生产某种运算放大器时常常说明这种集成运放的主要用途,例如**高精度运放**、**低噪声运放**、**高压运放**等等,还有综合考虑的**通用型运放**。于是就形成了运算放大器的分类。

学习这种分类,有助于应用时正确选择所需的型号

工程上有大量待测信号属于微弱信号。例如,重量传感器、热电偶传感器、应变传感器、地震探测传感器等输出的信号都属于这类信号。这类信号属于低频信号,信号微弱,对放大器的稳定性有特别高的要求。高精度运算放大器的特点是输入噪声低、输入失调电压低、输入失调电压温漂低、差模增益高,这些特点正好符合上述微弱信号的测量要求。

根据前面关于工程中被测信号特点的分析,可以将被测信号分成以下几类:

①能采用通用型运放进行放大、测量的小信号。这类信号的幅度在 200 μV 以上,内阻小于 20 kΩ,所伴随的共模干扰信号小于 0.1 V,频带宽度在 20 kHz(音频)以下。

②微弱信号。幅度小于 200 μV 的信号,需要采用高精度运算放大器进行放大。

③高内阻的信号。信号源内阻高于 20 kΩ 时应采用高输入电阻的运算放大器进行放大。

集成运算放大器按其技术指标可分为通用型、高速型、高阻型、低功耗型、大功率型和高精度型等;按其内部电路结构又可分为双极型(三极管组成)和单极型(场效应管组成);按每一片中集成运放的个数可分为单运放、双运放和四运放。

在使用运算放大器之前,首先要根据具体要求选择合适的型号。选好后,根据数据手册查到的引脚图和设计的外部电路进行连线。

世界上有很多知名公司生产集成运放,一般情况下,无论哪个公司的产品,除了字母不同外,只要编号相同,功能基本上是相同的。例如,CA741、LM741、MC741、PM741、SG741、CF741、μA741、μPC741 等芯片具有相同的功能。

(2)消振和调零

由于集成运放的放大倍数很高,内部三极管存在着极间电容和其他寄生参数,所以容易产生自激振荡,影响集成运放的正常工作。为此,在使用时应注意消振。通常通过外接 *RC* 消振电路破坏自激振荡的条件,如图 3-34 所示。目前由于集成工艺水平的提高,大部分集成运放内部已设置消振电路,无须外接消振元件,如 F007、F3193、5G6324、741、324 等。

集成运算放大器内部电路不可能做到完全对称,由于失调电压和失调电流的存在,当输入信号为零时,输出并不为零。为了消除输入失调量造成的影响,电路中要有调零的措施。为此除了要求集成运放的同相和反相输入端的外接直流通路等效电阻保持平衡外,还应采用调零电位器进行调节。对于集成运放本身有专门调零引出端的芯片,如 F004、F007,只要在此

学习笔记

引出端外接一个调零电位器，在输入端接地情况下，调节电位器即可使输出为零。在应用时，应先按规定的接法接入调零电路，再将两输入端接地，调整 R_P，使 $u_o=0$，如图 3-35 所示。

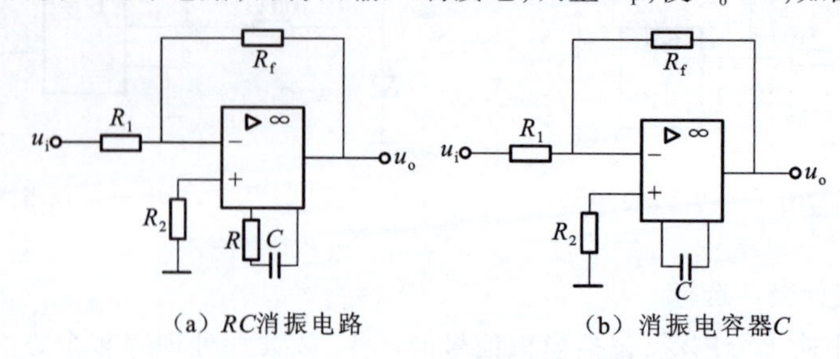

图 3-34　外接消振元件

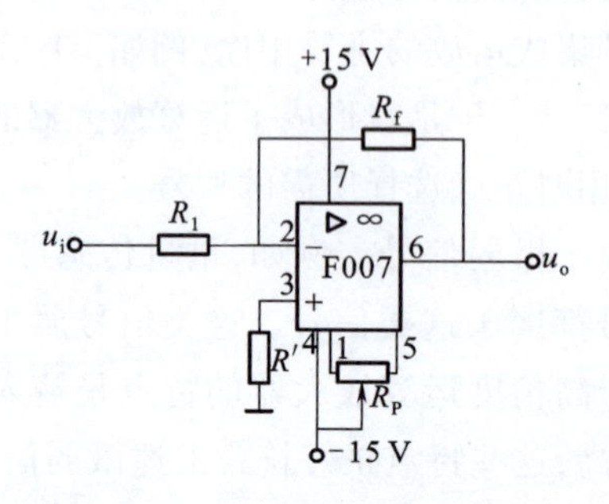

图 3-35　外接一个调零电位器

（3）保护

①输入端保护。当集成运放的输入电压过高时会损坏输入级的三极管。为此，应用时应在输入端接入两反向并联的二极管，如图 3-36（a）所示。将输入电压限制在二极管的正向压降以下。

②输出端保护。为了防止集成运放的输出电压过大，造成器件损坏，可应用限幅电路将输出电压限制在一定的幅度上。电路如图 3-36（b）所示。

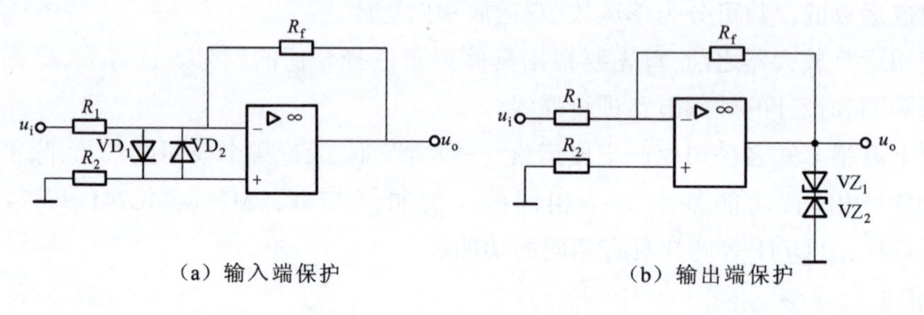

图 3-36　集成运放的保护

基础训练

使用集成运放构成比例、加法、减法基本运算电路，完成功能测试，了解集成运放在实际应用时应考虑的一些问题。

1. 反相比例运算电路的功能测试和使用

①按图 3-37 所示连接实验电路，接通 ±12 V 电源，电路输入端对地短路，进行调零。

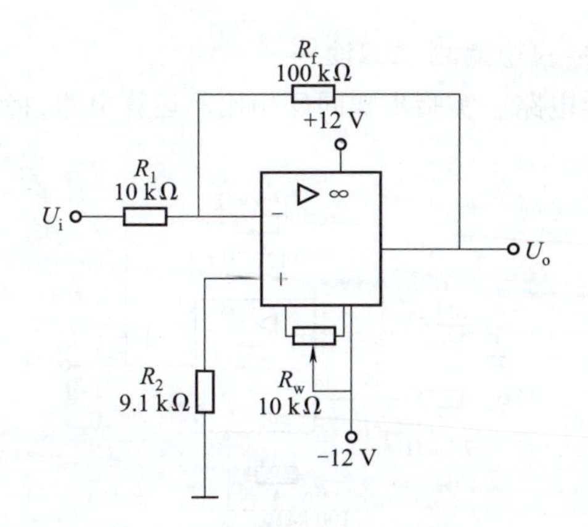

图 3-37　反相比例运算放大电路

电源接法：分别调整两组电源至 12 V，然后两组电源串联并将串联线接地，一组的正极为 +12 V，另一组的负极为 −12 V，如图 3-38 所示。

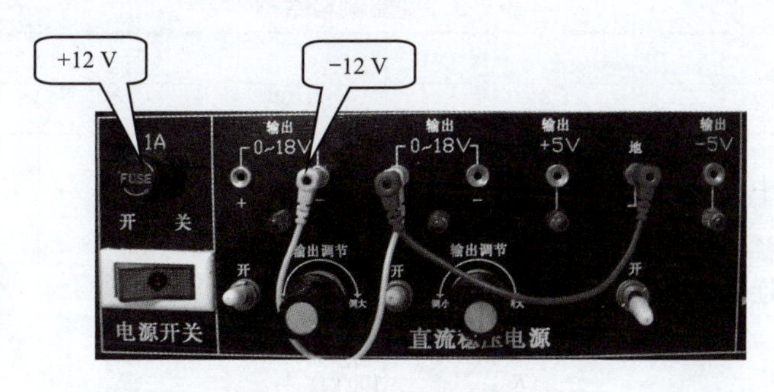

图 3-38　反相比例运算电路

注意：每接一个电路都要先进行调零，即输入端接地，调节 R_W 使输出电压为零。

②输入信号采用直流信号源，实验时要注意选择合适的直流信号幅度以确保集成运放工作在线性区（使输出电压小于 10 V），用直流电压表测量一组输入电压 U_i 及输出电压 U_o，记入表 3-1 中。

表 3-1　实验测量数据

U_i/V			
U_o/V			

③输入 $f=1\ 000$ Hz，$U_i=0.5$ V 的正弦交流信号，测量相应的 U_o，并用示波器观察 u_o 和 u_i 的相位关系，记入表 3-2 中。

表 3-2　实验测量数据

$U_i=0.5$ V，$f=1\ 000$ Hz

U_i/V	U_o/V	u_i波形	u_o波形	A_u	
				实测值	计算值
0.5					

学习笔记

2. 同相比例运算电路的功能测试和使用

①按图 3-39 连接实验电路。实验步骤同反相比例运算电路，将结果记入表 3-3 中。

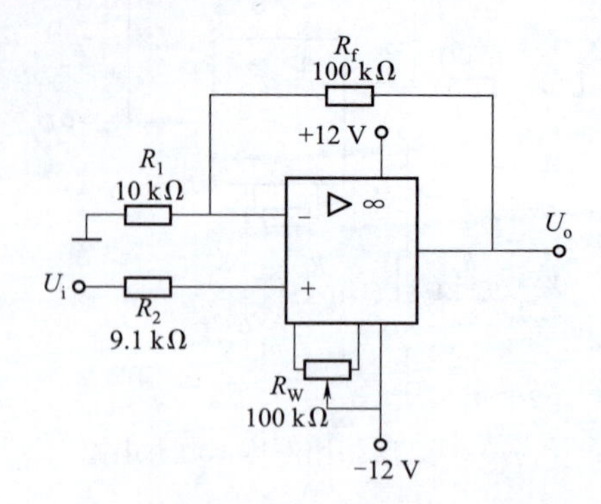

图 3-39　同相比例运算电路

表 3-3　实验测量数据

U_i/V			
U_o/V			

②将图 3-42 中的 R_1 断开，得到电压跟随电路，重复内容①。

3. 反相加法运算电路

①按图 3-40 连接实验电路并调零。

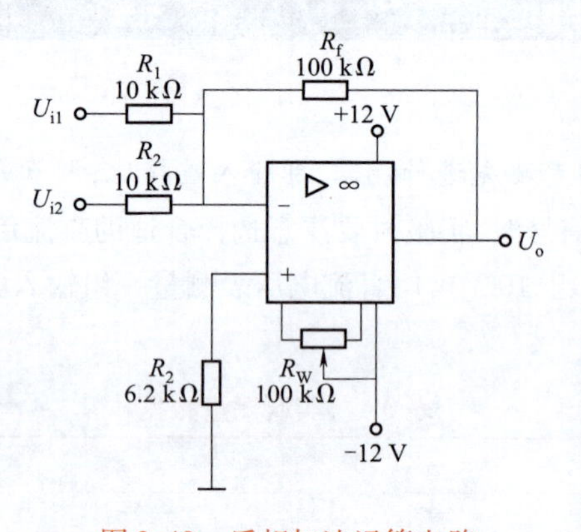

图 3-40　反相加法运算电路

②输入信号采用两组直流信号源，用直流电压表测量输入电压 U_{i1}、U_{i2} 及输出电压 U_o，记入表 3-4 中。

表 3-4　实验测量数据

U_{i1}/V			
U_{i2}/V			
U_o/V			

学习笔记

4. 减法运算电路

①按图 3-41 连接实验电路并调零和消振。

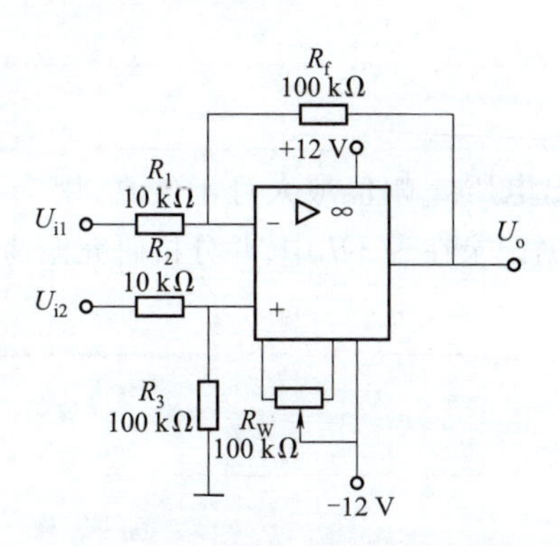

图 3-41　减法运算电路

②实验步骤同反相加法运算电路,记入表 3-5 中。

表 3-5　实验测量数据

U_{i1}/V			
U_{i2}/V			
U_o/V			

项目实施

按图 3-42 连接实验电路。

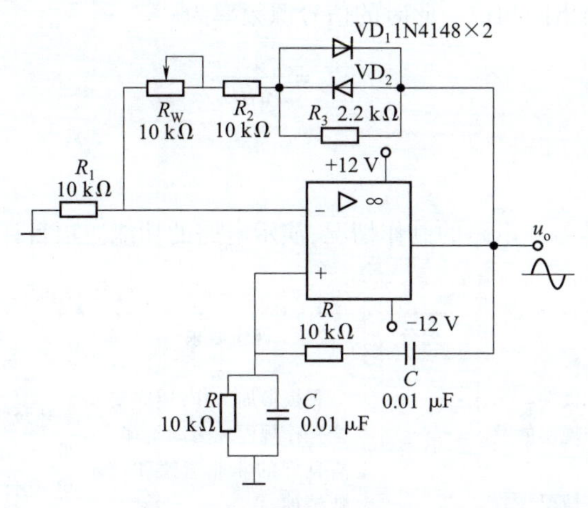

图 3-42　RC 桥式正弦波振荡电路

①接通 ±12 V 电源,调节电位器 R_W,使输出波形从无到有,从正弦波到出现失真。描绘 u_o 的波形,记下临界起振、正弦波输出及失真情况下的 R_W 值,将数据记录在表 3-6 中,并分析负反馈强弱对起振条件及输出波形的影响。

学习笔记

表 3-6　实验数据(一)

项目	临界起振	正弦波	失真
R_W			

分析结果：＿＿＿＿＿＿＿＿＿＿＿＿＿＿＿＿＿＿＿＿＿＿＿＿＿＿＿＿＿＿。

②调节电位器 R_W，使输出电压 u_o 幅值最大且不失真，用交流毫伏表分别测量输出电压 U_o、反馈电压 U_+ 和 U_-，将数据记录在表 3-7 中，并分析研究振荡的幅值条件。

表 3-7　实验数据(二)

U_o	U_+	U_-

分析结果：＿＿＿＿＿＿＿＿＿＿＿＿＿＿＿＿＿＿＿＿＿＿＿＿＿＿＿＿＿＿。

③用示波器或频率计测量振荡频率 f_o，将数据记录在表 3-8 中，并与理论值进行比较。

表 3-8　实验数据(三)

项目	理论值	实测值
f_o		

④断开二极管 VD_1、VD_2，重复②的内容，将测试结果与②进行比较。分析 VD_1、VD_2 的稳幅作用。

⑤*RC* 串并联网络幅频特性观察。将 *RC* 串并联网络与集成运放断开，由函数信号发生器注入 3 V 左右正弦信号，并用双踪示波器同时观察 *RC* 串并联网络输入、输出波形。保持输入幅值(3 V)不变，从低到高改变频率，当信号源达到某一频率时，*RC* 串并联网络输出将达最大值(约 1 V)，且输入、输出同相位。此时的信号源频率为

$$f=f_0=\frac{1}{2\pi RC}$$

项目评价

分组汇报项目的学习与电路的制作情况，演示电路的功能。项目评价内容见表 3-9。

表 3-9　信号产生电路的安装与调试工作过程评价表

评价内容		配分	评价要求	扣分标准	得分
工作态度	(1)工作的积极性。 (2)安全操作规程的遵守情况。 (3)纪律遵守情况	30 分	积极参加工作，遵守安全操作规程和劳动纪律，有良好的职业道德和敬业精神	违反安全操作规程扣 20 分；不遵守劳动纪律扣 10 分	
元件识别	集成芯片的引脚识别、电子元器件的识别	10 分	能回答型号含义，引脚功能明确，会画器件引脚排列示意图	每错一处扣 2 分	

学习笔记

续表

评价内容		配分	评价要求	扣分标准	得分
电路制作	(1)电路图原理图的绘制。 (2)按照绘制好的电路图接好电路	30分	电路安装正确且符合工艺规范	电路安装不规范,每处扣2分;电路接错扣5分	
功能测试	(1)电路的功能验证。 (2)记录测试结果	30分	(1)熟悉集成运放的功能。 (2)正确记录测试结果	(1)验证方法不正确每处扣2分。 (2)记录测试结果不正确每处扣2分	
合计		100分			
自我总结					
总结电路搭建和调试的过程中遇到的问题以及解决的方法,目前仍然存在的问题等					

巩固练习

一、填空题

1. 运算放大器实质上是一种具有________多级直流放大器。

2. 理想运算放大器工作在线性区时有两个重要特点:一是差模输入电压________,称为________;二是输入电流________,称为________。

3. 集成运放有两个输入端,称为________输入端和________输入端,相应有________、________和________三种输入方式。

4. ________比例运算电路中,集成运放反相输入端为虚地点。________比例运算电路中,集成运放两个输入端对地的电压基本上等于输入电压。

5. 在输入电压从足够低逐渐增大到足够高的过程中,单门限电压比较器的输出电压变化________次;滞回电压比较器的输出电压变化________次。

6. 集成运放线性应用时,电路中必须引入________才能保证集成运放工作在________区;它的输出量与输入量成________。

二、选择题

1. 集成运算放大器能处理(　　)。

A. 直流信号　　　　B. 交流信号

C. 交流信号和直流信号

学习笔记

2. 理想运放的开环放大倍数 A_{ud} 为(　　)，输入电阻为(　　)，输出电阻为(　　)。

A. ∞　　B. 0　　C. 不定　　D. 1 000

3. 各种电压比较器的输出状态只有(　　)。

A. 一种　　B. 两种　　C. 三种

4. 在由集成运放组成的电路中，集成运放工作在非线性状态的电路是(　　)。

A. 反相比例放大器　　B. 差分放大器

C. 同相比例放大器　　D. 电压比较器

5. 电路如图3-43所示，运算放大器的电源电压为±12 V，稳压管的稳定电压为8 V，正向压降为0.6 V，当输入电压 $u_i=-1$ V时，则输出电压 u_o 等于(　　)。

A. −12 V　　B. 0.7 V　　C. −8 V

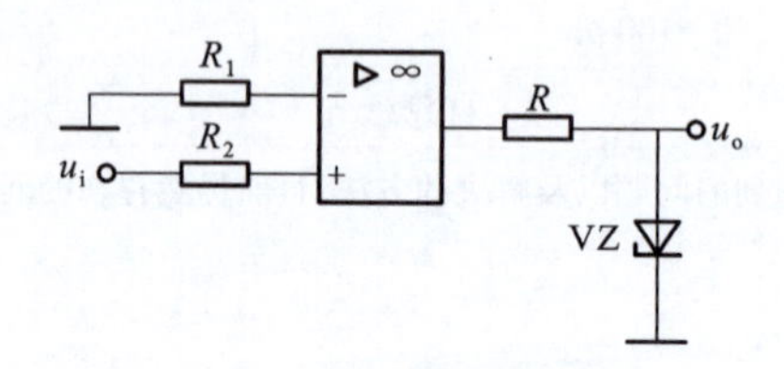

图　3-43

三、分析计算题

1. 图3-44所示电路为应用集成运放组成的测量电阻的原理电路，试写出被测电阻 R_x 与电压表电压 U_0 的关系。

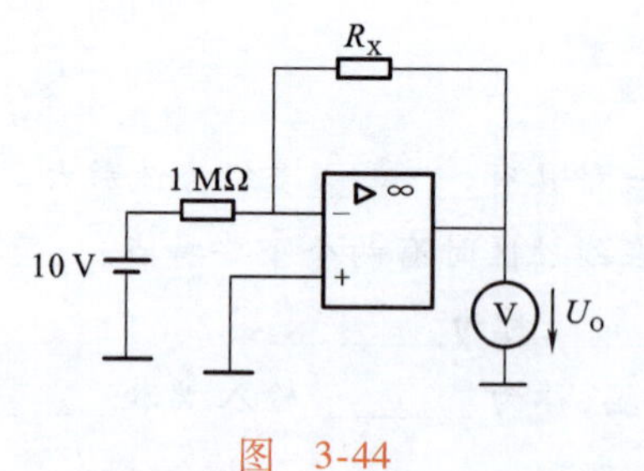

图　3-44

2. 图3-45所示电路中，已知电阻 $R_f=5R_1$，输入电压 $u_i=5$ mV，求输出电压 u_o。

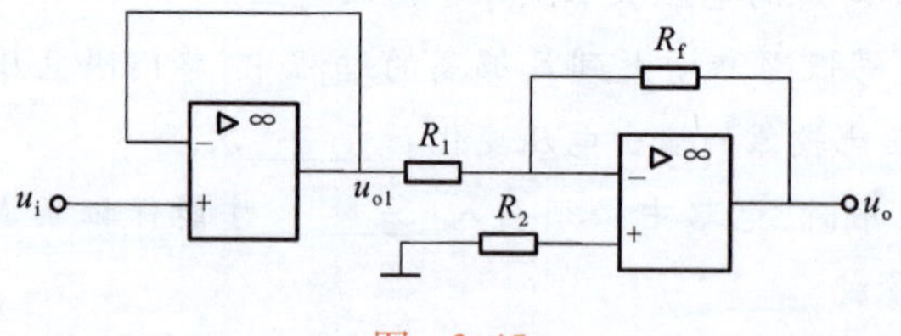

图　3-45

3. 图3-46所示为反相电压-电流变换器，其形式与反相放大器相似，所不同的是反馈元件即为负载，构成了并联电流负反馈电路。根据集成运放线性应用的特点，试证明负载中电流为 $i_o=-\dfrac{u_i}{R_1}$。

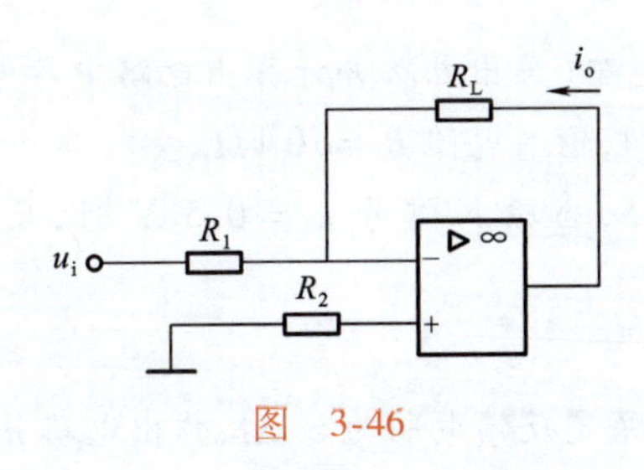

图　3-46

4. 同相比例运算电路也可构成加法运算电路。如图 3-47 所示，试求输出 u_o表达式。

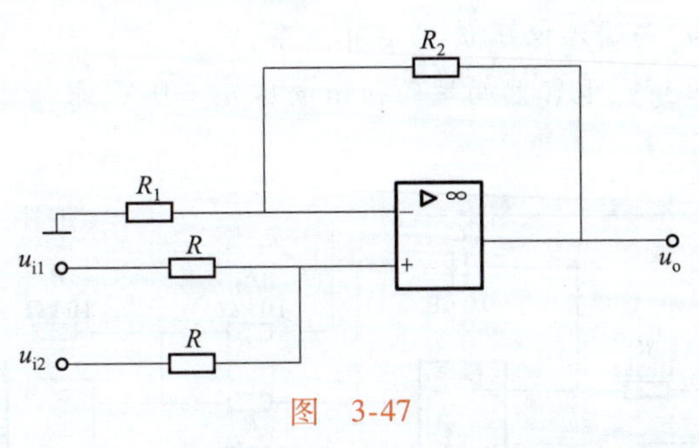

图　3-47

5. 图 3-48 是应用运算放大器测量电压的原理电路，共有 0.5、1、5、10、50 V 五种量程，试计算电阻 R_{11} ~ R_{15} 的阻值。输出端接有满量程 5 V、500 uA 的电压表。

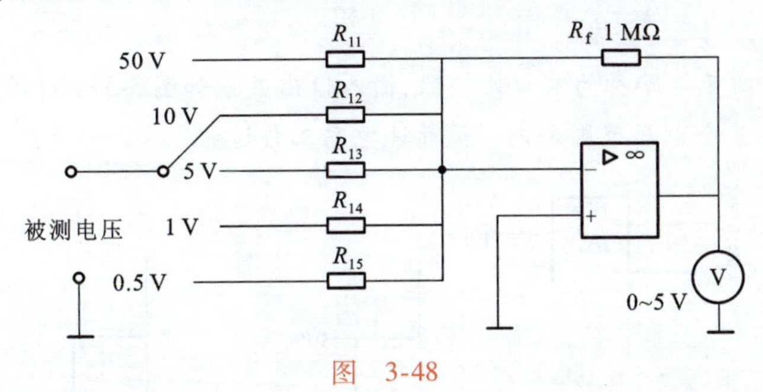

图　3-48

6. 求图 3-49 所示电路的 u_i 与 u_o 的运算关系式。

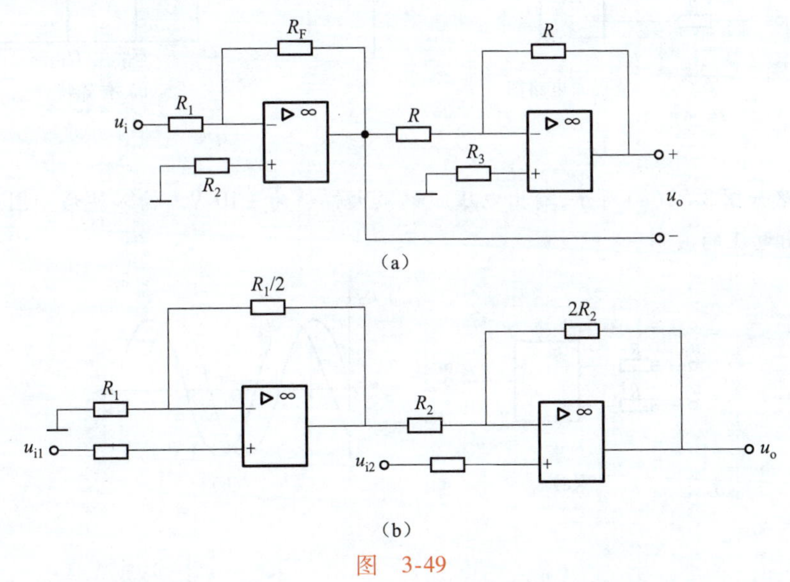

图　3-49

学习笔记

7. 按下列要求设计运算电路（画出电路并计算出电路中各电阻值）。

（1）电压放大倍数 $A_u = -4$，输入电阻 $R_i = 10\ \text{k}\Omega$。

（2）电压放大倍数 $A_u = 5$，当输入信号 $u_i = 0.5\ \text{V}$ 时，反馈电阻 R_f 中流过的电流为 0.1 mA。

（3）$u_o = 2u_{i1} + 3u_{i2}$。

（4）$u_o = 2u_{i1} - 3u_{i2} - 6u_{i3}$（给定反馈电阻为 6 kΩ，作出电路并标出各元件值）；

8. 如图 3-50 所示电路：

（1）写出输出电压 u_o 与输入电压 u_i 的运算关系。

（2）若输入电压 $u_i = 1\ \text{V}$，电容器两端的初始电压 $u_C = 0\ \text{V}$，求输出电压 u_o 变为 0 V 所需要的时间。

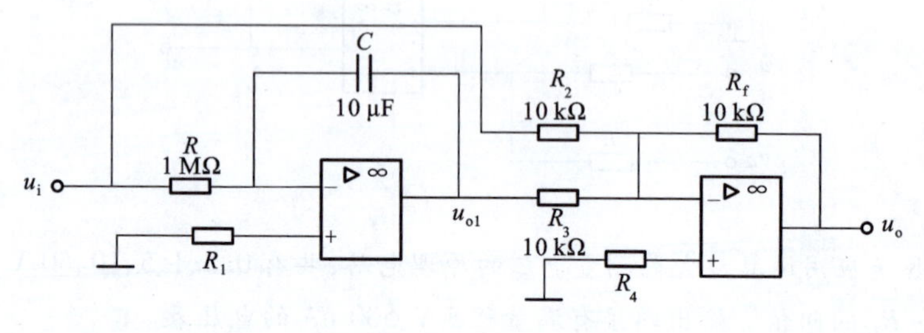

图 3-50

9. 图 3-51（a）所示电路称为窗口比较器，输入输出关系如图 3-51（b）所示，它可以用来判断输入信号是否在某个电压范围之内。试简述电路工作过程。

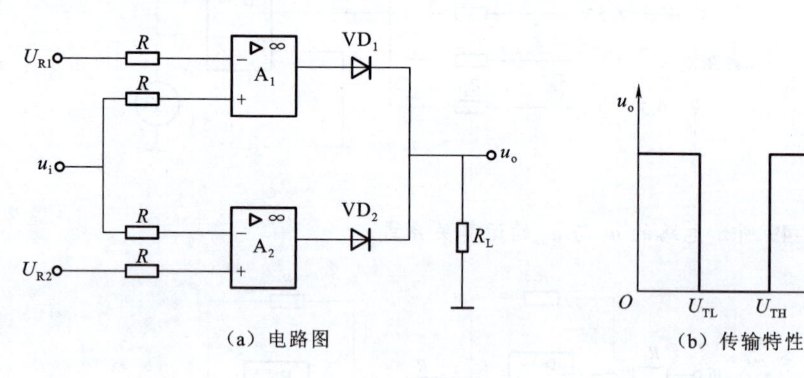

（a）电路图　　（b）传输特性

图 3-51

10. 电路如图 3-52（a）所示，输出电压 u_o 的最大幅值为 ±10 V。输入波形如图 3-52（b）所示，画出输出电压的波形。

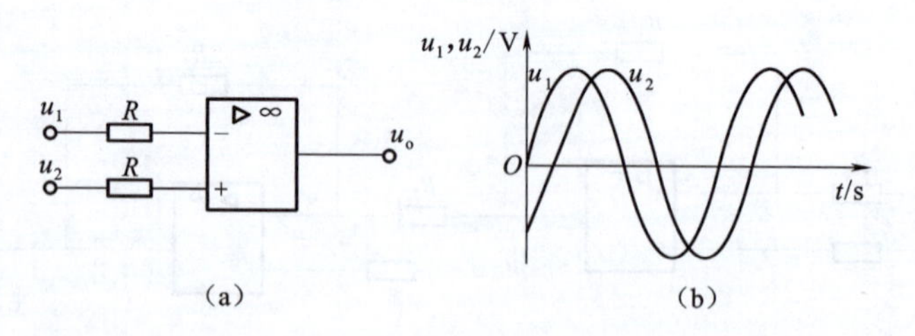

（a）　　（b）

图 3-52

11. 图 3-53 所示为一滞回电压比较器，已知集成运放的开环电压增益无穷大，双向稳压管的稳定电压是 ±6 V。(1) 请画出它的传输特性曲线。(2) 输入一个幅度值为 4 V 的正弦信号时，输出信号将是怎样的波形？

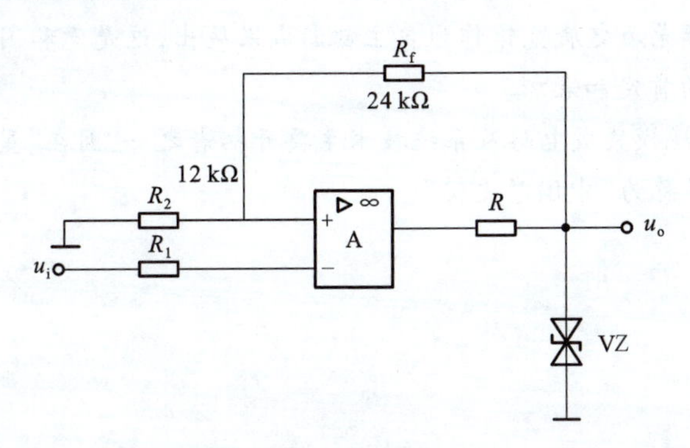

图　3-53

12. 要对图 3-54 输入信号进行图 3-54 所示的处理和转换，应该选用什么样的电路，试分析它们的不同。

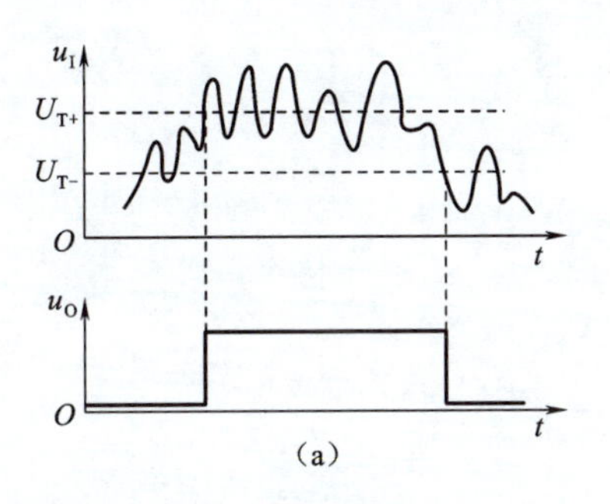

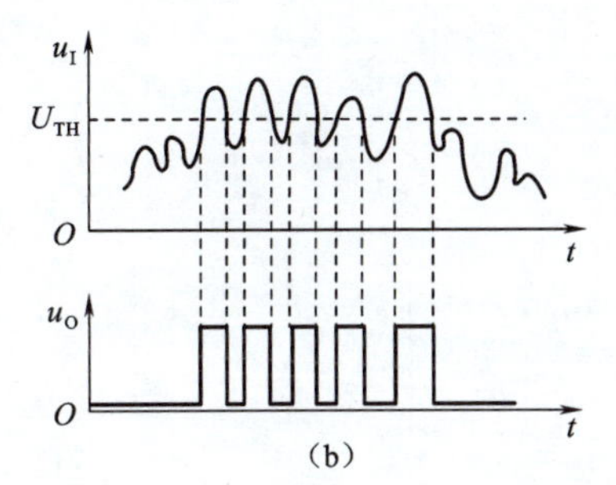

图　3-54

13. 要对信号进行以下的处理，应该选用什么样的滤波器。

(1) 信号频率 1 kHz～2 kHz 为有用信号，其他的为干扰信号。

(2) 低于 300 Hz 的信号是有用信号。

(3) 高于 200 kHz 的信号为有用信号。

(4) 抑制 50 Hz 电源的干扰。

拓展阅读

邓中翰：中国芯之父

邓中翰，1968 年 9 月出生于江苏南京，中国工程院院士，“星光中国芯工程”总指挥，数字多媒体芯片技术国家重点实验室主任，中星微集团创建人兼首席科学家，微电子学、大规模集成电路设计技术专家。

1992 年邓中翰从中国科学技术大学毕业后赴美国加州大学伯克利分校学习；1997 年毕业时取得电子工程学博士、经济管理学硕士、物理学硕士学位；1999 年“星光中国芯工程”启动实施，邓中翰带领团队组建了国家重点实验室，担任“星光中国芯工程”总指挥，于 2005 年，成功领导开发设计出“星光”系列数字多媒体芯片，实现了八大核心技术突破，申请了该领域

学习笔记

2 000多项中国国内外技术专利，取得了核心技术突破和大规模产业化的一系列重要成果，这是具有中国自主知识产权的集成电路芯片第一次在一个重要应用领域达到全球市场领先地位，彻底结束了中国"无芯"的历史，被中国国家博物馆作为国史文物收藏，在2021年建党100周年之际，被中国共产党历史展览馆作为自主创新成果展出，这是党和国家对"星光中国芯工程"历史性贡献给予的肯定和表彰。

邓中翰是中国大规模集成电路及系统技术主要开拓者之一，因在"星光中国芯工程"中做出了突出成就，被业界称为"中国芯之父"。

项目四 裁判判定电路的设计与制作

本项目将组合逻辑电路的功能与实践应用相结合，在实施过程中，使用与非门等标准集成门电路制作裁判判定电路。学生通过理论与实践结合学习，掌握基础组合逻辑电路知识，能够根据实际需要进行简单逻辑电路设计，提高职业素养。

学习笔记

学习目标

1. 知识目标

①熟悉数制、码制及它们之间的转换。

②熟悉基本逻辑运算及描述方法。

③熟悉逻辑门电路的逻辑功能；掌握集成逻辑门的正确使用。

④熟悉逻辑运算的基本规则和基本定律。

⑤熟悉逻辑函数的公式化简法和卡诺图化简法。

⑥掌握组合逻辑电路的分析和设计方法。

2. 技能目标

①会识别和测试常用 TTL、CMOS 集成电路产品。

②会用基本门电路设计和制作简单组合逻辑电路。

③能够完成组合逻辑电路的分析、设计、制作与调试。

3. 素质目标

①具有具体问题具体分析能力，增强逻辑思维能力。

②培养总结概括问题能力，增强全局规划的工程思维。

③培养基础创新意识，激发扩展研究、深入探索的创造自信心。

④培养敬业精神，锤炼职业道德。

学习笔记

思维导图

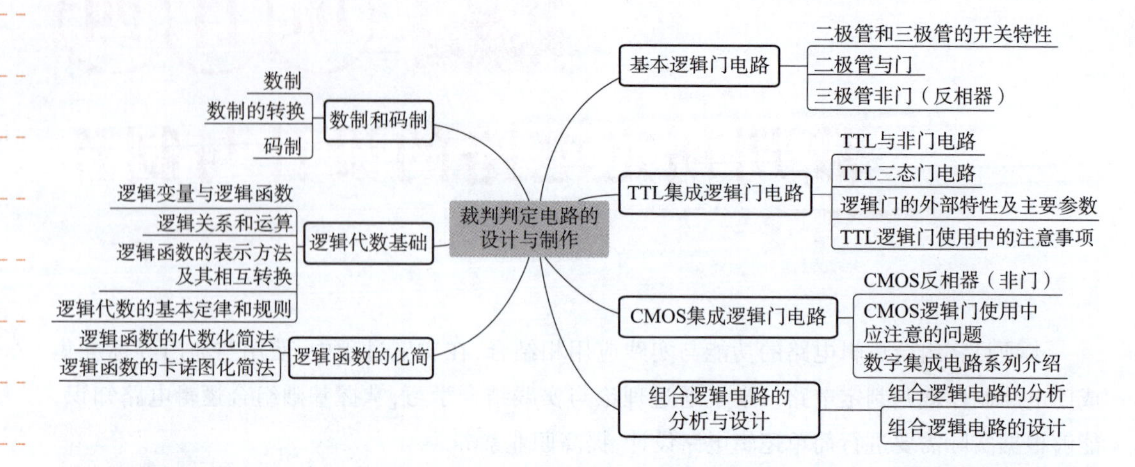

项目描述

用与非门设计某比赛裁判判定电路。具体要求：设有一名主裁判和三名副裁判，当三名及以上裁判判定合格时，运动员的动作为成功；当主裁判和一名副裁判判定合格时，运动员的动作也为成功。

相关知识

数字电路是一门研究数字信号的编码、运算、记忆、计数、存储、分配、测量与传输的科学技术。简单地说就是用数字信号去实现运算、控制、测量的一门学科。

电子电路所处理的电信号可以分为**模拟信号和数字信号**两大类。**模拟信号**是指在时间和数值上都**连续**变化的信号［见图 4-1（a）］，如温度、压力、正弦波电压和电流以及广播电视系统中传送的各种语音信号和图像信号等，模拟信号可以用计量仪器测量出某个时刻模拟量的瞬时值，或某一段时间之内的平均值，或有效值。传送和处理模拟信号的电路称为**模拟电路**（analog circuit）；**数字信号**是在时间和数值上都是断续变化的**离散**信号［见图 4-1（b）］，数字信号是从脉冲演变而来的，一般是在两个稳定状态之间阶跃式变化的信号，如记录个数的计数信号、灯光闪烁等，传送和处理数字信号的电路称为**数字电路**（digital circuit）。

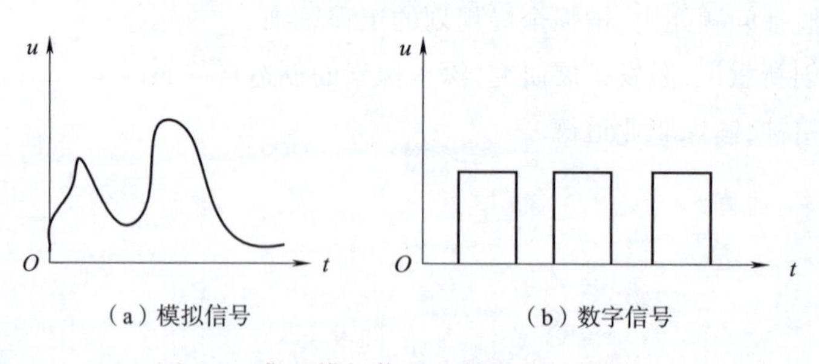

（a）模拟信号　　（b）数字信号

图 4-1　典型模拟信号与数字信号波形图

与模拟电路相比，数字电路有很多优点：

①数字电路易于设计，使用方便；因为数字电路采用开关电路，它不要求物理量的精确数值，只要求物理量的范围。

②数字电路便于信息的储存和传输；数字电路的信息储存是由特定的开关电路完成的。根据需要，开关电路能将信息锁存并保持下来，数字信号可以无限地长期存储。

③数字电路的准确度和精确度高；数字电路可以方便地控制精确数字。

④数字电路工作可靠性高，抗干扰能力强；在数字电路中，因为不要求物理量的准确值，所以少量的干扰不影响对高、低电平的区分。

⑤数字电路便于实现程控；便于采用数字计算机和微处理器来处理信息和参与控制。

⑥数字电路便于集成化、系列化生产，成本低。

综上所述，数字电路的特点：工作信号是**离散**的数字信号；在稳定状态时，电子器件（如二极管、三极管）均工作在开关状态，即工作在饱和区和截止区；数字电路研究的主要问题是输入和输出之间的**逻辑关系**；主要分析工具是逻辑代数。

一、数制和码制

1. 数制

数制（digital number system）即计数体制，也就是计数方法。日常生活中最常用的是十进制数，而数字系统和计算机中主要采用的是二进制数。另外，还有十六进制数和八进制数。

（1）十进制

十进制（decimal）数采用0、1、2、3、4、5、6、7、8、9十个不同的数码来表示任何一个数。进位规律是“逢十进一，借一当十”，其基数是10。各数码在不同数制时，所代表的数值是不同的。

在一个进位计数制表示的数中，处于不同数位的数码，代表不同的数值，某一个数位的数值是由这一位数码的值乘上处于这位的一个固定常数，不同数位上的固定常数称为位权值，简称**位权**，或**权**。不同数位有不同的位权值，例如：$(286.32)_{10}=2\times10^2+8\times10^1+6\times10^0+3\times10^{-1}+2\times10^{-2}$。其中，$10^2$、$10^1$、$10^0$、$10^{-1}$、$10^{-2}$等分别称为十进制数各数位的权，都是10的幂。任何一个十进制数都可以写成以10为底的幂之和的形式，即

$$(N)_{10}=K_{n-1}\times10^{n-1}+K_{n-2}\times10^{n-2}+\cdots+K_0\times10^0+K_{-1}\times10^{-1}+K_{-2}\times10^{-2}+\cdots+K_{-m}\times10^{-m}=\sum_{i=-m}^{n-1}K_i\times10^i$$

式中，i为数字中各数码K的位置号；K_i为基数“10”的第i次幂的系数；小数点前的第一位$i=0$，第二位$i=1$，依次类推，小数点后第一位$i=-1$，第二位$i=-2$；10^i为第i位的权。

从数字电路的角度来看，采用十进制是不方便的，因为构成数字电路的基本思路是把电路的状态与数码对应起来，而十进制的十个数码，必须有十个不同的而且能严格区分的电路状态与之对应起来，这样将在技术上带来许多困难且不经济，因而在数字电路中一般不直接采用十进制，而采用二进制。

（2）二进制

二进制（binary）数采用0、1两个数码来表示任何一个数。进位规律是“逢二进一，借一当二”，其基数是2。例如：$(1101.01)_2=1\times2^3+1\times2^2+0\times2^1+1\times2^0+0\times2^{-1}+1\times2^{-2}$。其中，$2^3$、$2^2$、$2^1$、$2^0$、$2^{-1}$、$2^{-2}$等分别称为二进制数各数字的权，都是2的幂。二进制数也可以按权展开，即

学习笔记

$$(N)_2 = K_{n-1}\times 2^{n-1} + K_{n-2}\times 2^{n-2} + \cdots + K_0\times 2^0 + K_{-1}\times 2^{-1} + K_{-2}\times 2^{-2} + \cdots + K_{-m}\times 2^{-m} = \sum_{i=-m}^{n-1} K_i\times 2^i$$

二进制的优点：

①二进制的数字装置简单可靠，应用元件少；二进制只有两个数码0和1，因此，它的每一位都可以用任何具有两个不同稳定状态的元件来表示，如三极管的饱和和截止，继电器触点的闭合和断开，灯泡的亮和不亮等。只要规定一种状态表示1，另一种状态表示0，就可以表示二进制数。

②二进制的基本运算规则简单，与十进制数的运算相似，运算操作方便。

二进制的缺点：

用二进制表示一个数时，位数多，使用起来不方便也不习惯，因此在运算时，原始数据多用人们习惯的十进制，在送入计算机时，将十进制数转换成数字系统能接收的二进制数，而运算结束后再将二进制数转换为十进制数，表示最终结果。

(3) 十六进制

十六进制(hexadecimal)采用0、1、2、3、4、5、6、7、8、9、A、B、C、D、E、F十六个不同的数码来表示任何一个数，符号A～F分别代表十进制的10～15。进位规律是“逢十六进一，借一当十六”，其基数是16。每个数字的权是16的幂。十六进制按权展开为：

$$(N)_{16} = K_{n-1}\times 16^{n-1} + K_{n-2}\times 16^{n-2} + \cdots + K_0\times 16^0 + K_{-1}\times 16^{-1} + K_{-2}\times 16^{-2} + \cdots + K_{-m}\times 16^{-m} = \sum_{i=-m}^{n-1} K_i\times 16^i$$

例如：$(3DA)_{16} = 3\times 16^2 + D\times 16^1 + A\times 16^0 = 3\times 16^2 + 13\times 16^1 + 10\times 16^0 = (986)_{10}$。

此外还有八进制(octal)，其采用0、1、2、3、4、5、6、7八个不同的数码来表示任何一个数。进位规律是“逢八进一，借一当八”，其基数是8。每个数字的权是8的幂。八进制按权展开为$(N)_8 = \sum_{i=-m}^{n-1} K_i 8^i$。几种数制之间的对应关系见表4-1。

表4-1 几种数制之间的对应关系

十进制数	二进制数	八进制数	十六进制数
0	0	0	0
1	1	1	1
2	10	2	2
3	11	3	3
4	100	4	4
5	101	5	5
6	110	6	6
7	111	7	7
8	1000	10	8
9	1001	11	9
10	1010	12	A
11	1011	13	B
12	1100	14	C
13	1101	15	D
14	1110	16	E
15	1111	17	F

学习笔记

2. 数制的转换

各种数制之间可以互相转换，以方便设计和使用。

(1)任意进制转换为十进制

任意进制转换为十进制的方法是按权展开，求和即可。

例如：$(11011)_2 = 1\times2^4 + 1\times2^3 + 0\times2^2 + 1\times2^1 + 1\times2^0 = (27)_{10}$。

$(11010.11)_2 = 1\times2^4 + 1\times2^3 + 0\times2^2 + 1\times2^1 + 0\times2^0 + 1\times2^{-1} + 1\times2^{-2} = (26.75)_{10}$。

$(1AB)_{16} = 1\times16^2 + A\times16^1 + B\times16^0 = 1\times16^2 + 10\times16^1 + 11\times16^0 = (427)_{10}$。

$(247)_8 = 2\times8^2 + 4\times8^1 + 7\times8^0 = (167)_{10}$。

(2)十进制转换为任意进制

十进制整数转换为任意进制数都可以采用"**除基取余法**"，即"除基数，得余数，从低位到高位排列"。其步骤如下：

①将给定的十进制数除以基数，余数就是欲转换进制数的最低位。

②将上一步得到的商继续除以基数，余数即是次低位。

③重复用得到的商除以基数，直至商为0，此时的余数为最高位。

例4-1　将十进制数$(2004)_{10}$转换为二进制数。

解　这里基数是2。

```
2|2004…0
2|1002…0
2|501…1
2|250…0
2|125…1
2|62…0
2|31…1
2|15…1
2|7…1
2|3…1
2|1…1
   0
```

所以$(2004)_{10} = (11111010100)_2$。

例4-2　将十进制数$(32)_{10}$转换为十六进制数。

解　这里基数是16。

```
16|32
16|2…0
   0…2
```

所以$(32)_{10} = (20)_{16}$。

学习笔记

十进制数小数转换为任意进制小数可以采用"**乘基取整法**"，即"乘基数，取整数，从高位到低位排列"。其步骤如下：

①将给定的十进制小数乘以要转换的数制的基数，其乘积的整数就是欲转换进制数的最高位。

②将上一步得到的乘积的小数部分继续乘以基数，乘积的整数部分即是次高位。

③重复用得到的积乘基数，直到其纯小数部分为0或者满足一定误差要求为止。

例4-3 将十进制数$(0.135)_{10}$转换为二进制数。（精确到第五位）

解 $0.135\times2=0.270\cdots\cdots0$　　最高位

$0.270\times2=0.540\cdots\cdots0$

$0.540\times2=1.080\cdots\cdots1$

$0.080\times2=0.160\cdots\cdots0$

$0.160\times2=0.320\cdots\cdots0$　　最低位

所以，$(0.135)_{10}=(0.00100)_2$。

(3)二进制与十六进制、八进制之间的转换

因为每一个十六进制数码都可以用4位二进制数来表示，所以可以将二进制数每4位一组，写出各组的数值。如果是整数，从右至左划分，从左至右读写，就是十六进制数。注意整数按4位一组划分时，最高位一组不够4位时用0补齐。如果是小数，从小数点后第一位从左到右划分，从左至右读写。最低位一组不够4位时用0补齐。

同理，十六进制转换为二进制时，可将十六进制数的每一位写成4位二进制数，不改变顺序，即可将十六进制转换为二进制。

例4-4 将二进制数$(1101010)_2$转换为十六进制数。

解 $(1101010)_2=(0110\ 1010)_2=(6A)_{16}$。

例4-5 将二进制数$(0.101011)_2$转换为十六进制数。

解 $(0.101011)_2=(0.1010\ 1100)_2=(0.AC)_{16}$。

例4-6 将十六进制数$(A.3B)_{16}$转换为二进制数。

解 $(A.3B)_{16}=(1010.0011\ 1011)_2$。

十进制转换为十六进制也可以先转换为二进制，由二进制转换为十六进制。

因为每一个八进制数码都可以用3位二进制数来表示，所以可以将二进制数每3位一组，写出各组的数值。如果是整数，从右至左划分，从左至右读写，就是八进制数。注意整数按3位一组划分时，最高位一组不够3位时用0补齐。如果是小数，从小数点后第一位从左到右划分，从左至右读写。最低位一组不够3位时用0补齐。

同理，八进制转换为二进制时，可将八进制数的每一位写成3位二进制数，不改变顺序，即可将八进制转换为二进制。

例4-7 将二进制数$(10110.1011)_2$转换为八进制数。

解 $(10110.1011)_2=(010\ 110.101\ 100)_2=(26.54)_8$。

例4-8 将八进制数$(3.7)_8$转换为二进制数。

解 $(3.7)_8=(011.111)_2$。

另外，十进制与十六进制、八进制之间的转换，也可以利用二进制为中介。先把十进制数转换为二进制，再利用二进制与十六进制、八进制的转换关系得到。

3. 码制

数字系统中的信息可分为两类：一类是数值；另一类是文字符号（包括控制符）。为了表示文字符号信息，往往也采用一定位数的二进制代码表示，这个特定的二进制码称为**代码**。建立代码与十进制数、字母、符号的一一对应关系的方法称为**编码**。不同的编码方式称为**码制**。常用的编码有**二-十进制码（BCD 码）**及**字符代码**等。

（1）二-十进制码

用二进制代码表示一个给定的十进制数 0 ~ 9，称为二-十进制编码，简称 BCD 码（binary coded decimal）。表 4-2 给出了几种常用的 BCD 码。

因为 4 位二进制代码共有 16 个不同的组合，用它对 0 ~ 9 十个十进制数编码总有 6 个不用的状态，称为无关状态，或称为**伪码**。例如 8421 码中的 1010 ~ 1111 为 6 个伪码。

BCD 码分为**有权码**和**无权码**。

8421 码是最常用的一种十进制数编码，它是用 4 位二进制数 0000 到 1001 来表示 1 位十进制数。例如，表 4-2 中的 8421 码 $b_3b_2b_1b_0$，每位都有相应的位权值，如 b_0 的位权为 $2^0=1$，b_1 的位权为 $2^1=2$，b_2 的位权为 $2^2=4$，b_3 的位权为 $2^3=8$，由于每位的位权值分别为 8、4、2、1，所以这种代码称为 8421BCD 码。

有权码都是将自然 4 位二进制数的 16 个组合去掉 6 个而得到的，只不过舍去的组合不同。被保留的 10 个组合中的每一位都是有位权的，它们的权展开式的计算结果分别对应 10 个阿拉伯数字，因而又称**二-十进制码**。

（2）其他代码

表 4-2 中，余 3 码和格雷码为无权码。

表 4-2　常用的 BCD 码

十进制数码	BCD 码				
	8421 码	5421 码	2421 码	余 3 码（无权码）	格雷码（无权码）
0	0000	0000	0000	0011	0000
1	0001	0001	0001	0100	0001
2	0010	0010	0010	0101	0011
3	0011	0011	0011	0110	0010
4	0100	0100	0100	0111	0110
5	0101	1000	1011	1000	0111
6	0110	1001	1100	1001	0101
7	0111	1010	1101	1010	0100
8	1000	1011	1110	1011	1100
9	1001	1100	1111	1100	1000

余 3 码也是用 4 位二进制数表示 1 位十进制数，但对于同样的十进制数字，其表示比 8421 码多 0011，所以称为余 3 码。不能用权展开式来表示其转换关系。

学习笔记

格雷码的特点是按照"相邻性"编码的,即相邻两码之间只有一位数字不同。一般可在下面情况下使用:如果用其他代码转换时,若代码的变化位数多于一位时可能产生错误或模糊的结果。例如,当二进制代码从0111转换成1000时,需要所有的位数都变化,不同位数的过渡时间可能有较大区别,它取决于构成这些位的器件或电路。因此从0111到1000可能出现一个或几个中间状态。如果最高位变化快,将会出现如下过渡状态:

0 1 1 1　　十进制数7

1 1 1 1　　错误码

1 0 0 0　　十进制数8

虽然1111状态的出现只是暂时的,但由这些位所控制的器件就可能出现误操作。使用格雷码是因为每次变换只有一位发生变化,各位之间不会出现竞争,可以避免这种错误。格雷码还常用于模拟量与数字量的转换。

还有其他编码方法,如奇偶校验码、汉明码等。

二、逻辑代数基础

视频

数字逻辑的基本概念及其逻辑关系

1. 逻辑变量与逻辑函数

广义地讲,逻辑就是规律。逻辑代数(logic algebra)也称为布尔代数,它是一种描述事物逻辑关系的数学方法,是研究逻辑电路的数学工具。逻辑代数中的变量和普通代数中的变量一样,也由字母表示。在对实际问题进行逻辑抽象时,一般称决定事物的原因为逻辑自变量,而称被决定事物的结果为逻辑因变量。

以某种形式表达的逻辑自变量和逻辑因变量的函数关系称为逻辑函数(logic function)。它是由逻辑变量、常量通过运算符连接起来的代数式。一般写作

$$L=F(A,B,C,D\cdots)$$

与普通代数不同的是,逻辑代数的变量只有0和1两个取值。而且这里的"0"和"1"不表示数值的大小,只表示两种相互对立的逻辑状态。例如,用"1"和"0"表示灯的亮和灭、门的开与关、电平的高与低等。因此,常把"1"状态称为逻辑1,"0"状态称为逻辑0。逻辑代数有一系列的定律和规则,用它们对逻辑表达式进行处理,可以完成电路的化简、变换、分析和设计。

二值数字逻辑的产生是基于客观世界的许多事物可以用彼此相关又互相对立的两种状态来描述,例如,是与非、真与假、开与关、低与高等。而且在电路上,可以用电子器件的开关特性来实现,由此形成离散信号电压或数字电压。这些数字电压通常用逻辑电平来表示,如高电平、低电平。应当注意,逻辑电平不是物理量,而是物理量的相对表示。

由于逻辑代数可以使用二值函数进行逻辑运算,一些用语言描述显得十分复杂的逻辑命题,使用数学语言后,就变成了简单的代数式。逻辑电路中的一个命题,不仅包含"肯定"和"否定"两重含义,而且包含条件与结果的多种组合。

在数字电路中,有两种逻辑体制,即正逻辑体制和负逻辑体制。若用逻辑"1"表示电路中的高电平,用逻辑"0"表示电路中的低电平,用H对应二进制的"1",用L对应二进制的"0",称为正逻辑体制;反之,称为负逻辑体制。对逻辑变量的逻辑状态采用不同的逻辑体制,所得到的逻辑函数也就不同。在一个数字电路中一般只能使用一种逻辑体制,混用时必须有严格

的分界面，一般情况下采用正逻辑体制。

2. 逻辑关系和运算

基本逻辑关系有与逻辑、或逻辑和非逻辑三种。相应的逻辑运算有与运算、或运算和非运算。

视频

门电路逻辑功能测试仿真

(1)与逻辑

与逻辑即逻辑乘。在图4-2(a)所示指示灯控制电路中，开关 A、B 如果有一个断开或者两个都断开，指示灯不亮；只有当两个开关都闭合时，指示灯才亮。指示灯的亮灭与开关的通断存在的这种逻辑关系，即只有决定事物结果(灯亮)的几个条件全都具备时，这种结果才会发生。逻辑规律如图4-3(b)所示，这种逻辑关系称为与逻辑。

在数字电路中，研究的主要对象是输入变量和输出变量之间的逻辑关系，把输入变量可能的取值组合状态及其对应的输出状态列成表格，经逻辑赋值称为真值表。用真值表可直观地表示电路的输出与输入之间的逻辑关系。若用逻辑“1”表示开关闭合、指示灯亮，用逻辑“0”表示开关断开、指示灯灭，则与逻辑的真值表如图4-2(c)所示。

为便于分析和运算，通常用代数式表示逻辑关系，称为逻辑表达式。

与逻辑的逻辑表达式为

$$L=A\cdot B \quad 或 \quad L=AB$$

式中，“·”读作“与”。由真值表可知：

$$0\cdot 0=0,0\cdot 1=0,1\cdot 0=0,1\cdot 1=1$$

与逻辑允许有两个或两个以上的输入变量，实现与逻辑运算的电路称为与门。与门的逻辑符号如图4-2(d)所示。

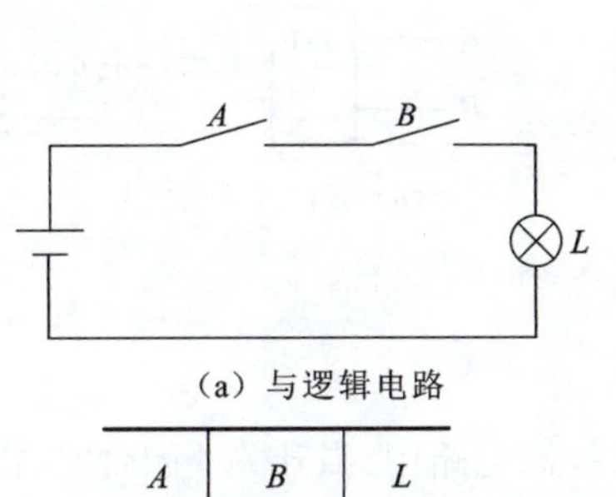

(a) 与逻辑电路

A	B	灯L
不闭合	不闭合	不亮
不闭合	闭合	不亮
闭合	不闭合	不亮
闭合	闭合	亮

(b) 逻辑规律

A	B	L
0	0	0
0	1	0
1	0	0
1	1	1

(c) 与逻辑真值表

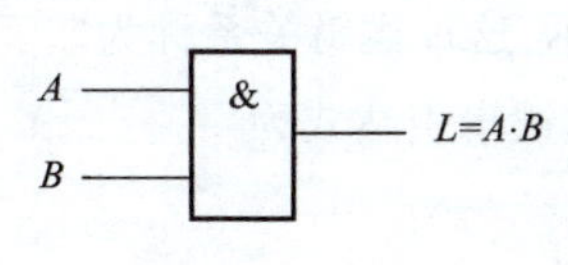

(d) 与门的逻辑符号

图4-2　与逻辑电路及与门的逻辑符号

(2)或逻辑

或逻辑即逻辑加。在图4-3(a)所示指示灯控制电路中，开关 **A、B** 如果有一个闭合或者

学习笔记

两个都闭合，指示灯亮；只有当两个开关都断开时，指示灯才不亮。指示灯的亮灭与开关的通断存在的这种逻辑关系，即在决定事物结果（灯亮）的几个条件中，只要有一个或一个以上条件满足时，结果就会发生。逻辑规律如图 4-3（b）所示，这种逻辑关系称为**或逻辑**。其真值表如图 4-3（c）所示。

或逻辑的逻辑表达式为

$$L = A + B$$

式中，“+”读作“**或**”。由真值表可知：

$$0+0=0,0+1=1,1+0=1,1+1=1$$

或逻辑允许有两个或两个以上的输入变量，实现或逻辑运算的电路称为**或门**。或门的逻辑符号如图 4-3（d）所示。

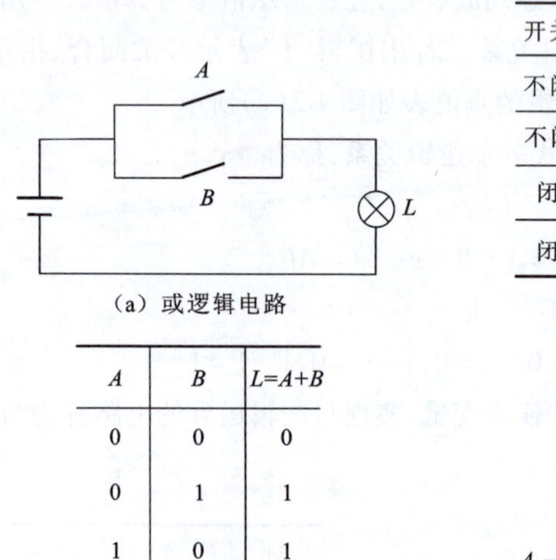

（a）或逻辑电路

开关 A	开关 B	灯L
不闭合	不闭合	不亮
不闭合	闭合	亮
闭合	不闭合	亮
闭合	闭合	亮

（b）逻辑规律

A	B	L=A+B
0	0	0
0	1	1
1	0	1
1	1	1

（c）或逻辑真值表

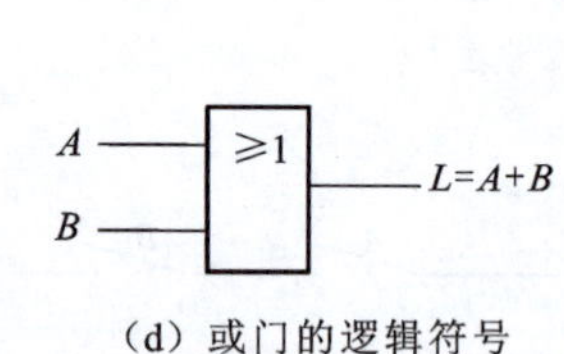

（d）或门的逻辑符号

图 4-3　或逻辑电路及或门的逻辑符号

（3）非逻辑

非逻辑即逻辑非。在图 4-4（a）所示指示灯控制电路中，当开关 A 闭合时，指示灯不亮；当开关 A 断开时，指示灯才亮。指示灯的亮灭与开关的通断存在的这种逻辑关系，即当决定事物结果（灯亮）的条件具备时，结果不发生；而当条件不具备时，结果才会发生。逻辑规律如图 4-4（b）所示，这种逻辑关系称为**非逻辑**。其真值表如图 4-4（c）所示。

非逻辑的逻辑表达式为

$$L = \overline{A}$$

式中，“$\overline{A}$”读作“**A 非**”或“**A 反**”。由真值表可知：

$$\overline{0}=1,\overline{1}=0$$

非逻辑只允许有一个逻辑变量。实现非逻辑运算的电路称为**非门**，也叫**反相器**。非门的逻辑符号如图 4-4（d）所示。

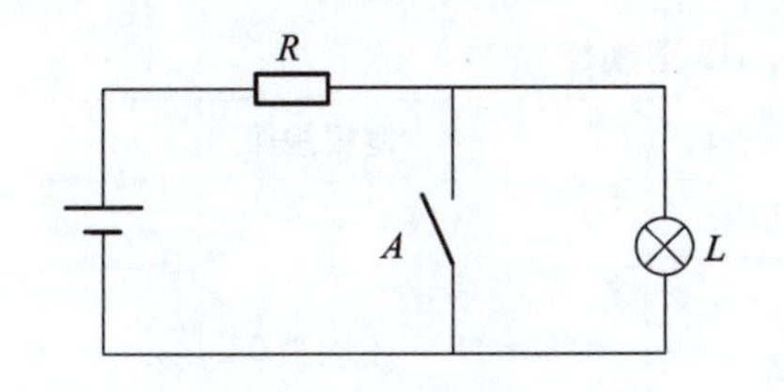

（a）非逻辑电路

开关A	灯L
不闭合	亮
闭合	不亮

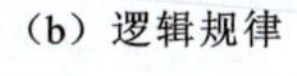

（b）逻辑规律

A	$L=\overline{A}$
0	1
1	0

（c）非逻辑真值表

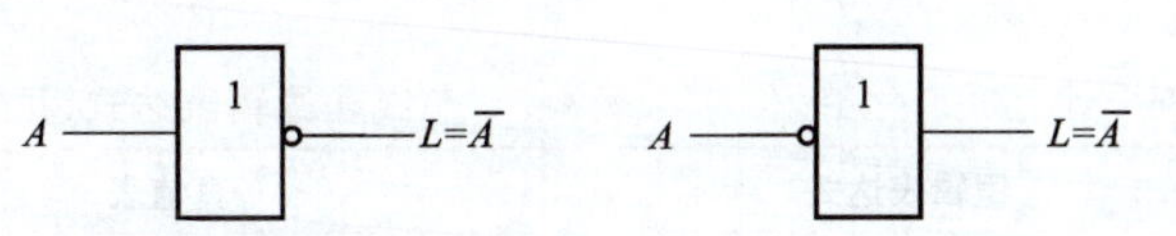

（d）非门的逻辑符号

图 4-4　非逻辑电路及非门的逻辑符号

（4）复合逻辑

复合逻辑由基本逻辑组合而成。常见的复合逻辑有**与非**、**或非**、**异或**、**同或**和**与或非**这五种。对应的运算电路称为**与非门**、**或非门**、**异或门**、**同或门**和**与或非门**。其逻辑表达式、真值表和逻辑规律见表 4-3 ~ 表 4-7。其逻辑符号如图 4-5 ~ 图 4-9 所示。

视频

复合逻辑函数

表 4-3　与非逻辑表达式、真值表和逻辑规律

逻辑表达式	真值表			逻辑规律
	A	B	L	
$L=\overline{AB}$	0	0	1	有 0 为 1 全 1 为 0
	0	1	1	
	1	0	1	
	1	1	0	

表 4-4　或非逻辑表达式、真值表和逻辑规律

逻辑表达式	真值表			逻辑规律
	A	B	L	
$L=\overline{A+B}$	0	0	1	有 1 为 0 全 0 为 1
	0	1	0	
	1	0	0	
	1	1	0	

表 4-5　异或逻辑表达式、真值表和逻辑规律

逻辑表达式	真值表			逻辑规律
	A	B	L	
$L=A\overline{B}+\overline{A}B$ $=A\oplus B$	0	0	0	不同为 1 相同为 0
	0	1	1	
	1	0	1	
	1	1	0	

学习笔记

表 4-6　同或逻辑表达式、真值表和逻辑规律

逻辑表达式	真值表			逻辑规律
	A	B	L	
$L=AB+\overline{A}\,\overline{B}$ $=A\odot B$	0	0	1	不同为0 相同为1
	0	1	0	
	1	0	0	
	1	1	1	

表 4-7　与或非逻辑表达式、真值表和逻辑规律

逻辑表达式	真值表					逻辑规律
	A	B	C	D	L	
$L=\overline{AB+CD}$	0	0	0	0	1	两组输入均有0为1 一组输入全1时为0
	0	0	0	1	1	
	0	0	1	0	1	
	0	0	1	1	0	
	0	1	0	0	1	
	0	1	0	1	1	
	0	1	1	0	1	
	0	1	1	1	0	
	1	0	0	0	1	
	1	0	0	1	1	
	1	0	1	0	1	
	1	0	1	1	0	
	1	1	0	0	0	
	1	1	0	1	0	
	1	1	1	0	0	
	1	1	1	1	0	

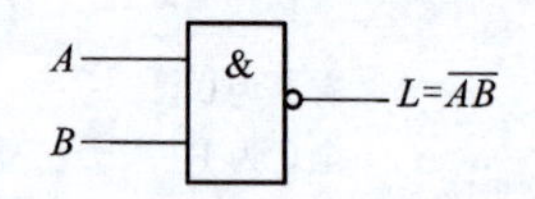

图 4-5　与非门逻辑符号

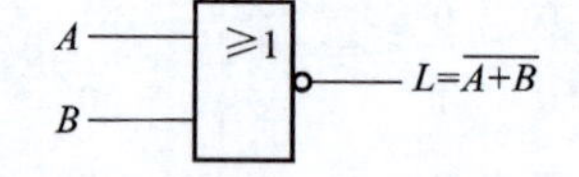

图 4-6　或非门逻辑符号

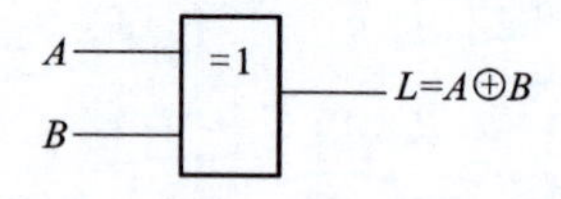

图 4-7　异或门逻辑符号

新出现的逻辑有**异或**逻辑和**同或**逻辑，从图 4-7 和 4-8 可看出，异或逻辑和同或逻辑在逻辑上互为**反函数**。即

$$A\oplus B=\overline{A\odot B}$$

$$A\odot B=\overline{A\oplus B}$$

每个异或和同或逻辑门只允许有两个输入变量。例如：若要实现 $A\oplus B\oplus C$ 逻辑函数，必须用两个异或门，如图 4-10 所示。

学习笔记

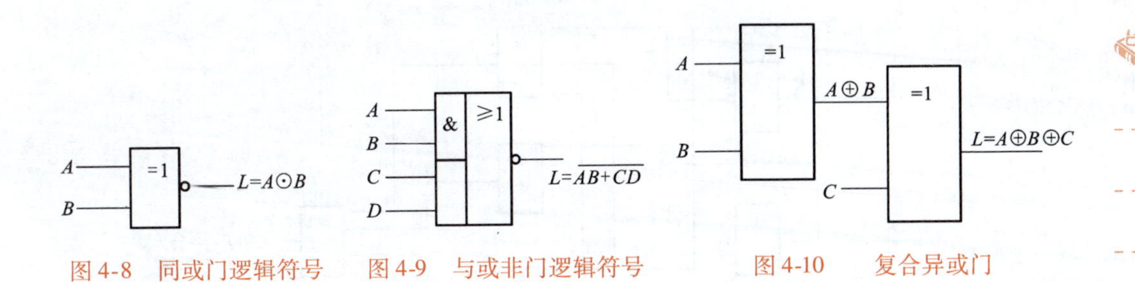

图 4-8　同或门逻辑符号　图 4-9　与或非门逻辑符号　图 4-10　复合异或门

3. 逻辑函数的表示方法及其相互转换

在逻辑函数中,各逻辑变量之间的逻辑关系可以用**逻辑表达式**来表示。逻辑表达式右边的字母 A、B、C、D…称为**输入逻辑变量**,左边的字母 L 称为**输出逻辑变量**。字母上面没有非运算符号的称为**原变量**,有非运算符号的称为**反变量**,即

$$L=F(A,B,C,D,\cdots)$$

逻辑函数常用的表示方法有真值表、逻辑表达式、逻辑电路图、卡诺图和波形图等。

(1)已知真值表求逻辑图和逻辑表达式

真值表见表 4-8,使函数 L 为 1 的变量取值组合是

$$A=0 \quad B=1 \quad C=1$$
$$A=1 \quad B=0 \quad C=1$$
$$A=1 \quad B=1 \quad C=0$$
$$A=1 \quad B=1 \quad C=1$$

表 4-8　真值表

A	B	C	L
0	0	0	0
0	0	1	0
0	1	0	0
0	1	1	1
1	0	0	0
1	0	1	1
1	1	0	1
1	1	1	1

依照取值为 1 写成原变量,取值为 0 写成反变量的原则,得到的与项(乘积项)为 $\overline{A}BC$、$A\overline{B}C$、$AB\overline{C}$、ABC,将这 4 个与项相加(或的关系),得到的函数式为

$$L=\overline{A}BC+A\overline{B}C+AB\overline{C}+ABC$$

若证明逻辑表达式的正确性,可将真值表中任一组使 $L=1$ 的输入变量取值代入逻辑表达式,所得结果一定是 $L=1$;反之,将任一组使 $L=0$ 的输入变量取值代入式中,$L=0$。

由逻辑表达式,先与后或,用逻辑符号表示并正确连接就可以得到如图 4-11 所示的逻辑电路图。

学习笔记

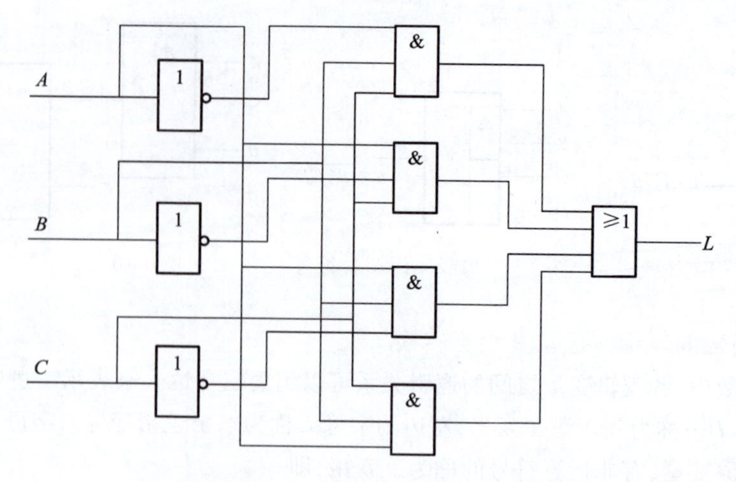

图 4-11　表 4-8 的逻辑电路图

需要注意的是：由真值表得到的逻辑表达式和逻辑电路图在逻辑功能上是等价的，但不是唯一的。表示同一逻辑功能的逻辑函数式和逻辑电路图还可以有其他形式。

由于和这些图形符号相对应的电子电路都已经做成了现成的集成电路产品，所以能很方便地将逻辑电路图实现为具体的硬件电路。

（2）已知逻辑电路图求逻辑表达式和真值表

如果给出逻辑电路图，就能够得到对应的逻辑表达式和真值表。

具体步骤为：通过观察，将逻辑电路图中每个逻辑门的逻辑表达式依次写出来，逐级导出最后的逻辑表达式；然后根据逻辑表达式中的逻辑自变量与因变量的关系，代入输入变量的所有组合取值，计算各个输出值，就可以列出逻辑电路的真值表。

例 4-9　逻辑电路图如图 4-12 所示，写出逻辑表达式及其真值表。

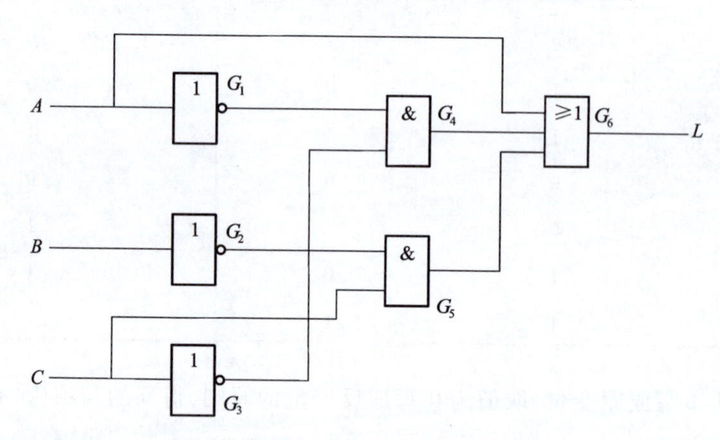

图 4-12　例 4-9 题图

解　按每个门的顺序，标记 $G_1 \sim G_6$。写出每个逻辑门，输出的逻辑表达式：

$$G_1 = \overline{A} = G_2 = \overline{B} = G_3 = \overline{C} = G_4 = \overline{A}\,\overline{C} = G_5 = \overline{B}C$$

则 $L = A + G_4 + G_5 = A + \overline{A}\,\overline{C} + \overline{B}C$。

将输入变量 A、B、C 的 8 种组合取值一一代入上述逻辑表达式，分别计算出各个 L 值，即可得到图 4-12 所示电路的真值表，见表 4-9。

学习笔记

表 4-9　真值表

A	B	C	L
0	0	0	1
0	0	1	1
0	1	0	1
0	1	1	0
1	0	0	1
1	0	1	1
1	1	0	1
1	1	1	1

(3)逻辑表达式的波形图表示法

逻辑表达式也常用矩形脉冲波形的方式来表现。高电平代表逻辑 1,低电平表示逻辑 0,按横轴依次展开画出时间波形,以高、低电平体现输入变量与输出变量之间所有取值的逻辑关系,形象直观。在时序电路中波形图也叫**时序图**。波形图的特点是可以用实验仪器,如示波器直接显示电路输出波形。例如,异或门、同或门、与门、或门的波形图如图 4-13、图 4-14 所示。

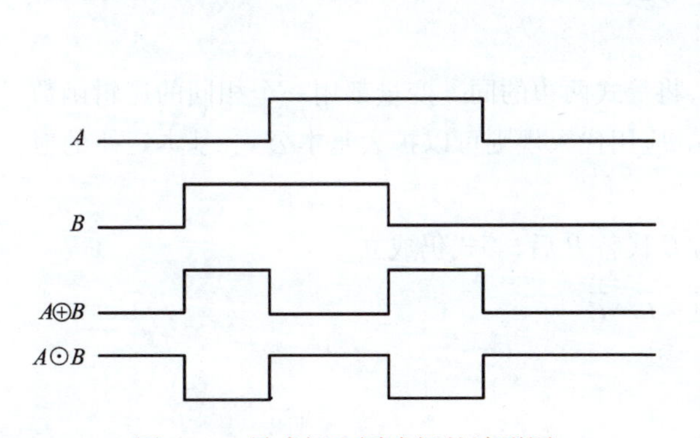

图 4-13　异或门和同或门的波形图

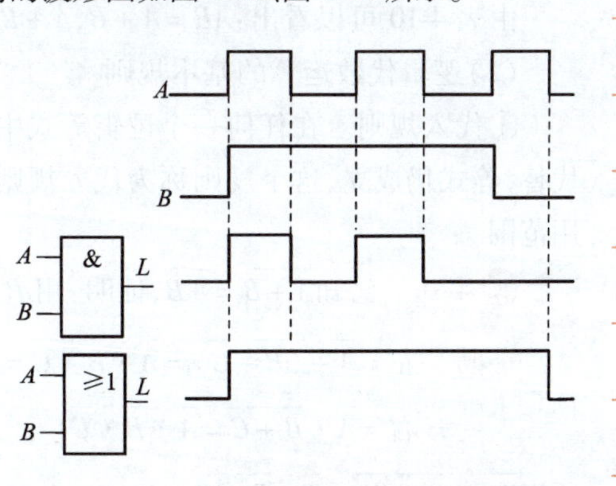

图 4-14　与门和或门的波形图

4. 逻辑代数的基本定律和规则

(1)基本定律

逻辑代数中有十个基本定律。它是化简逻辑函数、分析和设计逻辑电路的基础,必须熟悉和掌握。

①0-1 律:　$A \cdot 1 = A, A + 0 = A$

$A \cdot 0 = 0, A + 1 = 1$

②交换律:　$AB = BA, A + B = B + A$

③结合律:　$ABC = A(BC) = (AB)C$

$A + B + C = A + (B + C) = (A + B) + C$

④分配律:　$A(B + C) = AB + AC$

$A + (BC) = (A + B)(A + C)$

⑤重叠律:　$AA = A, A + A = A$

⑥互补律:　$A\overline{A} = 0, A + \overline{A} = 1$

学习笔记

⑦吸收律：　$A+AB=A,A(A+B)=A$

$A+\overline{A}B=A+B,A(\overline{A}+B)=AB$

⑧还原律：　$\overline{\overline{A}}=A$

⑨反演律（摩根定律）：　$\overline{AB}=\overline{A}+\overline{B},\overline{A+B}=\overline{A}\,\overline{B}$

⑩隐含律：　$AB+\overline{A}C+BC=AB+\overline{A}C$

以上定律都可以用真值表证明。例如，利用真值表证明摩根定律见表4-10。摩根定律适用于任何两个变量以上的多变量函数。

表4-10　证明两个变量的摩根定律的真值表

$A\ \ B$	$\overline{A+B}$	$\overline{A}\cdot\overline{B}$	$\overline{A\cdot B}$	$\overline{A}+\overline{B}$
0　0	1	1	1	1
0　1	0	0	1	1
1　0	0	0	1	1
1　1	0	0	0	0

由表4-10可以看出：$\overline{AB}=\overline{A}+\overline{B},\overline{A+B}=\overline{A}\,\overline{B}$。

（2）逻辑代数运算的基本规则

①代入规则。在任何一个逻辑等式中，将等式两边的同一变量都用一个相同的逻辑函数代替，等式仍成立，这个规则称为代入规则。应用代入规则可以扩大基本公式、基本定律的应用范围。

例4-10　已知$\overline{A+B}=\overline{A}\,\overline{B}$，证明：用$B+C$代替$B$后，等式仍成立。

证明　左$=\overline{A+(B+C)}=\overline{A}\cdot\overline{B+C}=\overline{A}\cdot\overline{B}\cdot\overline{C}$

右$=\overline{A}\cdot\overline{B+C}=\overline{A}\cdot\overline{B}\cdot\overline{C}$

所以$\overline{A+(B+C)}=\overline{A}\cdot\overline{B+C}$。

从例4-10可看出利用代入规则，摩根定律就由两变量扩展为三变量形式。

②反演规则。对于任意一个逻辑表达式L，如果将式中的“·”换成“+”、将“+”换成“·”；“0”换成“1”、“1”换成“0”；原变量换成反变量、反变量换成原变量，即可求出函数L的反函数$\overline{L}$。

例4-11　求$L=\overline{A}B+A\overline{B}$的反函数。

解　$\overline{L}=(A+\overline{B})\cdot(\overline{A}+B)=\overline{A}\,\overline{B}+AB$

应用反演规则时需注意：

a. 变换后的运算顺序要保持变换前的优先级不变，即先括号，然后乘，最后加。

b. 规则中反变量换成原变量只对单个变量有效，若非号下面包含两个或两个以上变量时，非号应保留不变。

视频

逻辑代数及逻辑函数的化简

三、逻辑函数的化简

在设计逻辑电路过程中，对逻辑函数进行化简具有十分重要的意义。在进行逻辑设计时，由实际问题归纳导出的逻辑表达式往往不是最简形式，或器件所需要的形式。通过对逻辑函数进行化简和变换，可以得到所需的最简函数式，从而设计出最简的逻辑电路。这对节省元器件、降低设计和维修成本及提高产品可靠性是十分重要的。

1. 逻辑函数的代数化简法

(1)逻辑函数的常见形式

一个逻辑函数可以有多种不同的表达式，例如：

$L_1 = AB + CD$	与-或表达式
$= \overline{\overline{AB} \cdot \overline{CD}}$	与非-与非表达式
$= \overline{(\overline{A} + \overline{B}) \cdot (\overline{C} + \overline{D})}$	或与-非表达式
$= \overline{\overline{A} + \overline{B}} + \overline{\overline{C} + \overline{D}}$	或非-或表达式
$L_2 = (A + B)(C + D)$	或-与表达式
$L_3 = \overline{AB + CD}$	与或非表达式

在上述多种表达式中，与-或表达式（也称与或表达式）是逻辑函数的最基本表达形式。因此，在化简逻辑函数时，通常是将逻辑式化简成最简与或表达式，然后根据需要转换成其他形式。与或表达式可以从真值表直接写出，且只需运用一次摩根定律就可以从最简与或表达式变换为与非-与非表达式，从而可以用与非门电路来实现。

例如，要将与-或表达式 $Y = AB\overline{C} + \overline{B}C + BD$ 化为"与非-与非"式。只需对 Y 取二次反，运用一次摩根定律即得

$$Y = \overline{\overline{AB\overline{C} + \overline{B}C + BD}} = \overline{\overline{AB\overline{C}} \cdot \overline{\overline{B}C} \cdot \overline{BD}}$$

(2)常用的化简方法

代数化简法也叫公式化简法。就是利用逻辑代数的基本定律，消去多余的乘积项和每个乘积项中多余的变量。基本的化简方法有并项法、吸收法、消去法和配项法。

①并项法。利用 $AB + A\overline{B} = A$，将两项合并为一项，消去一个变量。

②吸收法。利用 $A + AB = A$，将多余的乘积项 AB 吸收掉。

③消去法。利用 $A + \overline{A}B = A + B$ 和 $AB + \overline{A}C + BC = AB + \overline{A}C$，消去乘积项中的多余变量。

④配项法。利用 $A + \overline{A} = 1$，乘某一项，可使其变成两项，再与其他项合并。

例 4-12　化简逻辑表达式 $L = AB(BC + A)$。

解　$L = ABBC + ABA = ABC + AB = AB(C + 1) = AB$

例 4-13　化简逻辑表达式 $L = (\overline{A} + \overline{B} + \overline{C}) \cdot (B + \overline{B}C + \overline{C}) \cdot (\overline{D} + DE + \overline{E})$。

解　
$$\begin{aligned} L &= (\overline{A} + \overline{B} + \overline{C}) \cdot (B + C + \overline{C}) \cdot (\overline{D} + E + \overline{E}) \\ &= (\overline{A} + \overline{B} + \overline{C}) \cdot (B + 1) \cdot (\overline{D} + 1) \\ &= \overline{A} + \overline{B} + \overline{C} \end{aligned}$$

例 4-14　化简逻辑表达式 $L = A\overline{B} + B\overline{C} + \overline{B}C + \overline{A}B$。

解　$L = A\overline{B} + B\overline{C} + \overline{B}C(A + \overline{A}) + \overline{A}B(C + \overline{C})$

学习笔记

$$=A\overline{B}+B\overline{C}+A\overline{B}C+\overline{A}\,\overline{B}C+\overline{A}BC+\overline{A}B\overline{C}$$

$$=A\overline{B}(1+C)+B\overline{C}(1+\overline{A})+\overline{A}C(B+\overline{B})$$

$$=A\overline{B}+B\overline{C}+\overline{A}C$$

注意：化简后的表达式不是唯一的。

例 4-15 化简逻辑表达式 $L=\overline{A\overline{C}}B+\overline{A\overline{C}+B}+BC$，并转换为与非表达式。

解 $$L=\overline{A\overline{C}}B+\overline{A\overline{C}}\,\overline{B}+BC$$

$$=\overline{A\overline{C}}(B+\overline{B})+BC$$

$$=(\overline{A}+C)+BC=\overline{A}+C(1+B)=\overline{A}+C=\overline{\overline{\overline{A}+C}}=\overline{A\overline{C}}$$

2. 逻辑函数的卡诺图化简法

利用代数法化简逻辑函数，要求熟练掌握逻辑代数的基本定律和规则，而且要有一定的技巧，特别是化简结果是否最简有时也不能确定。而下面介绍的**卡诺图化简法**则是一种图形化简法，它有确定的化简步骤，可以确定最终的化简结果，能比较方便地得到逻辑函数的最简与或表达式。

（1）逻辑函数的最小项及其表达式

对于有 n 个变量的逻辑函数，可以组成 2^n 个**与项**（乘积项），如果每个与项中包含全部变量，而且每个变量在与项中都以原变量或反变量的形式出现一次，这样的与项称为逻辑函数的**最小项**。

例如，A、B、C 三个逻辑变量，可以组成多个与项，但根据最小项的定义，只有 $\overline{A}\,\overline{B}\,\overline{C}$、$\overline{A}\,\overline{B}C$、$\overline{A}B\overline{C}$、$\overline{A}BC$、$A\overline{B}\,\overline{C}$、$A\overline{B}C$、$AB\overline{C}$和 ABC 这 8 个与项是三变量 A、B、C 的最小项。这里 $n=3$，所以最小项的个数为 $2^3=8$ 个。

如果变量数很多，则最小项的个数也很多。为了分析方便，常对最小项进行编号，用 m_i 表示。m 代表最小项，i 是 n 个变量取值组合排成二进制数所对应的十进制数。例如，$\overline{A}\,\overline{B}\,\overline{C}$ 用状态 0 和 1 表示为 000，则最小项编号为 m_0；$A\overline{B}C$ 表示为 101，则最小项编号为 m_5；ABC 编号为 m_7 等。有了最小项编号，A、B、C 三个变量的所有最小项表达式可写为

$$L(A,B,C)=m_0+m_1+m_2+\cdots+m_7=\sum_{i=0}^{7}m_i=\sum m(0,1,2,\cdots,7)$$

最小项具有以下性质：

①对于任一个最小项，只有一组变量取值使它为 1，而其余各种变量取值均使它为 0。

②对于变量的任一组取值，任意两个或多个最小项的乘积恒为 0，而且全部最小项的和为 1。

③若两个最小项之间只有一个变量不同（注意 A 和 $\overline{A}$ 算两个变量），则称这两个最小项满足**逻辑相邻**。两个逻辑相邻的最小项可合并为一项，并消去相反变量。

任何一个逻辑函数都可以写成最小项的形式。

注意：每个最小项中应包括逻辑表达式中所出现的所有变量，要么是原变量，要么是反变量。

学习笔记

例 4-16　将逻辑函数 $L = AB + \overline{B}C$ 写成最小项形式。

解　$L = AB(C + \overline{C}) + \overline{B}C(A + \overline{A}) = ABC + AB\overline{C} + A\overline{B}C + \overline{A}\,\overline{B}C$

即逻辑表达式中的与项缺哪个变量，就用哪个变量的原变量加反变量乘以这个与项。

(2)逻辑函数的卡诺图表示法

卡诺图即最小项方格图，是以发明者美国工程师卡诺(Karnaugh)命名的。它是用 2^n 个方格来表示 n 个变量的 2^n 个最小项。卡诺图的特点是按几何相邻反映逻辑相邻规律进行排列，即相邻方格里的最小项只有一个变量因子不同。在卡诺图中，将 n 个变量分为两组，即行变量和列变量，分别标注在卡诺图的左上角。行、列变量的取值顺序必须按格雷码排列，以保证相邻位置上的最小项逻辑相邻。

一般为了画图方便，卡诺图有几种表示方法。图 4-15 为卡诺图的三种表示方法(以二变量为例)。图 4-16、图 4-17 分别为三变量和四变量卡诺图的常用表示方法。在化简逻辑函数时，逻辑表达式中存在的最小项通常填“1”。

A \ B	0	1
0	00	01
1	10	11

(a)　数字表示最小项

A \ B	0	1
0	$\overline{A}\,\overline{B}$	$\overline{A}B$
1	$A\overline{B}$	AB

(b)　直接填入最小项

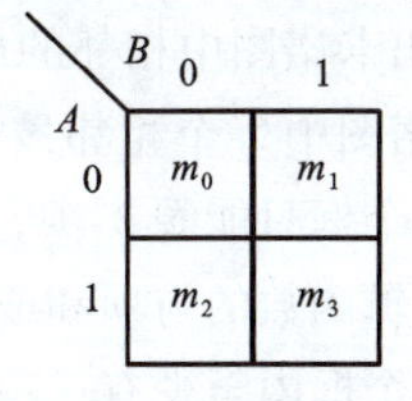

(c)　填入最小项编号

图 4-15　卡诺图的三种表示方法

A \ BC	00	01	11	10
0	$\overline{A}\,\overline{B}\,\overline{C}$ m_0	$\overline{A}\,\overline{B}C$ m_1	$\overline{A}BC$ m_3	$\overline{A}B\overline{C}$ m_2
1	$A\overline{B}\,\overline{C}$ m_4	$A\overline{B}C$ m_5	ABC m_7	$AB\overline{C}$ m_6

图 4-16　三变量卡诺图

AB \ CD	00	01	11	10
00	$\overline{A}\,\overline{B}\,\overline{C}\,\overline{D}$ m_0	$\overline{A}\,\overline{B}\,\overline{C}D$ m_1	$\overline{A}\,\overline{B}CD$ m_3	$\overline{A}\,\overline{B}C\overline{D}$ m_2
01	$\overline{A}B\overline{C}\,\overline{D}$ m_4	$\overline{A}B\overline{C}D$ m_5	$\overline{A}BCD$ m_7	$\overline{A}BC\overline{D}$ m_6
11	$AB\overline{C}\,\overline{D}$ m_{12}	$AB\overline{C}D$ m_{13}	$ABCD$ m_{15}	$ABC\overline{D}$ m_{14}
10	$A\overline{B}\,\overline{C}\,\overline{D}$ m_8	$A\overline{B}\,\overline{C}D$ m_9	$A\overline{B}CD$ m_{11}	$A\overline{B}C\overline{D}$ m_{10}

图 4-17　四变量卡诺图

仔细观察上面所得各种变量的卡诺图，其共同特点是可以直接观察相邻项。也就是说，各小方格对应于各变量不同的组合，而且上下左右在几何上相邻的方格内只有一个变量因子有差别，这个重要特点成为卡诺图化简逻辑函数的主要依据。

要指出的是，卡诺图水平方向同一行里，最左和最右端的方格也是符合上述相邻规律的，例如，m_4 和 m_6 的差别仅在 C 和 $\overline{C}$。同样，垂直方向同一列里最上端和最下端两个方格也是相邻的，这是因为都只有一个因子有差别。这个特点说明卡诺图呈现循环邻接的特性。

例 4-17　用卡诺图表示逻辑函数 $L = BC + C\overline{D} + \overline{B}CD + \overline{A}\,\overline{C}D$。

解　首先应把逻辑函数写成最小项表达式，即

学习笔记

$$L=(A+\overline{A})BC(D+\overline{D})+(A+\overline{A})(B+\overline{B})C\overline{D}+(A+\overline{A})\overline{B}CD+\overline{A}(B+\overline{B})\overline{C}D$$
$$=ABCD+ABC\overline{D}+\overline{A}BCD+\overline{A}BC\overline{D}+A\overline{B}C\overline{D}+\overline{A}\overline{B}C\overline{D}+A\overline{B}CD+\overline{A}\overline{B}CD+\overline{A}B\overline{C}D+\overline{A}\overline{B}\overline{C}D$$
$$=\sum(m_1,m_2,m_3,m_5,m_6,m_7,m_{10},m_{11},m_{14},m_{15})$$
$$=\sum m(1,2,3,5,6,7,10,11,14,15)$$

画出四变量卡诺图，将对应于函数式中最小项的方格位置上填1，其余位置上填0或空格，则可得到如图4-18所示的函数L的卡诺图。

AB \ CD	00	01	11	10
00	0	1	1	1
01	0	1	1	1
11	0	0	1	1
10	0	0	1	1

图4-18　例4-17题图

(3)用卡诺图化简逻辑函数

卡诺图化简法实际是利用$AB+A\overline{B}=A$将两个最小项合并消去一个或几个变量。

卡诺图化简法具体步骤如下：

①画出逻辑函数的卡诺图。

②圈出卡诺图中相邻的最小项。

把卡诺图中2^n个相邻最小项用框圈起来进行合并，直到所有为1的项被圈完为止。画框的规则：每个框只能圈2^n项，且只有相邻的为1项才能圈到一起；框要尽可能大而且尽可能少，这样逻辑函数的与项和或项就少，但所有为1的项都必须被圈到；每个为1的项可以被圈多次，但每个框内至少有一项是首次被圈。需要注意的是，同一行或同一列的首尾（靠边）方格也是相邻的。

③相邻最小项进行合并。**两个相邻项**可以合并为一项，消去一个互为反变量的变量，保留相同的变量；**四个相邻项**可以合并为一项，消去两个互为反变量的变量，保留相同的变量；**八个相邻项**可以合并为一项，消去三个互为反变量的变量，保留相同的变量；依次类推。另外，孤立的、无任何相邻的最小项则无法合并，在表达式中原样写出。

④把每个框圈合并后的得到的与项再进行逻辑加，即可得到化简后的逻辑表达式。

例4-18　用卡诺图法化简逻辑函数$L=\overline{A}\overline{B}C+\overline{A}BC+A\overline{B}C+ABC$。

解　逻辑函数L的卡诺图如图4-19所示，为了方便，把函数式中存在的项用"1"填入方格中。

把相邻的项用框圈起来，然后合并，得到

$$L=C$$

可见，框里有四项，可以消去两个变量。

例4-19　用卡诺图法化简逻辑函数$L=A\overline{C}+\overline{A}C+B\overline{C}+\overline{B}C$。

解　先将逻辑函数式化为最小项形式，即

$$L=AB\overline{C}+A\overline{B}\,\overline{C}+\overline{A}BC+\overline{A}\,\overline{B}C+\overline{A}B\overline{C}+A\overline{B}C$$
$$=\sum m(1,2,3,4,5,6)$$

卡诺图如图4-20所示，把相邻项用框圈起来，然后合并，得到

$$L=\overline{A}C+B\overline{C}+A\overline{B}$$

可见，框里有两项可以消去一个变量。

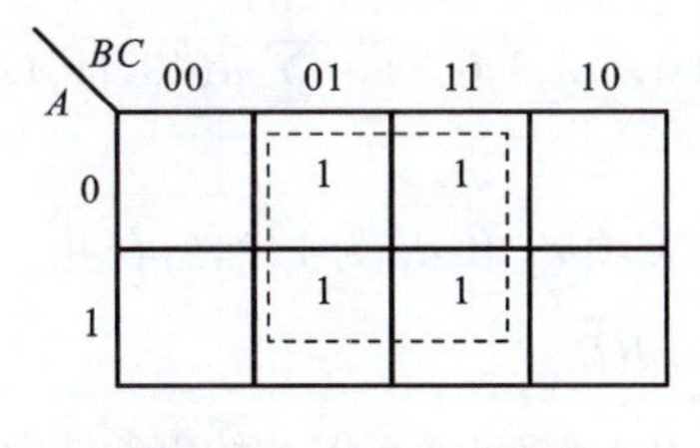

图 4-19　例 4-18 题图

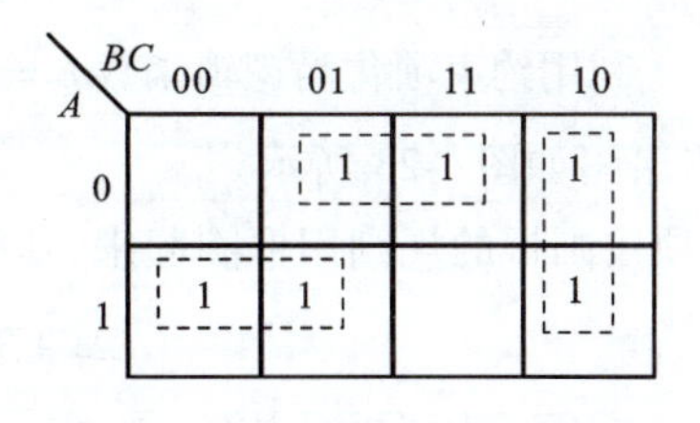

图 4-20　例 4-19 题图

例 4-20　用卡诺图化简逻辑函数 $L = \sum m(2,6,7,8,9,10,11,13,14,15)$。

解　卡诺图如图 4-21 所示。

把相邻项按画框的规则用框圈起来，然后合并，得到

$$L = A\overline{B} + AD + BC + C\overline{D}$$

例 4-21　用卡诺图化简逻辑函数 $L = \sum m(0,1,2,3,4,5,8,10,11,12)$。

解　卡诺图如图 4-22 所示。

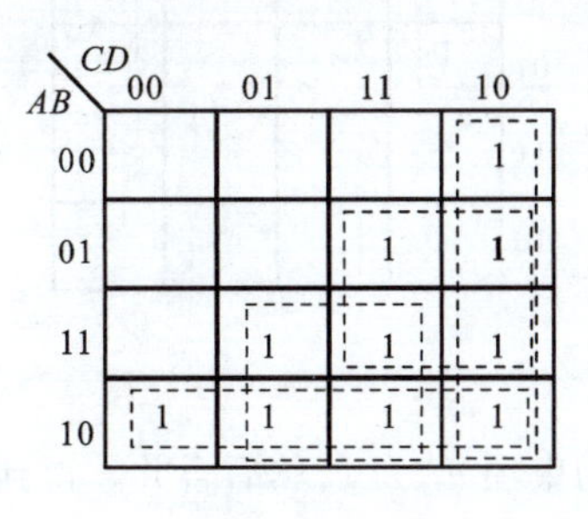

图 4-21　例 4-20 题图

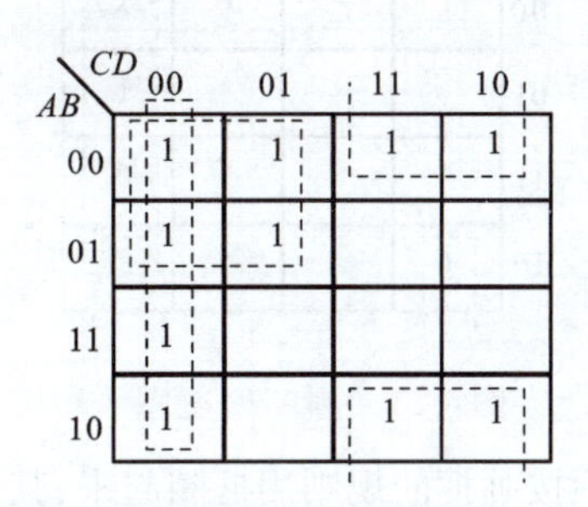

图 4-22　例 4-21 题图

把相邻项按画框的规则用框圈起来，然后合并，得到

$$L = \overline{AC} + \overline{B}C + \overline{CD}$$

(4)约束项的逻辑函数及其化简

①约束项的定义。前面所讨论的逻辑函数，对于每一组输入变量的取值组合，其输出是确定的。而有些情况下，逻辑函数的某些输入变量的取值组合是不可能出现的，或者不允许出现，即 n 变量的逻辑函数输出值不一定与其 2^n 个最小项都有关，称那些与逻辑函数值无关的最小项为约束项或无关项。

例如 8421BCD 码中，1010～1111 这 6 种代码是不允许出现的，这 6 种代码所对应的 6 个最小项就是无关项。

相对于前面表示逻辑函数最小项的 m，无关项用 d 来表示。例如：

$$L = \sum m(1,2,4,5,7,10,14,15) + \sum d(0,3,6,9,11,12)$$

式中，$\sum m$ 部分为使函数值为 1 的最小项；$\sum d$ 部分为与函数无关的约束项。

②利用无关项化简逻辑函数。在卡诺图和真值表中，无关项用“×”来表示，因为约束项与逻辑函数输出值无关，所以其值可以为“1”，也可以为“0”。画框时可以把约束项画在框里，令其为 1，使框里的项更多。但要注意的是：画框的原则不变，而且框里的项不能全都是约束项。

学习笔记

例 4-22 利用约束项化简逻辑函数 $L=\sum m(0,1,2,3,6,8)+\sum d(10,11,12,13,14,15)$。

解 卡诺图如图 4-23 所示。

把相邻项按画框的规则用框圈起来，其中令约束项 d_{10} 和 d_{14} 为 1，然后合并。得到

$$L=\overline{A}\,\overline{B}+C\overline{D}+\overline{B}\,\overline{D}$$

例 4-23 利用约束项化简逻辑函数 $L=\sum m(0,1,2,3,4,5,6,9)$。约束条件为 $AB+AC=0$。

解 首先将约束条件写成最小项形式为

$$AB(C+\overline{C})\cdot(D+\overline{D})+A(B+\overline{B})C(D+\overline{D})=0$$

即

$$ABCD+ABC\overline{D}+AB\overline{C}D+AB\overline{C}\,\overline{D}+A\overline{B}CD+A\overline{B}C\overline{D}=0$$

或者

$$\sum d(10,11,12,13,14,15)=0$$

卡诺图如图 4-24 所示。

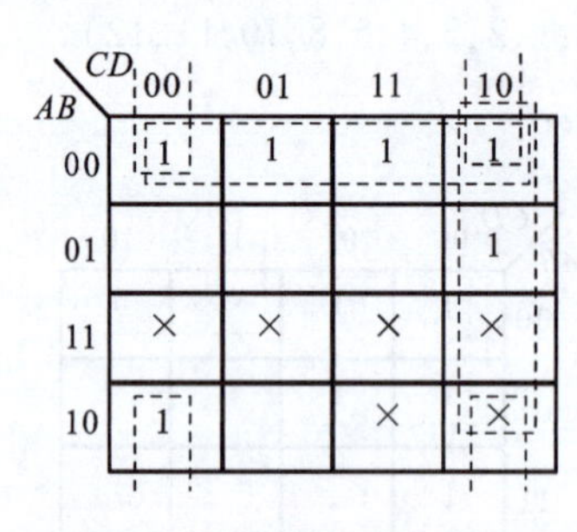

图 4-23 例 4-22 题图

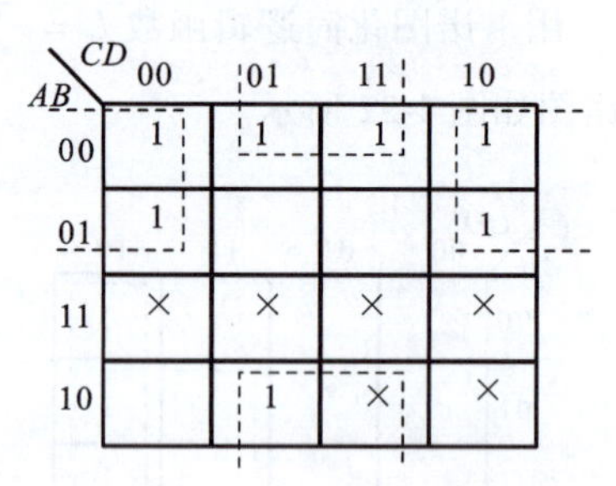

图 4-24 例 4-23 题图

把相邻项按画框的规则用框圈起来，其中令约束项 d_{11} 为 1，然后合并。得到

$$L=\overline{A}\,\overline{D}+\overline{B}D$$

由例 4-22 和例 4-23 可以看出，利用约束项，可以使逻辑函数更为简单。

总之，卡诺图化简法的主要优点是简单直观，而且有一定的化简步骤可循。这种方法易于掌握，也易于避免差错。卡诺图化简法的缺点是函数的变量不能太多，用于四变量及四变量以下的函数化简较为方便。代数化简法的优点是没有变量个数上的限制，但在化简一些复杂的逻辑表达式时，需要有一定的运算技巧和经验。

四、基本逻辑门电路

门电路是数字电路中最基本的逻辑元件，是用以实现基本逻辑运算和复合逻辑运算的单元电路的通称。下面介绍由分立元件组成的基本逻辑门的电路结构；TTL 与非逻辑门和 CMOS 非逻辑门、与非逻辑门的电路结构；三态门结构及工作原理。重点放在掌握集成逻辑门电路的逻辑功能和外部特性，以及器件的使用方法。

在数字电路中，大量运用着执行基本逻辑操作的电路。能够实现逻辑运算的电路称为逻辑门电路，简称门电路。什么是逻辑操作？例如，有的电气设备在送电时，必须先送低压后送高压，送低压是送高压的条件，这就是一种逻辑操作。门电路的输入信号和输出信号是用信号的有无、电平的高低来表示的。

早期的门电路主要由继电器的触点构成，后来采用二极管、三极管，目前则广泛应用集成电路。在数字集成电路的发展过程中，同时存在着两种类型器件的发展主线。一种是由三极

管组成的双极型集成电路,例如晶体管-晶体管逻辑(transistor-transistor logic,TTL)电路及发射极耦合逻辑(emitter coupled logic)电路等。另一种是由 MOS 管组成的单极型集成电路,例如 N-MOS 逻辑电路、P-MOS 逻辑电路和互补 MOS(简称 CMOS)逻辑电路。20 世纪 80 年代中期出现了 CMOS 电路。有效地克服了 TTL 和 ECL 集成电路中存在的单元电路结构复杂,器件之间需要外加电隔离、功耗大、密度低的严重缺点。

小规模集成电路(SSI),每片数十个器件;中规模集成电路(MSI),每片数百个器件;大规模集成电路(LSI),每片数千个器件;超大规模集成电路(VLSI),每片器件数目大于 1 万个。

1. 二极管和三极管的开关特性

在逻辑电路中,逻辑变量的取值是用电路的两种相反状态来表示的。例如,用逻辑“1”表示灯亮,用逻辑“0”表示灯灭。电路的状态是靠二极管或三极管控制的。为了便于今后更好地分析门电路,首先必须熟悉二极管和三极管的开关特性。

(1)二极管的开关特性

一个理想的开关应具备以下条件:开关闭合时阻抗为零;开关断开时阻抗为无穷大;开关的状态转换速度极快。

二极管具有单向导电性,当外加正向电压时导通,外加反向电压时截止,若认为二极管是理想元件,则正向导通时电阻为零,反向截止时电阻为无穷大,如图 4-25 所示。所以它相当于一个只受输入电压控制的电子开关。实际元件的导通电压典型值为 0.7 V(硅材料)或 0.2 V(锗材料)。

(2)三极管的开关特性

双极型三极管的输出特性曲线如图 4-26 所示。由输出特性曲线可知,三极管可分为三个区域:截止区、放大区和饱和区。特别当三极管工作在截止区和饱和区时,电参数也表现为对立的两个状态,可以作为开关使用。

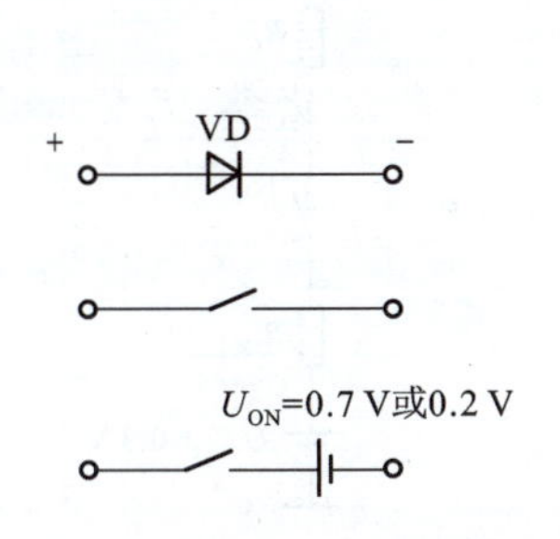

图 4-25　二极管的开关电路特性图

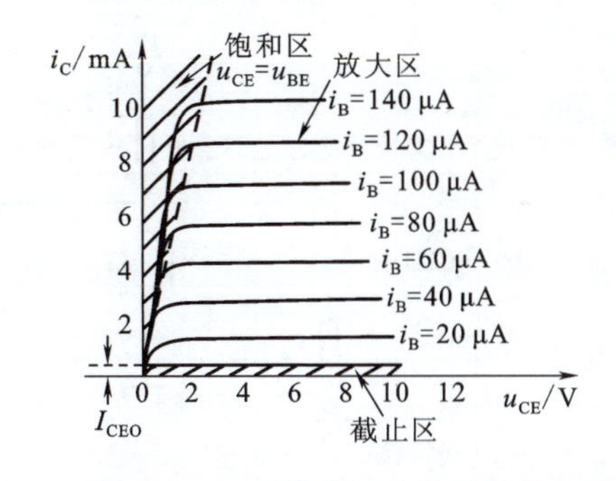

图 4-26　三极管的输出特性曲线

①在共射三极管放大电路工作过程中,当 u_I 为高电平时,只要合理选择电路参数,使其满足基极电流 i_B 大于临界饱和值 I_{BS},即

$$i_B \geqslant I_{BS}$$

或写作

$$i_B = \frac{u_I - U_{BE}}{R_B} \geqslant I_{BS} = \frac{I_{CS}}{\beta} = \frac{V_{CC} - U_{CES}}{\beta R_C} \approx \frac{V_{CC}}{\beta R_C}$$

则三极管工作在饱和区,这时饱和压降 $U_{CE(sat)} \approx 0$,相当于开关闭合,$u_O = U_{OL} \approx 0$。

②当 u_I 为低电平时,此时三极管的发射结电压小于死区电压,满足截止条件,所以三极管截止,即有 $i_B \approx 0$。故三极管工作在截止区,相当于电子开关断开,$u_O = U_{OH} = V_{CC}$。

学习笔记

简言之，如果把三极管的集电极、发射极之间等效成一个电子开关，当三极管饱和时，$U_{CE(sat)} \approx 0$，如同电子开关被接通，其间电阻很小；当三极管截止时，$I_C \approx 0$，如同电子开关被断开，其间电阻很大。这就是三极管的开关作用。逻辑门电路主要就是利用三极管的开关作用进行工作的。

2. 二极管与门

由二极管组成的与门电路如图4-27所示。A、B为信号输入端，L为输出端，设电源电压为5 V。

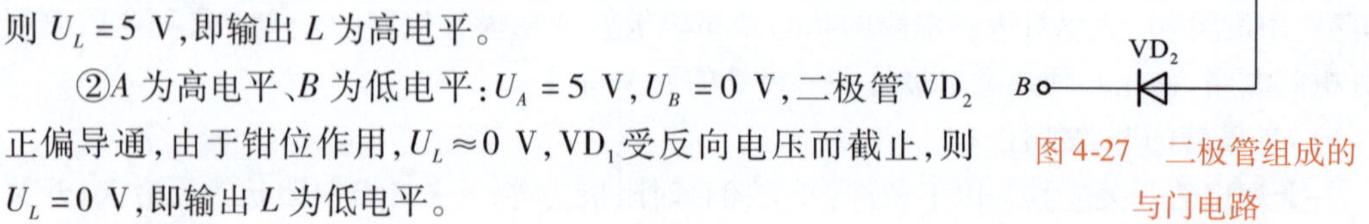

图4-27 二极管组成的与门电路

注意：二极管看作理想元件。

①A、B都为高电平：$U_A = U_B = 5$ V，二极管VD_1、VD_2均截止，则$U_L = 5$ V，即输出L为高电平。

②A为高电平、B为低电平：$U_A = 5$ V，$U_B = 0$ V，二极管VD_2正偏导通，由于钳位作用，$U_L \approx 0$ V，VD_1受反向电压而截止，则$U_L = 0$ V，即输出L为低电平。

③A为低电平、B为高电平：$U_A = 0$ V，$U_B = 5$ V，二极管VD_1导通，VD_2截止，则$U_L = 0$ V，输出L为低电平。

④A、B都为低电平：$U_A = U_B = 0$ V，二极管VD_1、VD_2均导通，则$U_L = 0$ V，即输出L为低电平。

由以上分析可知，该电路实现的是**与逻辑**关系：只要有一个输入为低电平，输出就为低电平；只有输入全部为高电平，输出才为高电平。同样，由二极管也可以组成或门电路。

3. 三极管非门（反相器）

三极管组成的非门电路及其等效图如图4-28所示。

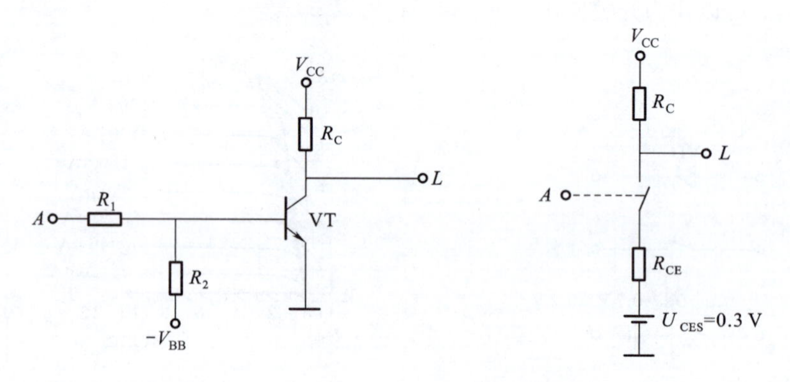

图4-28 三极管组成的非门电路及其等效图

当输入信号u_I为低电平时，三极管的发射结处于反向偏置，三极管充分截止，输出为高电平；当输入信号为u_I为高电平时，三极管饱和导通，输出低电平（饱和压降为0.3 V）。由以上分析可知，该电路实现的是**非逻辑**关系。要注意的是：为了保证**反相器**充分饱和和可靠截止，在电路电源V_{CC}一定的前提下，要合理选择三极管的放大系数β及R_1、R_2和R_C。

反相器的**负载**是指反相器输出端所接的其他电路（如其他门电路）。它分为**灌电流负载**和**拉电流负载**两种情况。

灌电流负载是指负载电流I_L从负载流入反相器。

学习笔记

拉电流负载是指负载电流 I_L 从反相器流入负载。

以上所讨论的是分立元件构成的基本的与、或、非门，利用它们可以实现与、或、非逻辑运算。但是它们的输出电阻比较大，带负载的能力差，开关性能也不理想，一般使用不多。

五、TTL集成逻辑门电路

视频

TTL集成门电路

TTL 电路是晶体管-晶体管逻辑门电路的简称，是双极型集成逻辑门电路中应用最广泛的门电路。早先采用分立元件焊接成的门电路，不仅体积大，而且焊点多，易出故障，使得电路可靠性下降。集成门电路是通过特殊工艺方法将所有电路元件制造在一个很小的硅片上，其优点是体积小、质量小、功耗小、成本低、可靠性高。于是逐步发展起来这种新的电路形式——TTL 电路。

按国际通用标准，TTL 电路根据工作温度分为 74 系列（0～70 ℃，民用）和 54 系列（－55～125 ℃，军用）两种，实际应用中只使用 74 系列；根据工作速度和功耗分为标准系列、高速（H）系列、肖特基（S）系列、低功耗肖特基（LS）系列、先进的肖特基（AS）系列和先进的低功耗肖特基（ALS）系列。国产的 TTL 电路命名为 CT74/54 系列，也称 TTL 标准系列，第一个字母 C 代表中国，T 代表 TTL；它们对应型号的门电路逻辑功能和引脚图与国际标准基本是一样的。本书举例将以最常用的 74××系列和 74LS××系列门电路为主。

1. TTL 与非门电路

（1）电路结构

每个系列的 TTL 与非门基本都是由输入级、中间级（倒相级）和输出级组成的。图 4-29 为 TTL 与非门内部电路。

输入级通常由多发射极三极管组成，如图 4-29 所示，把 VT_1 看成是发射极独立而基极和集电极分别并联在一起的三极管。输入级完成“与”逻辑功能。

中间级由 VT_2 组成，其集电极和发射极输出的信号相位相反。由这两个相位相反的信号去控制输出级的 VT_3 和 VT_5，所以中间级也称倒相级。

输出级由 VT_3、VT_4 和 VT_5 组成，采用推拉式结构。其中，VT_3、VT_4 组成复合三极管，作为 VT_5 的有源负载，既可以改善开关特性又可以提高电路的带负载能力。

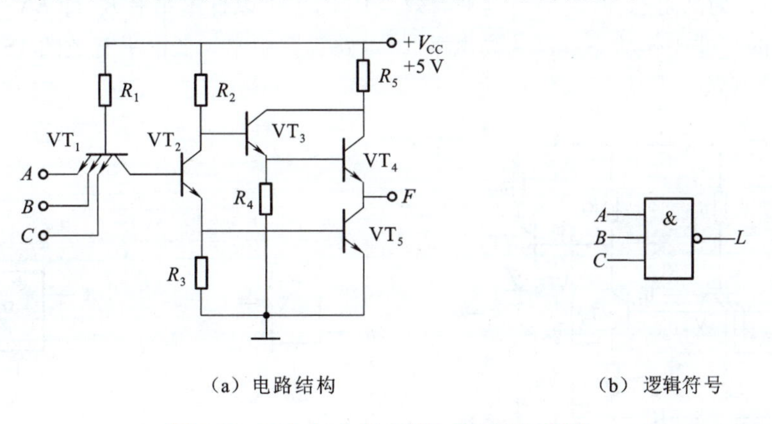

（a）电路结构　　（b）逻辑符号

图 4-29　TTL 与非门内部电路（74H 系列）

（2）工作原理

假设输入端的输入信号 u_I 的高电平 $U_{IH}=3.4$ V，低电平 $U_{IL}=0.3$ V。

学习笔记

①当输入端 A、B 只要有一个为低电平时，VT_1 对应的发射极即可导通。VT_1 的基极电位 U_{B1} 约为 $U_{BE}+U_{IL}=(0.7+0.3)\ V=1\ V$。很明显，这个电压不够使 VT_2、VT_5 导通，所以 VT_2、VT_5 截止。这样电源 V_{CC} 经电阻 R_1 产生的 VT_1 的基极电流就比较大，使得 VT_1 工作在深度饱和状态，$U_{CES1}\approx 0.3\ V$，则 $U_{B2}=U_{CES1}+U_{IL}=0.6\ V$，$VT_2$ 截止。由于 VT_2 截止，其集电极电位接近电源电压 V_{CC}，使 VT_3、VT_4 导通，而 VT_5 是截止的，所以输出为高电平。其值为

$$U_{OH}=V_{CC}-I_{B3}R_2-U_{BE3}-U_{BE4}\approx 3.6\ V（忽略\ I_{B3}\ 不计）$$

②当输入端 A、B 都为高电平时，电源 V_{CC} 通过 R_1 分别加在 VT_1 的发射结和集电结上。看起来 VT_1、VT_2、VT_5 都应该导通，但是 VT_2、VT_5 导通后使得 VT_1 的基极电位为 2.1 V，此时 VT_1 的发射极电位为 3.4 V，所以 VT_1 的发射结反偏。由于 VT_2 导通，其集电极对地电位 U_{C2} 下降，如果参数选择合适，可以使 VT_2 饱和导通。那么 VT_3、VT_4 截止，而 VT_5 虽然集电极电流为 0，但由于其基极电流大，使得 VT_5 仍然是饱和导通的，所以输出为低电平。其值为

$$U_{OL}=U_{CES}\approx 0.3\ V$$

通过以上分析可知，该电路实现了与非功能。

注意： 在实际工作中，TTL 与非门输出端常接有其他门电路作为负载，可以是灌电流负载或拉电流负载，若负载要向 VT_5 灌入电流，使 VT_5 的饱和深度变浅，所以负载不能超过规定数目。

2. TTL 三态门电路

TTL 三态门（three state gate）也称为 TS 门或 TSL（tristate logic）门。

（1）电路结构与工作原理

三态门与普通与非门不同的是：除了输出正常的高、低电平两个状态之外，还有一个输出电阻极高的**高阻**状态，或称**开路**状态。其电路及逻辑符号如图 4-30 所示。A、B 为输入端，EN 称为使能（enable）控制端。

当 EN 为高电平时：二极管 VD_1 截止，此时 TS 门同普通的 TTL 与非门一样，输出完全取决于输入端 A 和 B 的状态。

当 EN 为低电平时；二极管 VD_1 导通，使 VT_1、VT_2 的基极电位为 1 V 左右，那么 VT_2、VT_3、VT_4 均截止。这时从电路的输出端看进去，电路处于**高阻**状态，这就是 TS 门的**第三状态**。

在图 4-30 所示的电路中，当控制端 EN 为高电平时，电路为正常的与非工作状态；EN 为低电平时，电路为高阻态，所以是高电平有效。TS 门也可以低电平有效，即 EN 为低电平时，电路为正常的与非工作状态；EN 为高电平时，电路为**高阻态**。低电平有效的 TS 门逻辑符号如图 4-30（c）所示。

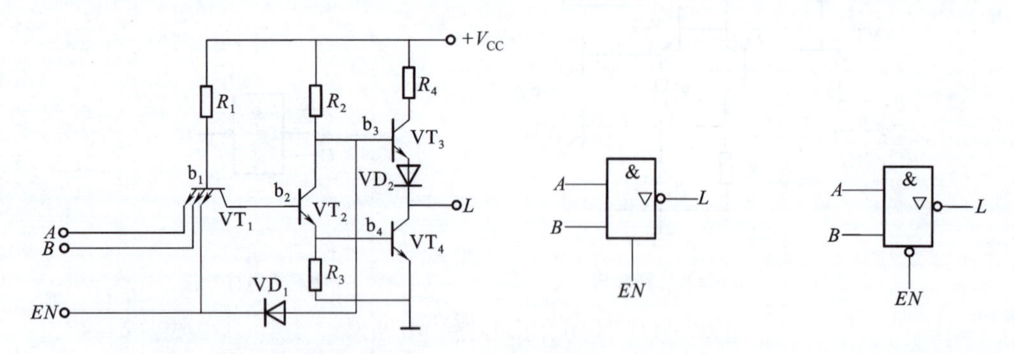

（a）高电平有效的电路结构　（b）逻辑符号（高电平有效）　（c）逻辑符号（低电平有效）

图 4-30　TTL 三态门电路及其逻辑符号

学习笔记

（2）应用举例

TS 门可以实现同一条传输线上分时传递几个门电路信号，所以在计算机系统中经常被用作数据传递，电路如图 4-31 所示。

电路工作时，各 TS 门的控制端 *EN* 仅有一个为有效电平，这样就可以把每个门的输出信号轮流送至传输线上。这条传输线也称为**总线**（BUS）。

3. 逻辑门的外部特性及主要参数

同使用分立元件需要掌握其特性和参数一样，要正确选择和使用集成逻辑门电路，必须掌握其外部特性及主要参数。

（1）电压传输特性

逻辑门的电压传输特性是指其输出电压与输入电压之间的关系，即 $u_O=f(u_I)$。通常用电压传输特性曲线来表示，图 4-32 为 TTL 与非门的电压传输特性。由图中可看出，随着 u_I 的增大，u_O 的变化过程可分为三段：*AB* 段、*BCD* 段和 *DE* 段。*AB* 段，输入为低电平，输出为高电平；*BCD* 段称为转折区，随着输入电压 u_I 的增加（即由低电平向高电平转换），输出电压开始降低（即由高电平向低电平转换）；*DE* 段，输入为高电平，输出为低电平。

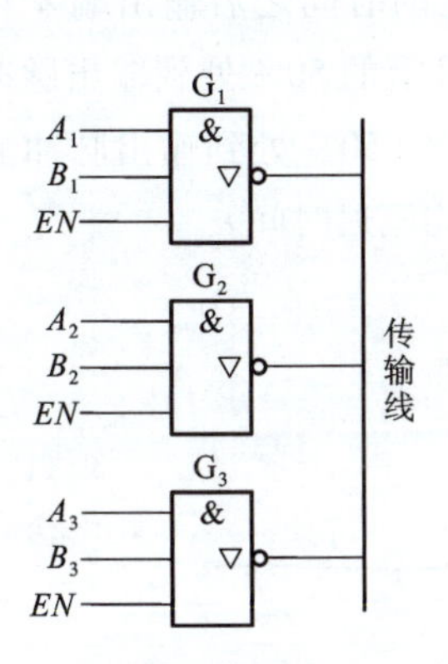

图 4-31　用 TS 门实现总线传输

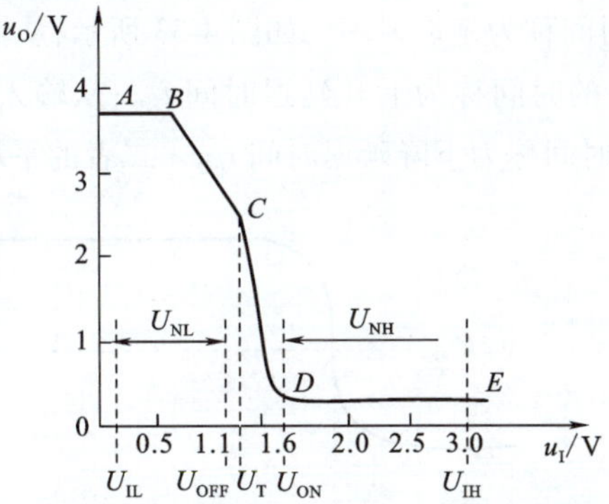

图 4-32　TTL 与非门的电压传输特性

（2）阈值电压 U_T

在电压传输特性中，转折区中点所对应的输入电压值称为阈值电压 U_T。

（3）标准输出高电平 U_{OH} 和标准输出低电平 U_{OL}

U_{OH} 和 U_{OL} 都是在额定负载下测出的。U_{OH} 对应于传输特性中的 *AB* 段，一般把输出高电平的下限值称为标准输出高电平；U_{OL} 对应于传输特性中的 *DE* 段，一般把输出低电平的上限值称为标准输出低电平。

（4）关门电平和开门电平

图 4-32 中，U_{OFF} 称为**关门电平**，是指在保证输出为额定高电平的 90% 时允许的最大输入低电平值；U_{ON} 称为**开门电平**，是指保证输出为额定低电平时允许的最小输入高电平值。

（5）噪声容限电压

噪声容限电压分为低电平噪声容限电压和高电平噪声容限电压两种。

低电平噪声容限电压 U_{NL}：是在保证输出高电平至少为额定高电平的 90% 时，允许加在输入低电平上的噪声电压（或干扰电压）为

学习笔记

$$U_{NL}=U_{OFF}-U_{IL}$$

高电平噪声容限电压 U_{NH}：是在保证输出为低电平时，允许加在输入高电平上的噪声电压（或干扰电压）为

$$U_{NH}=U_{IH}-U_{ON}$$

噪声容限电压是用来说明门电路抗干扰能力的参数，其值大，则抗干扰能力强。

（6）扇出系数 N_O

扇出系数是指输出端的一个与非门最多能驱动同类与非门的个数，它表示逻辑门电路的带负载能力。输出特性是确定扇出系数的依据。如果输出端的最大额定灌电流为 I_{Omax}、输入短路电流为 I_{IS}，那么

$$N_O=\frac{I_{Omax}}{I_{IS}}$$

式中，I_{Omax} 为输出电压 U_O 不大于 0.35 V 时输出端允许的最大灌电流；I_{IS} 为输入短路电流。

对一般 TTL“与非”门，N_O 的典型值为 8～10。

（7）平均传输延迟时间

如果在与非门的输入端加一个脉冲电压，那么会在一定的时间之后输出端才有输出信号，这个时间称为**延迟时间**。如图 4-33 所示，从输入脉冲上升沿的 50% 处到输出脉冲下降沿的 50% 处的时间称为上升延迟时间 t_{pd1}；从输入脉冲下降沿的 50% 处到输出脉冲上升沿的 50% 处的时间称为下降延迟时间 t_{pd2}。二者的平均值称为平均延迟时间 t_{pd}。

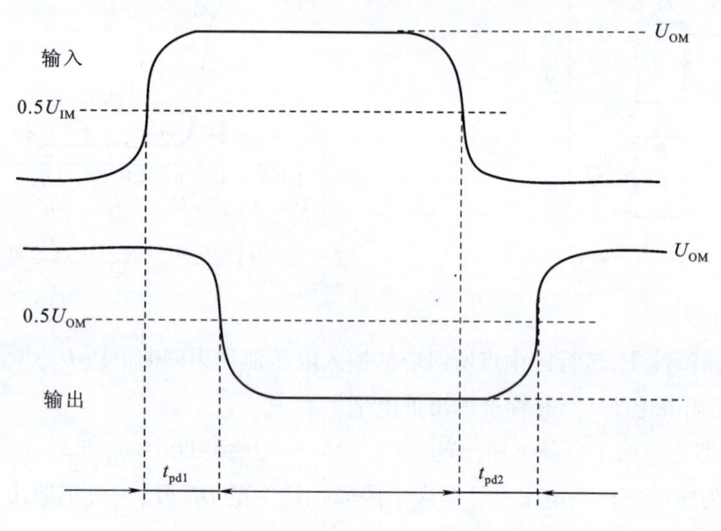

图 4-33　考虑延迟时间的输入、输出电压波形

4. TTL 逻辑门使用中的注意事项

（1）电源和接地

TTL 电路的电源电压变化范围应控制在 V_{CC}（5 V）的 10% 以内，电源电压升高会导致门电路输出高电平 U_{OH} 升高，使负载加重、功耗增大；电源电压降低会使 U_{OH} 减小，高电平噪声容限减小。电源与“**地**”引线一定不能接反，输出端不允许电源或“地”短路；为了消除动态尖峰电流，一般在电源和“地”之间接入滤波电容。

(2)多余输入端的处理

在集成门电路的使用过程中,经常会有用不到的多余输入端。

①TTL 与门、与非门电路的多余输入端可以悬空处理。从理论上分析相当于接高电平,但这样容易使电路受到外界干扰而产生误动作,所以对这类电路的多余输入端常常接正电源或固定高电平,也可以与使用端并联。

②TTL 或门、或非门电路的多余输入端不能悬空,应采取直接接地的方式,以保证电路逻辑工作的正确性,也可以与使用端并联。

门电路多余输入端的处理方法如图 4-34 所示。

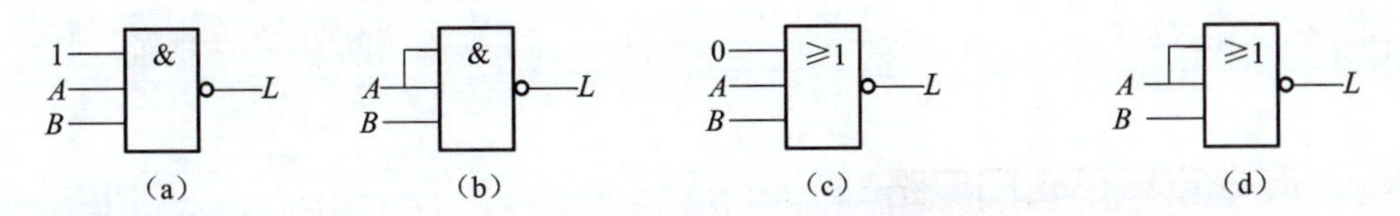

图 4-34　门电路多余输入端的处理方法

(3)电路外引线端的连接

①各输入端不能直接与高于 5.5 V 或低于 0.5 V 的低内阻电源连接,否则会因电流过大烧毁电路。

②输出端应通过电阻与低内阻电源连接。

③输出端接有较大容性负载时,应串入电阻,防止电路在接通瞬间电流过大损坏电路。

例 4-24　分析图 4-35 中与非门的作用。

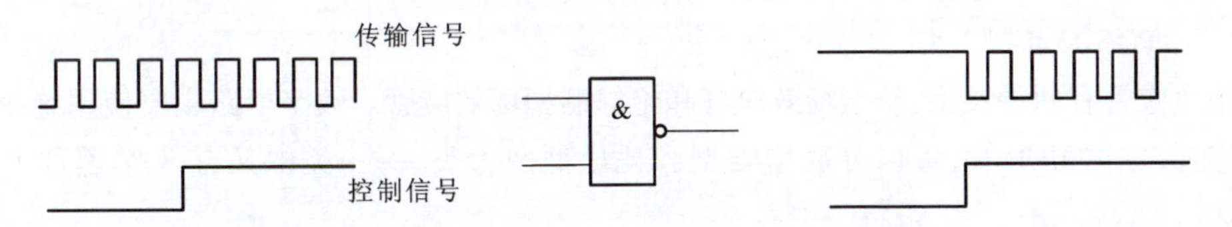

图 4-35　与非门的控制作用图

解　与非门除了逻辑运算,还可以用于许多简单的控制电路中。图 4-35 是与非门用于控制一路信号能否通过逻辑门的电路图,与非门的一个输入端接欲通过的信号,另外一个输入端接控制信号。当控制信号为低电平时,与非门被**封锁**,就是说,与非门将输出高电平,使传输信号不能通过;当控制信号为高电平时,与非门解除封锁,信号可以反相的形成通过与非门。此外,与门也有类似的控制作用。

常用的 TTL 集成逻辑门有:74LS00——四 2 输入与非门,74LS04——六反相器,74LS20——双 4 输入与非门,74LS08——四 2 输入与门,74LS02——四 2 输入或非门和 74LS86——异或门等,74 系列集成门电路实物图如图 4-36 所示。

(4)TTL 与非门举例——74LS00

74LS00 是一种典型的 TTL 与非门器件,内部含有 4 个 2 输入端与非门,共有 14 个引脚,引脚排列图如图 4-37 所示。

学习笔记

图 4-36　74 系列集成门电路实物图

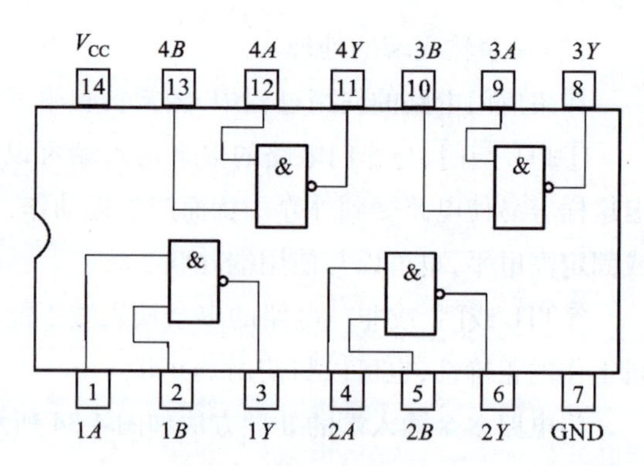

图 4-37　74LS00 引脚排列图

六、CMOS 集成逻辑门电路

TTL 集成逻辑门电路是以三极管为基础的，所以是双极型电路。此外，还有一种以**场效应管**为基础的单极型集成逻辑门电路，即 **MOS 集成逻辑门电路**。

MOS 门电路根据电路中所选 MOS 管的不同，可分为三种类型：PMOS 门电路（由 P 沟道的 MOS 管构成）、NMOS 门电路（由 N 沟道的 MOS 管构成）以及由 N 沟道和 P 沟道 MOS 组成的互补集成电路——CMOS 门电路；CMOS 门电路是在前两种电路的基础上改进和发展起来的，相比之下性能更优。由于 CMOS 门电路的静态功耗低、抗干扰能力强、稳定性好、工作速度快，所以是目前发展最快、使用最广的一种集成电路。目前常用的 CMOS 器件为 4000 系列和新型的高速 CMOS 器件 74HC 系列。

1. CMOS 反相器（非门）

场效应管有两种类型：**结型**场效应管和**绝缘栅型**场效应管。数字电路主要使用绝缘栅型场效应管，也称 MOS 管，可以分成增强型和耗尽型两大类，每一类中又有 N 沟道和 P 沟道之分。

MOS 管是一种电压控制器件。开关性能类似三极管，它也具有三种工作状态。栅极（g）、漏极（d）和源极（s），当栅极加上 u_I 小于开启电压 $U_{GS(th)}$ 时，漏极和源极之间没有形成导电沟道，MOS 管截止，漏极和源极之间的沟道电阻约为 $10^{10}\ \Omega$，相当于开关**断开**。

当 u_I 大于开启电压 $U_{GS(th)}$ 时，漏极和源极之间开始导通。当 u_I 远大于开启电压 $U_{GS(th)}$ 时，MOS 管完全导通，相当于开关**闭合**。此时漏极和源极之间的沟道电阻最小，约为 1 000 Ω。

从以上分析可看出，可以把 MOS 管的漏极和源极当作一个受栅极电压控制的开关使用，即当 $u_I > U_{GS(th)}$ 时，相当于开关闭合；当 $u_I < U_{GS(th)}$ 时，相当于开关断开。

$U_{GS(th)}$ 也习惯写为 $U_{th(on)}$，都是指增强型 MOS 管的开启电压。

增强型 PMOS 管的开关特性与增强型 NMOS 管类似，不同的是此时所加的栅源电压和漏源电压都为负值，开启电压也为负值。

（1）电路结构

CMOS 逻辑电路的含义是电路采用互补的 N 沟道 MOS 场效应管和 P 沟道 MOS 场效应管。在 CMOS 管中使用最多的是增强型 MOS 管的开关特性。

CMOS 反相器电路结构如图 4-38（a）所示。其中，VT_1 是 NMOS 管，作为驱动管；VT_2 是

PMOS 管,作为负载管。VT_1 和 VT_2 都是增强型 MOS 管。二者的栅极接在一起,作为反相器的输入端;两者的漏极接在一起,作为反相器的输出端。工作时要求 PMOS 管 VT_2 的源极接电源正极,NMOS 管 VT_1 的源极接地;$V_{DD} > |U_{2th(on)}| + U_{1th(on)}$。$U_{1th(on)}$ 和 $U_{2th(on)}$ 分别为 VT_1 和 VT_2 管的开启电压,其中,$U_{1th(on)}$ 为正值,$U_{2th(on)}$ 为负值。

(2)工作原理

假设输入端的输入信号 u_I 的高电平 $U_{IH} = +V_{DD}$,低电平 $U_{IL} = 0$ V。

①当输入信号为低电平时,对 VT_2 而言,栅源电压 $U_{GS2} = -V_{DD}$,绝对值大于其开启电压 $U_{2th(on)}$,所以 VT_2 导通,漏极和源极之间呈低阻状态;对 VT_1 而言,栅源电压 $U_{GS1} = 0$ V,小于其开启电压 $U_{1th(on)}$,所以 VT_1 截止,漏极和源极之间呈高阻状态,$u_O \approx +V_{DD}$,输出为高电平,等效图如图 4-38(b)所示。

②当输入信号为高电平时,对 VT_2 而言,栅源电压 $U_{GS2} = 0$ V,绝对值小于其开启电压 $U_{2th(on)}$,所以 VT_2 截止,漏极和源极之间呈高阻状态;对 VT_1 而言,栅源电压 $U_{GS1} = +V_{DD}$,大于其开启电压 $U_{1th(on)}$,所以 VT_1 导通,漏极和源极之间呈低阻状态,$u_O \approx 0$ V,输出为低电平,等效图如图 4-38(c)所示。

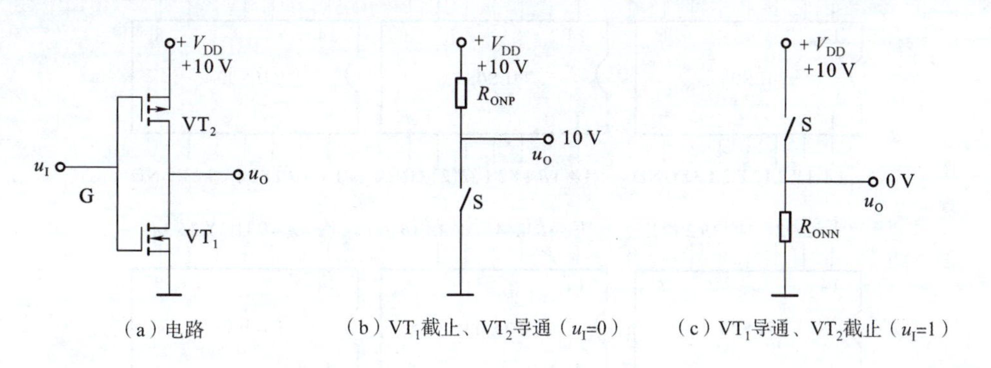

(a)电路　(b)VT_1截止、VT_2导通(u_I=0)　(c)VT_1导通、VT_2截止(u_I=1)

图 4-38　CMOS 反相器的电路结构

通过以上分析可知,该电路实现了**逻辑非**功能。类似于 TTL 门电路,CMOS 逻辑电路也可以实现与、或、与非、或非、异或等逻辑功能。

2. CMOS 逻辑门使用中应注意的问题

TTL 门电路的使用注意事项,一般对 CMOS 逻辑门电路也适用。但 CMOS 逻辑门电路由于输入电阻高,容易使栅极产生静电击穿,所以要特别注意以下几点:

(1)保存

存放 CMOS 逻辑门时,要注意屏蔽。一般放在金属容器内或用金属把引脚短接起来。

(2)多余输入端的处理

CMOS 逻辑门电路的输入端绝对**不允许悬空**。因为 CMOS 逻辑门电路的输入电阻高,极易受干扰而破坏其逻辑关系。一般与门和与非门的多余输入端接正电源或固定高电平;或门和或非门的多余输入端则接地。

(3)电源和接地

CMOS 逻辑门电路电源电压的波动范围应该有一定的限度,输入、输出电压不能超过电源电压的范围。如果系统有两个以上的电源,使用时应遵循 CMOS 逻辑门电源“先开后关”的原则。组装、焊接时,电烙铁应该接地,最好用电烙铁的余热快速焊接。而且所用仪器、仪表

学习笔记

及工作台也要良好接地。

3. 数字集成电路系列介绍

前面介绍的TTL门的技术规范标准，不仅仅适合于逻辑门，对其他TTL系列的集成电路都是适用的。

对于一般的应用场合，使用最多的TTL系列是低功耗肖特基系列，即CT74/74LS系列。对于CMOS系列使用最多的是标准CMOS系列和高速CMOS系列，即CC4000系列和54/74HC系列。与CC4000系列对应的还有国外CD4000系列以及MOTOROLA公司产品MC14000系列。一般情况下，最后3位数如果是一样的，那么产品的类型和规格也是一样的。

图4-39给出了几种常用集成门电路的外引脚排列图。依次是：74LS04——6反相器；74LS08——四2输入与门；74LS00——四2输入与非门；74LS20——双4输入与非门；CD4011——四2输入与非门；CD4001——四2输入或非门。Y为输出端，NC为空脚。

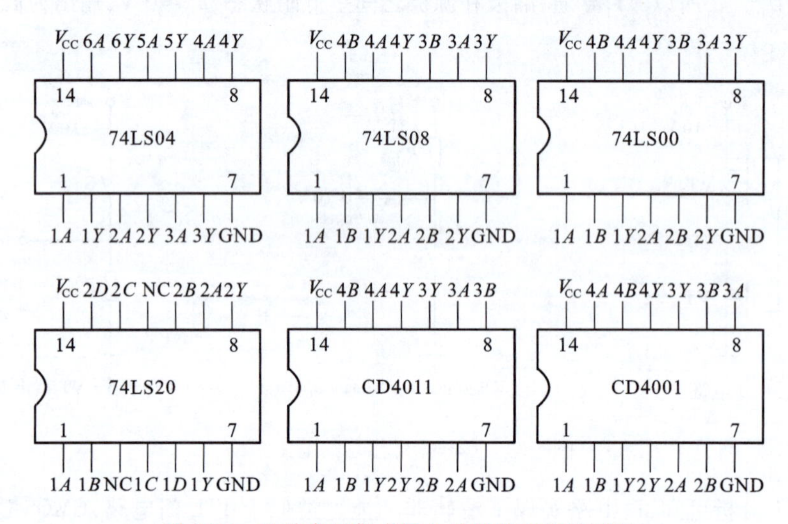

图4-39 几种常用集成门电路的外引脚排列图

七、组合逻辑电路的分析与设计

组合逻辑电路的分析，是指对一个给定的逻辑电路找出其输出与输入之间的逻辑关系。即分析已给定逻辑电路的逻辑功能，找出输出逻辑函数与逻辑变量之间的逻辑关系。

在分析之前，要依据组合电路的特点，对给定电路的性质进行判断，是否是组合逻辑电路，如果是，则按组合逻辑电路的分析方法进行。

通过分析不仅可以了解给定逻辑电路的功能，同时还能评估其设计方案的优劣，以便考虑改进和完善不合理方案，以及更换逻辑电路的某些组件等。

1. 组合逻辑电路的分析

组合逻辑电路的一般分析步骤如下：

①根据已给的逻辑电路图，从输入到输出逐级写出逻辑表达式；也可以由输出向输入逐级反推。

学习笔记

②如果所得到的逻辑表达式不是最简，需要利用代数法或卡诺图法进行化简，得到最简逻辑表达式。

③由逻辑表达式列出真值表。

④根据真值表的状态变化规律，分析和确定电路图的逻辑功能。

上述步骤归纳如图 4-40 所示。一般情况下，组合逻辑电路的功能是按上述步骤分析的，但对于具体的应用电路，有时可以直接分析其逻辑功能。

图 4-40　组合逻辑电路的一般分析步骤

例 4-25　分析图 4-41 所示组合逻辑电路的逻辑功能。

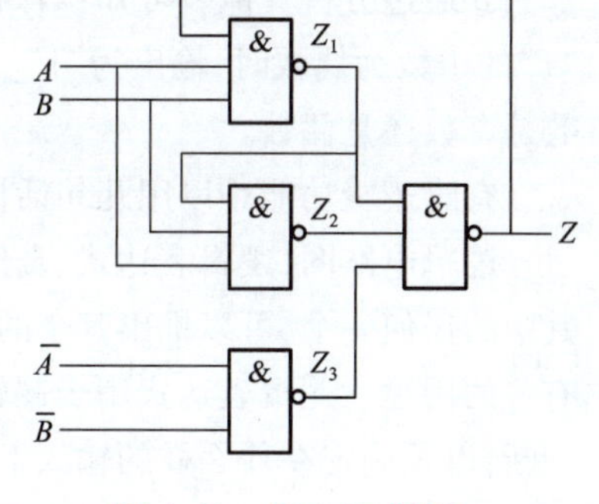

图 4-41　例 4-25 题图

解　①由逻辑电路图逐级写出逻辑表达式为

$$Z_1=\overline{ABZ},Z_2=\overline{ABZ_1},Z_3=\overline{\bar{A}\bar{B}}$$

$$\begin{aligned}Z&=\overline{Z_1Z_2Z_3}=\overline{\overline{ABZ}}+\overline{\overline{ABZ_1}}+\overline{\overline{\bar{A}\bar{B}}}\\&=ABZ+ABZ_1+\bar{A}\bar{B}\\&=AB(Z+Z_1)+\bar{A}\bar{B}\\&=AB(Z+\overline{ABZ})+\bar{A}\bar{B}\\&=AB(Z+\overline{AB}+\bar{Z})+\bar{A}\bar{B}\\&=AB(1+\overline{AB})+\bar{A}\bar{B}=AB+\bar{A}\bar{B}\end{aligned}$$

②由化简后的逻辑表达式得到表 4-11 所示的真值表。

表 4-11　例 4-25 真值表

输入		输出
A	**B**	**Z**
0	0	1
0	1	1
1	0	0
1	1	1

③通过分析真值表可知：当输入 A、B 相同时，电路输出为“1”；当输入 A、B 不同时，电路输出为“0”。这种电路称为“同或”电路。

例 4-26　试分析图 4-42 所示组合逻辑电路的逻辑功能。

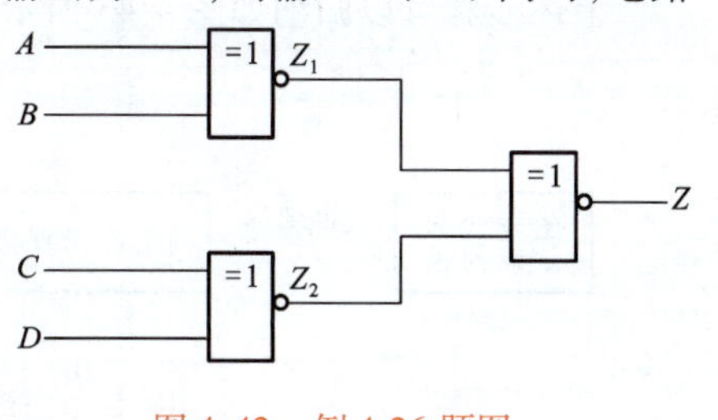

图 4-42　例 4-26 题图

解　①由逻辑电路图写出逻辑表达式为

$$Z_1=\overline{A\oplus B},Z_2=\overline{C\oplus D}$$

$$Z=\overline{Z_1\oplus Z_2}$$

学习笔记

②由化简后的逻辑表达式得到表 4-12 所示的真值表。

表 4-12　例 4-26 真值表

输入				输出	输入				输出
A	*B*	*C*	*D*	*Z*	*A*	*B*	*C*	*D*	*Z*
0	0	0	0	1	1	0	0	0	0
0	0	0	1	0	1	0	0	1	1
0	0	1	0	0	1	0	1	0	1
0	0	1	1	1	1	0	1	1	0
0	1	0	0	0	1	1	0	0	1
0	1	0	1	1	1	1	0	1	0
0	1	1	0	1	1	1	1	0	0
0	1	1	1	0	1	1	1	1	1

③通过分析真值表可知：当四个输入信号 *A*、*B*、*C*、*D* 中“1”的个数为奇数时，输出为“0”；“1”的个数为偶数时，输出为“1”。这种电路称为**奇偶校验电路**。可以校验输入“1”信号的个数是奇数还是偶数。

有时逻辑功能难以用几句话概括出来，在这种情况下，列出真值表即可。

逻辑电路图、逻辑表达式、真值表以及卡诺图均可对同一个组合逻辑问题进行描述，知道其中的任何一个，可以推出其余的三个。这四种形式虽然可以互相转换，但毕竟各有特点，各有各的用途。逻辑表达式用于逻辑关系的推演、变换、化简等；真值表用于逻辑关系的分析、判断，以及确定在什么样的输入下有什么样的输出；逻辑图多用于电路的工艺设计、分析和电路功能的实验等方面；卡诺图多用于化简和电路的设计等方面。

视频

组合逻辑电路的设计

2. 组合逻辑电路的设计

根据给出的实际逻辑问题，通过逻辑抽象，列表，求出实现这一逻辑功能的组合逻辑电路，这就是组合逻辑电路设计的任务。

组合逻辑电路的一般设计方法如下：

①根据给定的设计要求，分析题意，确定输入和输出变量及其个数；对输入和输出变量进行状态赋值，确定 0 和 1 表示的状态。

②根据给定的逻辑问题，通过逻辑抽象，列出真值表。

③由真值表写出逻辑表达式并化简。

④选择适当器件，由逻辑表达式画出逻辑电路图。

前面讲过，同一个逻辑关系可有多种实现方案。为了提高电路工作可靠性和经济性等，组合逻辑电路的设计通常以电路简单、所用器件最少为目标。在采取小规模集成器件（SSI）时，通常将函数进行适当的变换，化简成最简与或表达式、与非-与非表达式等。

上述步骤可以归纳如图 4-43 所示。

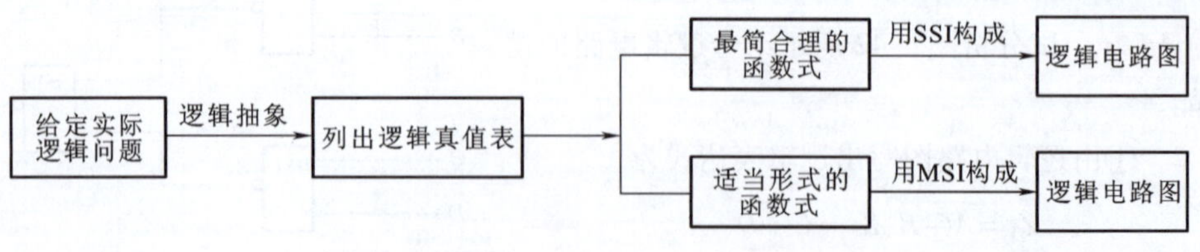

图 4-43　组合逻辑电路的一般设计方法

学习笔记

下面举几个简单例子来具体讨论组合逻辑电路设计的方法和步骤。用中规模集成器件(MSI)设计的方法将在后面述及。

例4-27 设计一个用于三人表决的逻辑电路,电路能显示表决结果,表决符合多数原则,并用与非门实现电路。

解 所谓三人表决电路,即三个人进行表决,当多数人(在此为两人以上)同意,提议通过;反之,提议被否决。

①由题意经逻辑抽象,将参加表决的人数设为输入变量,三人就是三个变量,分别用A、B、C来表示,同意为“1”,不同意为“0”;表决结果设为输出变量,结果只有两种情况,所以设一个输出变量,用L表示,通过为“1”,不通过为“0”。

②根据给定的逻辑功能列出真值表,见表4-13。

表4-13　例4-27真值表

输入			输出
A	***B***	***C***	***L***
0	0	0	0
0	0	1	0
0	1	0	0
0	1	1	1
1	0	0	0
1	0	1	1
1	1	0	1
1	1	1	1

③由真值表写出逻辑表达式:

$$L=\overline{A}BC+A\overline{B}C+AB\overline{C}+ABC$$

化简得

$$L=AB+AC+BC=\overline{\overline{AB+AC+BC}}=\overline{\overline{AB}\cdot\overline{AC}\cdot\overline{BC}}$$

由于与非门是常用的标准集成门电路,本题有要求,故逻辑函数要化简为与非-与非形式。

④由逻辑表达式画出逻辑电路,如图4-44所示。

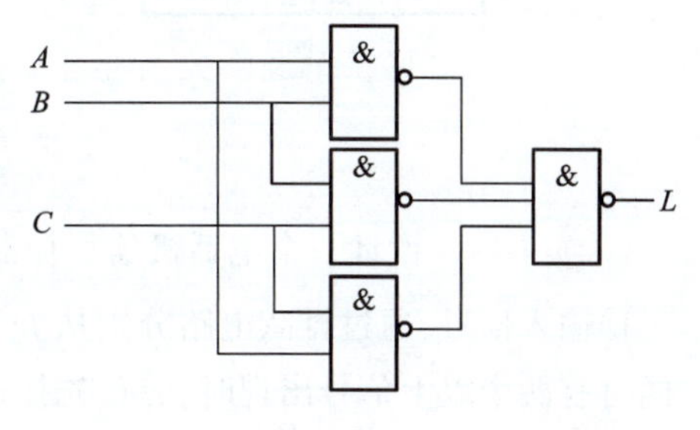

图4-44　例4-27题图

例4-28 设计一个交通信号灯的检测电路。要求当信号灯正常工作时,红、黄、绿三种灯中只有一种灯亮,其余两种灯灭,否则说明信号灯发生故障,此时应发出故障信号。试用与非门实现。

解 ①由题意,设红、黄、绿三种灯为输入变量,分别用A、B、C来表示,灯亮时为“1”,灯灭时为“0”;输出变量为Y,“0”表示正常,“1”表示故障。

②三个交通灯工作时,红、黄、绿三种只亮一个时为正常,根据给定的逻辑问题列出真值表,见表4-14。

学习笔记

表 4-14 例 4-28 真值表

输入			输出
A	B	C	L
0	0	0	1
0	0	1	0
0	1	0	0
0	1	1	1
1	0	0	0
1	0	1	1
1	1	0	1
1	1	1	1

③由真值表写出逻辑表达式：

$$L=\overline{A}\,\overline{B}\,\overline{C}+\overline{A}BC+A\overline{B}C+AB\overline{C}+ABC$$

上式利用卡诺图［见图 4-45（a）］可化简得

$$L=\overline{A}\,\overline{B}\,\overline{C}+AB+AC+BC=\overline{\overline{\overline{A}\,\overline{B}\,\overline{C}+AB+AC+BC}}=\overline{\overline{\overline{A}\,\overline{B}\,\overline{C}}\;\overline{AB}\;\overline{AC}\;\overline{BC}}$$

④由逻辑表达式画出逻辑电路图，如图 4-45（b）所示。

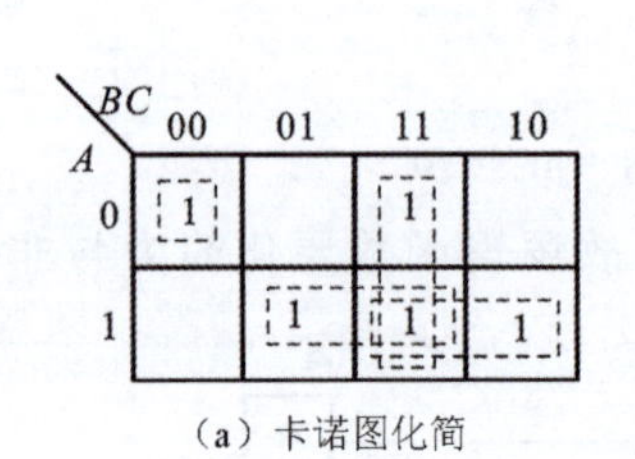

（a）卡诺图化简

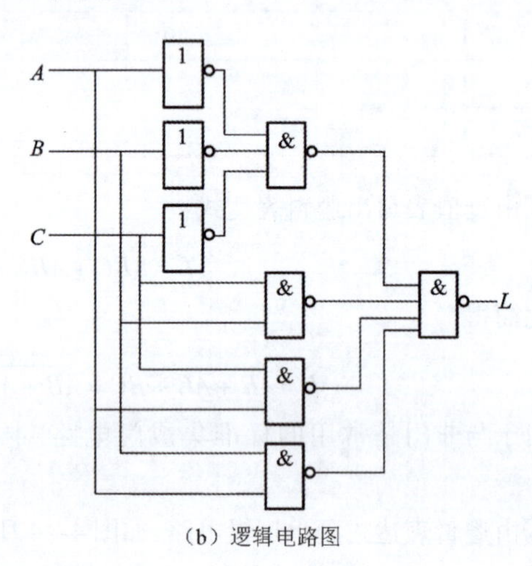

（b）逻辑电路图

图 4-45 例 4-28 题图

例 4-29 设计一个电话机信号控制电路。电路有 I_0（火警）、I_1（盗警）和 I_2（日常业务）三种输入信号，通过排队电路分别从 L_0、L_1、L_2 输出，在同一时间只能有一个信号通过。如果同时有两个以上信号出现时，应首先接通火警信号，其次为盗警信号，最后是日常业务信号。试按照上述轻重缓急设计该信号控制电路。要求用集成门电路 74LS00（每片含四个 2 输入与非门）实现。

解 ①列真值表。对于输入 I_i，设有信号为逻辑“1”；没信号为逻辑“0”。对于输出 L_i，设允许通过为逻辑“1”；不允许通过为逻辑“0”。列出真值表见表 4-15。

表 4-15　例 4-29 真值表

输入			输出		
I_0	I_1	I_2	L_0	L_1	L_2
0	0	0	0	0	0
1	×	×	1	0	0
0	1	×	0	1	0
0	0	1	0	0	1

②由真值表写出各输出的逻辑表达式：

$$L_0 = I_0 \qquad L_1 = \overline{I_0} I_1 \qquad L_2 = \overline{I_0}\,\overline{I_1} I_2$$

这三个表达式已是最简，不需化简。但题目要求用非门和与门实现，且 L_2 需用三输入端与门才能实现，故不符合设计要求。

③根据要求，将上式转换为与非表达式。

$$L_0 = I_0, L_1 = \overline{\overline{\overline{I_0} I_1}}, L_2 = \overline{\overline{\overline{I_0}\,\overline{I_1} I_2}} = \overline{\overline{\overline{\overline{\overline{I_0}\,\overline{I_1}}} \cdot I_2}}$$

④画出逻辑电路图如图 4-46 所示，可用两片集成与非门 74LS00 来实现，每块 74LS00 含有四个 2 输入与非门。

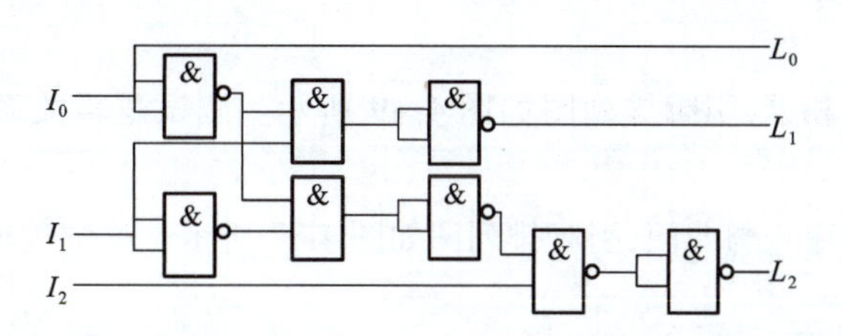

图 4-46　例 4-29 逻辑电路图

可见，在实际设计逻辑电路时，有时并不是表达式单纯最简单，就能满足设计要求，如果题目有器件类型的要求，还应考虑所使用集成器件的种类，将逻辑表达式转换为能用所要求的集成器件实现的形式，并尽量使所用集成器件最少，就是设计步骤框图中所说的“最简合理的函数式”。

为了使写出的逻辑表达式尽可能简单，一般来说，输出变量真值为 1 的少时，写原函数的逻辑表达式；输出变量真值为 0 的少时，可以写反函数的逻辑表达式。

上面几例所讲的逻辑电路用小规模集成电路（SSI）就可以实现，后面将重点介绍用中规模集成电路（MSI）进行设计的方法，其最简标准是所用集成电路个数最少，品种最少，同时集成电路间的连线也最少。

基础训练

1. TTL 门电路逻辑功能测试

①74LS08 是四 2 输入与门，引脚排列图如图 4-47（a）所示。输入端接逻辑电平开关，输

学习笔记

出端接逻辑电平指示，14 脚接 +5 V 电源，7 引脚接地。逻辑功能测试接线图如图 4-47(b)所示。将测试结果记录在表 4-16 中。

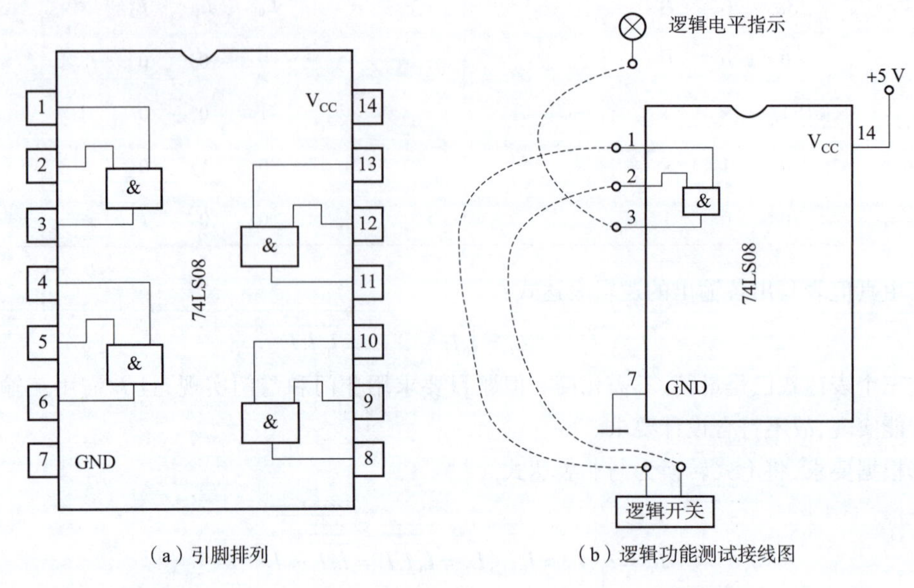

图 4-47　与门引脚排列及与门逻辑功能测试接线图

②74LS32 是四 2 输入或门，引脚排列图如图 4-48 所示。测试逻辑关系，将测试结果记录在表 4-16 中。

③74LS04 是六反相器，引脚排列图如图 4-49 所示。测试逻辑关系，将测试结果记录在表 4-16中。

④74LS00 是四 2 输入与非门，引脚排列图如图 4-37 所示。测试逻辑关系，将测试结果记录在表 4-16 中。

⑤74LS86 是四 2 输入异或门，引脚排列图如图 4-50 所示。测试逻辑关系，将测试结果记录在表 4-16 中。

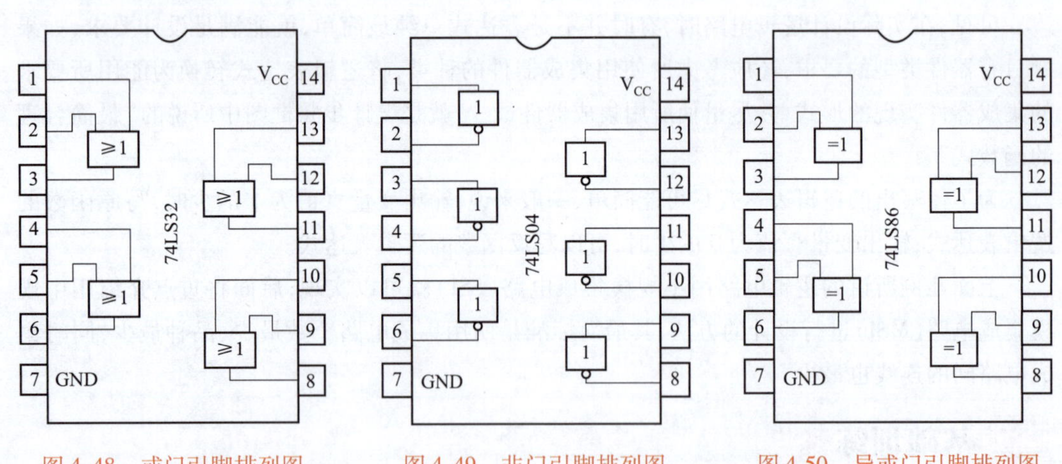

图 4-48　或门引脚排列图　　图 4-49　非门引脚排列图　　图 4-50　异或门引脚排列图

学习笔记

表 4-16　门电路的逻辑功能测试

输入		输出				
A	*B*	与门	或门	非门	与非门	异或门
0	0					
0	1					
1	0					
1	1					

2. 二进制半加器的逻辑电路设计

设计一个二进制半加器的逻辑电路，即两个二进制数进行相加，但不用考虑低位的进位。

①设相加的两项为输入变量，分别用 A、B 来表示，有“1”和“0”两种状态；输出变量为 S 和 C，S 表示它们的和，C 表示向高位的进位。

②两个二进制数相加时，共有四种输入情况，根据给定的逻辑问题列出真值表，见表 4-17。

表 4-17　半加器真值表

输入		输出	
A	*B*	*S*	*C*
0	0	0	0
0	0	1	0
1	0	1	0
1	1	0	1

③由真值表写出逻辑表达式：

$$S = A\overline{B} + \overline{A}B = A \oplus B$$

$$L = AB$$

④由逻辑表达式画出逻辑电路图，如图 4-51 所示。

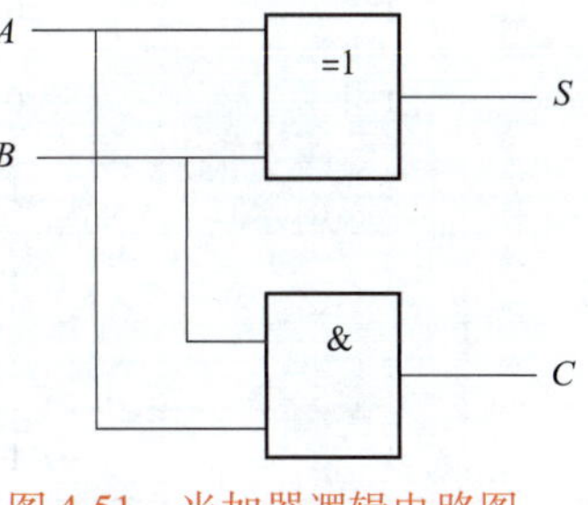

图 4-51　半加器逻辑电路图

⑤按照逻辑在实验台连线（74LS08 四 2 输入与门芯片和 74LS86 四 2 输入异或门芯片各一片），验证设计电路的逻辑功能，填入表 4-18 中。

表 4-18　半加器电路测试表

输入		输出	
A	*B*	*S*	*C*
0	0		
0	0		
1	0		
1	1		

学习笔记

项目实施

本项目需要根据项目描述中场景设计与制作组合逻辑电路，实现对裁判判定结果的正确输出。

①分析项目要求，设 A 为主裁判，B、C、D 分别为三名副裁判，判定合格为 1，不合格为 0；运动员的动作成功与否用变量 Y 表示，成功为 1，不成功为 0。即当 A、B、C、D 至少有三个为 1 时，$Y=1$；当 $A=1$ 时，B、C、D 有一个为 1，$Y=1$；其他情况下 $Y=0$。根据裁判判定结果得到运动员合格与否，结果见表 4-19。

表 4-19 裁判判定电路真值表

A	B	C	D	Y
0	0	0	0	0
0	0	0	1	0
0	0	1	0	0
0	0	1	1	0
0	1	0	0	0
0	1	0	1	0
0	1	1	0	0
0	1	1	1	1
1	0	0	0	0
1	0	0	1	1
1	0	1	0	1
1	0	1	1	1
1	1	0	0	1
1	1	0	1	1
1	1	1	0	1
1	1	1	1	1

②由真值表写出逻辑表达式并化简。

$$Y=\overline{A}BCD+A\overline{B}\,\overline{C}D+A\overline{B}C\overline{D}+A\overline{B}CD+AB\overline{C}\,\overline{D}+AB\overline{C}D+ABC\overline{D}+ABCD$$

用卡诺图化简，如图 4-52 所示。

$$Y=AB+AC+AD+BCD$$

将其转化为与非门形式，即

$$Y=\overline{\overline{AB+AC+AD+BCD}}=\overline{\overline{AB}\cdot\overline{AC}\cdot\overline{AD}\cdot\overline{BCD}}$$

③采用与非门画出逻辑电路图，如图 4-53 所示。

④按逻辑电路图在实验箱上连线（采用 74LS00 四 2 输入与非门芯片和 74LS20 双 4 输入与非门芯片各一片），验证设计电路的逻辑功能，填入表 4-20 中。

学习笔记

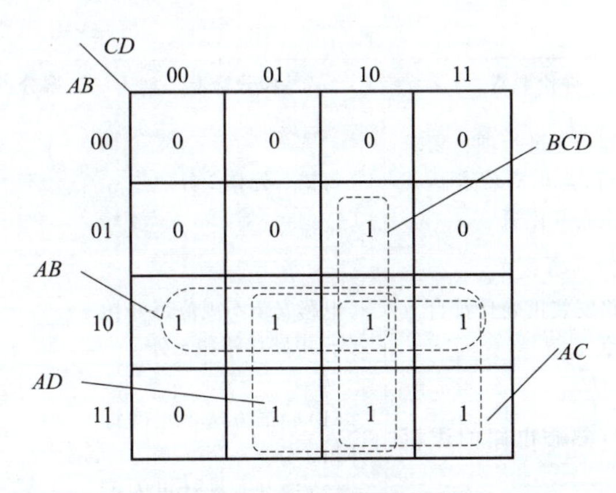

图 4-52　裁判判定电路卡诺图

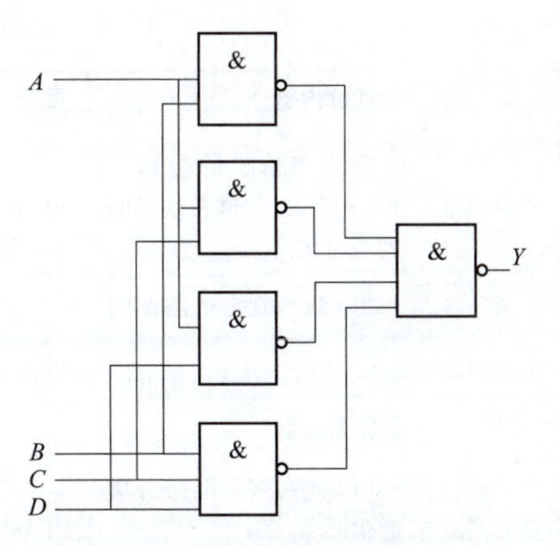

图 4-53　裁判判定电路逻辑电路图

表 4-20　裁判判定电路测试表

A	*B*	*C*	*D*	*Y*
0	0	0	0	
0	0	0	1	
0	0	1	0	
0	0	1	1	
0	1	0	0	
0	1	0	1	
0	1	1	0	
0	1	1	1	
1	0	0	0	
1	0	0	1	
1	0	1	0	
1	0	1	1	
1	1	0	0	
1	1	0	1	
1	1	1	0	
1	1	1	1	

项目评价

分组汇报项目的学习与电路的制作情况，演示电路的功能。项目评价内容见表 4-21。

表 4-21　裁判判定电路的设计与制作工作过程评价表

评价内容		配分	评价要求	扣分标准	得分
工作态度	(1)工作的积极性。 (2)安全操作规程的遵守情况。 (3)纪律遵守情况	30 分	积极参加工作，遵守安全操作规程和劳动纪律，有良好的职业道德和敬业精神	违反安全操作规程扣 20 分；不遵守劳动纪律扣 10 分	

学习笔记

续表

评价内容		配分	评价要求	扣分标准	得分
逻辑抽象	输入与输出的逻辑分析，真值表、逻辑表达式的列写与化简。	20分	能够自主进行项目要求的分析，写出对应表达式与真值表并化简	每错一处扣2分	
电路制作	(1)裁判判定电路图的绘制。 (2)按照绘制好的电路图接好电路	40分	电路安装正确且符合工艺规范	电路安装不规范每处扣2分；电路接错扣5分	
功能测试	(1)裁判判定电路的功能验证。 (2)记录测试结果	10分	(1)熟悉电路的逻辑功能。 (2)正确记录测试结果	(1)验证方法不正确每处扣2分。 (2)记录测试结果不正确每处扣2分	
合计		100分			

自我总结
总结电路搭建和调试的过程中遇到的问题以及解决的方法，目前仍然存在的问题等

巩固练习

一、填空题

1. 模拟信号是指在时间和数值上都是________的信号；数字信号是指在时间和数值上都是________的信号。

2. $(32B)_{16}=(\_\_\_\_\_\_)_2=(\_\_\_\_\_\_)_{10}=(\_\_\_\_\_\_)_8$。

3. $(5E.C)_{16}=(\_\_\_\_\_\_)_2=(\_\_\_\_\_\_)_{10}=(\_\_\_\_\_\_)_8$。

4. 逻辑函数 $L=\overline{A}+B+\overline{C}D$ 的反函数为________。

5. 逻辑函数的常用表示方法有________、________和________。

6. CMOS门电路的闲置输入端不能________，对于与门应当接到________电平，对于或门应当接到________电平。

二、选择题

1. 十进制数$(25)_{10}$转换为二进制数为（　　）。

A. 10110　　B. 11001　　C. 10011　　D. 11011

2. 与十进制数$(53.5)_{10}$等值的数为（　　）。

A. $(01010011.0101)_{8421BCD}$　　B. $(35.8)_{16}$

C. $(110101.1)_2$　　D. $(65.4)_8$

3. 与八进制数$(47.3)_8$等值的数为(　　)。

A. $(27.3)_{16}$　　B. $(100111.11)_2$

C. $(27.6)_{16}$　　D. $(100111.01)_2$

4. 常用的BCD码有(　　)、(　　)、(　　)、(　　)和(　　)。其中(　　)和(　　)为无权码。

A. 5421码　　B. 奇偶校验码　　C. 8421码　　D. 格雷码

E. 余3码　　F. 2421码

5. 两个变量的摩根定律:$\overline{AB}$=(　　)。

A. $\overline{A}\,\overline{B}$　　B. $\overline{A}+\overline{B}$　　C. $A+\overline{B}$　　D. $\overline{A}+B$

6. 约束项在卡诺图中既可以为(　　),也可以为(　　)。

A. 0　　B. 1　　C. 高电平　　D. 低电平

三、判断题

1. 三态门的三种状态分别为高电平、低电平、不高不低的电平。　　(　　)

2. 两输入与非门的逻辑表达式可写为$L=\overline{A+B}$。　　(　　)

3. 因为逻辑表达式$A+B+AB=A+B$成立,所以$AB=0$成立。　　(　　)

4. 若两个逻辑函数具有不同的真值表,则两个逻辑函数必然不相等。　　(　　)

5. 若两个逻辑函数具有不同的逻辑表达式,则两个逻辑函数必然不相等。　　(　　)

6. TTL与非门的多余输入端可以接固定高电平。　　(　　)

7. TTL或非门的多余输入端可以接固定高电平。　　(　　)

8. CMOS或非门与TTL或非门的逻辑功能完全相同。　　(　　)

四、化简与计算

1. 将下列各进制数转换为二进制数。

(1)$(9)_{10}$;　　(2)$(20.5)_{10}$;　　(3)$(4D)_{16}$;　　(4)$(34)_8$。

2. 将下列各进制数转换为十进制数。

(1)$(11011)_2$;　　(2)$(101.11)_2$;　　(3)$(3A9)_{16}$;　　(4)$(17)_8$。

3. 有一组数码为10111101,作为自然二进制数和BCD码时,其各自对应的十进制数为多少?

4. 用真值表证明下列恒等式。

(1)$A\overline{B}+\overline{A}B=(A+B)(\overline{A}+\overline{B})$;　　(2)$(A\oplus B)\oplus C=A\oplus(B\oplus C)$。

5. 用代数化简法化简下列逻辑函数。

(1)$L=\overline{A}\,\overline{B}\,\overline{C}+A+B+C$;　　(2)$L=\overline{\overline{A}BC}(B+\overline{C})$;

(3)$L=AB+AC+\overline{A}B+\overline{B}C$;　　(4)$L=ABC+BC\overline{D}+B\overline{C}+CD$;

(5)$L=A+A\overline{B}\,\overline{C}+\overline{A}CD+(\overline{C}+\overline{D})E$;　　(6)$L=A(B\oplus C)+ABC+A\overline{B}\,\overline{C}$。

学习笔记

6. 写出图4-54所示逻辑电路图的逻辑表达式，并写出它们的真值表。

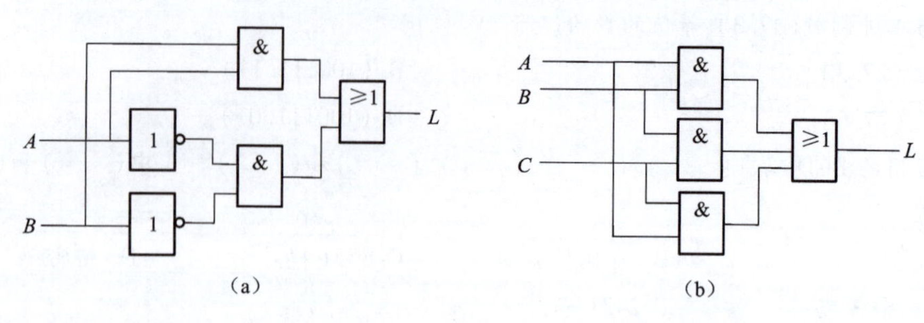

图4-54　题6图

7. 由表4-22写出逻辑表达式。

表4-22　题7表

A	B	C	L_1	L_2
0	0	0	0	0
0	0	1	1	0
0	1	0	1	0
0	1	1	0	1
1	0	0	1	0
1	0	1	0	1
1	1	0	0	1
1	1	1	1	1

8. 将下列函数展开为最小项表达式。

(1) $L=AB+BC+CD$；　　(2) $L=\overline{AC+\bar{A}BC+\bar{B}C}+AB\bar{C}$。

9. 用卡诺图化简法化简下列逻辑函数。

(1) $L=B\bar{C}+\bar{B}C+\bar{A}C+A\bar{C}$；

(2) $L=\bar{A}\bar{B}+BC+\bar{A}B$；

(3) $L=\bar{A}\bar{B}C+B\bar{C}D+\bar{A}BC+A\bar{B}\bar{C}+AB\bar{C}\bar{D}+ABCD$；

(4) $L(A,B,C,D)=\sum m(0,1,2,3,4,5,8,10,11,12)$；

(5) $L(A,B,C,D)=\sum m(2,3,6,7,8,9,10,11,13,14,15)$；

(6) $L(A,B,C,D)=\sum m(0,2,4,5,6,7,8,10,13,14,15)$。

10. 用卡诺图化简法化简下列具有约束条件的逻辑函数。

(1) $L(A,B,C,D)=\sum m(0,1,4,9,12,13)+\sum d(2,3,6,10,11,14)$；

(2) $L(A,B,C,D)=\sum m(2,4,6,7,12,15)+\sum d(0,1,3,8,9,11)$。

11. 开关电路如图4-55所示。请分析电路并写出LED发光与开关A、B、C动作之间关系的逻辑表达式。

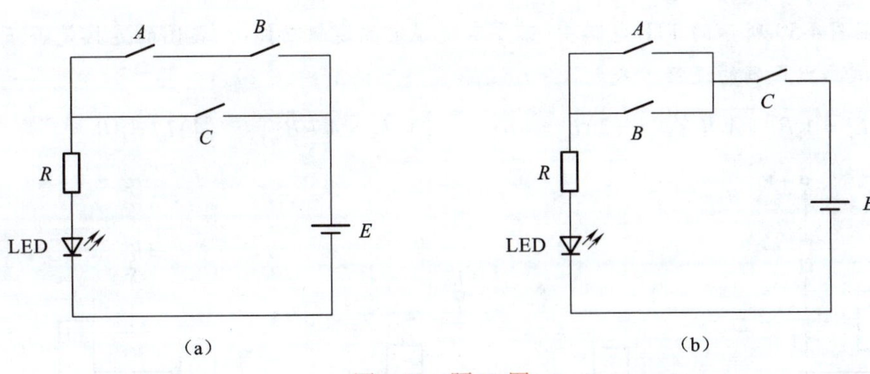

图 4-55　题 11 图

12. 已知逻辑函数 $L = AB + BC + CA$。(1)试用真值表、卡诺图和逻辑电路图表示;(2)将其化为与非逻辑形式,并画出此时的逻辑电路。

13. 逻辑电路如图 4-56 所示,写出该电路的输出逻辑表达式,并进行化简。

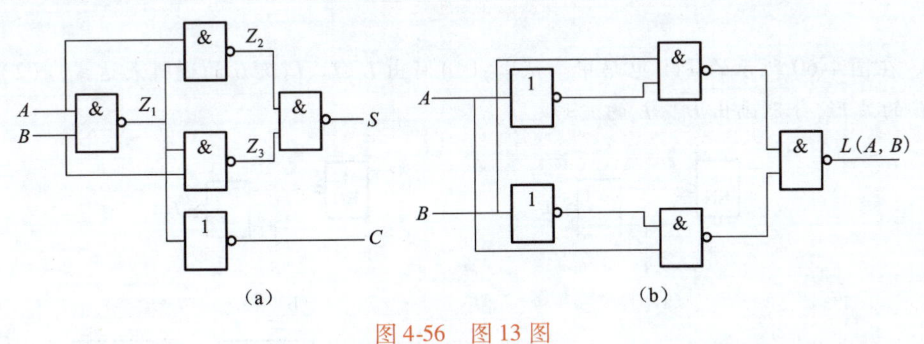

图 4-56　图 13 图

五、分析计算题

1. 当 u_A、u_B 是两输入端门的输入波形时,如图 4-57 所示,试画出对应下列门的输出波形,对齐波形。(1)与门;(2)与非门;(3)或门;(4)异或门。

2. 三极管为什么可以做开关使用?其工作在饱和及截止状态的条件分别是什么?

3. 某 CMOS 逻辑门的电路如图 4-58 所示。其中 VT_1、VT_2 是 NMOS 管,作为驱动管;VT_3、VT_4 是 PMOS 管,作为负载管。VT_1、VT_2、VT_3、VT_4 都是增强型 MOS 管。试分析电路的逻辑功能。

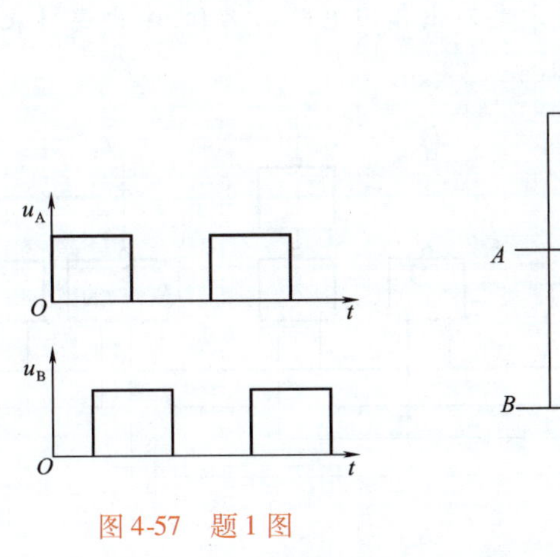

图 4-57　题 1 图

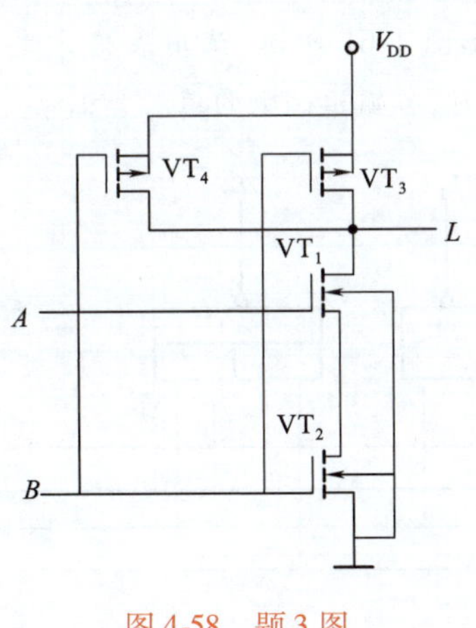

图 4-58　题 3 图

学习笔记

4. 在图4-59所示的TTL电路中，若要实现规定的逻辑功能时，各图的连接是否正确？如有错误，试画出正确的连接方式。

(1) $L_1=\overline{A_1B_1+A_2B_2}$； (2) $L_2=\overline{AB}$； (3) $L_3=\overline{A+B}$； (4) $L_4=\overline{AB}$。

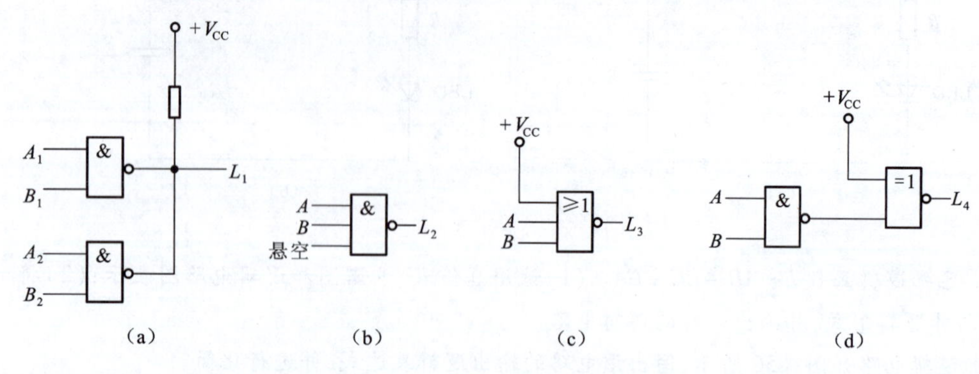

图4-59 题4图

5. 在图4-60所示的TTL电路中。试求：(1)写出L_1、L_2、L_3及L_4的逻辑表达式。(2)已知A、B、C的波形，分别画出L_1～L_4的波形。

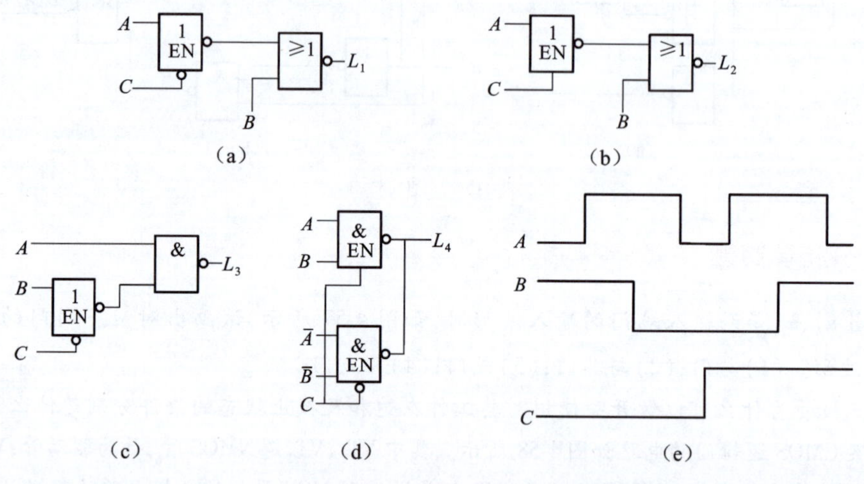

图4-60 题5图

6. 电路如图4-61所示，试用表格方式列出各门电路的名称，输出逻辑表达式以及当$ABCD=1001$时，各输出函数的值。

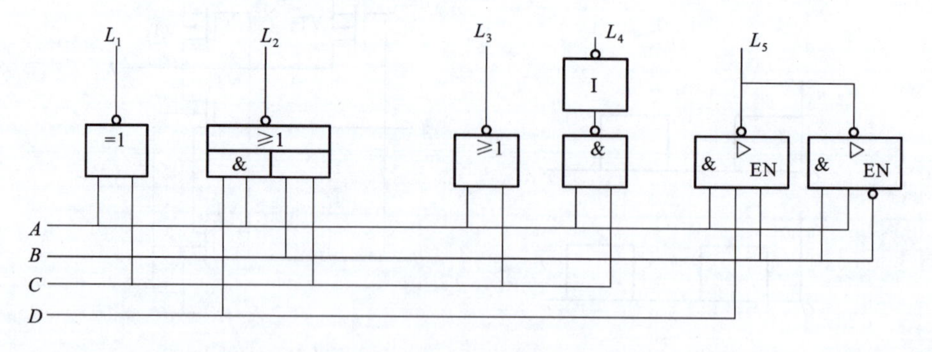

图4-61 题6图

学习笔记

7. 图4-62所示数字控制电路是汽车安全带绑紧检测装置简图，试说明其工作原理。

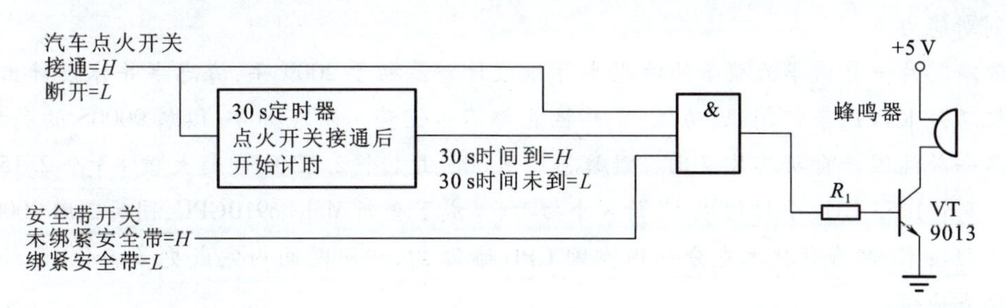

图4-62　题7图

8. 试分析图4-63所示逻辑电路的逻辑功能。

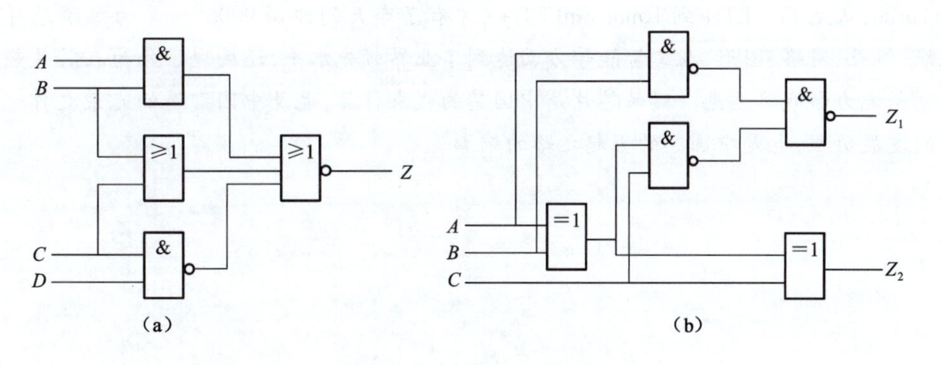

图4-63　题8图

9. 试写出图4-64所示逻辑电路的逻辑表达式，并分析其逻辑功能。

10. 试用与非门设计一个三变量的奇偶校验电路。当三个变量中有奇数个变量为“1”时，输出为“1”，否则输出为“0”。

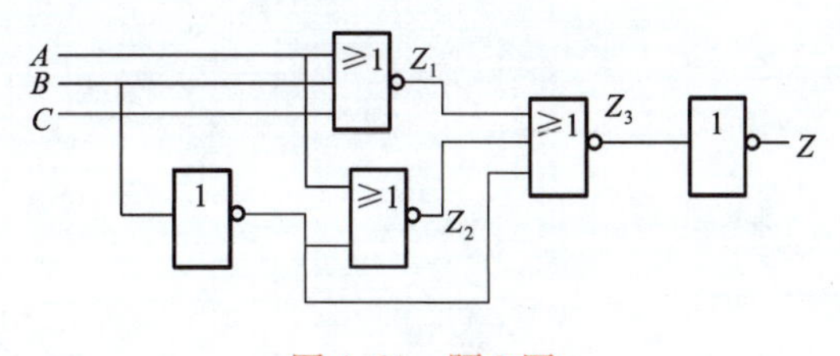

图4-64　题9图

11. 举重比赛有一个主裁判和两个副裁判。杠铃是否完全举起成功的裁决，由每一个裁判按一下自己面前的按钮确定。只有当两个或两个以上裁判判为成功，并且其中有一个为主裁判时，表明成功的指示灯才亮。试用与非门设计这个举重裁判表决电路。

12. 试用与非门设计一个三变量的一致的校验电路。当三个变量取值一致时，输出为“1”，否则输出为“0”。

拓展阅读

从K3V1到麒麟9000S，见证中国芯的崛起

华为是中国最大的通信设备和智能手机制造商，也是全球最大的5G设备供应商之一。

学习笔记

在过去的十年里，华为不仅在手机市场上取得了巨大的成功，还在芯片领域展现了强大的实力和创新能力。

麒麟芯片一直由华为旗下的海思半导体设计。最初于2009年，海思半导体设计出第一代手机芯片K3V1，奈何制程、功耗、发热性能都不占优势。而现如今，麒麟9000S的亮相，标志着第一款纯国产自研芯片诞生。麒麟芯片9000S由1个2.62 GHz超大核+3个2.15 GHz大核+4个1.53 GHz小核组成，共计8个核心，集成了全新Maleoo910GPU，同时麒麟9000S支持超线程技术，超线程技术充分利用空闲CPU资源，在相同时间内完成更多工作，已经居于行业领先地位。

可以说，正是一批批的中国工匠们发奋研究，麒麟芯片才有着不断的技术革新和突破，从65 nm到5 nm，从单核到八核，从LTE到5G，从无NPU到双NPU，从无GPU Turbo到24核GPU Turbo，从无FinFET+到16nm FinFET+，才有了今天的麒麟9000S。华为麒麟芯片不仅在性能、能效、网络、图形、人工智能等方面达到了业界领先水平，还展现了华为在芯片领域的自主创新能力和战略远见。麒麟芯片是中国芯的代表作品，也是中国智造的光荣之作。麒麟芯片的发展历程，也是中国芯的崛起之路的缩影。

数字显示电路的设计与制作

本项目将典型中规模组合逻辑电路的功能与实践应用相结合。在学习过程中，使用优先编码器、显示译码器和LED数码管等组合逻辑电路常用元器件组成抢答器电路，使学生掌握相关知识和技能，提高职业素养。

学习笔记

学习目标

1. 知识目标

①掌握编码器、译码器、数据选择器及数据分配器等器件的逻辑功能。

②熟悉编码器、译码器、数据选择器及数据分配器的基本应用。

③初步掌握用中规模集成电路设计组合逻辑电路的方法。

2. 技能目标

①熟悉常用中规模集成电路的功能及应用。

②能根据需要设计出简单的组合逻辑电路。

③完成抢答器电路的分析设计与制作。

3. 素质目标

①明确任务分工，培养团队协作能力与统筹规划能力。

②进一步培养工程思维能力，具有电子设计工程师职业素养。

③通过项目设计，进一步加强逻辑思维能力，做到问题导向。

④培养严谨负责、求知进取的职业道德品质。

思维导图

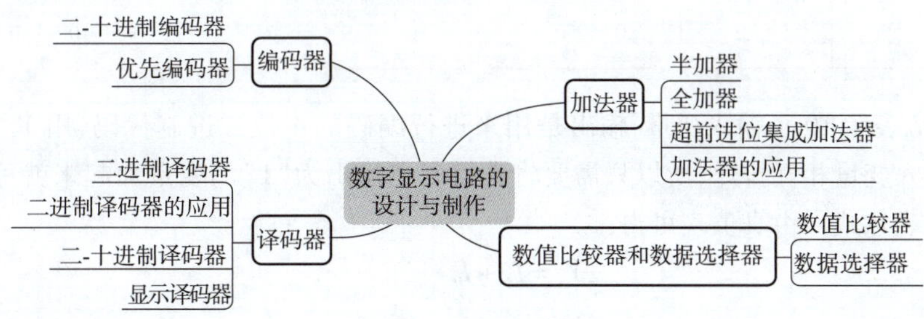

项目描述

在数字系统中，往往要求把测量和运算的结果直接用十进制数字显示出来，以便人们观

学习笔记

测、查看，这一任务由数字显示电路实现。本项目需要设计和制作的数字显示电路，由译码器、驱动器以及数码显示器组成，能够实现按键控制输入以及分别显示数字0～9。

相关知识

从本项目开始，将学习一些常用的组合逻辑电路组件，包括编码器、译码器、数据选择器、数值比较器、加法器、数据分配器等，已制成中规模集成电路（MSI），属于中规模集成电路的标准化集成电路产品，并在数字系统中得到了广泛的应用。尤其是利用中规模集成电路也可以设计逻辑电路，它具有连线少、可靠性高、体积小等一系列优点。

一、编码器

在数字系统里，常常需要将某一信息（文字、符号等特定对象）变换为某一特定的代码（输出），把二进制码按一定的规律编排，例如8421码、格雷码等，使每组代码具有一特定的含义（代表某个数字或控制信号）称为编码。具有编码功能的逻辑电路称为编码器（encoder）。

例如计算机的输入键盘功能，就是由编码器组成的，每按下一个键，编码器就将该按键的含义（控制信息）转换成一个计算机能够识别的二进制代码，用它去控制机器的操作。

实现用 n 位二进制代码对 $N=2^n$ 个信号进行编码的电路称为二进制编码器，即输入变量的个数为 N，输出变量的位数为 n。

常用的编码器有8线-3线（8个输入变量，3个输出变量）编码器、16线-4线编码器和10线-4线BCD码编码器。

1. 二-十进制编码器

二-十进制编码器是指用4位二进制代码表示1位十进制数（或信息）的编码电路，也称为10线-4线编码器。最常见的是8421BCD码编码器。表5-1为8421BCD码编码器的真值表。

表5-1　8421BCD码编码器的真值表

输入	输出8421BCD码				输入	输出8421BCD码			
十进制数	Y_3	Y_2	Y_1	Y_0	十进制数	Y_3	Y_2	Y_1	Y_0
0	0	0	0	0	5	0	1	0	1
1	0	0	0	1	6	0	1	1	0
2	0	0	1	0	7	0	1	1	1
3	0	0	1	1	8	1	0	0	0
4	0	1	0	0	9	1	0	0	1

用 $I_0\sim I_9$ 表示10个输入变量，输出是用来进行编码的4位二进制代码，用 $Y_3\ Y_2\ Y_1\ Y_0$ 表示。由于输入变量相互排斥，所以只需要将真值表中输出为“1”的变量加起来就可得到相应输出信号的表达式。由真值表可得

$$Y_3=I_8+I_9$$

$$Y_2=I_4+I_5+I_6+I_7$$

$$Y_1=I_2+I_3+I_6+I_7$$

$$Y_0=I_1+I_3+I_5+I_7+I_9$$

图 5-1 所示为由或门实现的 8421BCD 码编码器的逻辑电路，输入为高电平有效。也可以用与非门实现，不过输入为低电平有效。市场上常用的 8421BCD 集成编码器有 74LS147。

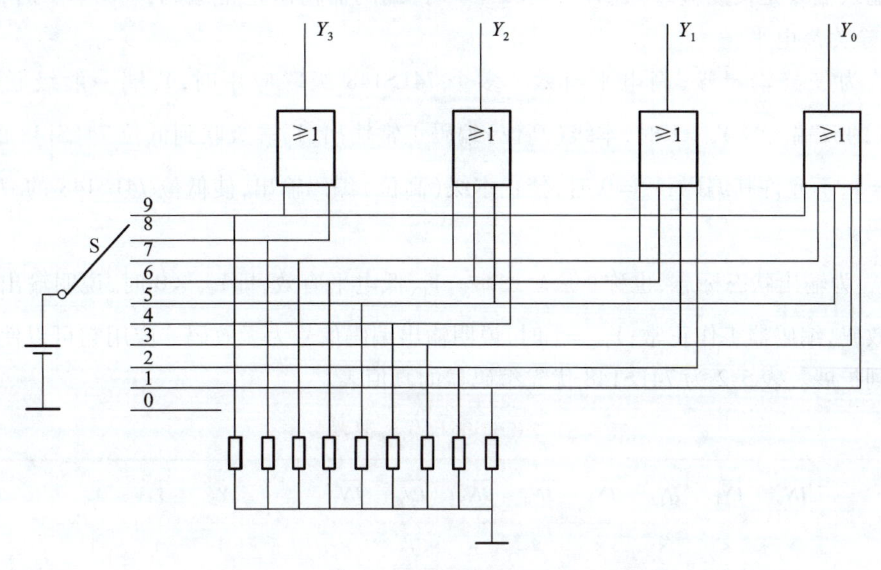

图 5-1　10 线-4 线编码器(8421 编码器电路)

2. 优先编码器

图 5-1 所示普通编码器电路虽然比较简单，但同时按下两个或更多键时，其输出将是混乱不定的。而在控制系统中被控对象常常不止一个，因此必须对多对象输入的控制量进行处理。例如计算机系统中，常需要对若干个工作对象进行控制，如打印机、键盘、磁盘驱动器等。若几个部件同时发出服务请求时，必须根据轻重缓急、按预先规定好的优先顺序允许其中的一个进行操作。优先编码器设置了优先权级，以 8 线-3 线为例，通常设 I_7 的优先级别最高，I_6 次之，依此类推，I_0 最低。当两个以上的有效输入信号同时出现时，选择优先级最高的一个输入信号进行编码。

下面以图 5-2 所示的 8 线-3 线优先编码器 74LS148 为例，简要说明其工作原理和使用方法。

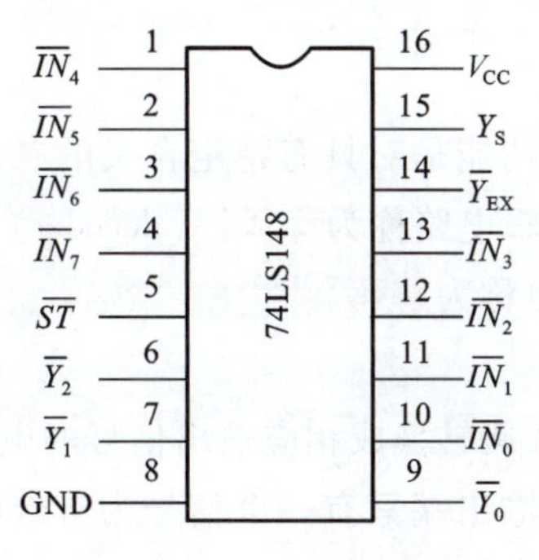

图 5-2　优先编码器 74LS148

$\overline{IN}_0 \sim \overline{IN}_7$ 为 74LS148 的 8 个输入变量，优先级别从高至低是由 $\overline{IN}_7$ 到 $\overline{IN}_0$。$\overline{Y}_0$、$\overline{Y}_1$、$\overline{Y}_2$ 为三个输出变量。输入和输出均为低电平有效。

学习笔记

①输入信号$\overline{IN}_0 \sim \overline{IN}_7$低电平有效，当多个输入有效时，对最大输入数字进行优先编码。

②输入端$\overline{ST}$是**使能输入控制端**，当$\overline{ST}=0$时，编码器输出正常编码；当$\overline{ST}=1$时，禁止编码，输出全为高电平。

③Y_S为**使能输出端**，高电平有效。多个74LS148级联应用时，Y_S端一般级联到低位74LS148的$\overline{ST}$端。当$Y_S=1$时，本级（高位）编码正常输出，Y_S端级联到低位74LS148的$\overline{ST}$端，使其$\overline{ST}=1$，不允许其编码；$Y_S=0$时，禁止本级（高位）编码输出，使低位74LS148的$\overline{ST}=0$，允许其编码。

④$\overline{Y}_{EX}$为输出状态标志，也称**扩展输出端**。$\overline{Y}_{EX}$低电平有效，即$\overline{Y}_{EX}=0$时，说明输出编码信号为有效码，编码器工作正常；$\overline{Y}_{EX}=1$时，说明输出编码信号为无效码。应用它可以使编码输出位得到扩展。表5-2为74LS148优先编码器的真值表。

表5-2　74LS148优先编码器真值表

$\overline{ST}$	$\overline{IN}_0$	$\overline{IN}_1$	$\overline{IN}_2$	$\overline{IN}_3$	$\overline{IN}_4$	$\overline{IN}_5$	$\overline{IN}_6$	$\overline{IN}_7$	$\overline{Y}_2$	$\overline{Y}_1$	$\overline{Y}_0$	$\overline{Y}_{EX}$	Y_S
1	×	×	×	×	×	×	×	×	1	1	1	1	1
0	1	1	1	1	1	1	1	1	1	1	1	1	0
0	×	×	×	×	×	×	×	0	0	0	0	0	1
0	×	×	×	×	×	×	0	1	0	0	1	0	1
0	×	×	×	×	×	0	1	1	0	1	0	0	1
0	×	×	×	×	0	1	1	1	0	1	1	0	1
0	×	×	×	0	1	1	1	1	1	0	0	0	1
0	×	×	0	1	1	1	1	1	1	0	1	0	1
0	×	0	1	1	1	1	1	1	1	1	0	0	1
0	0	1	1	1	1	1	1	1	1	1	1	0	1

优先编码器的种类繁多，例如TTL优先编码器74147、74148以及CMOS优先编码器74HC147、74HC148等。

视频

变量译码器

二、译码器

译码是编码的逆过程，它的功能是对具有特定含义的二进制码进行辨别，并转换成相应的控制信号，具有译码功能的逻辑电路称为**译码器**（decoder）。它是一种使用广泛的多输入、多输出的组合逻辑电路。译码也称为**解码**。

1. 二进制译码器

二进制译码器是将二进制代码转换成相应输出信号的电路。它有n个输入变量，2^n个输出变量。对应每一组输入信号，输出端只有一个信号为有效电平，其余都为无效电平。可以是高电平有效，也可以是低电平有效，设计时根据实际情况确定。二进制译码器常称为n线-2^n线译码器。

如果设计一个2线-4线译码器，要求高电平有效。令输入信号为A_1、A_0，则输出信号为$2^2=4$个，即Y_3、Y_2、Y_1、Y_0。表5-3为高电平有效的2线-4线译码器真值表。

表 5-3　2 线-4 线译码器真值表

输入		输出			
A_1	A_0	Y_3	Y_2	Y_1	Y_0
0	0	0	0	0	1
0	1	0	0	1	0
1	0	0	1	0	0
1	1	1	0	0	0

由真值表可得

$$Y_0 = \overline{A}_1\overline{A}_0,\quad Y_1 = \overline{A}_1A_0,\quad Y_2 = A_1\overline{A}_0,\quad Y_3 = A_1A_0$$

二进制码译码器又称最小项译码器，因为最小项取值的性质是对于一种二进制码的输入，只有一个最小项为“1”，其余 N－1 个最小项均为“0”。

由输出的逻辑表达式可以画出该译码器的逻辑电路图，如图 5-3 所示。

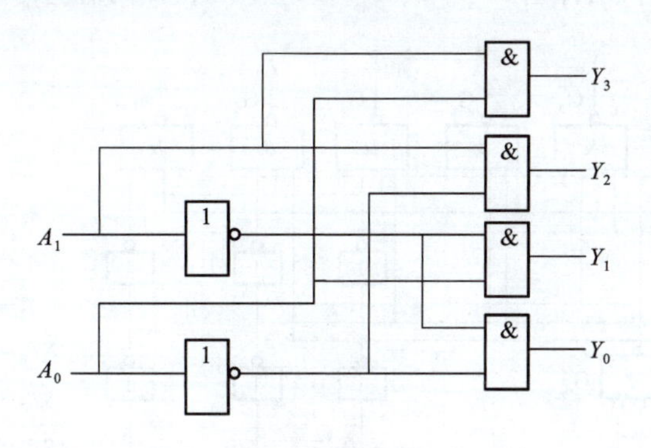

图 5-3　2 线-4 线译码器逻辑电路

常用的 2 线-4 线集成译码器有 74LS139、74139、74HC139 和 74HCT139 等。

表 5-4 为 3 线-8 线译码器真值表，输出低电平有效。由真值表可得

$$\overline{Y}_0 = \overline{\overline{A}_2\overline{A}_1\overline{A}_0},\quad \overline{Y}_1 = \overline{\overline{A}_2\overline{A}_1A_0},$$

$$\overline{Y}_2 = \overline{\overline{A}_2A_1\overline{A}_0},\quad \overline{Y}_3 = \overline{\overline{A}_2A_1A_0},$$

$$\overline{Y}_4 = \overline{A_2\overline{A}_1\overline{A}_0},\quad \overline{Y}_5 = \overline{\overline{A}_2\overline{A}_1A_0},$$

$$\overline{Y}_6 = \overline{A_2A_1\overline{A}_0},\quad \overline{Y}_7 = \overline{A_2A_1A_0}$$

表 5-4　3 线-8 线译码器真值表

输入			输出							
A_2	A_1	A_0	$\overline{Y}_7$	$\overline{Y}_6$	$\overline{Y}_5$	$\overline{Y}_4$	$\overline{Y}_3$	$\overline{Y}_2$	$\overline{Y}_1$	$\overline{Y}_0$
0	0	0	1	1	1	1	1	1	1	0
0	0	1	1	1	1	1	1	1	0	1
0	1	0	1	1	1	1	1	0	1	1
0	1	1	1	1	1	1	0	1	1	1

学习笔记

续表

输入			输出							
A_2	A_1	A_0	$\overline{Y}_7$	$\overline{Y}_6$	$\overline{Y}_5$	$\overline{Y}_4$	$\overline{Y}_3$	$\overline{Y}_2$	$\overline{Y}_1$	$\overline{Y}_0$
1	0	0	1	1	1	0	1	1	1	1
1	0	1	1	1	0	1	1	1	1	1
1	1	0	1	0	1	1	1	1	1	1
1	1	1	0	1	1	1	1	1	1	1

由输出的逻辑表达式可以画出该译码器的逻辑电路图，如图 5-4 所示。

常用的 3 线-8 线集成译码器有 138 系列如 74LS138、74138、74HC138 等；137 系列如 74LS137、74137、74HC137 等。常用的 74LS138 是一种中规模集成电路（MSI），应用很广。图 5-5为74LS138 的引脚示意图。其中 ST_A、$\overline{ST}_B$、$\overline{ST}_C$ 为选通控制端。ST_A 为高电平有效，权最高；$\overline{ST}_B$、$\overline{ST}_C$ 为低电平有效，即当 $ST_A=1$、$\overline{ST}_B=\overline{ST}_C=0$ 时，译码器正常译码。

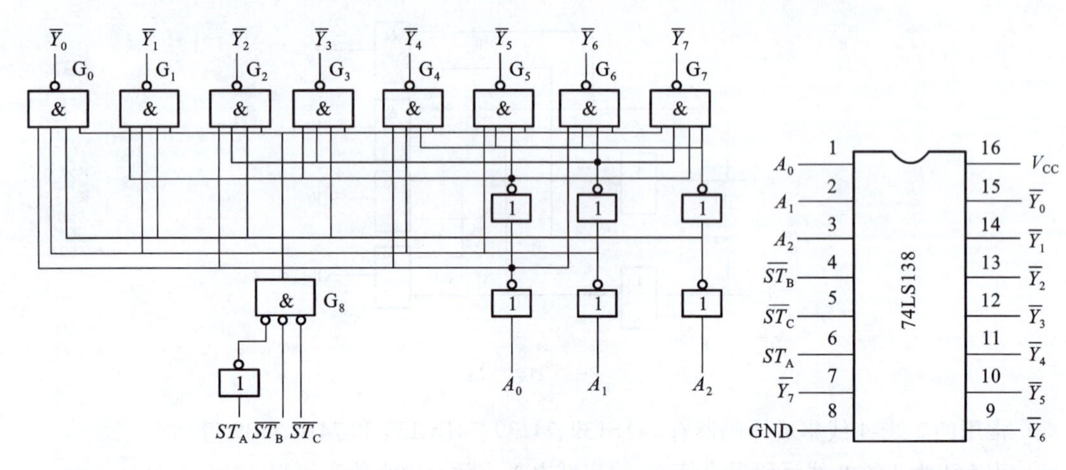

图 5-4　3 线-8 线译码器逻辑电路

图 5-5　74LS138 引脚示意图

2. 二进制译码器的应用

视频 二进制译码器的应用

译码器除了译码功能之外，还可以用来扩展译码、实现组合逻辑函数及数据分配。

（1）扩展译码

通过正确配置译码器的使能输入端，可以将译码器的位数进行扩展。

例 5-1　试用两个 74LS138 实现 4 线-16 线译码功能。

解　4 线-16 线译码要求有 4 个输入端、16 个输出端。74LS138 每片有 3 个输入端、8 个输出端，利用它的使能端适当级联，可以完成 4 线-16 线译码功能。

设 4 位输入为 $D_3D_2D_1D_0$，16 个输出为 $\overline{Y}_0 \sim \overline{Y}_{15}$（74LS138 输出低电平有效）。电路如图 5-6所示。

当输入 $D_3=0$ 时，高位译码器不工作，低位正常译码，根据 $D_2D_1D_0$ 的取值组合，$\overline{Y}_0 \sim \overline{Y}_7$ 中有一个为低电平输出，完成 0000 ~ 0111 的译码。

当输入 $D_3=1$ 时，低位译码器不工作，高位正常译码，根据 $D_2D_1D_0$ 的取值组合，$\overline{Y}_8 \sim \overline{Y}_{15}$ 中有一个为低电平输出，完成 1000 ~ 1111 的译码。

学习笔记

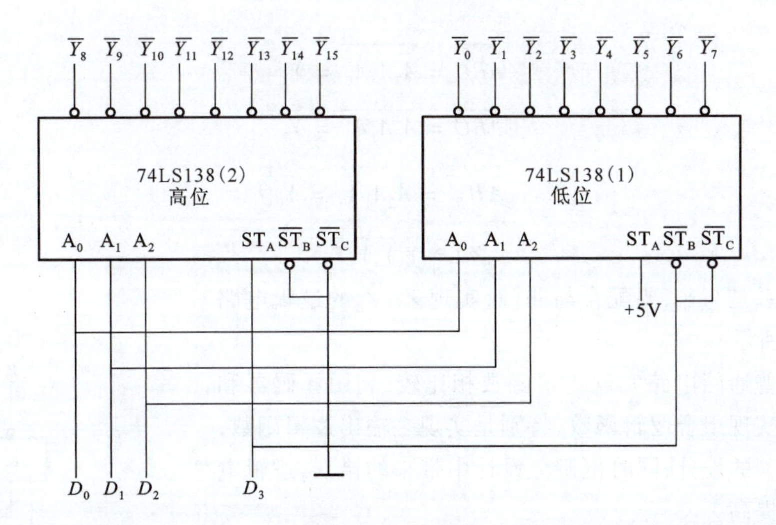

图 5-6　例 5-1 题图

(2)实现组合逻辑函数

从表 5-4 中不难发现,n 线-2^n线译码器输出包含了 n 变量所有的最小项。故利用译码器和一些附加逻辑门可以方便地实现组合逻辑函数。

用译码器实现逻辑函数时:①要把逻辑函数写成最小项之和的形式;②利用摩根定律把逻辑函数变换为与非的形式;③将逻辑函数中的逻辑变量对应于集成译码器的输入端;④接上适当的门电路,即可得到由译码器和门电路实现的逻辑函数。

注意: 要保证译码器工作在译码状态,即 $ST_A = 1$、$\overline{ST}_B = \overline{ST}_C = 0$。

例 5-2　试用 74LS138 和门电路实现下列逻辑函数:

① $Z_1 = A\overline{B} + \overline{A}BC$;　　　② $Z_2 = A\overline{B} + \overline{B}\,\overline{C} + BC$。

解　本题属于中规模集成电路的应用。先把逻辑函数写成最小项之和的形式。

$$① Z_1 = A\overline{B}C + A\overline{B}\,\overline{C} + \overline{A}BC = \overline{\overline{A\overline{B}C + A\overline{B}\,\overline{C} + \overline{A}BC}} = \overline{\overline{A\overline{B}C} \cdot \overline{A\overline{B}\,\overline{C}} \cdot \overline{\overline{A}BC}}$$

因为 74LS138 的地址输入端为 A_2、A_1、A_0,令 $A = A_2$、$B = A_1$、$C = A_0$,则有

$$\overline{A\overline{B}C} = \overline{A_2\overline{A}_1A_0} = \overline{Y}_5$$

$$\overline{A\overline{B}\,\overline{C}} = \overline{A_2\overline{A}_1\overline{A}_0} = \overline{Y}_4$$

$$\overline{\overline{A}BC} = \overline{\overline{A}_2A_1A_0} = \overline{Y}_3$$

故

$$Z_1 = \overline{\overline{Y}_3\overline{Y}_4\overline{Y}_5}$$

$$② Z_2 = A\overline{B}C + A\overline{B}\,\overline{C} + \overline{A}BC + \overline{A}\,\overline{B}\,\overline{C} + ABC = \overline{\overline{A\overline{B}C + A\overline{B}\,\overline{C} + \overline{A}BC + \overline{A}\,\overline{B}\,\overline{C} + ABC}}$$

$$= \overline{\overline{A\overline{B}C} \cdot \overline{A\overline{B}\,\overline{C}} \cdot \overline{\overline{A}BC} \cdot \overline{\overline{A}\,\overline{B}\,\overline{C}} \cdot \overline{ABC}}$$

因为 74LS138 的地址输入端为 A_2、A_1、A_0,令 $A = A_2$、$B = A_1$、$C = A_0$,则有

$$\overline{A\overline{B}C} = \overline{A_2\overline{A}_1A_0} = \overline{Y}_5$$

$$\overline{A\overline{B}\,\overline{C}} = \overline{A_2\overline{A}_1\overline{A}_0} = \overline{Y}_4$$

学习笔记

$$\overline{\overline{A}BC} = \overline{\overline{A_2}A_1A_0} = \overline{Y_3}$$

$$\overline{ABC} = \overline{A_2A_1A_0} = \overline{Y_7}$$

$$\overline{\overline{A}\,\overline{B}\,\overline{C}} = \overline{\overline{A_2}\,\overline{A_1}\,\overline{A_0}} = \overline{Y_0}$$

故

$$Z_2 = \overline{\overline{Y_3}\,\overline{Y_4}\,\overline{Y_5}\,\overline{Y_0}\,\overline{Y_7}}$$

上述关系是与非，要配合与非门，实现 Z_1、Z_2 的逻辑电路图如图 5-7 所示。

同采用普通门电路实现逻辑函数相比较，利用译码器和附加逻辑门实现组合逻辑函数，特别是实现多输出逻辑函数，可以省去烦琐的设计，同时也避免设计中带来的错误，逻辑电路的可靠性提高。

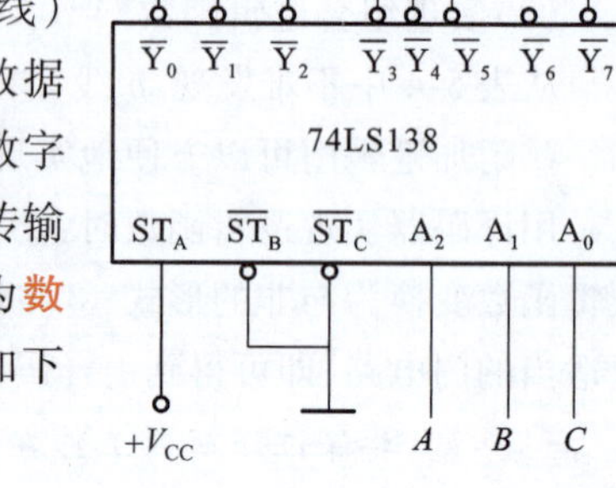

图 5-7　例 5-2 题图

(3)用作数据分配器

在数字系统和计算机中，经常需要将同一条线上(总线)的数据传输到多个支路中的一条支路上，这种功能称为数据分配，这种电路称为**数据分配器**(multiplexer)。译码器在数字系统和计算机中也可以做到将同一条线上(总线)的数据传输到多个支路中的一条支路上，因此译码器电路也可以作为**数据分配器**使用。用集成译码器实现数据分配时，需要做如下连接：

①把集成译码器的选通控制端当作数据输入端。

②把集成译码器的地址输入端当作选择控制端。

③如果译码器有多个选通控制端(如 74LS138 有三个)，需要把权最高的选通控制端当作数据输入端，另外的接为有效电平，保证译码器工作在译码状态。图 5-8 为由 74LS138 实现的 1 路-8 路数据分配器示意图。

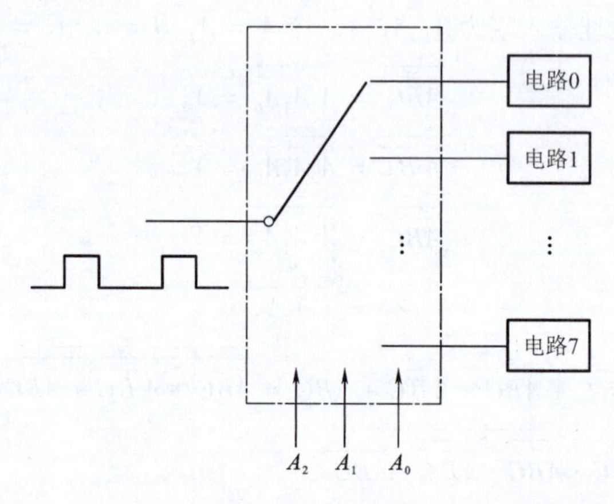

图 5-8　由 74LS138 实现的 1 路-8 路数据分配器示意图

由于译码器和数据分配器的功能非常接近，所以译码器一个很重要的应用就是构成数据分配器。也正因为如此，市场上没有集成数据分配器产品，只有集成译码器产品。

学习笔记

3. 二-十进制译码器

二-十进制译码器也称为 BCD 译码器，它是将 BCD 码翻译成对应的一位十进制数，所以称为**二-十进制译码器**。因为编码时采用的 BCD 码不同，所以 BCD 译码器有很多种。二-十进制译码器的设计方法同二进制译码器一样，但此种译码器有 4 个输入端、10 个输出端，也称为 4 线-10 线译码器。常用的有 8421BCD 码译码器，典型集成电路有 74LS42、74HC42 等。表 5-5 为 74LS42 真值表。

表 5-5　4 线-10 线译码器 74LS42 真值表

十进制数	8421BCD 码				输出									
	A_3	A_2	A_1	A_0	$\overline{Y}_9$	$\overline{Y}_8$	$\overline{Y}_7$	$\overline{Y}_6$	$\overline{Y}_5$	$\overline{Y}_4$	$\overline{Y}_3$	$\overline{Y}_2$	$\overline{Y}_1$	$\overline{Y}_0$
0	0	0	0	0	1	1	1	1	1	1	1	1	1	0
1	0	0	0	1	1	1	1	1	1	1	1	1	0	1
2	0	0	1	0	1	1	1	1	1	1	1	0	1	1
3	0	0	1	1	1	1	1	1	1	1	0	1	1	1
4	0	1	0	0	1	1	1	1	1	0	1	1	1	1
5	0	1	0	1	1	1	1	1	0	1	1	1	1	1
6	0	1	1	0	1	1	1	0	1	1	1	1	1	1
7	0	1	1	1	1	1	0	1	1	1	1	1	1	1
8	1	0	0	0	1	0	1	1	1	1	1	1	1	1
9	1	0	0	1	0	1	1	1	1	1	1	1	1	1
无效数码 10	1	0	1	0	全部为 1									
11	1	0	1	1										
12	1	1	0	0										
13	1	1	0	1										
14	1	1	1	0										
15	1	1	1	1										

从真值表可看出，当输入为十进制数 10 ~ 15 时，输出全为高电平，所以 1010 ~ 1111 这 6 组输入称为“**伪码**”，此时，10 个输出端均为无效电平。

图 5-9 为 74LS42 的引脚示意图。若将输入的最高位 A_3 作为选通控制端，则 74LS42 也可作为 3 线-8 线译码器使用。

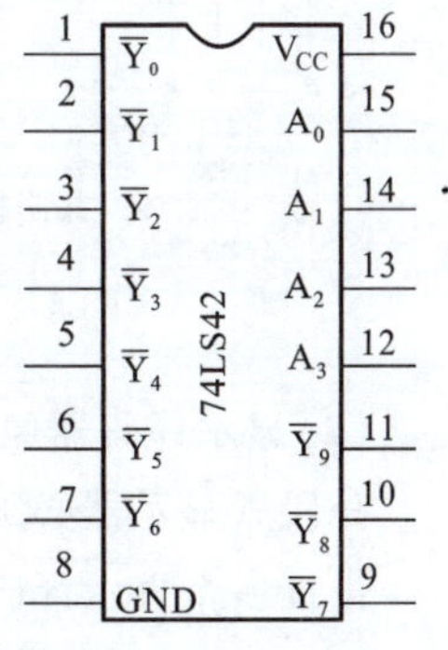

图 5-9　二-十进制译码器 74LS42 的引脚示意图

前面所介绍的 2 线-4 线、3 线-8 线、4 线-10 线译码器均为变量译码器。此外，还有一类译码器为显示译码器。

4. 显示译码器

在数字测量仪表和各种数字系统中，通常需要将各种数字信息翻译成人们熟悉的**十进制数**直观地显示出来，供人们直接读取测量和运算的结果；或者用于观察数字系统的工作情况。因此，数字显示电路是许多数字设备不可缺少的部分。数字显示电路通常由译码器、驱动器和显示器等部分组成。

(1) 显示器

数字显示器件按发光物质的不同可分为辉光显示器（如辉光数

学习笔记

码管）、荧光显示器（如荧光数码管、场致发光数字板）、半导体显示器（也称为发光二极管）和液晶显示器。按显示方式不同可分为分段式显示器、字符重叠式显示器、点阵式显示器。

这里主要介绍目前使用较多的由发光二极管组成的**半导体七段字符显示器**，也叫**半导体数码管**。其字形示意图如图 5-10 所示。它通常是由七个可发光的线段（$a \sim g$）外加一个小数点（h）组合而成，每个线段都包含一个发光二极管（LED），由这七个线段来组成 0～9 这十个数字。其中的发光二极管使用的材料是磷砷化镓、磷化镓、砷化镓等，而且杂质浓度很高。当外加正向电压时，以扩散运动为主，其中一部分电子从导带跃迁到价带，把多余的能量以光的形式释放出来，发出一定波长的可见光。若要显示某个数字，必须使相应的线段同时发光。

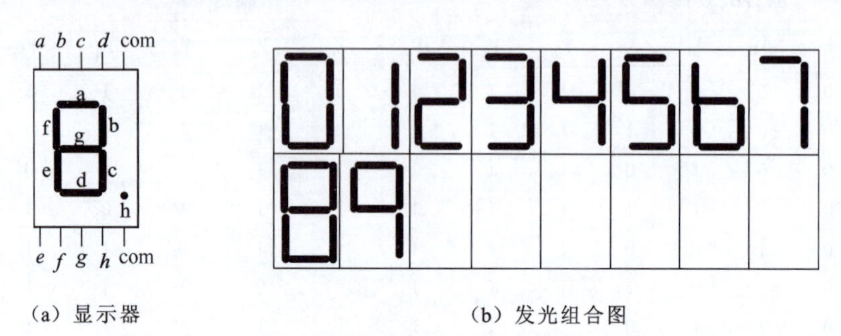

图 5-10　半导体七段字符显示器与字形图

半导体七段字符显示器有**共阴极**和**共阳极**两种接法。图 5-11 为半导体七段显示器两种接法的引脚排列图和接线图。共阴极接法时，所有阴极连在一起接地，哪个发光二极管的阳极接收到高电平，则哪个发光二极管发光，对应显示段发光；共阳极接法时，所有阳极连在一起接电源正极，哪个发光二极管阴极接收到低电平，哪个发光二极管发光。

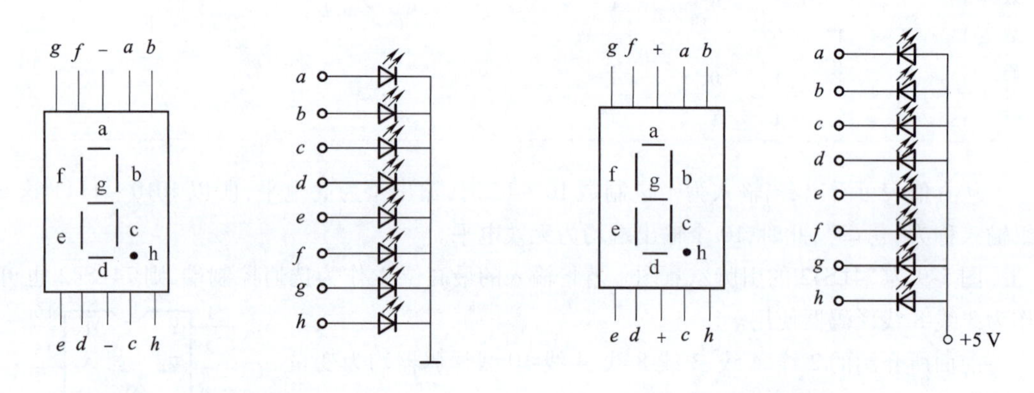

图 5-11　半导体七段字符显示器两种接法电路结构和引脚示意图

（2）显示译码器原理

分段式显示器必须与特定的译码器配合使用，这种译码器称为**显示译码器**。

设计一个显示译码器首先必须考虑的是显示器要显示的字形。下面以输入为 8421BCD 码的半导体七段显示译码器为例，介绍显示译码器的一般设计方法和逻辑电路。

由于分段式显示器是利用不同发光段组合的方式显示不同数码的。为了使显示器能将数码代表的数显示出来，先将数码经过显示译码器译出一个特定信号，然后经驱动器点亮对应的字段。例如，对于8421码的0011状态，对应的十进制数为3，则显示译码器的输出信号应使 a、b、c、d、g 各段点亮，即对应于某一个输入代码，显示译码器有确定的几个输出端有信号输出，这是分段式显示器电路的主要特点。

如果选择共阴极七段字符显示器，即当某一个阳极为高电平时，该阳极对应的线段点亮；当某一个阳极为低电平时，该阳极对应的线段不亮。

表5-6为半导体七段显示译码器的真值表，输入为4位8421BCD码，输出为 $a \sim g$ 七个线段的控制信号。因为采用共阴极接法，所以输出端是"1"为有效电平，"0"为无效电平。由于输入为8421BCD码，所以1010～1111这6个数不会出现，即为无效状态。

表5-6　半导体七段字符显示译码器（共阴极接法）真值表

十进制数	输入				输出						
	B_3	B_2	B_1	B_0	a	b	c	d	e	f	g
0	0	0	0	0	1	1	1	1	1	1	0
1	0	0	0	1	0	1	1	0	0	0	0
2	0	0	1	0	1	1	0	1	1	0	1
3	0	0	1	1	1	1	1	1	0	0	1
4	0	1	0	0	0	1	1	0	0	1	1
5	0	1	0	1	1	0	1	1	0	1	1
6	0	1	1	0	1	0	1	1	11	1	
7	0	1	1	1	1	1	1	0	0	0	0
8	1	0	0	0	1	1	1	1	1	1	1
9	1	0	0	1	1	1	1	1	0	1	1
无效状态	1	0	1	0	×	×	×	×	×	×	×
	1	0	1	1	×	×	×	×	×	×	×
	1	1	0	0	×	×	×	×	×	×	×
	1	1	0	1	×	×	×	×	×	×	×
	1	1	1	0	×	×	×	×	×	×	×
	1	1	1	1	×	×	×	×	×	×	×

需要注意的是，由于采用了半导体显示器，其工作电流非常大，使用时要选择合适的输出级与显示器匹配。

目前市场常用的七段字符集成显示译码器有TTL系列的7446、7447、74LS47、7448、74LS48等及CMOS系列的CD4511等。常用搭配有：74LS47显示译码器是输出低电平，驱动共阳极数码管；74LS48是输出高电平，驱动共阴极数码管。

（3）7448七段显示译码器

图5-12为共阳极半导体七段显示译码器7448驱动显示数码管BS201A的连接图。7448是常用的集成七段显示译码器，输出为高电平有效，用以驱动共阴极显示器。该集成显示译码器设有多个辅助控制端，以增强器件的功能。7448有3个辅助控制端 $\overline{LT}$、$\overline{RBI}$、$\overline{BI}/\overline{RBO}$，现简要说明如下：

学习笔记

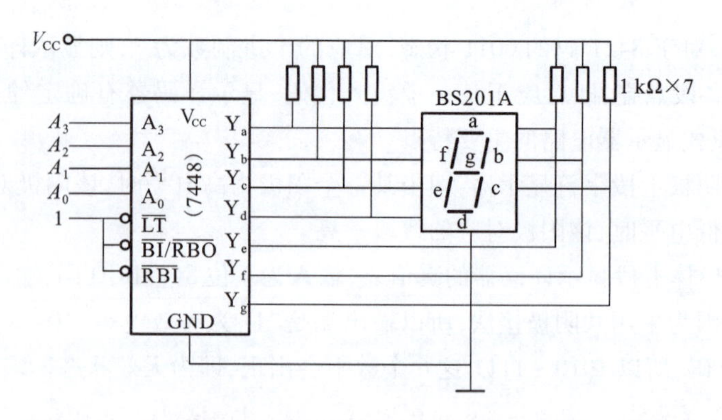

图 5-12　显示译码器 7448 驱动显示数码管 BS201A 的连接图

①灯输入 $\overline{BI}/\overline{RBO}$。$\overline{BI}/\overline{RBO}$ 是特殊控制端，有时作为输入，有时作为输出。当 $\overline{BI}/\overline{RBO}$ 作输入使用且 $\overline{BI}=0$ 时，无论其他输入端是什么电平，所有各段输出 $a\sim g$ 均为 0，所以字形熄灭。

②试灯输入 $\overline{LT}$。当 $\overline{LT}=0$ 时，$\overline{BI}/\overline{RBO}$ 是输出端，且 $\overline{RBO}=1$，此时无论其他输入端是什么状态，所有各段输出 $a\sim g$ 均为 1，显示字形 8。该输入端常用于检查 7448 本身及显示器的好坏。

③动态灭零输入 $\overline{RBI}$。当 $\overline{RBI}=0$，$\overline{LT}=1$，且输入代码 $DCBA=0000$ 时，各段输出 $a\sim g$ 均为低电平，与 BCD 码相应的字形0熄灭，故称“灭零”。利用 $\overline{LT}=1$ 与 $\overline{RBI}=0$ 可以实现某一位的“消隐”。

④动态灭零输出 $\overline{RBO}$。$\overline{BI}/\overline{RBO}$ 作为输出使用时，受控于 $\overline{LT}$ 和 $\overline{RBI}$。当 $\overline{LT}=1$ 且 $\overline{RBI}=0$，输入代码 $DCBA=0000$ 时，$\overline{RBO}=0$；若 $\overline{LT}=0$ 或者 $\overline{LT}=1$ 且 $\overline{RBI}=1$，则 $\overline{RBO}=1$。该端主要用于显示多位数字时，多个译码器之间的连接。

显示译码器 74LS48、74LS47 和显示数码管实物图如图 5-13 所示。

图 5-13　显示译码器 74LS48、74LS47 和显示数码管实物图

视频

加法器

三、加法器

在数字系统中，同样要进行算术运算，包括加、减、乘、除等。这些运算都可由加法器实现，所以加法器可以称为数字系统中最基本的运算电路。

学习笔记

1. 半加器

完成两个1位二进制数相加，只考虑两个加数本身，不考虑来自低位进位的数字电路称为半加器(half adder)。

设相加的两个数为输入，分别为A(被加数)、B(加数)，相加的结果和进位为输出，分别为S(和)和C(进位)。其真值表见表5-7。逻辑电路与逻辑符号如图5-14所示。

表5-7　半加器真值表

输入		输出	
A	**B**	**S**	**C**
0	0	0	0
0	1	1	0
1	0	1	0
1	1	0	1

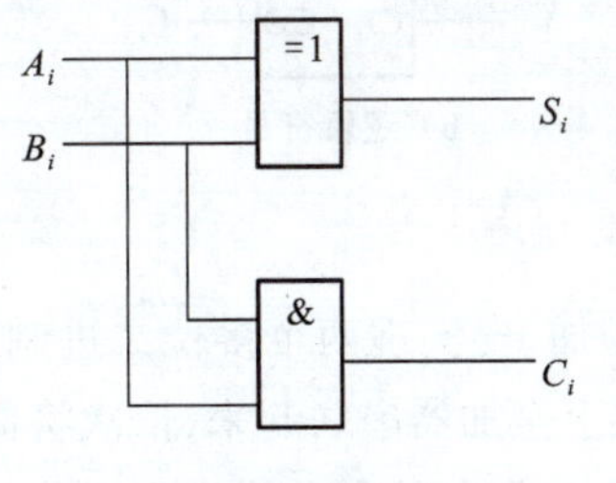

(a) 逻辑电路图

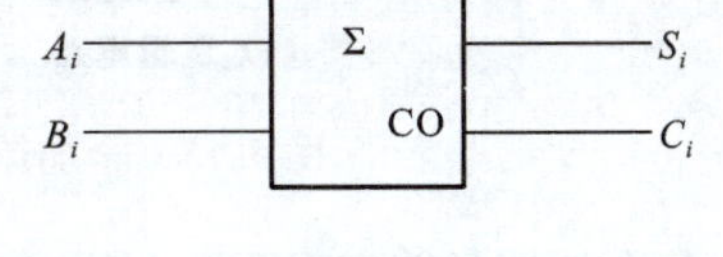

(b) 逻辑符号

图5-14　半加器逻辑电路与逻辑符号

由真值表可得

$$S = \overline{A}B + A\overline{B}$$
$$C = AB$$

2. 全加器

完成两个1位二进制数相加，不仅考虑两个数本身，而且考虑来自低位进位的数字电路称为全加器(full adder)。

设相加的两个数及低位的进位为输入，分别为A_i(被加数)、B_i(加数)、C_{i-1}(低位进位)，相加的结果和进位为输出，分别为S_i(和)和C_i(进位)。其真值表见表5-8。由真值表可得

$$\begin{aligned}S_i &= \overline{A}_i\overline{B}_iC_{i-1} + \overline{A}_iB_i\overline{C}_{i-1} + A_i\overline{B}_i\overline{C}_{i-1} + A_iB_iC_{i-1}\\&= (\overline{A}_iB_i + A_i\overline{B}_i)\overline{C}_{i-1} + (\overline{A_i\overline{B}_i + A_iB_i})C_{i-1}\\&= (A_i \oplus B_i)\overline{C}_{i-1} + \overline{(A_i \oplus B_i)}C_{i-1}\\&= A_i \oplus B_i \oplus C_{i-1}\end{aligned}$$

$$\begin{aligned}C_i &= \overline{A}_iB_iC_{i-1} + A_i\overline{B}_iC_{i-1} + A_iB_i\overline{C}_{i-1} + A_iB_iC_{i-1}\\&= (\overline{A}_iB_i + A_i\overline{B}_i)C_{i-1} + A_iB_i(\overline{C}_{i-1} + C_{i-1})\\&= (A_i \oplus B_i)C_{i-1} + A_iB_i\end{aligned}$$

学习笔记

表 5-8　全加器真值表

输入			输出		输入			输出	
A_i	B_i	C_{i-1}	S_i	C_i	A_i	B_i	C_{i-1}	S_i	C_i
0	0	0	0	0	1	0	0	1	0
0	0	1	1	0	1	0	1	0	1
0	1	0	1	0	1	1	0	0	1
0	1	1	0	1	1	1	1	1	1

全加器的逻辑电路与逻辑符号如图 5-15 所示。

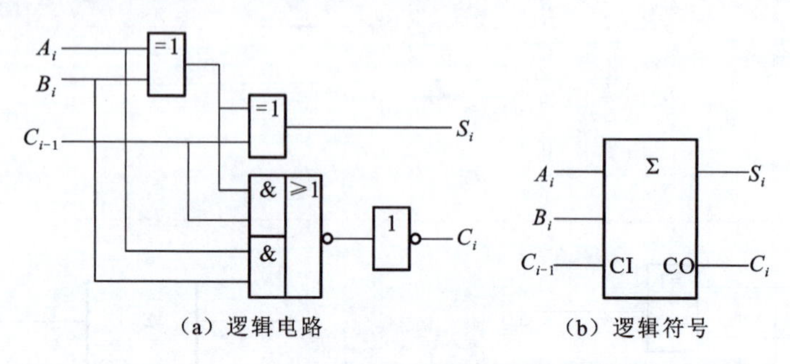

图 5-15　全加器的逻辑电路与逻辑符号

一个 1 位全加器只能实现两个 1 位二进制数的相加，要实现两个多位二进制数相加，就必须采用多位加法器。最简单的多位加法器就是把多个全加器串联起来，依次将低位的进位输出 C_i 接到高位的进位输入 C_{i-1} 就构成了多位加法器，这种加法器称为串行进位加法器。这种加法器结构简单，但速度比较慢，即运算结果必须等到低位的进位送到高位才能得到。

3. 超前进位集成加法器

目前使用最多的是超前进位加法器，也称为并行进位加法器。为了克服串行进位加法器速度慢的缺点，采用超前进位的方法，在进行算术运算的同时使每位的进位只由加数和被加数决定，每级的进位 C_i 数值也可以快速计算出来，直接送到输出端。运算速度很快。

常用的超前进位集成全加器有 TTL 系列的 74283、74LS283、74S283 等和 CMOS 系列的 74HC283、CD4008 等。而 74LS183 是双 2 位全加器。

图 5-16 为 4 位全加器 74LS283 的引脚示意图。$A_1 \sim A_4$ 为 4 位被加数输入端、$B_1 \sim B_4$ 为 4 位加数输入端，CI_0 为进位输入端；$Y_1 \sim Y_4$ 为输出端，CO_4 为进位输出端。不难看出，如果把低位的 CO_4 接到高位的 CI_0，则可以实现 8 位二进制数的运算。

引脚	名称	引脚	名称
1	Y_2	16	V_{CC}
2	B_2	15	B_3
3	A_2	14	A_3
4	Y_1	13	Y_3
5	A_1	12	A_4
6	B_1	11	B_4
7	CI_0	10	Y_4
8	GND	9	CO_4

74LS283

图 5-16　4 位全加器 74LS283 的引脚示意图

4. 加法器的应用

因为加法器是数字系统中一种基本的逻辑器件，所以它的应用很广。它可用于二进制的码组变换，减法运算，乘法运算，BCD 码的加、减法，数码比较等。在有些情况下也用作实现组合逻辑函数。下面举一个例子，应用加法器实现代码变换。

全加器的基本功能是实现二进制的加法。因此，若某一逻辑函数的输出恰好等于输入代码所表示的数加上另一常数或另一组输入代码时，则用全加器实现十分方便。

学习笔记

视频

比较器功能仿真

四、数值比较器和数据选择器

1. 数值比较器

实现比较两个二进制数大小,并把比较结果作为输出的电路,称为数值比较器,也叫数字比较器。

(1)1 位数值比较器

1 位数值比较器是指比较两个 1 位二进制数 A 和 B 的电路。其真值表见表 5-9。

表 5-9　1 位数值比较器真值表

输　入		输　出		
A	B	$Z_1(A>B)$	$Z_2(A<B)$	$Z_3(A=B)$
0	0	0	0	1
0	1	0	1	0
1	0	1	0	0
1	1	0	0	1

设 A、B 是需要比较的两个 1 位二进制数,作为输入;$Z_1(A>B)$、$Z_2(A<B)$、$Z_3(A=B)$ 是比较结果,作为输出。

由真值表可得

$$Z_1 = A\overline{B}$$

$$Z_2 = \overline{A}B$$

$$Z_3 = \overline{A}\,\overline{B} + AB = A \odot B = \overline{A \oplus B}$$

画出其逻辑电路如图 5-17 所示。

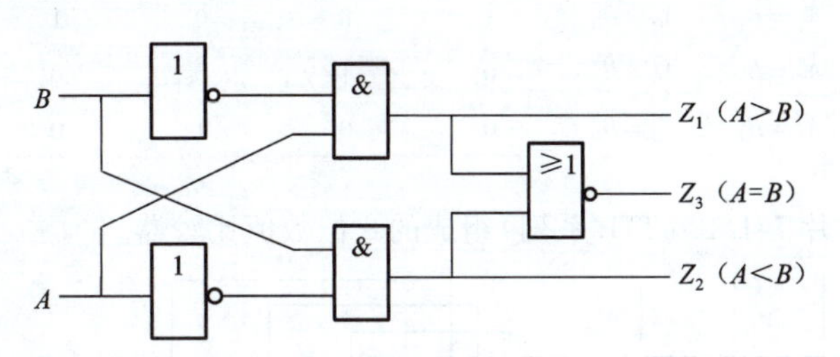

图 5-17　1 位数值比较器逻辑电路

(2)多位数值比较器

多位数值比较器是指比较两个多位二进制数 $A(A_{n-1}A_{n-2}\cdots A_0)$ 和 $B(B_{n-1}B_{n-2}\cdots B_0)$ 的电路。以 4 位二进制数 $A_3A_2A_1A_0$ 和 $B_3B_2B_1B_0$ 的比较为例。很明显,多位二进制数的比较,首先要比较最高位。如果 $A_3>B_3$,则不论其他位如何,肯定 $A>B$;如果 $A_3<B_3$,肯定 $A<B$。如果最高位 $A_3=B_3$,则用相同的方法比较次高位 A_2 和 B_2。如果次高位也相等,即 $A_2=B_2$,再比较下一位 A_1 和 B_1,依次类推,直到比较出最后的结果。

常用的集成数值比较器有 TTL 系列的 7485、74LS85、74F85、74S85 和 CMOS 系列 74HC85、74HCT85、CC14585 等。下面介绍集成 4 位数值比较器 74LS85。

学习笔记

图5-18为集成4位数值比较器74LS85的引脚示意图。A_3～A_0、B_3～B_0为需比较的两个4位二进制数的输入端；$Z_1(A>B)$、$Z_2(A<B)$、$Z_3(A=B)$为比较结果输出端。另外还有三个串联输入端$IN(A>B)$、$IN(A<B)$、$IN(A=B)$，是为了扩展比较位数设置的。当需要比较超过4位数的二进制数时，可以采用级联的方法解决。

TTL比较器级联时，高位芯片中的$IN(A>B)$、$IN(A<B)$、$IN(A=B)$应该分别与低位芯片中的$Z_1(A>B)$、$Z_2(A<B)$、$Z_3(A=B)$三个输出端连接起来，低位芯片中的$IN(A>B)$、$IN(A<B)$接“0”，$IN(A=B)$接“1”。

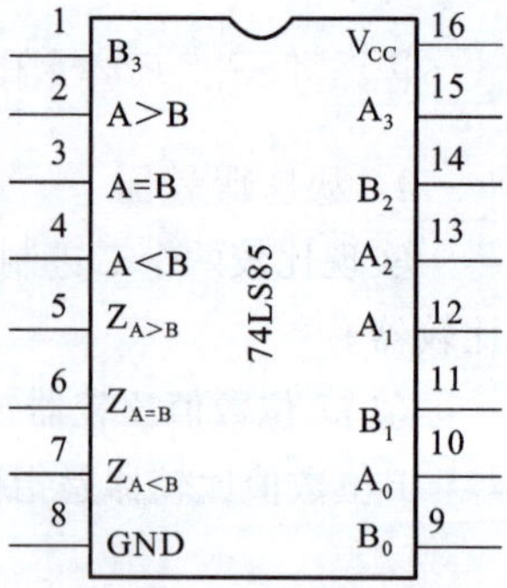

图5-18　4位数值比较器74LS85引脚示意图

表5-10为4位数值比较器74LS85真值表。

表5-10　4位数值比较器74LS85真值表

输入							输出		
比较				级联					
A_3B_3	A_2B_2	A_1B_1	A_0B_0	$IN(A>B)$	$IN(A<B)$	$IN(A=B)$	$Z_1(A>B)$	$Z_2(A<B)$	$Z_3(A=B)$
$A_3>B_3$	××	××	××	×	×	×	1	0	0
$A_3<B_3$	××	××	××	×	×	×	0	1	0
$A_3=B_3$	$A_2>B_2$	××	××	×	×	×	1	0	0
$A_3=B_3$	$A_2<B_2$	××	××	×	×	×	0	1	0
$A_3=B_3$	$A_2=B_3$	$A_1>B_1$	××	×	×	×	1	0	0
$A_3=B_3$	$A_3=B_2$	$A_1<B_1$	××	×	×	×	0	1	0
$A_3=B_3$	$A_2=B_2$	$A_1=B_1$	$A_0>B_0$	×	×	×	1	0	0
$A_3=B_3$	$A_2=B_2$	$A_1=B_1$	$A_0<B_0$	×	×	×	0	1	0
$A_3=B_3$	$A_2=B_2$	$A_1=B_1$	$A_0=B_0$	1	0	0	1	0	0
$A_3=B_3$	$A_2=B_2$	$A_1=B_1$	$A_0=B_0$	0	1	0	0	1	0
$A_3=B_3$	$A_2=B_2$	$A_1=B_1$	$A_0=B_0$	0	0	1	0	0	1

图5-19为由两片74LS85（TTL系列）组成的8位数值比较器。

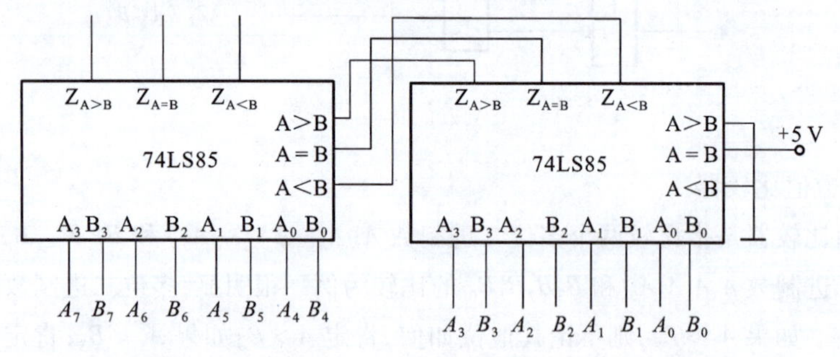

图5-19　由两片74LS85组成的8位数值比较器

2. 数据选择器

（1）数据选择器的逻辑功能与电路

数据选择器（multiplexer）又称**多路开关**，用缩写MUX表示。其逻辑功能与数据分配器相

学习笔记

反,它能在多个输入数据中选择一个,送到输出端。数据选择器可以有多个数据输入端和多个相应的选择地址码输入端,但输出端只有一个。究竟选择哪一组数据,是由地址码输入端的信号来控制的。设有 m 个数据输入端,n 个选择地址码输入端,则有 $m = 2^n$ 。

图 5-20 为 4 选 1 数据选择器的逻辑功能示意图,4 个数据输入端($m=4$),2 个地址码输入端($n=2$)。表 5-11 为 4 选 1 数据选择器的真值表。

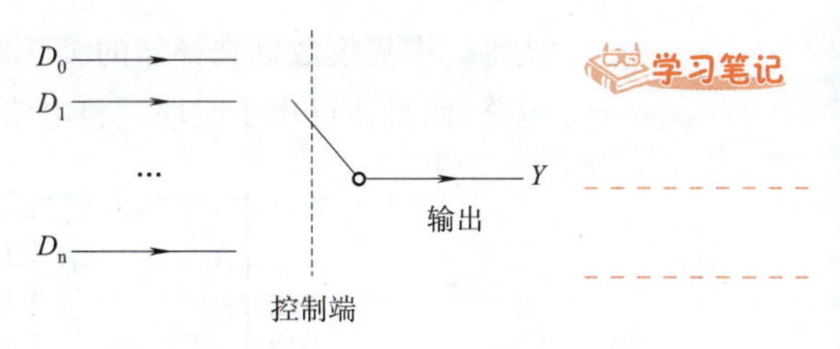

图 5-20　4 选 1 数据选择器逻辑功能示意图

表 5-11　4 选 1 数据选择器真值表

地址码输入		使能控制	数据输入	输出
A_1	A_0	$\overline{ST}$	D	Y
×	×	1	×	0
0	0	0	$D_3 \sim D_0$	D_0
0	1	0	$D_3 \sim D_0$	D_1
1	0	0	$D_3 \sim D_0$	D_2
1	1	0	$D_3 \sim D_0$	D_3

图 5-21 为 4 选 1 数据选择器逻辑电路。与或非门前端有 4 个具有与门功能的逻辑门,分别连接着各路信号。为了对 4 个数据源进行选择,使用两位地址码 A_1A_0 产生 4 个地址信号,由 A_1A_0 等于 00、01、10、11 分别控制 4 个与门的开闭。显然,任何时候 A_1A_0 只有一种可能的取值,所以只有一个与门打开,使对应的那一路数据通过,送达 Y 端。输入使能端 $\overline{ST}$ 是低电平有效,当 $\overline{ST}=1$ 时,所有与门都被封锁,无论地址码是什么,Y 总是等于 0;当 $\overline{ST}=0$ 时,封锁解除,由地址码决定哪一个与门打开。

由真值表可得

$$Y = [D_0(\overline{A}_1\overline{A}_0) + D_1(\overline{A}_1A_0) + D_2(A_1\overline{A}_0) + D_3(A_1A_0)] \cdot ST$$

由真值表或数据选择器的逻辑表达式可以看出,数据选择器是一个与或逻辑,是一个由最小项译码器选择输入数据的 $\sum m_i$ 的电路结构。

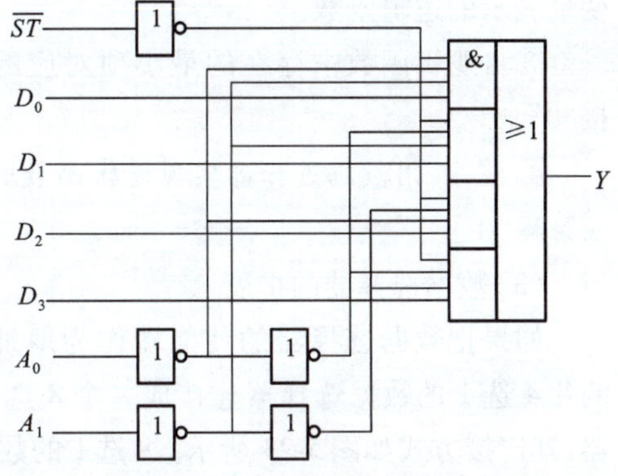

图 5-21　4 选 1 数据选择器逻辑电路

常用的集成数据选择器有:2 选 1 的 74LS157、74HC157;4 选 1 的 74153、74LS153、74HC153、40H153;8 选 1 的 74151、74LS151、74HC151;16 选 1 的 74150、74LS150 等。

图 5-22(a)为 8 选 1 数据选择器 74LS151 的引脚示意图。$D_0 \sim D_7$ 为 8 个数据输入端,$A_0 \sim A_2$ 为 3 个地址码输入端,Y 为输出端。另外,为了使用方便,直接引出了 $\overline{Y}$。双 4 选 1 数据选择器 74LS153 实物图如图 5-22(b)所示。

(2)数据选择器实现任何所需的组合逻辑函数

数据选择器除了作为数据选择输出之外,还可以用来实现逻辑函数、改变数据的传送方

学习笔记

式等。中规模数据选择器的级联可扩展其选择数据的路数，其功能扩展不仅可用于组合逻辑电路，而且还可用于时序逻辑电路。

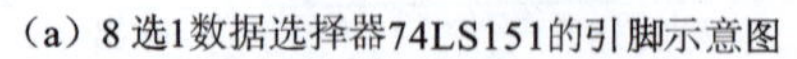

（a）8选1数据选择器74LS151的引脚示意图

（b）双4选1数据选择器74LS153实物图

图 5-22　集成数据选择器引脚示意图与实物

数据选择器是一个有使能端的 $\sum m_i$ 与或标准型电路结构，因为任何组合逻辑函数总可以用最小项之和的标准形式构成。所以，利用数据选择器的输入 D_i 来选择地址码输入组成的最小项 m_i，可以实现任何所需的组合逻辑函数。

数据选择器用来实现逻辑函数的具体方法步骤如下：

①确定逻辑函数的输入变量个数，选定数据选择器。先将给定的逻辑函数整理为最小项之和形式的与或表达式，根据输入变量的个数选定数据选择器。数据选择器的地址码输入端的变量个数应该等于或小于逻辑函数的输入变量个数。也就是说，具有 n 个地址码输入端的数据选择器可实现 n 变量的逻辑函数，最多可实现 $n+1$ 个变量的逻辑函数（不需其他辅助电路）。

②将数据选择器的地址码输入变量与逻辑函数的输入变量一一对应，写出由地址码输入变量表示的逻辑函数。

③将逻辑函数中存在的最小项对应的输入 D_i 接“1”，不存在的最小项对应的输入 D_i 接“0”。

注意： 用数据选择器实现逻辑函数时，数据选择器必须正常工作，因此使能控制端 $\overline{ST}$ 应该接“0”。

（3）数据选择器的扩展

如果把数据选择器的使能端作为地址输入，可以将两片4选1的数据选择器连接成一个8选1的数据选择器，其连接方式如图5-23所示。8选1的数据选择器的地址选择输入应有3位，其最高位 A_2 与一个4选1数据选择器的使能端连接，经过一反相器反相后与另一个数据选择器的使能端连接。低2位地址选择输入端 A_1A_0 由两片数据选择器的地址选择输入端相对应连接而成。类似的方法，可以实现8选1数据选择器扩展为16选1数据选择器等。

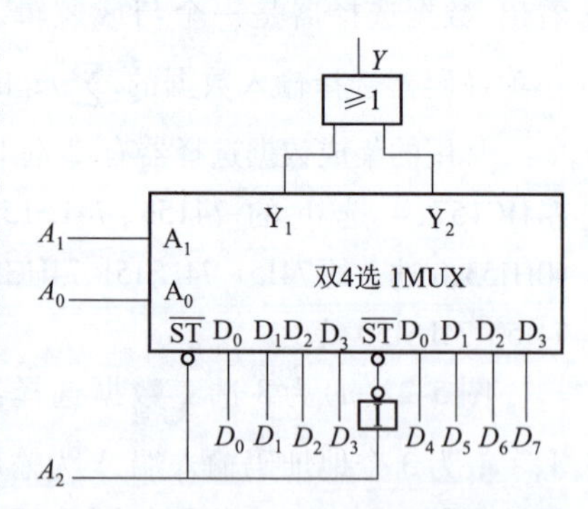

图 5-23　数据选择器的扩展

学习笔记

基础训练

1. 译码器的逻辑功能测试和使用

①将集成芯片 74HC138 正确放在实验板上，正确连接电源和接地。

②按照图 5-24 将输入和输出正确连接到实验设备的输入模块和输出模块。

③接通电源，正确提供输入信号，观察并记录输入状态，将测试结果填入表 5-12 中。

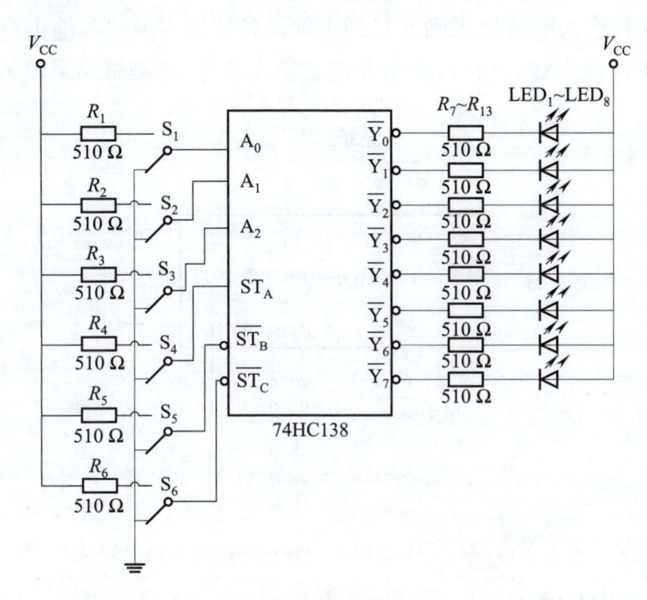

图 5-24　74HC138 逻辑功能测试图

表 5-12　74HC138 译码器控制端功能测试

控制信号			地址输入信号			译码器输出信号							
ST_A	$\overline{ST_B}$	$\overline{ST_C}$	A_2	A_1	A_0	$\overline{Y_0}$	$\overline{Y_1}$	$\overline{Y_2}$	$\overline{Y_3}$	$\overline{Y_4}$	$\overline{Y_5}$	$\overline{Y_6}$	$\overline{Y_7}$
0	×	×	×	×	×								
1	1	0	×	×	×								
1	0	1	×	×	×								
1	1	1	×	×	×								
1	0	0	0	0	0								
1	0	0	0	0	1								
1	0	0	0	1	0								
1	0	0	0	1	1								
1	0	0	1	0	0								
1	0	0	1	0	1								
1	0	0	1	1	0								
1	0	0	1	1	1								

2. 用 4 位全加器 74LS283 将 8421BCD 码转换为余 3 码

①对于同一个十进制数，余 3 码的编码是在 8421BCD 码的基础上加 3，如果转换为 4 位二进制数，即加上 0011。因此，用一块 4 位加法器即能实现这种转换。把 4 位全加器的 A_1 ~ A_4（由低位到高位）作为 4 位 8421BCD 码的输入端，把 B_4 ~ B_1 输入 0011，且进位 $Cl_0=0$，输出 Y_1 ~ Y_4（由低位到高位）即为对应的余 3 码，即可以实现 BCD 码转换为余 3 码的要求。

②将集成芯片 74LS283 正确放在电路板上，正确连接电源和接地。

③按照图 5-25 将输入和输出正确连接到实验设备的输入模块和输出模块。

④接通电源，正确提供输入信号，观察并记录输入状态，将测试结果填入表 5-13 中。

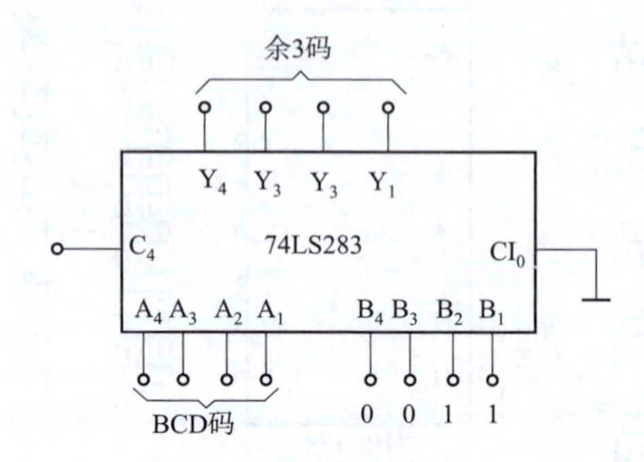

图 5-25　应用加法器实现代码变换

表 5-13　用 4 位全加器 74LS283 将 8421BCD 码转换为余 3 码测试表

输入（8421BCD 码）				输出			
A_4	A_3	A_2	A_1	Y_4	Y_3	Y_2	Y_1
0	0	0	0				
0	0	0	1				
0	0	1	0				
0	0	1	1				
0	1	0	0				
0	1	0	1				
0	1	1	0				
0	1	1	1				
1	0	0	0				
1	0	0	1				

3. 由 4 位集成加法器与数值比较器组成判别电路

①74LS283 为 4 位集成加法器，两个加数输入，例如 $A=0110$，$B=0011$，则 $A+B=0110+0011=1001$，运算结果为 $Y=1001$。74LS85 为 4 位数据比较器，比较结果 $Y=1001$ 小于 1010，所以 74LS85 输出端 $Z_{A<B}$ 为高电平，故 LED_3 正向导通，发光显示。

②将集成芯片 74LS283 和 74LS85 正确放在电路板上，正确连接电源和接地。

③按照图 5-26 将输入和输出正确连接到实验设备的输入模块和输出模块。

学习笔记

④接通电源，正确提供输入信号，观察并记录输入状态。

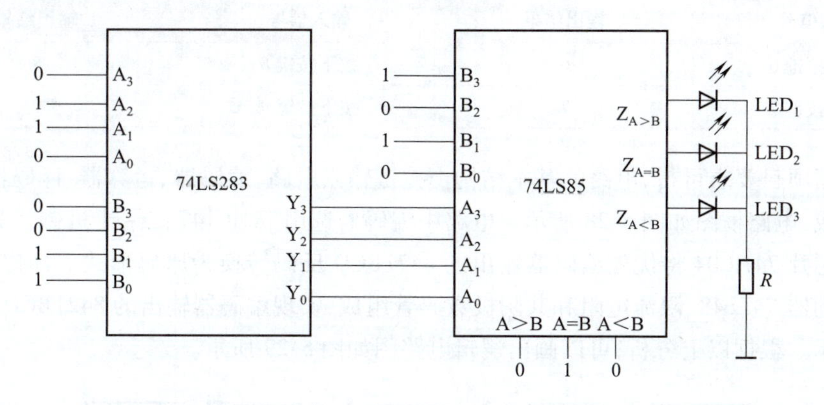

图 5-26　判别电路

4. 用数据选择器实现逻辑函数

①以 $L = AB + BC + AC$ 为例：

$$L = AB(C + \overline{C}) + BC(A + \overline{A}) + AC(B + \overline{B}) = \overline{A}BC + A\overline{B}C + AB\overline{C} + ABC$$

因为有三个变量，所以选择有三个地址码输入端的 8 选 1 数据选择器 74LS151。令 $A_2 = A, A_1 = B, A_0 = C$，则可写作 $L = \overline{A_2}A_1A_0 + A_2\overline{A_1}A_0 + A_2A_1\overline{A_0} + A_2A_1A_0 = m_3 + m_5 + m_6 + m_7$。

与 8 选 1 数据选择器的表达式 $Y = \sum_{i=0}^{7} m_iD_i$ 进行对照，将逻辑表达式中存在的最小项对应的 D_3、D_5、D_6、D_7 接“1”，不存在最小项对应的 D_0、D_1、D_2、D_4 接“0”。即可实现逻辑函数 L。

②将集成芯片 74LS151 正确放在电路板上，正确连接电源和接地。

③按照图 5-27 将输入和输出正确连接到实验设备的输入模块和输出模块。

④接通电源，正确提供输入信号，观察并记录输入状态。

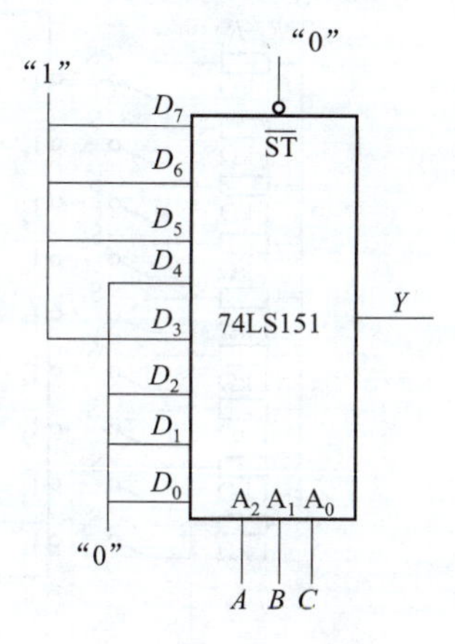

图 5-27　数据选择器实现逻辑函数电路图

项目实施

项目目的为实现按键控制输入及分别显示数字 0～9。为进行数字显示电路的搭建，需要明确按键对应的输出结果，根据需求分析得到电路的基本结构及所需元件。

①分析项目要求，根据输入信号得到输出结果见表 5-14。

表 5-14　输出结果

输入信号	输出结果	输入信号	输出结果
所有按键都不按下	0	按下按键 3	3
按下按键 1	1	按下按键 4	4
按下按键 2	2	按下按键 5	5

学习笔记

续表

输入信号	输出结果	输入信号	输出结果
按下按键 6	6	按下按键 8	8
按下按键 7	7	按下按键 9	9

②根据项目要求可得,电路的基本结构由按键输入电路、编码器、运算器、译码器、显示输出电路组成,电路框图如图 5-28 所示。电路中编码器选用 74HC147 二 - 十进制优先编码器。使用集成芯片 74HC04 将优先编码器输出的 8421BCD 反码转换为原码形式。译码显示电路由译码驱动器 74LS48、限流电阻和共阴极数码管组成,实现编码器输出的 8421BCD 码以数字的形式显示。根据以上分析,可以画出逻辑电路图如图 5-29 所示。

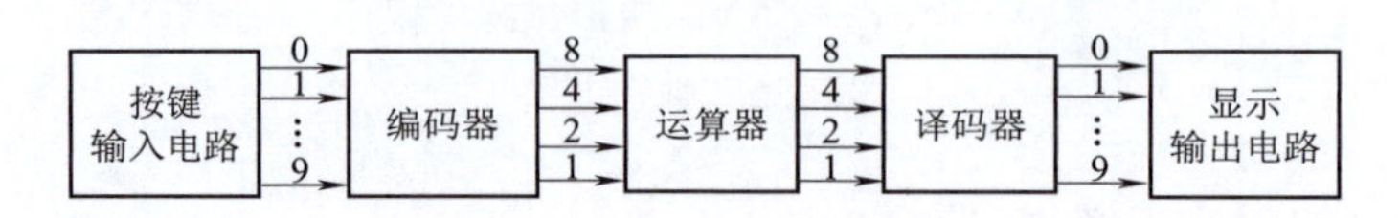

图 5-28　译码器和编码器配合运用框图

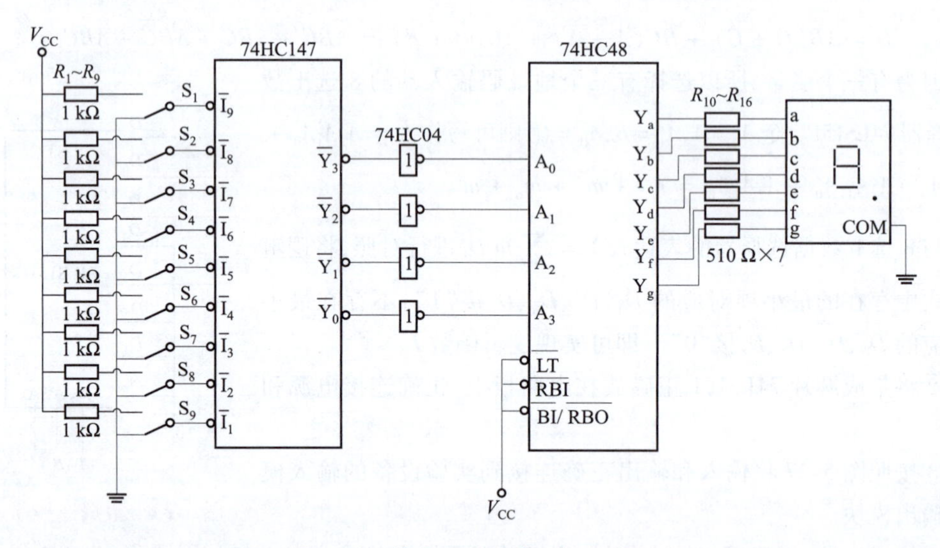

图 5-29　数字显示电路逻辑电路图

在图 5-29 中,当按键 $S_1 \sim S_9$ 都不按下,74HC147 无信号输入,如果电路正常工作,数码管显示数字 0;若依次按下按键 $S_1 \sim S_9$ 时,74HC147 的输入端依次输入低电平,如果电路正常工作,数码管就依次显示数字 1 ~ 9;若不能正常显示,则电路存在故障。

③按照图 5-29,利用数字电路实验设备搭建 0 ~ 9 数字显示电路,并进行电路功能调试。

项目评价

分组汇报项目的学习与电路的制作情况,演示电路的功能。项目考核内容见表 5-15。

学习笔记

表 5-15　数字显示电路的制作工作过程考核表

评价内容		配分	考核要求	扣分标准	得分
工作态度	(1)工作的积极性。 (2)安全操作规程的遵守情况。 (3)纪律遵守情况	30 分	积极参加工作,遵守安全操作规程和劳动纪律,有良好的职业道德和敬业精神	违反安全操作规程扣 20 分;不遵守劳动纪律扣 10 分	
元件识别	反相器、编码器、译码器和数码管的型号识读及引脚号的识读	20 分	能回答型号含义,引脚功能明确,会画器件引脚排列示意图	每错一处扣 2 分	
电路制作	(1)数字显示电路图的绘制 (2)按照绘制好的电路图接好电路	40 分	电路安装正确且符合工艺规范	电路安装不规范每处扣 2 分;电路接错扣 5 分	
功能测试	(1)数字显示电路的功能验证。 (2)记录测试结果	10 分	(1)熟悉电路的逻辑功能。 (2)正确记录测试结果	(1)验证方法不正确每处扣 2 分。 (2)记录测试结果不正确每处扣 2 分	
合计		100 分			
自我总结					
总结电路搭建和调试的过程中遇到的问题以及解决的方法,目前仍然存在的问题等					

巩固练习

一、填空题

1. 共阳极 LED 数码管应与输出__________电平有效的显示译码器匹配。

2. 欲实现三变量组合逻辑函数,应选用__________数据选择器。

3. 采用 4 位比较器对两个 4 位数比较时,先比较____位。

4. 共阴极七段显示器,要配一种 TTL74 系列译码器,可选用__________。

5. 能将某种特定信息转换成机器识别的____制数码的逻辑电路,称之为____器;能将机器识别的____制数码转换成人们熟悉的____制或某种特定信息的逻辑电路,称为____器;74LS85 是常用的____器。

6. 在多路数据选择过程中,能够根据需要将其中任意一路挑选出来的电路,称为____器,也叫多路开关。

学习笔记

二、选择题

1. 能驱动七段数码管显示的译码器是(　　)。

A. 74LS48　　B. 74LS138　　C. 74LS148　　D. TS547

2. 八输入端的编码器按二进制数编码时,输出端的个数是(　　)。

A. 2 个　　B. 3 个　　C. 4 个　　D. 8 个

3. 四输入端的译码器其输出端最多为(　　)。

A. 4 个　　B. 8 个　　C. 10 个　　D. 16 个

4. 组合逻辑电路的输出取决于(　　)。

A. 输入信号的现态　　B. 输出信号的现态

C. 输入信号的现态和输出信号变化前的状态

5. 当 74LS148 的输入端 $\overline{I}_0 \sim \overline{I}_7$ 按顺序输入 11011101 时,输出 $\overline{Y}_2 \sim \overline{Y}_0$ 为(　　)。

A. 101　　B. 010　　C. 001　　D. 110

6. 译码器的输出量是(　　)。

A. 二进制　　B. 八进制　　C. 十进制　　D. 十六进制

7. 编码器的输入量是(　　)。

A. 二进制　　B. 八进制　　C. 十进制　　D. 十六进制

8. 八输入端的编码器按二进制数编码时,输出端的个数是(　　)。

A. 2 个　　B. 3 个　　C. 4 个　　D. 8 个

9. 四输入的译码器,其输出端最多为(　　)。

A. 4 个　　B. 8 个　　C. 10 个　　D. 16 个

三、分析设计题

1. 设计并画出一个 4 线-2 线二进制编码电路。

2. 试用译码器 74LS138 实现下列逻辑功能。

(1) $Z_1 = \overline{A}\overline{B} + \overline{B}C + ABC$。

(2) $Z_2 = A\overline{B}\overline{C} + \overline{A}BC + B\overline{C}$。

3. 试设计一个如图 5-30 所示的五段荧光数码管显示电路。输入信号为 A、B,要求显示 L、E、F、H 四个字母。列出真值表,写出各显示段的逻辑表达式。

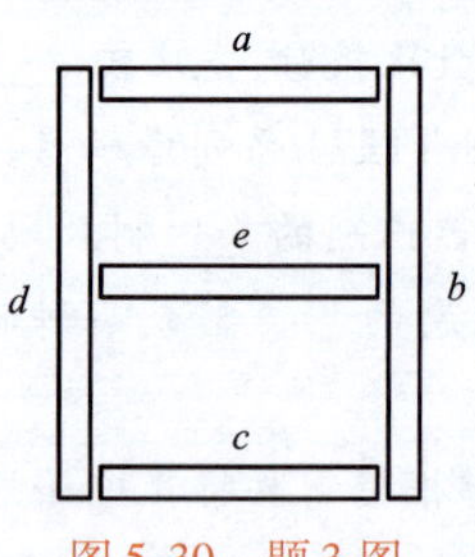

图 5-30　题 3 图

4. 在图 5-31 中,集成运放构成过零比较器,若 u 为正弦电压,其频率为 1 Hz,试问七段 LED 数码管显示什么字母?

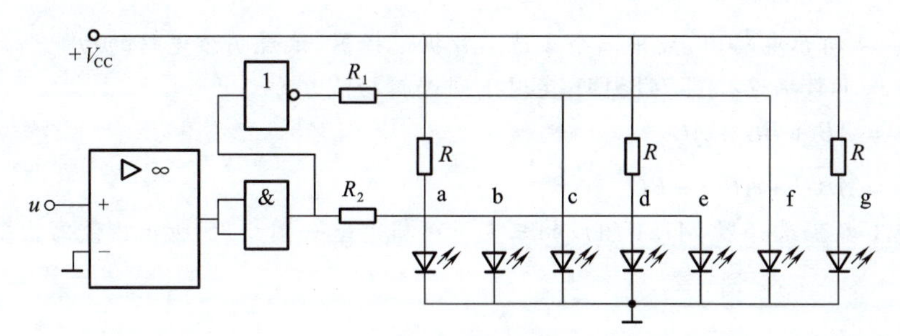

图 5-31　题 4 图

5. 试分别用下列方法设计 1 位全加器。

(1) 用译码器 74138 和与非门。

(2) 用 8 选 1 数据选择器 74151。

6. 图 5-32 所示电路是可编程多路控制器，核心 CD4514 是 4 线－16 线译码器，高电平输出有效，可通过改变输入地址代码 $S_3S_2S_1S_0$ 分别控制相应的 16 路电器开关（继电器）KA_0 ~ KA_{15}，试分析当 $S_3S_2S_1S_0$ 分别为 0110、1010、1100 时，将有哪一路电器开关接通。

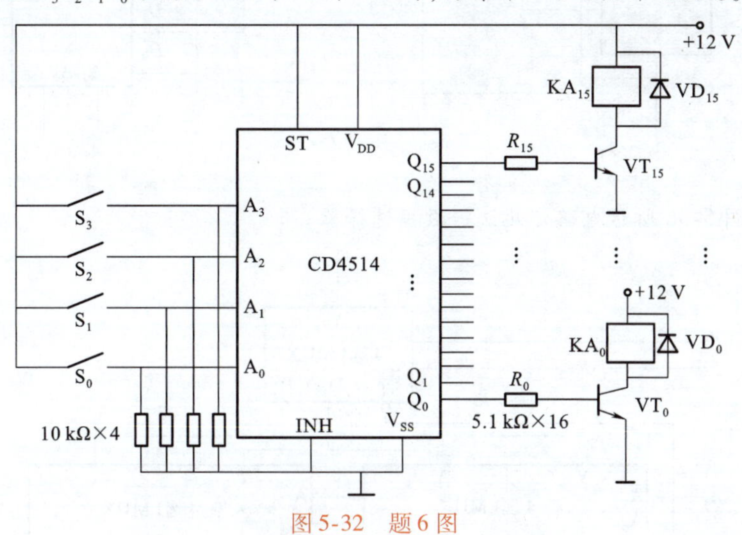

图 5-32　题 6 图

7. 由数值比较器 74LS85 构成的报警电路，如图 5-33 所示。其功能是将输入的 BCD 码与设定的 BCD 码进行比较，当输入值大于设定值时报警。改变 S_0 ~ S_3 的状态，可以改变报警的设定下限值。本题假定 S_0、S_2 闭合，试分析电路报警对应的输入代码的范围。

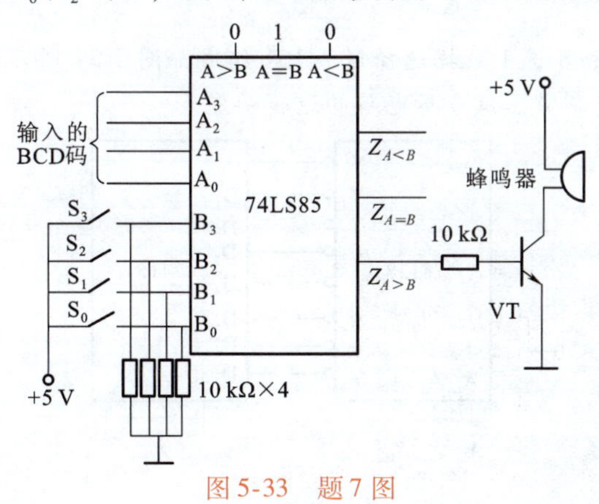

图 5-33　题 7 图

学习笔记

8. 图 5-34 所示电路中，使用三个 2 选 1 数据选择器，试说明该电路的功能。

9. 用 8 选 1 数据选择器 74LS151 实现下列逻辑功能。

（1）$Z_1 = AB + BC + AC$。

（2）$Z_2 = A\overline{B}\,\overline{C} + \overline{A}BC + B\overline{C}$。

10. 8 选 1 数据选择器 74151 组成的三变量逻辑电路如图 5-35 所示。试写出输出 Y 的逻辑表达式。

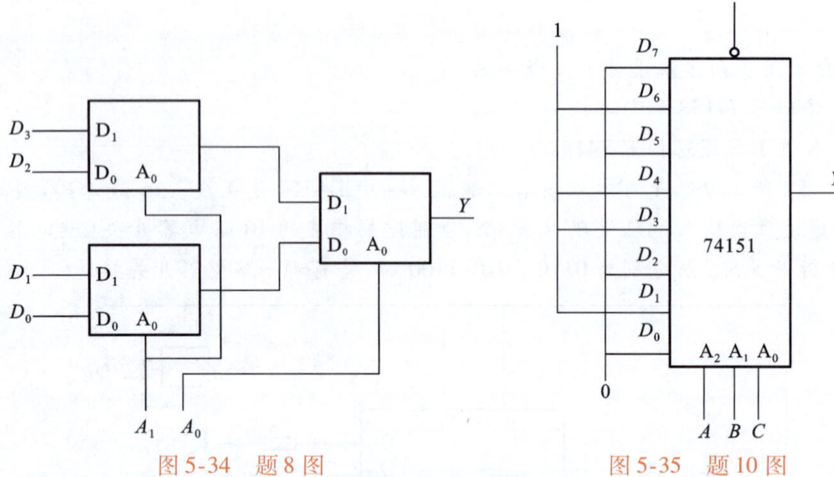

图 5-34　题 8 图　　图 5-35　题 10 图

11. 判断图 5-36 所示电路是几选一数据选择器。

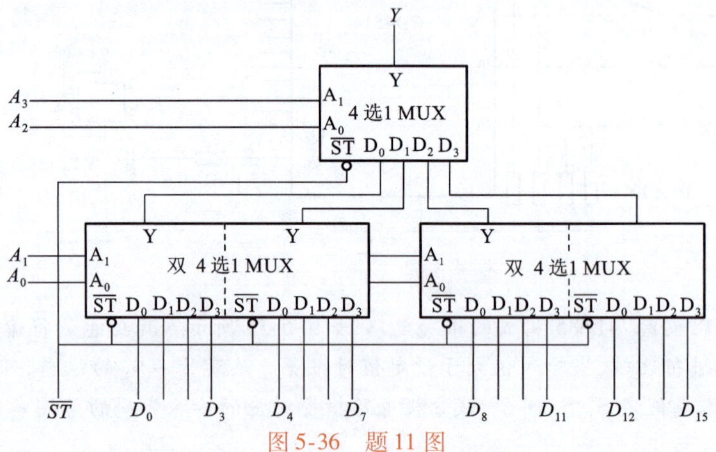

图 5-36　题 11 图

12. 译码器 74138 和 8 选 1 数据选择器 74151 组成如图 5-37 所示的逻辑电路。$X_2X_1X_0$ 及 $Z_2Z_1Z_0$ 为两个 3 位二进制数。试分析电路的逻辑功能。

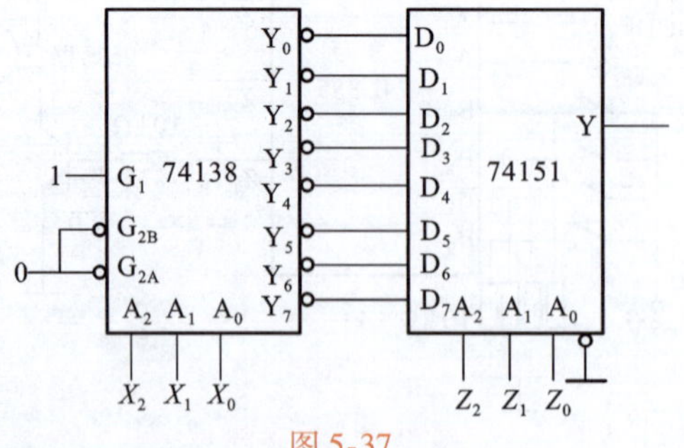

图 5-37

拓展阅读

学习笔记

新中国第一块大规模集成电路诞生地——一四二四研究所

中国集成电路创业史陈列馆位于重庆大学城市科技学院(现重庆城市科技学院)校内,为原解放军一四二四研究所科研主楼。

1968 年,国防科工委决定在永川建立一个专业从事集成电路及相关技术研究的综合性研究所——中国人民解放军一四二四研究所,这也是我国第一个集成电路专业研究所。因为被技术封锁,买不到设备,技术人员就自己研究制造实验、检测等设备;为解决生活困难,他们就自己建豆腐坊、挂面坊、蜂窝煤站……就是在这样的艰苦条件下,研究所全体职工克服了一个又一个困难,于 1972 年 6 月成功研制出了我国第一块 PMOS 型大规模集成电路——120 位静态移位寄存器(集成度为 1 084 个元件/片),这一成果的取得,标志着我国集成电路技术开始进入大规模集成领域。

除了这个“中国第一”外,一四二四研究所还创造了我国多项“第一”:第一个 1K、4K 静态存储器(SRAM),第一块超大规模集成电路单电源 16K 位动态存储器(DRAM),第一块 ECL 电路 S12,第一个 ECL10K 系列和 ECL100K 系列电路,第一代运算放大器系列、集成稳压电源系列和第一套彩色电视机成套电路系列,第一块 A/D、D/A 转换器,第一块 RF 频率合成器,第一块大规模射频接收机单片模拟集成电路……

数据表明,到 1990 年,一四二四研究所在集成电路技术和产品开发上共获得成果 227 项,其中 116 项荣获国家、省部级以上表彰和奖励。这些成果凝聚了几代集成电路人的努力,他们崇尚科学、敢于创造的精神,会不断激励着后人锐意进取,不懈追求。

数字钟电路的设计与制作

学习笔记

本项目设计和制作的数字钟电路是由集成门电路、触发器、计数器、显示译码器和 LED 数码管等常用元器件组成的。在学习过程中,将典型时序逻辑电路的功能与实践应用相结合,使学生掌握相关知识和技能,提高职业素养。

学习目标

1. 知识目标

①掌握基本 RS 触发器和同步 RS 触发器的电路结构、逻辑符号和逻辑功能;掌握常用的钟控触发器,如 JK 触发器、D 触发器,电路结构、逻辑符号和逻辑功能。

②熟悉时序逻辑电路的基本概念、特点及时序逻辑电路的一般分析方法。

③掌握典型时序逻辑部件,如计数器和寄存器的工作原理与逻辑功能;掌握典型集成计数器芯片的逻辑功能及其使用方法;掌握任意进制计数器的设计方法。

2. 技能目标

①具有查阅集成触发器、集成计数器等集成电路的能力。

②会识别常用集成触发器、集成计数器。

③会用集成计数器设计任意进制计数器电路。

④会设计、组装、制作及调试数字钟电路。

3. 素质目标

①提出不同思路与设计方案,培养创新思维与实验精神。

②理解不同应用需求,培养全方位、多场景的理论结合实践能力。

③培养爱岗敬业的职业品质。

思维导图

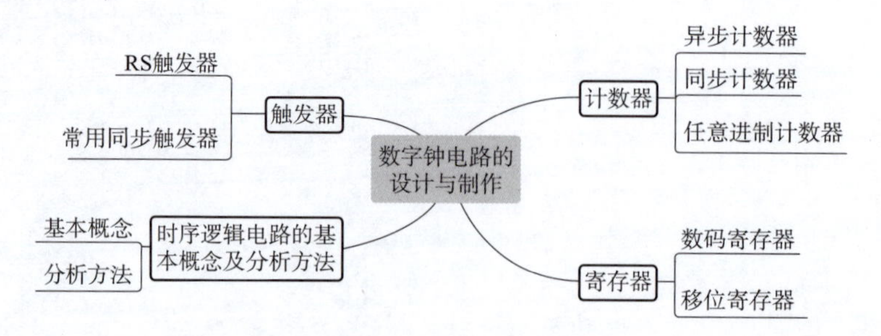

学习笔记

项目描述

数字钟是一种用数字电路技术实现时、分、秒计时的装置，与机械式时钟相比具有更高的准确性和直观性，且无机械装置，具有更长的使用寿命，因此获得了广泛的应用。本项目中的数字钟能够用数码管显示出精确的时、分和秒，并具有校时的功能。

相关知识

一、触发器

触发器是时序逻辑电路的重要组成部分。触发器是由逻辑门加反馈线构成的，具有存储数据、记忆信息等多种功能。

数字电路按逻辑功能的不同，可分为**组合逻辑电路**和**时序逻辑电路**两大类。时序逻辑电路简称时序电路。

时序逻辑电路是指电路在任一时刻的输出状态不仅与该时刻各输入状态的组合有关，而且与电路前一时刻的状态（即原状态）有关，时序逻辑电路的特点是具有记忆功能。组成时序逻辑电路的基本单元是**触发器**。

触发器是具有记忆功能的基本逻辑单元。它有两个输出端 Q 和 $\overline{Q}$，有两个输出稳定的状态：0 状态和 1 状态；$Q=1$ 称为触发器的 1 状态，$Q=0$ 称为触发器的 0 状态。一个触发器可以记忆 1 位二值信号。

触发器在不同的输入情况下，它可以被置成 0 状态或 1 状态；当输入信号消失后，所置成的状态能够保持不变；触发器由 1 状态变为 0 状态，或由 0 状态变为 1 状态，称为触发器的**翻转**。触发器的 Q 输出端的翻转前状态称为触发器的**初态**或**原态**，它是触发器接收输入信号之前的稳定状态。相对于初态，触发器在触发之后的输出状态称为**次态**或**新态**，它是触发器接收输入信号之后所处的新的稳定状态。

集成触发器可按多种方式分类。

①按工作方式分，无时钟控制的是基本 RS 触发器，是异步工作方式；有时钟控制的称为钟控触发器，是同步工作方式。

②根据逻辑功能的不同，触发器可以分为 RS 触发器、D 触发器、JK 触发器、T 和 T′触发器。

③按结构方式分（仅限时钟触发器），可分为维持阻塞触发器、边沿触发器和主从触发器。

④根据触发方式不同，可分为电平触发器、边沿触发器和主从触发器。

触发器的逻辑功能可以用**状态表**、**特性方程**、**状态转换图**和**波形图**（又称时序图）、**激励表**来描述。

1. RS 触发器

视频

RS触发器

（1）基本 RS 触发器

基本 RS 触发器是触发器电路的基本结构形式，是构成其他类型触发器的基础。从内部结构看，可由与非门组成基本 RS 触发器。

①由与非门组成的基本 RS 触发器：

学习笔记

a. 电路结构及逻辑符号。由与非门组成的基本 RS 触发器内部电路结构及逻辑符号如图 6-1 所示，它由两个与非门相互交叉耦合而成。有两个信号输入端 $\overline{R}$ 和 $\overline{S}$，一般情况下，字母上的“－”表示低电平有效；有两个输出端 Q 和 $\overline{Q}$，正常情况下，二者是相反的逻辑状态。这里所加的输入信号（低电平）称为触发信号，由它们导致的转换过程称为翻转。由于这里的触发信号是电平，因此这种触发器称为电平控制触发器。

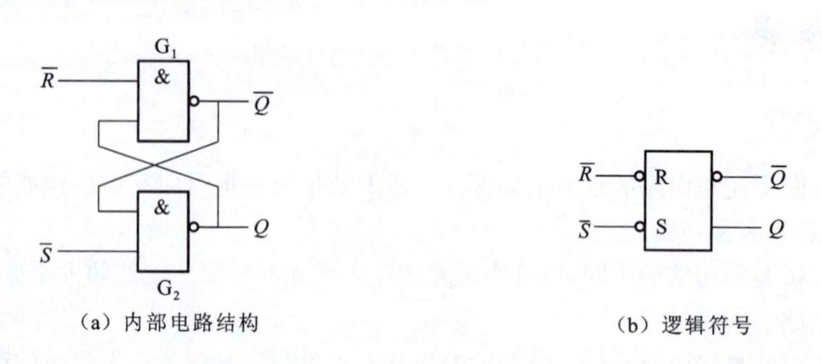

（a）内部电路结构　　（b）逻辑符号

图 6-1　由与非门组成的基本 RS 触发器

b. 工作原理：

• $\overline{S}=1$、$\overline{R}=1$。假如触发器初始处于 0 状态，即 $Q=0$、$\overline{Q}=1$，Q 端耦合至 G_1 门的输入端，使其输出端 $\overline{Q}$ 变为 1，将此 1 电平再反馈到 G_2 门的输入端，使它的两个输入端都为 1，因而保证了 G_1 门的输出端 Q 为 0，故触发器继续保持原来的 0 状态。同理，若触发器处于 1 状态，在这种输入前提下，Q 也会继续保持 1 状态。

• $\overline{S}=1$、$\overline{R}=0$。$\overline{S}=1$，表明 $\overline{S}$ 端保持高电平；而 $\overline{R}=0$ 表明是在 $\overline{R}$ 端加低电平或负脉冲。不管 Q 原来的状态是 0 还是 1，根据与非门的逻辑规则 $\overline{Q}$ 必定是 1。反馈到 G_2 门，使其输入全为 1，则 Q 必定为 0。因而 $\overline{R}$ 称为直接复位端，即在 $\overline{R}$ 端出现负脉冲或加低电平，可使触发器复位成 0 状态。

• $\overline{S}=0$、$\overline{R}=1$。当 $\overline{S}$ 端加低电平或负脉冲，不管 Q 原来的状态是 0 还是 1，根据与非门的逻辑规则 Q 必定是 1。反馈至 G_1 门，使其输入全为 1，则 $\overline{Q}$ 必定为 0。因而 $\overline{S}$ 称为直接置位端，即在 $\overline{S}$ 端出现负脉冲或加低电平，可使触发器置位成 1 状态。

• $\overline{S}=0$、$\overline{R}=0$。这种情况相当于两个输入端同时接低电平或出现负脉冲，在低电平期间，不管触发器原来状态如何，Q 和 $\overline{Q}$ 必然均为 1。但在负脉冲信息同时撤销之后（恢复高电平），由于 G_1 和 G_2 两个与非门输入端均全为 1，Q 和 $\overline{Q}$ 都有可能出现 0；由于两个与非门传输速率的差异和其他偶然因素，只要有一个先出现为 0，反馈到输入端，必使另一个输出为 1。这种随机性会使 Q 的状态不确定。这种状态不满足触发器的两个输出端 Q 和 $\overline{Q}$ 的逻辑状态应该相反的要求，所以称为禁止状态，使用时应该避免这种情况出现。

综上所述，基本 RS 触发器有下述特点：可以存储一个二进制位，要么存储 1，要么存储 0。如果存储 1，就在 $\overline{S}$ 端加上一个负脉冲。若基本 RS 触发器原来为 1 状态，欲使之变为 0 状态，只须令 $\overline{R}$ 端的电平由 1 变 0，$\overline{S}$ 端的电平由 0 变 1。从功能方面看，基本 RS 触发器只能在 $\overline{R}$ 和

学习笔记

$\overline{S}$ 的作用下置 0 和置 1，所以又称置位复位触发器。由于置 0 或置 1 都是触发信号低电平有效，因此，$\overline{S}$ 端和 $\overline{R}$ 端都画有小圆圈。

c. 触发器的状态表。为了便于描述，触发器的 Q 输出端的原始状态称为触发器的初态或原态，一般用 Q^n 表示，它是触发器接收输入信号之前的稳定状态。

相对于初态，触发器在触发之后的输出状态称为次态或新态用 Q^{n+1} 表示，它是触发器接收输入信号之后所处的新的稳定状态。

状态表就是用表格的形式描述触发器在输入信号作用下，触发器的下一个稳定状态（次态）Q^{n+1} 与触发器的原稳定状态（初态）Q^n 和输入信号状态之间的关系，见表 6-1。

表 6-1　用与非门组成的基本 RS 触发器的状态表

输入信号		输出状态	逻辑功能说明
$\overline{S}$	$\overline{R}$	Q^{n+1}	
1	1	状态不变	维持原态
1	0	0	置 0
0	1	1	置 1
0	0	状态不定	禁止状态

例 6-1　由与非门组成的基本 RS 触发器的两个输入 $\overline{R}$、$\overline{S}$ 波形如图 6-2 所示。试画出输出 Q 的波形。设触发器的初态为“0”。

解　波形图如图 6-2 所示。

注意：不定状态是发生在 $\overline{R}$ 和 $\overline{S}$ 同时为 0，又同时恢复为 1 之后。

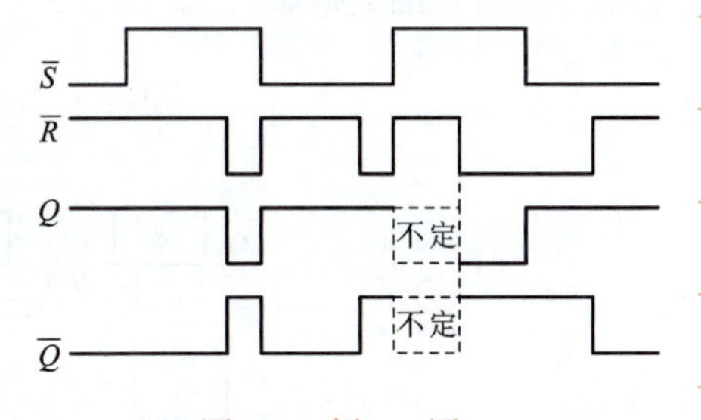

图 6-2　例 6-1 图

②基本 RS 触发器逻辑功能的其他表示方法。除了用状态表表示基本 RS 触发器的逻辑功能外，还可以用波形图（又称时序图）或者状态方程（特性方程）来表示基本 RS 触发器的逻辑功能。

a. 时序图。在给定或假设触发器的初始状态的情况下，根据已知的输入信号波形，可以画出相应的输出端 Q 的波形，上下对应，按时间轴展开，高电平代表 1，低电平代表 0，这种波形图称为时序图，如图 6-2 所示。

b. 状态方程。以逻辑函数的形式来描述次态与初态及输入信号之间关系的逻辑表达式，称为状态方程。将次态 Q^{n+1} 作为输出变量，R、S 作为输入变量，由状态表可以导出基本 RS 触发器的状态方程，经化简可得

$$\begin{cases} Q^{n+1}=S+\overline{R}Q^n \\ RS=0 \quad （约束条件） \end{cases}$$

上式中约束条件表示 R 和 S 之积必须等于 0。也就是说触发器输入 R、S 不能同时为 1，以避免出现状态不定的现象。该约束条件也可以写作：

$$\overline{R}+\overline{S}=1$$

综上所述，基本 RS 触发器具有复位（Q =0）、置位（Q =1）、保持原状态三种功能，R 为复

学习笔记

位输入端，S为置位输入端，可以是低电平有效，也可以是高电平有效，这取决于触发器的结构。

(2)同步 RS 触发器

基本 RS 触发器是由输入信号直接控制触发器的输出状态。基本 RS 触发器的触发方式（动作特点）是逻辑电平直接触发，也就是说由输入信号直接控制。在实际工作中，常常要求某些触发器按照一定的频率协调同步动作，为此希望有一种这样的触发器，它们在时钟脉冲信号 CP(clock pulse)的控制下翻转，没有 CP 就不翻转，CP 到来后才翻转。以保证触发器在同步时刻到来时才由输入信号控制输出状态。把这个控制脉冲信号称为时钟脉冲 CP，此时触发器的输出状态就由时钟脉冲 CP 和输入信号共同决定。

这种由时钟脉冲和输入信号共同决定输出状态的触发器，称为同步触发器或时钟触发器。同步 RS 触发器是其中最基本的一种电路结构。

时钟脉冲到来之前，触发器的初态，用 Q^n 表示；时钟脉冲到来之后，触发器在触发之后的次态，用 Q^{n+1}表示。

①由与非门组成的同步 RS 触发器：

a. 电路结构及逻辑符号。由与非门组成的同步 RS 触发器内部电路结构及逻辑符号如图 6-3 所示。图 6-3(a)中 G_1、G_2两个与非门组成一个基本 RS 触发器，G_3、G_4两个与非门是控制门。它有两个输入端 R 和 S，通过控制门输入；一个控制输入端即时钟脉冲 CP；两个输出端 Q 和 $\overline{Q}$，正常情况下，二者是相反的逻辑状态。

图 6-3(b)中 C1 表示时钟输入端，C1 中的 C 是控制关联标记，C1 表示受其影响的输入是以数字 1 标记的数据输入，如 1R、1S。

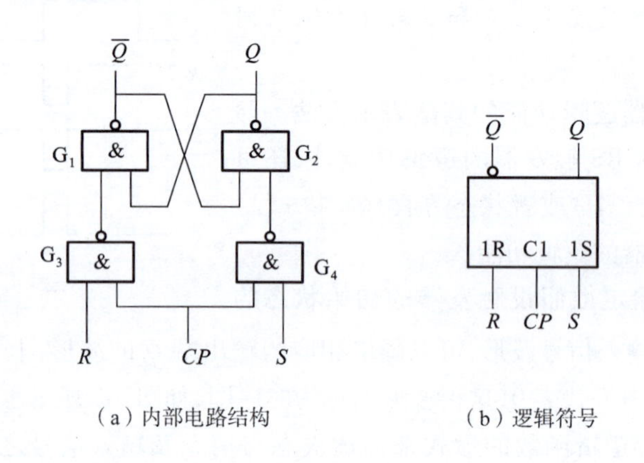

图 6-3　由与非门组成的同步 RS 触发器

b. 工作原理。从图 6-3 中可以看出，当 $CP=0$ 时，控制门 G_3、G_4的输出均为“1”，即基本 RS 触发器的 $\overline{R}=1$、$\overline{S}=1$，触发器的状态不变；当 $CP=1$ 时，控制门 G_3、G_4的输出由 R、S 决定。时钟脉冲过去后（即 $CP=0$），触发器的输出状态又进入保持期。

分析 $CP=1$ 时的工作情况：脉冲到，控制门 G_3、G_4打开，R、S 信号作用于上面的基本 RS 触发器，G_3和 G_4的输出分别是 $\overline{R}$、$\overline{S}$。这样，两个输出端 Q 和 $\overline{Q}$ 的变化规律完全和前面的基本 RS 触发器一致。

学习笔记

c. 状态表。归纳上面的工作分析，得到同步 RS 触发器的状态表见表 6-2。

表 6-2　同步 RS 触发器的状态表

输入信号		初始状态	输出状态	逻辑功能说明
S	R	Q^n	Q^{n+1}	
0	0	0	0	Q^n（维持原态）
0	0	1	1	
0	1	0	0	（置 0）
0	1	1	0	
1	0	0	1	（置 1）
1	0	1	1	
1	1	0	状态不定	禁止状态
1	1	1		

由状态表可以看出，它和与非门构成的基本 RS 触发器的状态表实质上是一样的。只是输入信号为高电平有效，属于加了时钟脉冲的电平控制触发器。

由状态表可以看出，同步 RS 触发器的状态转换分别由 R、S 和 CP 控制，其中，R、S 控制状态转换的方向，即转换为何种次态；CP 控制状态翻转的时刻，即何时发生翻转。

②同步 RS 触发器逻辑功能的其他表示方法。与基本 RS 触发器一样，同步 RS 触发器的逻辑功能除了用状态表表示之外，也可以用时序图、状态方程（特性方程）和状态转换图来表示。

a. 状态方程。将 Q^{n+1} 作为输出变量，R、S、Q^n 作为输入变量，由状态表可以得到同步 RS 触发器的状态方程，经化简可得

$$\begin{cases} Q^{n+1} = S + \overline{R}Q^n \\ RS = 0 \quad \text{（约束条件）} \end{cases}$$

b. 状态转换图。描述触发器的状态转换关系及转换条件的图形称为**状态转换图**，简称**状态图**。

一般情况下，把触发器的两个稳定状态“0”和“1”用两个圆圈表示，用箭头表示由初态 Q^n 到次态 Q^{n+1} 的转换方向，并在箭头的附近用文字或相应说明来表示完成转换所必需的条件，这种表示图形就是状态图。

图 6-4 为同步 RS 触发器的状态图，从图中可以得到和状态表一致的逻辑功能。图中箭头上所表示的是输入信号 S 和 R，“×”表示任意态，既可以是“1”，也可以是“0”。例如，当初态为“0”时，在从“0”到“0”圆圈上的箭头附近标明“$R=\times, S=0$”，这说明若 $S=0$，不论 R 为“0”还是为“1”，触发器的状态都变为“0”；在从左“0”到右“1”的箭头附近标明“$R=0, S=1$”，这说明若 $S=1, R=0$，触发器的状态变为“1”。当初态为“1”时，在从“1”到“1”圆圈上的箭头附近标明“$R=0, S=\times$”，这说明若 $R=0$，不论 S 为“0”还是为“1”，触发器的状态都为“1”。

同步触发器的优点是结构简单，且可以满足触发器按照一定的频率同步工作。但同步触发器有一个严重不足，即在一个时钟脉冲 CP 作用下，触发器的状态可能会翻转两次或者更多，这种现象称为“**空翻**”。引起空翻的原因是在时钟脉冲 CP 作用期间输入信号依然直接控

学习笔记

制着触发器状态的变化,如果输入信号 R、S 发生变化,则触发器状态会跟着变化,从而使得一个时钟脉冲作用期间引起多次翻转,如图 6-5 所示。

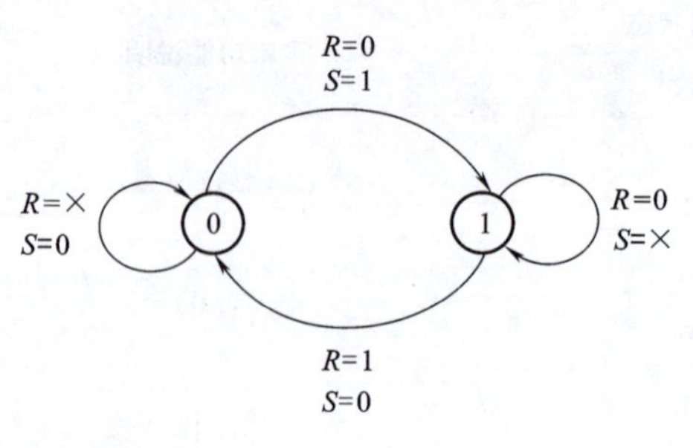

图 6-4 同步 RS 触发器的状态图

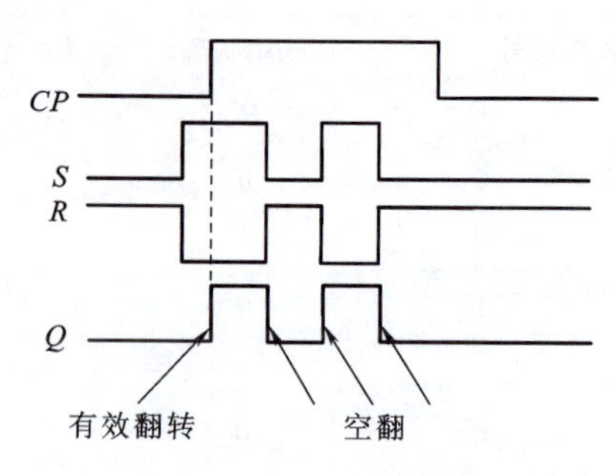

图 6-5 同步 RS 触发器的空翻现象

因此,对于同步触发器,在 $CP=1$ 期间,不允许输入信号 R 和 S 发生变化;否则,会产生空翻现象。另外,在同步触发器接成计数状态时,也容易产生空翻现象。为了避免空翻现象的发生,必须改进触发器的电路结构。

由于同步 RS 触发器的上述缺点,使它的应用受到很大限制。一般只用它作为数码寄存器而不宜用来构成具有移位和计数功能的逻辑部件。

视频

JK触发器和D触发器

2. 常用同步触发器

上述几种同步触发器,采用了同步时钟控制,且具有较强的逻辑功能,但依然存在"空翻"现象。为了进一步解决"空翻"问题,实际应用中广泛采用边沿触发器和主从触发器。经常用到的同步触发器有边沿 JK 触发器、维持阻塞边沿 D 触发器和 CMOS 主从 D 触发器等。

边沿触发器是学习的重点。同时具备以下条件的触发器称为边沿触发方式的触发器,简称边沿触发器:①触发器仅在 CP 某一约定跳变到来时,才接收输入信号;②在 $CP=0$ 或 $CP=1$ 期间,输入信号变化不会引起触发器输出状态变化。

因此,边沿触发器不仅克服了空翻现象,而且大大提高了抗干扰能力,工作更为可靠。

边沿触发器有两种类型:一种是维持阻塞式触发器,它是利用直流反馈来维持翻转后的新状态,阻塞触发器在同一时钟内再次产生翻转;另一种是边沿触发器,它是利用触发器内部逻辑门之间延迟时间的不同,使触发器只在约定时钟跳变时才接收输入信号。

维持阻塞式触发器主要有 D 触发器。边沿触发器主要有上升边沿和下降边沿 JK 触发器。

主从触发器由两级触发器构成,其中一级直接接收输入信号,称为主触发器,另一级接收主触发器的输出信号,称为从触发器。两级触发器的时钟信号互补,从而有效地克服了空翻。主从触发器因工艺相对比较简单,在早期的触发器中使用较多。因其在 $CP=1$ 期间,可能存在"一次变化"的缺点,输入端抗干扰能力较弱。所以现在很少使用了,这里不再详述。

(1)维持阻塞边沿 D 触发器

D 触发器是一种应用极广的触发器,D 触发器的电路结构有很多种,目前国内生产的主要有维持阻塞边沿 D 触发器和主从 CMOS 边沿 D 触发器。

①D 触发器的逻辑功能和电路结构。维持阻塞边沿 D 触发器的电路结构由一个与非门构成的基本 RS 触发器和控制门组成。维持阻塞边沿 D 触发器的逻辑符号如图 6-6(a)所示。

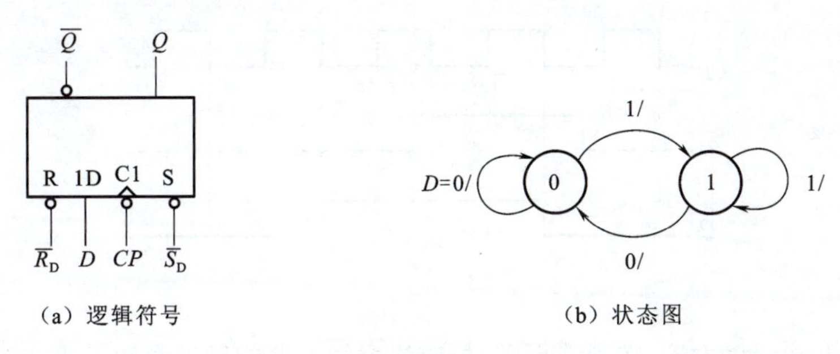

图 6-6　维持阻塞边沿 D 触发器的逻辑符号和状态图

关于触发器的逻辑符号的说明：C1 表示时钟输入端，C1 中的 C 是控制关联标记，C1 表示受其影响的输入是以数字 1 标记的数据输入，如 1R、1S、1D、1J、1K 等。C1 加动态符号"∧"是表示**边沿触发**。在集成触发器符号中，*CP* 端有"∧"、无"○"表示触发器采用**上升沿**边沿触发，*CP* 端既有"∧"又有"○"表示触发器采用**下降沿**边沿触发。而对于上一节讲的电平控制触发器来说，其 *CP* 端无"∧"。

②状态表、状态方程及状态图：

a. 状态表。维持阻塞边沿 D 触发器的状态表见表 6-3。

b. 状态方程。由状态表可以导出状态方程：

$$Q^{n+1} = D_n \quad (CP\text{ 上升沿触发})$$

c. 状态图。D 触发器的状态图如图 6-6(b) 所示。

注意： 维持阻塞边沿 D 触发器和同步 D 触发器的逻辑功能是一样的，只是电路结构不同，因而触发特点不同。

表 6-3　维持阻塞边沿 D 触发器的状态表

输入 D	初态 Q^n	输出 Q^{n+1}	逻辑功能说明
0	0	0	置 0
0	1	0	置 0
1	0	1	置 1
1	1	1	置 1

图 6-7 显示了同步触发器和边沿触发器各自不同的触发特点。

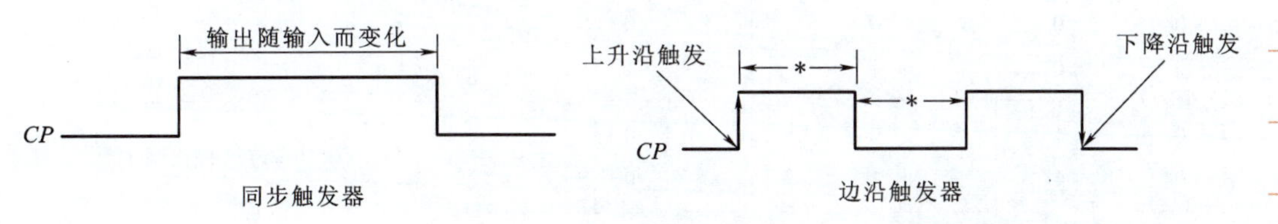

＊——输入变化不影响输出。

图 6-7　同步触发器和边沿触发器的触发特点比较

例 6-2　维持阻塞边沿 D 触发器的输入 *D* 波形如图 6-8 所示。试画出输出 *Q* 的波形。设触发器的初态为"0"。

学习笔记

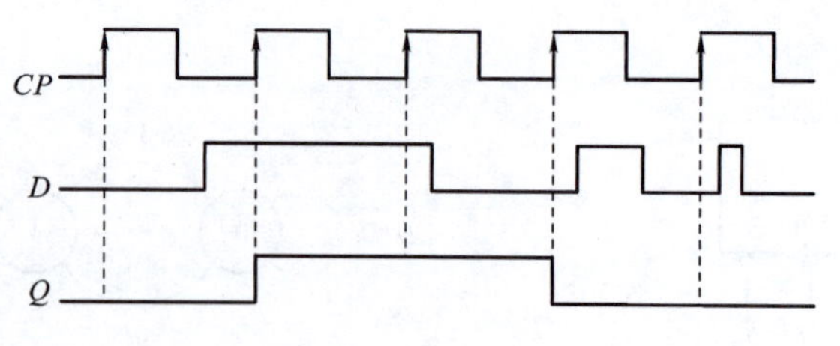

图 6-8 例 6-2 题图

解 由于是边沿触发器，在画波形图时，应注意触发器的触发翻转发生在时钟脉冲的触发沿（这里是上升沿）。判断触发器次态的依据是时钟脉冲触发沿的前一瞬间（这里是上升沿前一瞬间）输入端的状态。

③触发器的异步输入端。前面介绍的几种同步触发器中，所有的输入信号都受时钟脉冲的控制。相当于这些信号的作用和时钟脉冲是同步的，称为**同步输入端**。

相对于同步输入端，同步触发器还有另外一种输入信号。它们的作用与时钟脉冲无关，因此称为**异步输入端**，一般的集成触发器都设有异步输入端。例如，在图 6-7 所示的 D 触发器逻辑符号中，$\overline{R}_D$ 和 $\overline{S}_D$ 就是异步输入端，均为低电平有效。当 $\overline{R}_D=0$ 时，不论时钟脉冲和同步输入信号如何，触发器的状态一定为“0”；当 $\overline{S}_D=0$ 时，不论时钟脉冲和同步输入信号如何，触发器的状态一定为“1”。也就是说，$\overline{R}_D$ 和 $\overline{S}_D$ 有着**最高的优先级**。异步输入端通常用来**预置**触发器的初始状态，或者在工作过程中强行置“1”或置“0”。要注意的是，两个异步输入端不能同时为“0”。实际上，从内部结构来看，$\overline{R}_D$ 和 $\overline{S}_D$ 正是基本 RS 触发器的输入端。

（2）边沿 JK 触发器

JK 触发器是同步触发器中逻辑功能最齐全的一种，它具有置“0”、置“1”、保持和翻转四种逻辑功能。

为了进一步提高触发器的抗干扰能力，增强其工作的可靠性，实际应用中广泛采用了**边沿触发器**。这种触发器只在时钟脉冲的上升沿或下降沿工作，而在其他时刻触发器保持原来的状态不变，见表 6-4。

表 6-4 边沿 JK 触发器状态表

输入信号		初始状态	输出状态	CP	逻辑功能说明
J	K	Q^n	Q^{n+1}		
0	0	0	0	↓	$Q^{n+1}=Q^n$（维持原态）
0	0	1	1	↓	
0	1	0	0	↓	$Q^{n+1}=J_n$（输出同 J）
0	1	1	0	↓	
1	0	0	1	↓	$Q^{n+1}=J_n$（输出同 J）
1	0	1	1	↓	
1	1	0	1	↓	$Q^{n+1}=\overline{Q^n}$（输出翻转）
1	1	1	0	↓	

①电路结构及逻辑符号。边沿 JK 触发器的逻辑符号如图 6-9(a)所示。许多型号的触发器具有多个信号输入端,图 6-9(b)所示是多输入端 JK 触发器,其输入端的逻辑关系为 $J=J_1J_2, K=K_1K_2$。

边沿 JK 触发器的逻辑功能和同步 JK 触发器是一样的。主要区别是触发方式不同。由于其内部结构及工作机理较为复杂,这里不作详述。

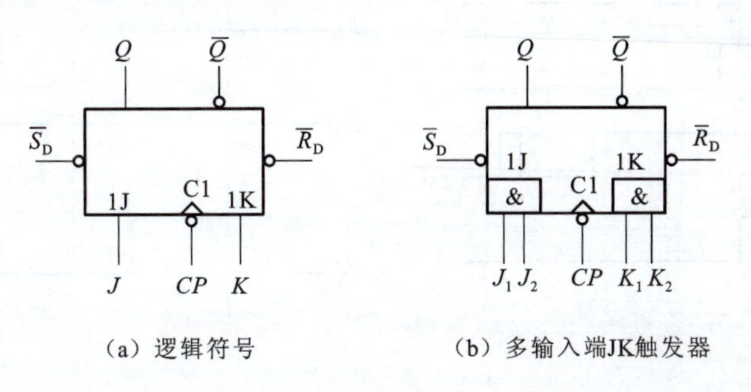

图 6-9　边沿 JK 触发器逻辑符号

②状态图与状态方程。边沿 JK 触发器的状态图,如图 6-10 所示。

状态方程可以从状态表导出:

$$Q^{n+1}=J\overline{Q^n}+\overline{K}Q^n$$

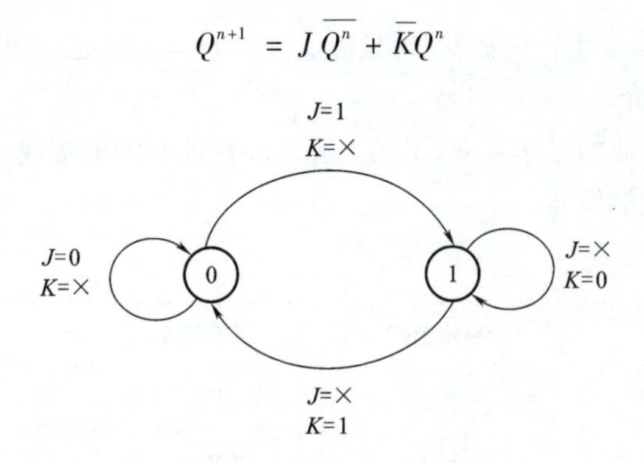

图 6-10　JK 触发器状态图

画边沿 JK 触发器工作波形图时,由于接收输入信号的工作在 CP 下降沿前完成,在下降沿触发翻转,在下降沿后触发器被封锁,所以不存在空翻的现象,抗干扰性能好,工作速度快。

注意: 边沿触发器的输入信号一定要在触发时刻到来之前做好准备,亦即边沿触发器的输出状态与触发时刻之前的输入有关。考虑到门电路的延迟时间,即使输入信号与触发时刻同时变化也不能影响边沿触发器的状态。分析边沿 D 触发器时也应有同样考虑。

例 6-3　边沿 JK 触发器的两个输入 J、K 波形如图 6-11 所示。试画出输出 Q 的波形。设触发器的初态为“0”。

解　输出 Q 的波形如图 6-11 所示。

例 6-4　边沿 JK 触发器的两个输入 J、K 和异步输入 $\overline{R}_D$、$\overline{S}_D$ 的波形如图 6-12 所示。试画出输出 Q 的波形。设触发器的初态为“0”。

解　这里除了考虑 J、K 输入,还要注意异步输入 $\overline{R}_D$、$\overline{S}_D$ 的变化,它们有最高的优先级。输出 Q 的波形如图 6-12 所示。

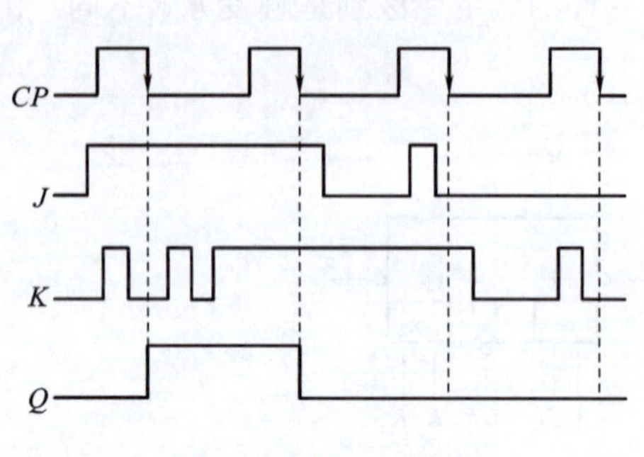

图 6-11　例 6-3 题图

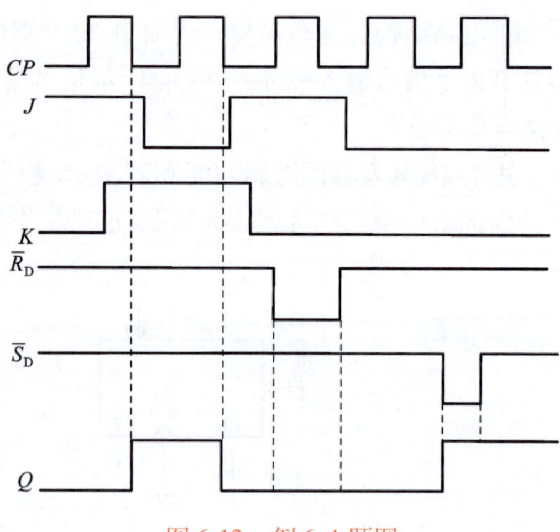

图 6-12　例 6-4 题图

（3）T′触发器

T′ 触发器是一种特殊触发器，也叫计数型触发器，它的功能是每来一个 CP 都翻转一次，即 $Q^{n+1} = \overline{Q^n}$。T′ 触发器通常没有成品。对于 JK 触发器，从其真值表可知，只要让 $J = K = 1$，即可变成一个 T′触发器。对于 D 触发器，只需连接使 $D = \overline{Q^n}$，也可以变成一个 T′ 触发器。

（4）集成触发器简介

伴随集成电路制造业的迅速发展，市场上有许多性能全面的集成触发器可供选用，表 6-5 列出了几种常见的集成触发器。

表 6-5　几种常见的集成触发器

类型	型号	电路结构	开关器件	触发方式
RS	74LS297	基本	TTL	电平直接触发
	4044	基本	CMOS	电平直接触发
JK	74LS72	主从	TTL	下降沿
	74LS112	边沿	TTL	下降沿
	74LS70	边沿	TTL	上升沿
	4027	边沿	CMOS	上升沿
D	74LS375	同步	TTL	高电平
	74LS74	边沿	TTL	上升沿
	4013	边沿	CMOS	上升沿

应用最多的是边沿触发器。下面以常用的双 D 触发器 74LS74 和双 JK 触发器 74LS112 为例，分别给出它们的外引线图，如图 6-13 所示，其实物图如图 6-14 所示。74LS74 为双 D 触发器，上升沿触发；74LS112 为双 JK 触发器，下降沿触发。

$\overline{S}_D$ 是直接置 1 端，$\overline{R}_D$ 是直接复位端。

学习笔记

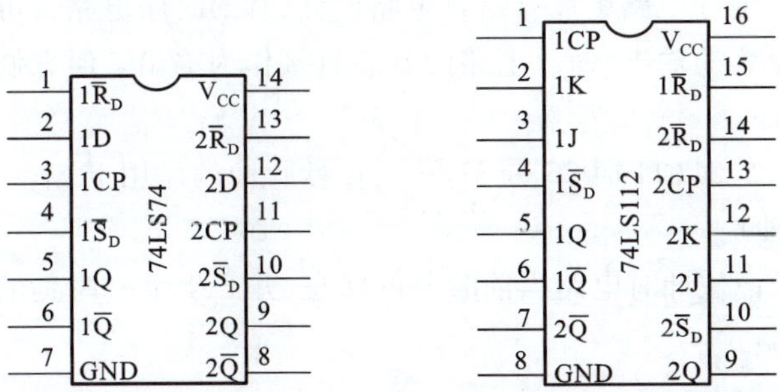

图 6-13　双 D 触发器 74LS74 与双 JK 触发器 74LS112

图 6-14　触发器芯片实物图

二、时序逻辑电路的基本概念及分析方法

1. 基本概念

(1)时序逻辑电路的结构与特点

按照逻辑功能和电路组成的不同特点常常把数字电路分成两大类:一类是在前面已经介绍的组合逻辑电路,还有一类就是**时序逻辑电路**。

在数字电路中,凡是任一时刻的稳定输出不仅决定于该时刻的输入,而且还和电路原来状态有关的电路,都称为**时序逻辑电路**,简称**时序电路**。

时序电路的状态是靠具有存储功能的触发器所组成的存储电路来记忆和表征的,所以,从电路组成来看时序电路一定包含触发器。存储电路的输出状态反馈到组合电路的输入端,与输入信号一起,共同决定组合逻辑电路的输出。它的结构示意图如图 6-15 所示。

在图 6-15 所示结构框图中,$X_1 \sim X_i$ 为时序电路的**输入端**,$Z_1 \sim Z_j$ 为时序电路的**输出端**,$Y_1 \sim Y_m$ 为存储电路的**驱动输入端**(又称激励输入端),$Q_1 \sim Q_k$ 为存储电路的状态。

时序逻辑电路具有如下特点:

①功能上,电路的输出状态不仅与即刻输入变量的状态有关,而且与系统原先的状态有关。

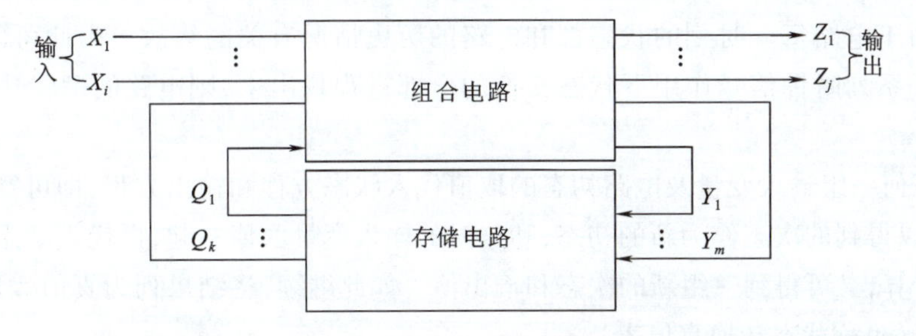

图 6-15　时序逻辑电路结构框图

②结构上,时序逻辑电路由组合电路和存储电路(记忆单元)组成,其中存储电路一般由触发器构成。

③**“状态”**的概念十分重要。存储电路当前时刻的状态,称为**“初态”**或**“原态”**;下一时刻的状态,称为**“次态”**或**“新态”**。

学习笔记

上面讲的是时序逻辑电路的完整框图,以后还会看到,在有些具体的时序电路中,并不都具备图6-15所示的完整形式。例如,有的时序电路中没有组合电路部分,有的时序电路又可能没有输入逻辑变量,或者不存在独立设置的输出,而以电路的状态直接作为输出。但它们在逻辑功能上仍具有时序电路的基本特征。

例如电子表,当前时刻的状态是11:25:31(11时25分31秒),在秒脉冲的作用下,下一时刻的状态是11:25:32(11时25分32秒)。

它由具有"**记忆**"功能的"存储电路"记住计时电路当前时刻的状态,并产生下一时刻的状态。

(2)时序逻辑电路的分类

按电路中触发器状态变化是否同步可分为**同步**时序电路和**异步**时序电路。

①同步时序电路:电路状态改变时,电路中要更新状态的触发器是**同步翻转**的。因为在这种时序电路中,其状态的改变受同一个时钟脉冲控制,各个触发器的 *CP* 信号都是输入时钟脉冲。

②异步时序电路:电路状态改变时,电路中要更新状态的触发器,有的先翻转,有的后翻转,是**异步进行**的。因为在这种时序电路中,有的触发器,其 *CP* 信号就是输入时钟脉冲,有的触发器则不是,而是其他触发器的输出。

按逻辑功能划分有计数器、寄存器、移位寄存器、读/写存储器、顺序脉冲发生器等。在科研、生产和生活中,完成各种各样操作的时序逻辑电路是千变万化的,这里提到的只是几种比较典型的电路。

(3)时序逻辑电路功能的描述方法

时序电路功能的描述方法和触发器有一些相似,但这里的描述对象考虑的是整个时序电路。

①逻辑方程式。时序电路的逻辑功能可以用**输出方程、驱动方程**和**状态方程**全面描述。因此,只要能写出给定逻辑电路的这三个方程,它的逻辑功能也就表示清楚了。根据这三个方程,就能够求得在任何给定输入变量状态和电路状态下电路的次态和输出。

②状态转换表。从理论上讲,有了驱动方程、状态方程和输出方程以后,时序电路的逻辑功能就已经描述清楚了。但从这一组方程式中还不能获得电路逻辑功能的完整印象。这主要是由于电路每一时刻的状态都和电路的历史情况有关的缘故。由此可以想到,如果把电路在一系列时钟信号作用下状态转换的全部过程找出来,则电路的逻辑功能便可一目了然了。

若将任何一组输入变量及电路初态的取值代入状态方程和输出方程,即可算得电路次态和输出值;以得到的次态作为新的初态,和这时的输入变量取值一起,再代入状态方程和输出方程进行计算,又可得到一组新的次态和输出值。如此继续,将结果列为真值表形式,便得到**状态转换表**(也称状态转换真值表)。

③状态转换图。为了以更加形象的方式立体地表示出时序电路的逻辑功能,有时还进一步把状态转换表的内容表示成**状态转换图**的形式。它比状态转换表更为清晰、直观地描述了同步时序逻辑电路的状态变化。在状态转换图中以圆圈表示电路的各个状态,以箭头表示状态转换的方向。同时,还在箭头旁注明状态转换前的输入变量取值和输出值。通常将输入变量取值写在斜线以上,将输出值写在斜线以下。

学习笔记

④时序图。为便于用实验观察的方法检查时序电路的逻辑功能，还可以将状态转换表的内容画成时间波形的形式。在时钟脉冲序列作用下，电路状态、输出状态随时间变化的波形图称为时序图。

由于这三种方法和方程组一样，都可以用来描述同一个时序电路的逻辑功能，所以它们之间可以互相转换。

2. 分析方法

所谓时序逻辑电路的分析，就是根据已知的时序逻辑电路找出该电路所实现的逻辑功能。具体地讲，就是要求找出电路的状态和输出的状态在输入变量和时钟信号作用下的变化规律。给定的是时序逻辑电路，待求的是状态表、状态图和时序图。

图6-16中给出了分析时序逻辑电路的一般过程。通常有两种方法：直观分析法与状态方程分析法。

如果该电路的连线简单且规律性强，无须用状态方程分析法进行分析，只需观察与定性分析就可画出时序图或状态图，该分析方法称为直观分析法。

状态方程分析法是一种系统规范的通用方法，要对电路列方程演算，原则上适用于所有时序逻辑电路。

下面重点介绍状态方程分析法。同步时序电路中所有触发器都是在同一个时钟脉冲作用下的，其分析方法比较简单。在分析时序逻辑电路时，应设法写出电路的三种方程，找出该时序逻辑电路所对应的状态表和状态图。具体可按如下步骤进行分析：

①根据给定的时序逻辑电路，写出电路的输出方程。

②写出每个触发器的驱动方程，也就是各触发器的输入信号（激励）的逻辑表达式。

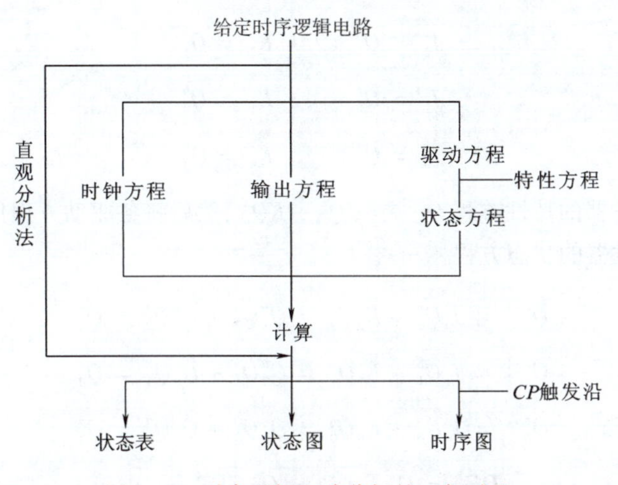

图6-16　时序逻辑电路分析的一般过程

③将驱动方程代入相应触发器的特性方程，得到每个触发器的状态方程。

④根据上述方程，求出该时序逻辑电路相对应的状态表。方法是：设定电路的初态为某初态，代入上述触发器的状态方程和输出方程中进行计算，得到次态，再将它作为初态代入上述方程，得到下一个状态，这样反复由初态推算次态，画出状态图或时序图，以便直观地表示

学习笔记

该时序逻辑电路的逻辑功能。

⑤若电路中存在着无效状态(即电路未使用的状态)应检查电路能否自启动。

⑥文字叙述该时序逻辑电路的逻辑功能。

需要说明的是,上述步骤不是必须执行的固定程序,实际应用中可根据题目要求或具体情况加以取舍。下面举例说明。

例 6-5 试分析图 6-17 所示时序逻辑电路,画出状态图和时序图。

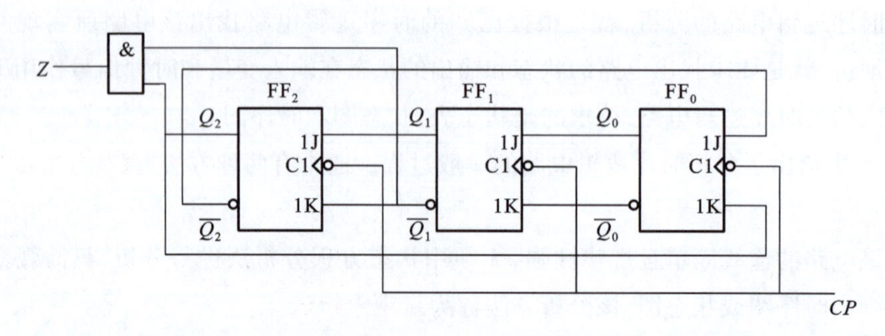

图 6-17 例 6-5 的逻辑电路图

解 由于 $CP_2 = CP_1 = CP_0 = CP$,可见图 6-17 所示是一个同步时序电路。对于同步时序电路各个触发器的时钟信号是相同的,都是输入 CP 脉冲。触发器都接至同一个时钟脉冲源 CP,所以各触发器的时钟方程可以不写。

①写出输出方程为

$$Z = \overline{Q_1^n} Q_2^n$$

写出驱动方程为

$$J_2 = Q_1^n \qquad K_2 = \overline{Q_1^n}$$

$$J_1 = Q_0^n \qquad K_1 = \overline{Q_0^n}$$

$$J_0 = \overline{Q_2^n} \qquad K_0 = Q_2^n$$

②写出 JK 触发器的特性方程 $Q^{n+1} = J\overline{Q^n} + \overline{K}Q^n$,然后将各驱动方程代入 JK 触发器的特性方程,得到各触发器的状态方程

$$Q_2^{n+1} = J_2\overline{Q_2^n} + \overline{K_2}Q_2^n = Q_1^n\overline{Q_2^n} + Q_1^nQ_2^n = Q_1^n$$

$$Q_1^{n+1} = J_1\overline{Q_1^n} + \overline{K_1}Q_1^n = Q_0^n\overline{Q_1^n} + Q_0^nQ_1^n = Q_0^n$$

$$Q_0^{n+1} = J_0\overline{Q_0^n} + \overline{K_0}Q_0^n = \overline{Q_2^n}\,\overline{Q_0^n} + \overline{Q_2^n}Q_0^n = \overline{Q_2^n}$$

即

$$Q_2^{n+1} = Q_1^n,\ Q_1^{n+1} = Q_0^n,\ Q_0^{n+1} = \overline{Q_2^n}$$

$$Z = \overline{Q_1^n}Q_2^n$$

③由方程组计算出状态表。设电路的初态为 $Q_2^nQ_1^nQ_0^n = 000$,代入上述触发器的次态方程和输出方程中进行计算,得到次态为 001,再将它作为初态代入上述方程,将得到下一个状态,这样,反复由初态推算次态,得到电路的状态转换表见表 6-6。

学习笔记

表 6-6　状态转换表

初态			次态			输出
Q_2^n	Q_1^n	Q_0^n	Q_2^{n+1}	Q_1^{n+1}	Q_0^{n+1}	Z
0	0	0	0	0	1	0
0	0	1	0	1	1	0
0	1	1	1	1	1	0
1	1	1	1	1	0	0
1	1	0	1	0	0	0
1	0	0	0	0	0	1
0	1	0	1	0	1	0
1	0	1	0	1	0	1

④根据表 6-6 所示的状态转换表加以整理，可得电路的状态转换图如图 6-18 所示。

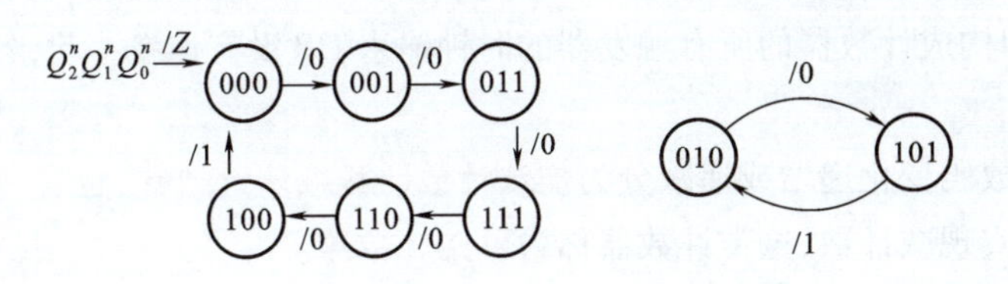

(a) 有效循环　　(b) 无效循环

图 6-18　电路的状态转换图

⑤关于状态转换图还需要说明：本电路用了 3 个触发器，电路应该有 $2^n=2^3=8$（n 为触发器数目）个状态。从状态转换图中可以看出，电路只有效使用了 6 个状态，000、001、011、111、110、100，这 6 个状态称为**有效状态**。电路在 CP 控制脉冲作用下，正常工作时是在有效状态之间的循环，称为**有效循环**。

该电路还有两个状态，101、010 没有使用，这两个状态称为**无效状态**。电路在 CP 脉冲作用下，在无效状态之间的循环，称为**无效循环**。

所谓电路能够自启动，就是当电源接通或者由于干扰信号的影响，电路进入了无效状态时，在 CP 控制脉冲作用下，电路能够进入有效循环，则称电路能够**自启动**；否则，电路就不能够自启动，本例就是这样。后面将介绍如何实现自启动。

⑥画出时序图，如图 6-19 所示。

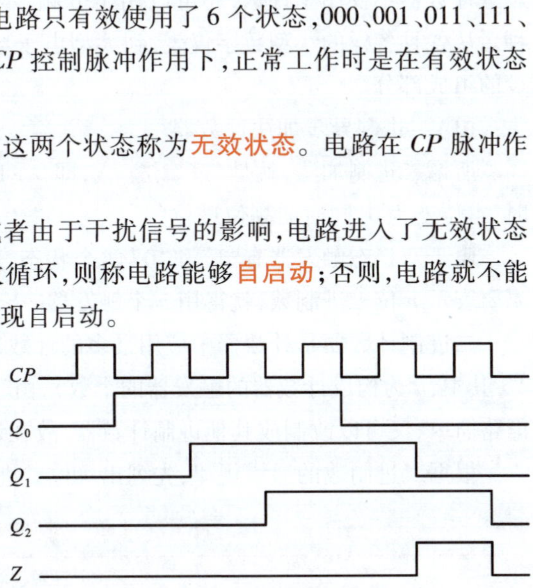

⑦逻辑功能分析。由该例的状态图就可看出，有效循环的 6 个状态分别是 0～5 这 6 个十进制数字的格雷码，并且在时钟脉冲 CP 的作用下，这 6 个状态是按递增规律变化的，即000→001→011→111→110→100→000→…所以这是一个用格雷码表示的六进制同步加法计数器。当对第 6 个脉冲计数时，计数器又重新从 000 开始计数，并产生输出 $Z=1$。

CP　Q_0　Q_1　Q_2　Z

图 6-19　例 6-5 电路的时序图

由于异步时序电路的状态方程分析过程比较烦琐，故不作介绍。

学习笔记

视频

异步二进制计数器

三、计数器

1. 异步计数器

人们在工作、生活、学习与生产科研中，到处都遇到计数问题。广义地讲，一切能够完成计数工作的设备都是**计数器**，算盘是计数器，里程表是计数器，钟表是计数器，这里要讲的是数字电路中的计数器电路。在数字电路中，把记忆输入 *CP* **脉冲个数**的操作称为计数，能实现计数操作的电子电路称为**计数器**。它的主要特点如下：

①除了输入计数脉冲 *CP* 信号之外，很少有另外的输入信号，其输出通常也都是初态的函数。输入计数脉冲 *CP* 是当作触发器的时钟信号对待的。

②从电路组成看，其主要组成单元是同步触发器。

计数器的种类有很多，按照时钟脉冲信号的特点分为**同步计数器和异步计数器**两大类，其中同步计数中构成计数器的所有触发器在同一个时刻进行翻转，其时钟输入端全连在一起；异步计数器即构成计数器的所有触发器的时钟输入 *CP* 没有连在一起，各个触发器不在同一时刻变化。

按照计数的数码变化递增或递减分为**加法计数器和减法计数器**，也有一些计数器既可能实现加计数又可实现减计数，这类计数器称为**可逆计数器**。

按照输出的编码形式可分为二进制计数器、二-十进制计数器、循环码计数器等。

按计数的**模数**（状态总数或容量）可分为十进制计数器、六十进制计数器等。其他进制的计数器，通常都称为 ***N* 进制计数器**。$N=12$ 称为十二进制计数器，$N=60$ 称为六十进制计数器。

计数器不仅用于计数，还可以用于分频、定时等应用，是时序逻辑电路中使用最广的一种。从各种各样的小型数字仪表，到大型电子数字计算机，计数器是所有数字系统中不可缺少的组成部分。

（1）二进制异步加法计数器

所谓二进制加法，就是**“逢二进一”**，即 $0+1=1$，$1+1=10$。也就是每当本位是 1，再加 1 时，本位变为 0，同时向高位进位。

由于双稳态触发器有“1”和“0”两个状态，所以一个触发器可以表示 1 位二进制数。如果要表示 n 位二进制数，就得用 n 个触发器。

二进制计数器是计数器中应用最多的计数器，这并不是讲它的模数为 2，而是讲其模数为 2^n（其中，n 为构成计数器的触发器的个数），由于二进制计数器充分利用了计数器的资源，且电路简单，又可以改制成其他进制计数器，故在计数器中占的比例最高。

根据二进制数的递增规律，先列出 4 位二进制加法计数器的状态表见表 6-7。

表 6-7　4 位二进制加法计数器的状态表

计数脉冲序号	计数器状态				对应十进制数
	Q_3	Q_2	Q_1	Q_0	
0	0	0	0	0	0
1	0	0	0	1	1
2	0	0	1	0	2

学习笔记

续表

计数脉冲序号	计数器状态				对应十进制数
	Q_3	Q_2	Q_1	Q_0	
3	0	0	1	1	3
4	0	1	0	0	4
5	0	1	0	1	5
6	0	1	1	0	6
7	0	1	1	1	7
8	1	0	0	0	8
9	1	0	0	1	9
10	1	0	1	0	10
11	1	0	1	1	11
12	1	1	0	0	12
13	1	1	0	1	13
14	1	1	1	0	14
15	1	1	1	1	15
16	0	0	0	0	0

要实现表 6-7 所列的 4 位二进制加法计数，必须用 4 个触发器，它们具有计数功能。采用不同的触发器可有不同的逻辑电路，即使用同种触发器也可得出不同的逻辑电路。

①二进制加法计数器的电路组成。根据表 6-7 所示 4 位二进制加法计数器的计数规律，最低位 Q_0（即第一位）是每来一个 *CP* 脉冲变化一次（翻转一次）；次低位 Q_1（亦即第二位）是每来两个脉冲翻转一次，且当 Q_0 从 1 跳 0 时，FF_1 翻转；高位 Q_2（亦即第三位）是每来四个脉冲翻转一次，且当 Q_1 从 1 跳 0 时，FF_2 才翻转。依此类推，高位的触发器 FF_3 也是在邻近的低位触发器 FF_2 从 1 变为 0 进位时翻转。

基于以上分析，采用异步方式构成二进制加法计数器是很容易的。前面讲到，T′触发器是一种计数型触发器，它就是来一个 *CP* 脉冲翻转一次。只要将触发器接成 T′触发器，外来时钟脉冲作为最低位触发器的时钟脉冲，而低位触发器的输出端作为相邻高位触发器的时钟脉冲，使相邻两位之间符合“逢二进一”的加法计数规律，计数器就方便地构成了。图 6-20 是由 JK 触发器组成的 4 位异步二进制加法计数器，其中的 JK 触发器均接成 T′触发器，即 *J*、*K* 输入端都接至 1 或悬空。

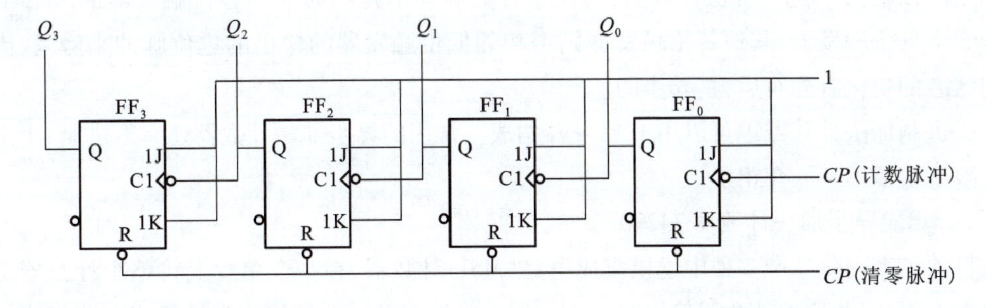

图 6-20　4 位异步二进制加法计数器的逻辑图

②计数器的工作原理。由于该电路的连线简单且规律性强，无须用前面介绍的状态方程

学习笔记

分析法进行分析，只需做简单的观察与推断就可画出时序图或状态图，这种分析方法称为**直观分析法**。

设电路的初始状态为0000，当输入第一个计数脉冲时，FF_0的状态翻转为1，Q_0从0跳变为1。这对于FF_1来说，出现的时钟信号为脉冲的上升沿，故FF_1状态不变。FF_2和FF_3的状态也不会变化，故计数器的状态变为0001。

当输入第二个计数脉冲后，FF_0的状态翻转为0，Q_0从1跳变为0，这时对于FF_1来说，出现的时钟信号为脉冲的下降沿，故FF_1状态翻转为1。FF_2、FF_3的状态不变，计数器的状态为0010。输入第三个计数脉冲后，FF_0的状态翻转为1，Q_0从0跳变为1，FF_2、FF_3不变，计数器的状态变为0011。

依此类推，电路将以二进制的规律工作下去。当计数器状态为1111时，当出现第16个计数脉冲时，$FF_3 \sim FF_0$的状态为0000，同时高端输出一进位信号。图6-21是电路的状态图。

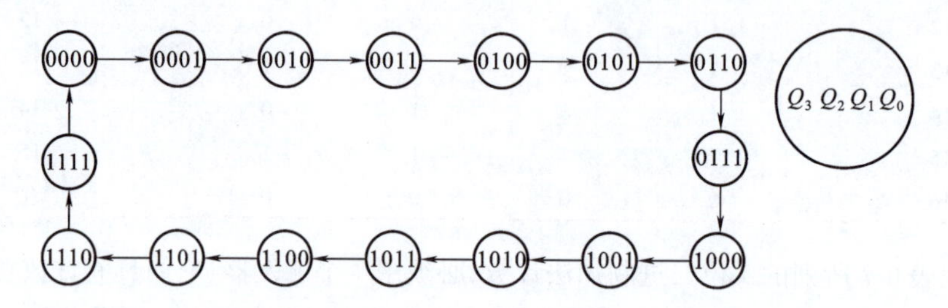

图6-21　电路的状态图

电路的时序图可由状态图直接转换而来。将输出状态以高低电平的脉冲形式表示，翻转时机要与CP触发时间相对应，按时间轴展开，Q_3、Q_2、Q_1和Q_0按"0""1"的高低电平对准CP的下降沿一一画出即可，如图6-22所示。二进制计数器还可以用于分频。

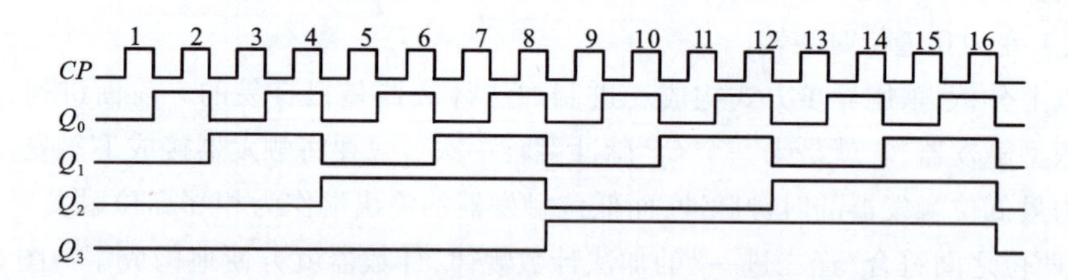

图6-22　二进制加法计数器的时序图

之所以称为**"异步"**加法计数器，是由于计数脉冲不是同时加到各位触发器的CP端，而只加到最低位触发器，其他各位触发器则由相邻低位触发器的输出的进位脉冲来触发，因此它们状态的变化有先有后，是异步的。

二进制加法计数器也可以用D触发器构成。常用的异步加法计数器还有五进制，十进制等。限于篇幅不一一介绍了。

(2)集成异步加法计数器74290

目前已系列化生产多种中规模集成电路(MSI)计数器，在一个单片上将整个计数器全部集成在上面，因此这种计数器使用起来很方便。一般MSI计数器比小规模集成电路构成的计数器有更多的功能，有的还能方便地改变计数进制。下面介绍一种应用广泛的集成异步计数器。

二-五-十进制计数器74290的逻辑图如图6-23(a)所示。它包含一个独立的1位二进制计数器和一个独立的异步五进制计数器。二进制计数器的时钟输入端为CP_1,输出端为Q_0;五进制计数器的时钟输入端为CP_2,输出端为Q_1、Q_2、Q_3。如果将Q_0与CP_2相连,CP_1作时钟脉冲输入端,$Q_0 \sim Q_3$作输出端,则为8421BCD码十进制计数器。

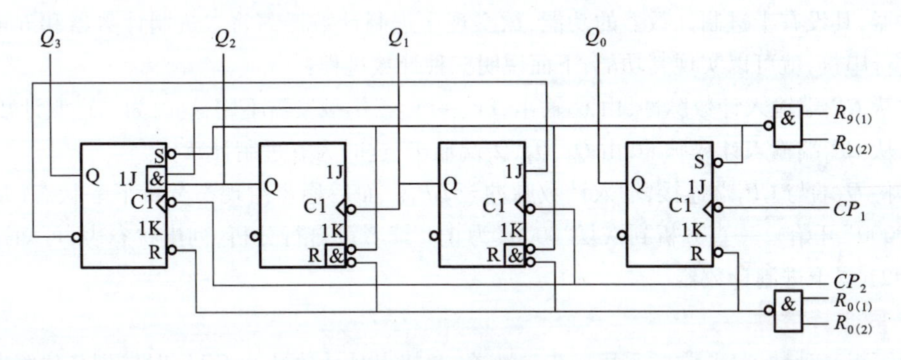

(a) 74290逻辑图

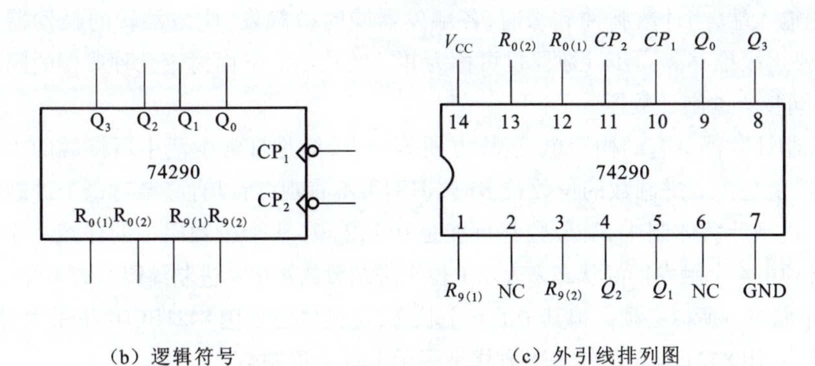

(b) 逻辑符号　　　(c) 外引线排列图

图6-23　二-五-十进制计数器74290

表6-8是74290的功能表。由表可知,74290具有以下功能:

①异步清零。当复位输入端$R_{0(1)}=R_{0(2)}=1$,且置位输入$R_{9(1)}R_{9(2)}=0$时,不论有无时钟脉冲CP,计数器输出将被直接置零。

表6-8　74290的功能表

复位输入		置位输入		时钟	输出				工作模式
$R_{0(1)}$	$R_{0(2)}$	$R_{9(1)}$	$R_{9(2)}$	CP	Q_3	Q_2	Q_1	Q_0	
1	1	0	×	×	0	0	0	0	异步清零
1	1	×	0	×	0	0	0	0	
×	×	1	1	×	1	0	0	1	异步置9
0	×	0	×	↓	计数				加法计数
0	×	×	0	↓	计数				
×	0	0	×	↓	计数				
×	0	×	0	↓	计数				

②异步置数。当置位输入端$R_{9(1)}=R_{9(2)}=1$时,无论其他输入端状态如何,计数器输出

学习笔记

将被直接置9（即 $Q_3Q_2Q_1Q_0=1001$）。

③计数。当 $R_{0(1)}R_{0(2)}=0$，且 $R_{9(1)}R_{9(2)}=0$ 时，在计数脉冲（下降沿）作用下，进行二-五-十进制加法计数。

74290为二-五-十进制计数器，从上面仅能看到其内部有一个二进制计数器和一个五进制计数器，其没有十进制计数器的功能，欲实现十进制计数器需将二进制计数器和五进制计数器进行串接，就可以实现其功能，下面说明三种计数过程：

①从 CP_1 端输入计数脉冲，由 Q_0 输出，FF_1 ~ FF_3 三位触发器不用，这时为二进制计数器。

②从 CP_2 端输入计数脉冲，由 Q_3、Q_2、Q_1 端输出，这时为五进制计数器。

③将 Q_0 端与 CP_2 端连接，输入计数脉冲至 CP_1。而后逐步由现态分析下一状态（从初始状态“0000”开始），一直分析到恢复“0000”为止。读者可自行分析，列出状态表，可知这种连接为8421码十进制计数器。

2. 同步计数器

为了提高计数速度，常常采用同步计数器，其特点是计数脉冲 CP 同时接到各位触发器的时钟脉冲输入端，当计数脉冲到来时，各触发器同时被触发，应该翻转的触发器是同时翻转的，不需要逐级推移。同步计数器也可称为**并行计数器**。下面讨论几种典型的同步计数器。

（1）同步十进制计数器

二进制计数器具有结构简单、运算方便等特点，但是日常生活中所接触的大部分都是十进制数，特别是当二进制数的位数较多时，识别很不直观，所以有必要讨论十进制计数器。

在十进制计数体制中，每位数都可能是0，1，2，…，9十个数码中的任意一个，且“逢十进一”，故必须由4个触发器的状态来表示1位十进制数的4位二进制编码。而4位二进制编码总共有16个状态。所以必须去掉其中的6个状态，这里考虑采用8421BCD编码，去掉1010 ~ 1111这6个状态，用8421BCD码的编码方式来表示1位十进制数。

图6-24所示为由4个下降沿触发的JK触发器组成的8421BCD码同步十进制加法计数器的逻辑图。下面用前面介绍的同步时序电路的分析方法对该电路进行分析：

①写出驱动方程：

$$J_0=1 \qquad K_0=1$$

$$J_1=\overline{Q_3^n}Q_0^n \qquad K_1=Q_0^n$$

$$J_2=Q_1^nQ_0^n \qquad K_2=Q_1^nQ_0^n$$

$$J_3=Q_2^nQ_1^nQ_0^n \qquad K_3=Q_0^n$$

②写出JK触发器的特性方程 $Q^{n+1}=J\overline{Q^n}+\overline{K}Q^n$，然后将各驱动方程代入JK触发器的特性方程，得到各触发器的次态方程：

$$Q_0^{n+1}=J_0\overline{Q_0^n}+\overline{K_0}Q_0^n=\overline{Q_0^n}$$

$$Q_1^{n+1}=J_1\overline{Q_1^n}+\overline{K_1}Q_1^n=\overline{Q_3^n}Q_0^n\overline{Q_1^n}+\overline{Q_0^n}Q_1^n$$

$$Q_2^{n+1}=J_2\overline{Q_2^n}+\overline{K_2}Q_2^n=Q_1^nQ_0^n\overline{Q_2^n}+\overline{Q_1^nQ_0^n}Q_2^n$$

$$Q_3^{n+1}=J_3\overline{Q_3^n}+\overline{K_3}Q_3^n=Q_2^nQ_1^nQ_0^n\overline{Q_3^n}+\overline{Q_0^n}Q_3^n$$

输出端为进位 $$CO=Q_3^nQ_0^n$$

学习笔记

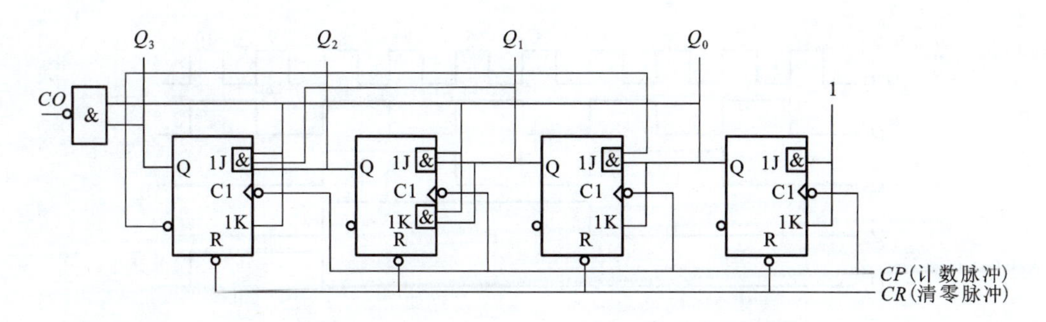

图6-24　8421BCD码同步十进制加法计数器的逻辑图

③根据状态方程列出状态表。设计数器的初始状态为 $Q_3Q_2Q_1Q_0=0000$，并代入各触发器次态方程，得到第一个计数脉冲到来后各触发器的状态为 $Q_0=1, Q_1=0, Q_2=0, Q_3=0$，这说明只有 Q_0 由0翻转到1。再将 $Q_3Q_2Q_1Q_0=0001$ 代入次态方程，得到在第二个脉冲后的状态，$Q_3Q_2Q_1Q_0$ 变为0010。依此类推，把所有的原状态代入次态方程后，可以得到该计数器的所有工作状态，整个状态表见表6-9。由表6-9可以看出，当第十个计数脉冲到来时，计数器的状态由1001返回到0000，同时产生进位。

表6-9　同步+进制加法计数器的状态表

计数脉冲序号	初态				次态				输出
	Q_3^n	Q_2^n	Q_1^n	Q_0^n	Q_3^{n+1}	Q_2^{n+1}	Q_1^{n+1}	Q_0^{n+1}	CO
0	0	0	0	0	0	0	0	1	0
1	0	0	0	1	0	0	1	0	0
2	0	0	1	0	0	0	1	1	0
3	0	0	1	1	0	1	0	0	0
4	0	1	0	0	0	1	0	1	0
5	0	1	0	1	0	1	1	0	0
6	0	1	1	0	0	1	1	1	0
7	0	1	1	1	1	0	0	0	0
8	1	0	0	0	1	0	0	1	0
9	1	1	0	1	0	0	0	0	1

④画状态图及时序图。根据状态转换表画出电路的状态图如图6-25所示，画出时序图如图6-26所示。由状态表、状态图或时序图可见，该电路是一个8421BCD码十进制加法计数器。

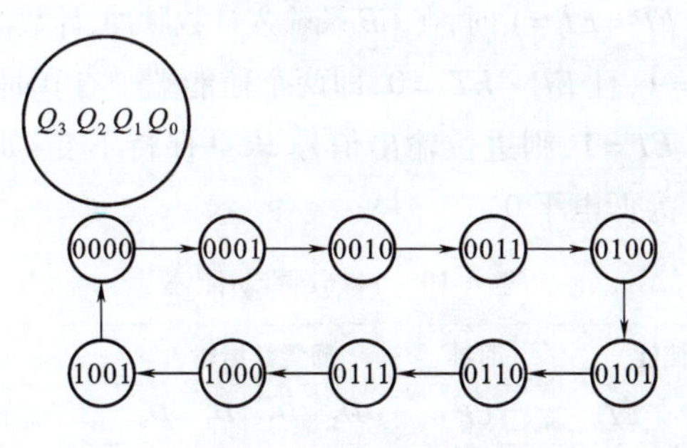

图6-25　图6-24的状态图

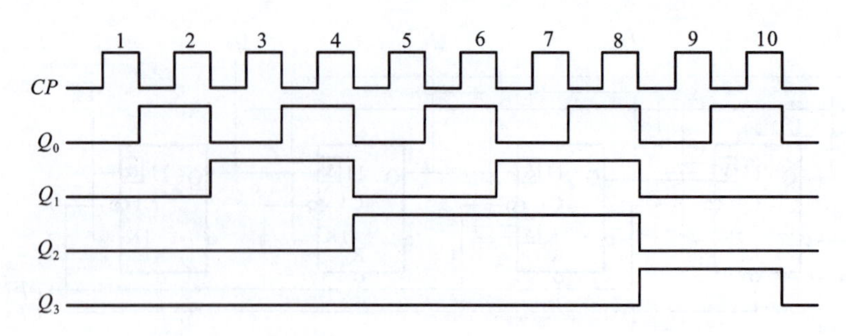

图 6-26　图 6-24 的时序图

⑤检查电路能否自启动。由于电路中有 4 个触发器，它们的状态组合共有 16 种，而在 8421BCD 码计数器中只用了 10 种，称为有效状态，其余 6 种状态称为**无效状态**。本电路万一进入无效状态后能够自启动，并返回有效状态，限于篇幅不再详细分析其过程。

(2)集成同步二进制计数器举例

集成计数器种类很多，为了使用和扩展功能的方便，将二进制同步加法计数器增加了一些如置数、保持等辅助功能便构成了集成 4 位二进制同步加法计数器。这里介绍常用的 4 位二进制同步加法计数器 74161，如图 6-27、图 6-28 所示。

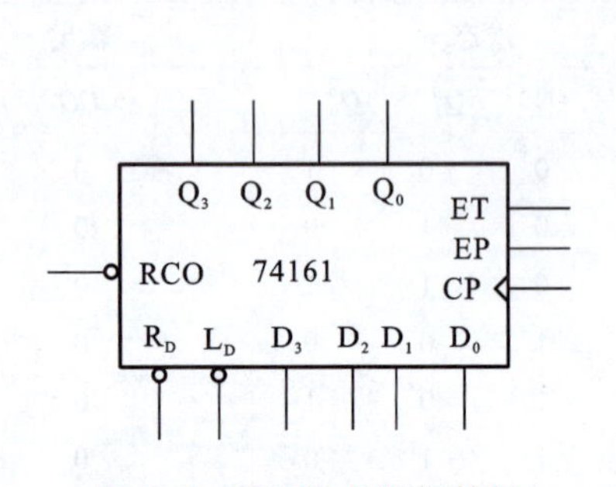

图 6-27　74161 的逻辑符号

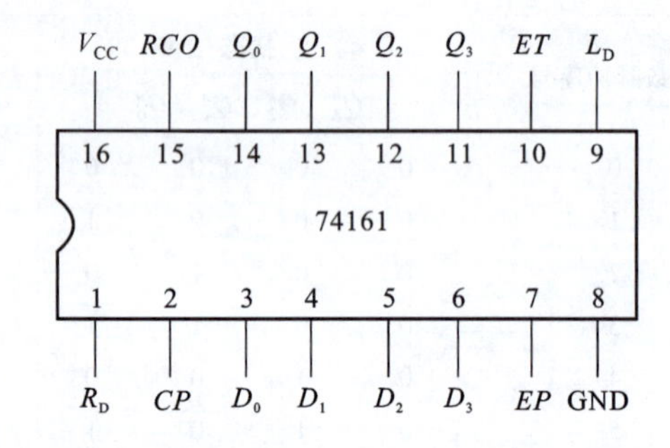

图 6-28　74161 的引脚图

由功能表 6-10 可知，74161 具有以下功能：

①异步清零。当 $R_D=0$ 时，不管其他输入端的状态如何，不论有无时钟脉冲 CP，计数器输出将被直接置零($Q_3Q_2Q_1Q_0=0000$)，称为**异步清零**。

②同步并行预置数。当 $R_D=1$、$L_D=0$ 时，在输入时钟脉冲 CP 上升沿的作用下，并行输入端的数据 $D_3D_2D_1D_0$ 被置入计数器的输出端，即 $Q_3Q_2Q_1Q_0=D_3D_2D_1D_0$。由于这个操作要与 CP 上升沿同步，所以称为同步预置数。

③计数。当 $R_D=L_D=EP=ET=1$ 时，在 CP 端输入计数脉冲，计数器进行二进制加法计数。

④保持。当 $R_D=L_D=1$，且 $EP\cdot ET=0$，即两个使能端中有 0 时，则计数器保持原来的状态不变。这时，如 $EP=0$、$ET=1$，则进位输出信号 RCO 保持不变；如 $ET=0$，则不管 EP 状态如何，进位输出信号 RCO 为低电平 0。

表 6-10　74161 的功能表

清零	预置	使能		时钟	预置数据输入				输出				工作模式
R_D	L_D	EP	ET	CP	D_3	D_2	D_1	D_0	Q_3	Q_2	Q_1	Q_0	
0	×	×	×	×	×	×	×	×	0	0	0	0	异步清零

学习笔记

续表

清零	预置	使能	时钟	预置数据输入	输出	工作模式
R_D	L_D	EP　ET	CP	D_3　D_2　D_1　D_0	Q_3　Q_2　Q_1　Q_0	
1	0	×　×	↑	d_3　d_2　d_1　d_0	d_3　d_2　d_1　d_0	同步置数
1	1	0　×	×	×　×　×　×	保持	数据保持
1	1	×　0	×	×　×　×　×	保持	数据保持
1	1	1　1	↑	×　×　×　×	计数	加法计数

常用的同步4位二进制加法计数器还有74163，功能与74161类似，其特点是采用同步清零，这个操作要与下一个CP上升沿同步，所以称为同步清零。

其他几种常见集成计数器见表6-11。读者在今后需要应用时可以举一反三，或查阅相关手册加以选择。

表6-11　几种常见集成计数器

CP脉冲计数方式	型号	计数模式	清零方式	预置数方式
同步	74161	4位二进制加法	异步（低电平）	同步
	74HC161	4位二进制加法	异步（低电平）	同步
	74163	4位二进制加法	同步（低电平）	同步
	74LS192	双时钟4位十进制可逆	异步（低电平）	异步
	74LS193	双时钟4位二进制可逆	异步（高电平）	异步
	74160	十进制加法	异步（低电平）	同步
	74LS190	单时钟十进制可逆	无	异步
异步	74LS293	双时钟4位二进制加法	异步	无
	74LS290	二-五-十进制加法	异步	异步

3. 任意进制计数器

视频

任意进制计数器（单片计数器工作）

从市场化考虑，目前常见的计数器芯片在计数进制上只生产应用较广的几种类型，如十进制、十六进制、12位二进制、14位二进制等。在需要其他任意一种进制的计数器时，一般只能利用已有的集成计数器产品通过外电路的不同连接方式得到。所谓任意进制的计数器就是指N进制计数器，即来N个计数脉冲，计数器状态归零重复一次。

构成N进制计数器基本设计思路是：利用模为M的集成计数器的清零控制端或者置数控制端，在N进制计数器的顺序计数过程中，若设法使之跳越$M-N$个状态，就可以得到N进制计数器。

实现跳越的方法有清零法（或称复位法）和置数法（或称置位法）两种。这里重点介绍清零法（或称复位法），适用于有清零输入端的计数器。

集成计数器一般都设置有清零输入端和置数输入端，而且无论是清零还是置数都有同步和异步之分，有的采用异步方式——通过同步触发器异步输入端实现清零或置数，而与CP信号无关。有的采用同步方式——当下一个CP触发沿到来时才能完成清零或置数任务。在前面具体介绍的集成计数器中，通过其功能表可以容易地鉴别其清零和置数方式。

学习笔记

假定已有的是 M 进制计数器,而需要得到 N 进制计数器。首先考虑当 $N < M$ 时的情况。

(1)用异步清零端构成 N 进制计数器

异步清零法适用于具有异步清零端的集成计数器,如74290、74160等。当集成 M 进制计数器从状态 S_0 开始计数时,若计数脉冲输入 N 个脉冲后,M 进制集成计数器处于 S_N 状态。如果利用 S_N 状态产生一个清零信号,加到清零输入端,则使计数器回到状态 S_0,如图6-29所示,这样就跳过了 $M-N$ 个状态,实现了模数为 M 的 N 进制计数器。这一过程中 S_N 状态只是过渡状态,持续时间很短。

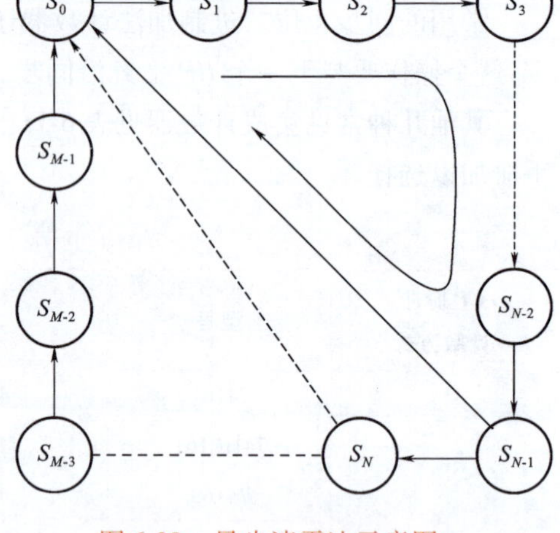

图6-29 异步清零法示意图

利用具有异步清零端的集成 M 进制计数器来设计 N 进制计数器的设计步骤如下:

①写出状态 S_N 的二进制代码。

②求出清零信号 R_D,即求出加在异步清零端信号的逻辑表达式。

③画出计数器电路图。

例6-6 试用74LS161设计十二进制计数器(异步清零法)。

解 74LS161为4位二进制同步加法计数器,具有异步清零端。

①写出状态 S_N 的二进制代码:$S_N = S_{12} = 1100$。

②求出清零信号 R_D。由题意知,当 $Q_3Q_2Q_1Q_0 = 1100$ 时,用于实现反馈的与非门将输出低电平,计数器清零。所以,1100这个状态并不能持久,即当 $Q_3Q_2Q_1Q_0 = 1100$ 时,$R_D = 0$。所以有 $R_D = \overline{Q_3Q_2}$。这里 R_D 端是异步清零,它的优先级高,与非门输出的低电平即刻产生清零,然后进入0000状态。

③画出计数器电路如图6-30所示。

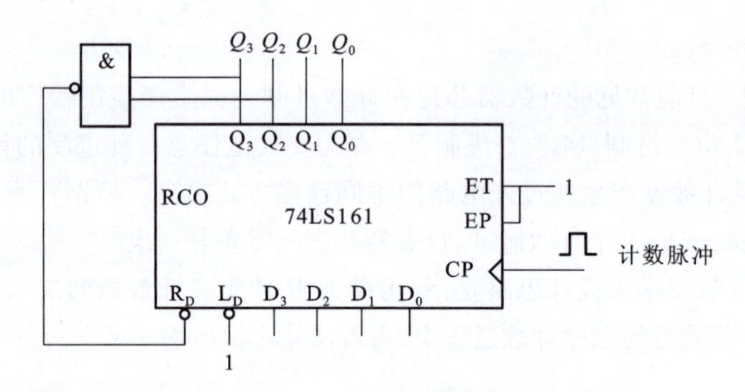

图6-30 异步清零法构成十二进制计数器

例6-7 试用74LS290设计七进制计数器(异步清零法)。

解 按照同样的方法,可以组成图6-31所示的用集成计数器74290和与门构成的七进制计数器。清零信号 $R_0 = Q_2Q_1Q_0$,当第七个脉冲到来时,清零端得到有效高电平,计数器反馈清零,0111只是短暂的过渡状态。

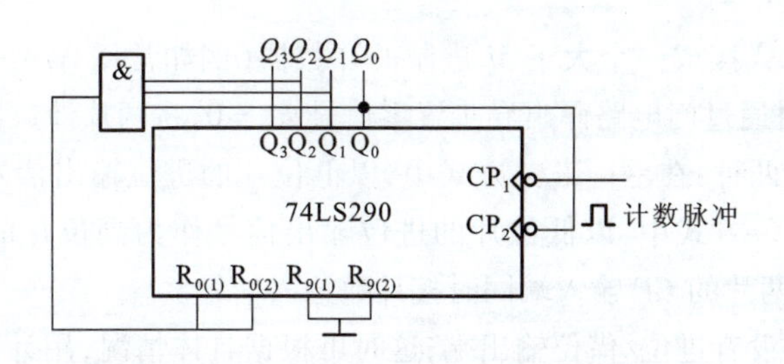

图 6-31　异步清零法组成七进制计数器

(2)用同步置数端构成 N 进制计数器

置数法与清零法不同,它是利用集成 M 进制计数器的同步置数控制端 L_D 的作用,预置数的数据输入端 $D_0 \sim D_3$ 均设置为 0 来实现的。适用于具有同步置数控制端的集成计数器。

具体方法是,当集成 M 进制计数器从状态 S_0 开始计数时,若输入的 CP 计数脉冲输入了 $N-1$ 个脉冲后,M 进制集成计数器处于 S_{N-1} 状态。如果利用 S_{N-1} 状态产生一个置数控制信号,加到置数控制端,当下一个 CP 计数脉冲到来时,则使计数器回到状态 S_0,即 $S_0 = Q_3Q_2Q_1Q_0 = D_3D_2D_1D_0 = 0000$,这就跳过了 $M-N$ 个状态,故实现了模数为 M 的 N 进制计数器。

例 6-8　试利用 74LS161 的置数控制端设计一个六进制计数器(采用同步置数法)。

解　①采用同步置数法。令状态 $S_0 = 0000$,$D_3 \sim D_0$ 均接 0。

②写出状态 S_{N-1} 的二进制代码:$S_{N-1} = S_{6-1} = S_5 = 0101$。

③求出置数信号:$L_D = \overline{Q_2Q_0}$,如图 6-32 所示。

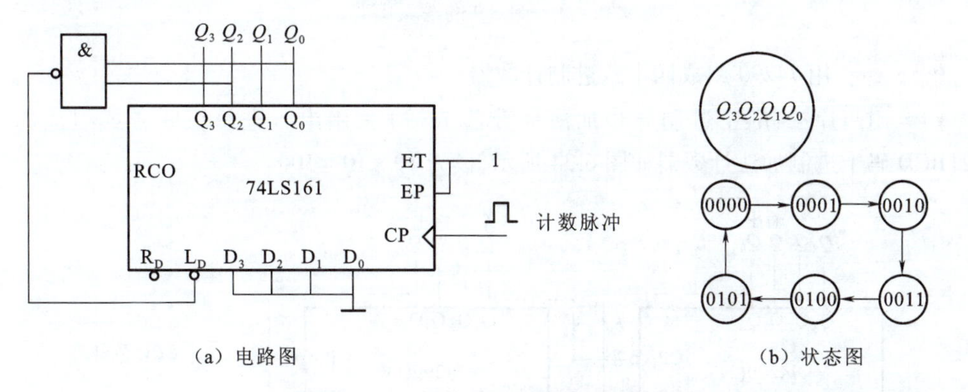

图 6-32　同步置数法构成六进制计数器

(3)多片集成计数器级联实现大容量 N 进制计数器

上面所介绍的用 M 进制计数器实现 N 进制计数器的方法均是针对 $N < M$ 的 N 进制计数器。如果需要设计 $N > M$ 的 N 进制计数器,则需要利用多片集成计数器进行容量的扩展。主要使用两种方法:

①分解法。若 N 可以分解为两个小于 N 的因数相乘,即 $N = N_1 N_2$,则可采用串行进位方式或并行进位方式将一个 N_1 进制计数器和一个 N_2 进制计数器连接起来,构成 N 进制计数器。

②整体置零法。整体置零法的原理与 $M > N$ 时的反馈清零法类似。首先将两片 N 进制

计数器按最简单的方式接成一个大于 M 进制的计数器(例如常用 $N_1N_2=100$ 进制),然后在计数器计为 M 状态时通过门电路译出异步置零信号 $R_D=0$,将两片计数器同时置零。

级联方式一般有两种:在串行进位方式中,以低位片的进位输出信号作为高位片的时钟输入信号。在并行进位方式中,以低位片的进位输出信号作为高位片的工作状态控制信号(计数的使能信号),两片的 CP 输入端同时接计数输入信号。

视频

任意进制计数器(多片计数器工作)

如果集成计数器没有进位/借位输出端,这时可根据具体情况,用计数器的输出信号 Q_3、Q_2、Q_1、Q_0产生一个进位/借位。

例 6-9 数字钟表中的分、秒计数都是六十进制,试用两片 74290 计数器芯片连接成六十进制计数器。

解 采用分解法,六十进制写为 $M=60=6\times10$。六十进制计数器由两片 74290 组成,个位 74290(1)接为十进制,十位 74290(2)接为六进制。

集成计数器没有进位/借位输出端,根据具体情况,用计数器的输出信号 Q_3产生一个进位。本电路的连接如图 6-33 所示。个位的最高位 Q_3连到十位的 CP_1端。

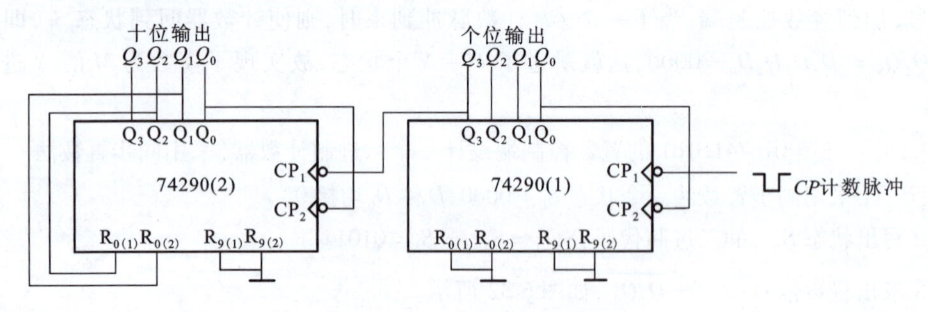

图 6-33 例 6-9 的逻辑电路图

例 6-10 用 74290 组成四十八进制计数器。

解 用两片二-五-十进制异步加法计数器 74290 采用串行进位级联方式组成的 2 位 8421BCD 码十进制加法计数器如图 6-34 所示,模为 $10\times10=100$。

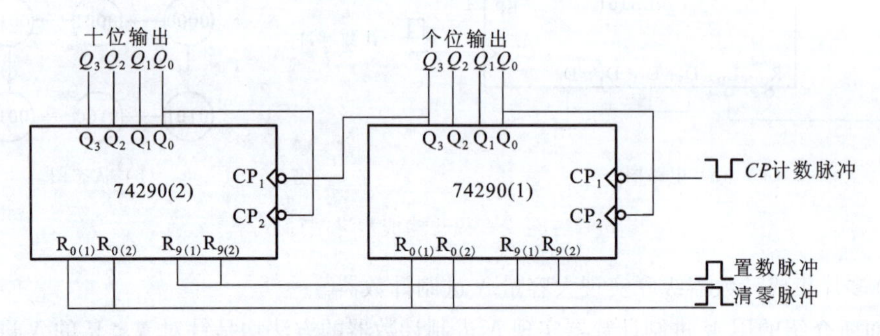

图 6-34 74290 异步级联组成一百进制计数器

因为 $N=48$,而 74290 为 $M=10$ 的十进制计数器,所以要用两片 74290 构成此计数器。

方法:采用整体置零方式,先将两个芯片采用串行进位连接方式连接成一百进制计数器,然后借助 74290 的异步清零功能,在输入第 48 个计数脉冲后,计数器输出状态为 0100 1000 时,高位片 74290(2)的 Q_2和低位片 74290(1)的 Q_3同时为 1,使与非门输出 0,加到两个芯片异步清零端上,使计数器立即返回 0000 0000 状态,这样,就组成了四十八进制计数器。状态

0100 1000 仅在极短的瞬间出现，为过渡状态，无影响。

本例整个计数器电路如图 6-35 所示。要说明的是本例用分解法也可以做。

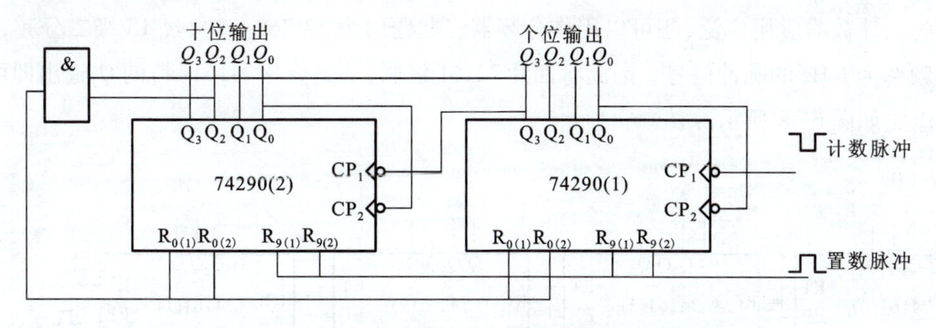

图 6-35　四十八进制计数器

例 6-11　试用两片同步十进制计数器 74161 接成五十进制计数器。

解　图 6-36 是用两片 4 位二进制加法计数器 74161 采用同步级联方式构成的 8 位二进制同步加法计数器，模为 16 × 16 = 256。

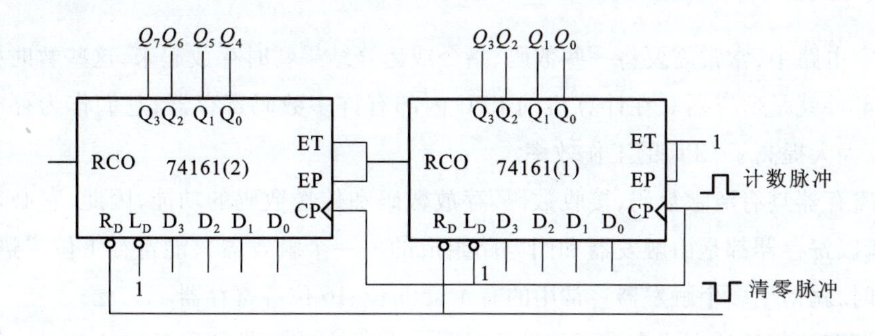

图 6-36　两片 4 位二进制计数器 74161 构成二百五十六进制计数器

先将两片二进制计数器 74161 级联组成的二百五十六进制计数器，再加上相应的反馈门电路。十进制数 50 对应的二进制数为 00110010。当计数到 50 时，计数器的状态 $Q_7 \sim Q_0 =$ 00110010 时，反馈归零函数为 $R_D = \overline{Q_5Q_4Q_1}$，故此时与非门将输出低电平，使两片 74161 同时被清零，实现了五十进制计数，如图 6-37 所示。

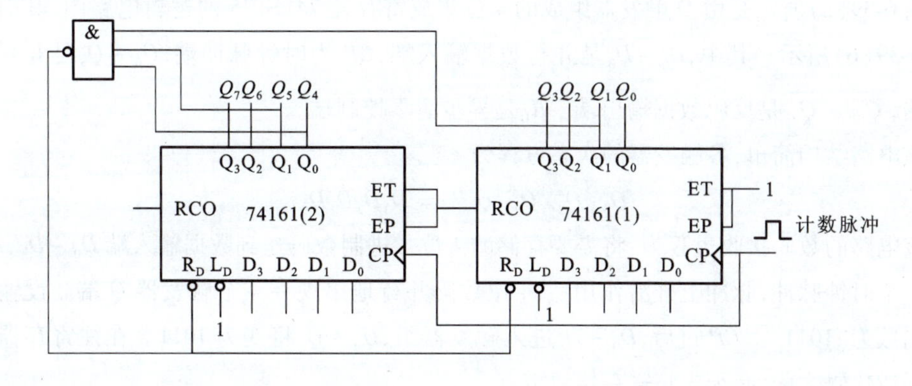

图 6-37　74161 级联组成五十进制计数器

学习笔记

例6-12　某石英晶体振荡器输出脉冲信号的频率为32 768 Hz，用74161组成分频器，将其分频为频率为1 Hz的脉冲信号。

解　计数器应用广泛，还可以用作分频器。此题因为32 768 = 2^{15}，经15级二分频，就可获得频率为1 Hz的脉冲信号。因此将四片74161级联，从高位片74161(4)的Q_2输出即可，其逻辑电路如图6-38所示。

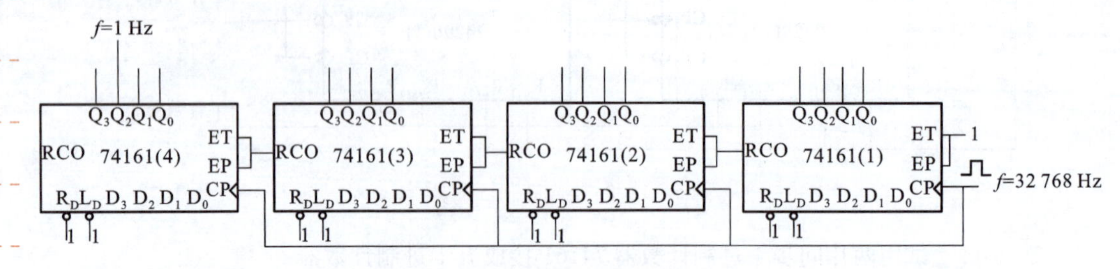

图6-38　例6-12的计数器分频电路接法

四、寄存器

在数字电路中，常常需要将一些数码、指令或运算结果暂时存放起来，这些暂时存放数码或指令的部件就是**寄存器**。在计算机的CPU内部有许多数码寄存器，它们作为存放数据的缓冲单元，大大提高了CPU的工作效率。

由于寄存器具有清除数码、接收数码、存放数码和传送数码的功能，因此，它必须具有记忆功能，所以寄存器都是由触发器和门电路组成的。一个触发器只能寄存1位二进制数，要存多位数时，就得用多个触发器。常用的有4位、8位、16位等寄存器。

寄存器存放数码的方式有**并行**和**串行**两种。并行方式就是数码各位从各对应位输入端同时输入寄存器中；串行方式就是数码从一个输入端逐位输入寄存器中。

从寄存器取出数码的方式也有并行和串行两种。在**并行方式**中，被取出的数码各位在对应于各位的输出端上同时出现；在**串行方式**中，被取出的数码在一个输出端逐位出现。

寄存器常分为**数码寄存器**和**移位寄存器**两种，其区别在于有无移位的功能。

1. 数码寄存器

图6-39(a)所示是由D触发器组成的4位集成寄存器74LS175的逻辑电路图，其引脚图如图6-39(b)所示。其中，$D_0 \sim D_3$是并行数据输入端，CP为时钟脉冲端，$Q_0 \sim Q_3$是并行数据输出端，$\overline{Q_0} \sim \overline{Q_3}$是反码数据输出端。$R_D$是异步清零控制端。

该电路结构简单，各触发器的次态方程为

$$Q_3^{n+1}Q_2^{n+1}Q_1^{n+1}Q_0^{n+1} = D_3D_2D_1D_0$$

该电路的数码接收过程为：将需要存储的4位二进制数码送到数据输入端$D_0 \sim D_3$，在CP端送一个时钟脉冲，脉冲上升沿作用后，4位数码并行地出现在4个触发器Q端。设输入的二进制数为“1011”。CP过后，$D_0 \sim D_3$进入触发器组，$Q_0 \sim Q_3$将变为1011。在往寄存器中寄存数据或代码之前，必须先将寄存器清零。

74LS175的功能表见表6-12。

学习笔记

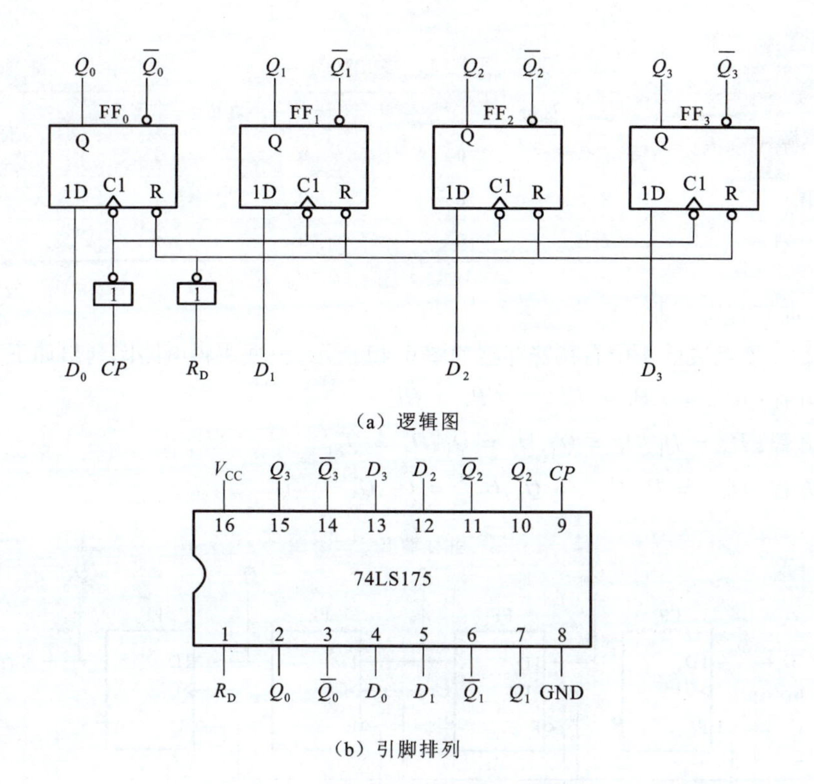

图 6-39　4 位集成寄存器 74LS175

表 6-12　74LS175 的功能表

清零	时钟	输入	输出	工作状态
R_D	CP	D_0　D_1　D_2　D_3	Q_0　Q_1　Q_2　Q_3	
0	×	×　×　×　×	0　0　0　0	异步清零
1	↑	D_0　D_1　D_2　D_3	D_0　D_1　D_2　D_3	数码寄存
1	1	×　×　×　×	保持	数据保持
1	0	×　×　×　×	保持	数据保持

2. 移位寄存器

在计算机中，常常要求寄存器有“**移位**”功能。所谓移位，就是每当一个移位正脉冲（时钟脉冲）到来时，触发器组的状态便向右或向左移一位，也就是指寄存的数码可以在移位脉冲的控制下依次进行移位。例如，在进行乘法运算时，要求将部分积右移；将并行传递的数据转换成串行传送的数据，以及将串行传送的数据转换成并行传送的数据的过程中，也需要“移位”。具有移位功能的寄存器称为**移位寄存器**。

根据数码的移位方向可分为**左移寄存器**和**右移寄存器**。按功能又分为**单向移位寄存器**和**双向移位寄存器**。

移位寄存器的每一位也是由触发器组成的，但由于它需要有移位功能，所以每位触发器的输出端与下一位触发器的数据输入端相连接，所有触发器共用一个时钟脉冲 CP，使它们同步工作。一般规定，右移是向由**低位向高位移**，左移是由**高位向低位移**，而不管看上去的方向如何。例如，一个移位寄存器中的数码是 1001，移动情况见表 6-13。

学习笔记

表 6-13　移位方向

原数据	低位		高位		位移方向
	1	0	0	1	
右移：串入 →	×	0	0	1	→1 串出
左移：串出 1 ←	1	0	0	×	←串入

（1）单向右移寄存器

由 D 触发器组成的 4 位右移寄存器如图 6-40 所示，根据逻辑电路图列出如下方程：

时钟方程：$CP_0 = CP_1 = CP_2 = CP_3 = CP$。

驱动方程：$D_0 = D_1, D_1 = Q_0^n, D_2 = Q_1^n, D_3 = Q_2^n$。

状态方程：$Q_0^{n+1} = D_1, Q_1^{n+1} = Q_0^n, Q_2^{n+1} = Q_1^n, Q_3^{n+1} = Q_2^n$。

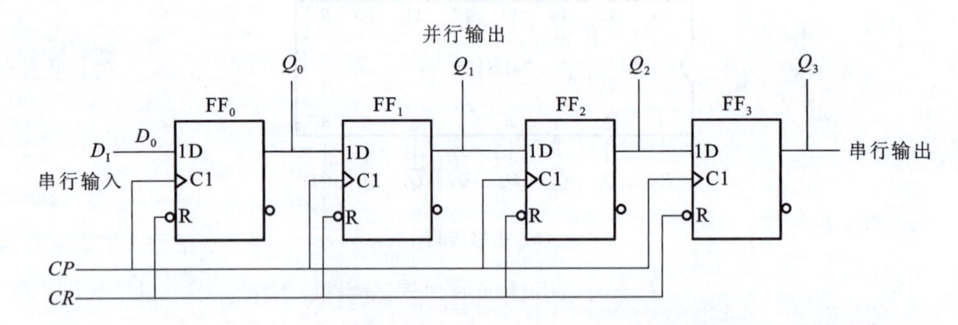

图 6-40　由 D 触发器组成的 4 位右移寄存器

依据状态方程进行工作分析：设移位寄存器的初始状态为 0000，串行输入数码 $D_1 = D_3D_2D_1D_0 = 1011$，从高位（$D_3$）到低位依次输入。由于从 CP 上升沿开始到输出新状态的建立需要经过一段传输延迟时间，所以当 CP 上升沿同时作用于所有触发器时，它们输入端的状态都未改变。于是，FF_1 按 Q_0 原来的状态翻转，FF_2 按 Q_1 原来的状态翻转，FF_3 按 Q_2 原来的状态翻转，同时，输入端的串行代码 D_1 存入 FF_0，总的效果是寄存器的代码依次右移 1 位。在四个移位脉冲作用后，输入的四位串行数码 1011 全部存入了寄存器中。电路的状态表见表 6-14，时序图如图 6-41 所示。

表 6-14　右移寄存器的状态表

移位脉冲	输入数码	输　出			
CP	D_1	Q_0	Q_1	Q_2	Q_3
0	×	0	0	0	0
1	1	1	0	0	0
2	0	0	1	0	0
3	1	1	0	1	0
4	1	1	1	0	1

（2）移位寄存器型计数器

如果把移位寄存器的输出以一定方式馈送到串行输入端，则可得到一些电路连接十分简单、编码别具特色、用途极为广泛的移位寄存器型计数器。移位寄存器型计数器简称**移存型**

学习笔记

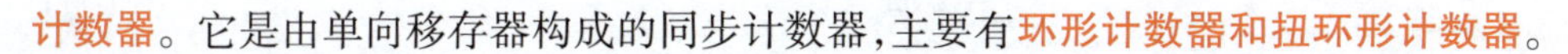

计数器。它是由单向移存器构成的同步计数器，主要有环形计数器和扭环形计数器。

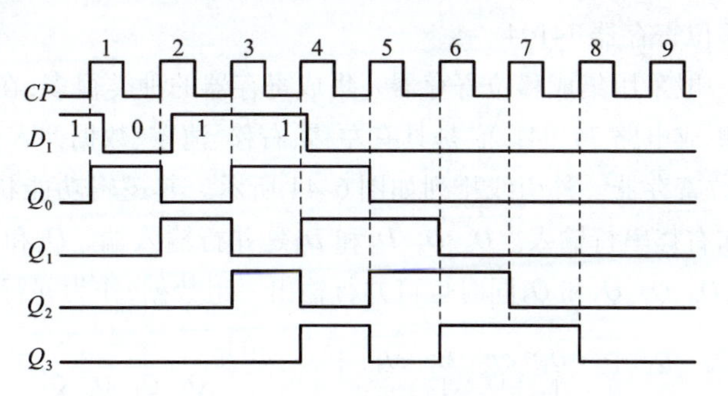

图 6-41　图 6-40 电路的时序图

环形计数器电路 $D_0 = Q_{n-1}^n$，即将触发器 FF_{n-1} 的输出 Q_{n-1} 接到 FF_0 的输入端 D_0。

图 6-42 所示是一个 $n=4$ 的环形计数器。取 $D_0 = Q_3$，即将 FF_3 的输出 Q_3 接到 FF_0 的输入端 D_0。由于这样连接以后，触发器构成了环形，故称为环形计数器，实际上它就是一个自循环的移位寄存器。

由图 6-43 可知，这种电路在输入计数脉冲 CP 作用下，可以循环移位一个 1，也可以循环移位一个 0。如果选用循环移位一个 1，则有效状态将是 1000、0100、0010、0001。工作时，应先用启动脉冲将计数器置入有效状态，例如 1000，然后加上 CP。

取由 1000、0100、0010 和 0001 所组成的状态循环为所需要的有效循环，同时还存在着其他几种无效循环。可见，一旦脱离有效循环之后，电路将不会自动返回有效循环中去，所以此种环形计数器不能自启动。为确保它能正常工作，必须首先通过串行输入端或并行输入端将电路置成有效循环中的某个状态，然后再开始计数。

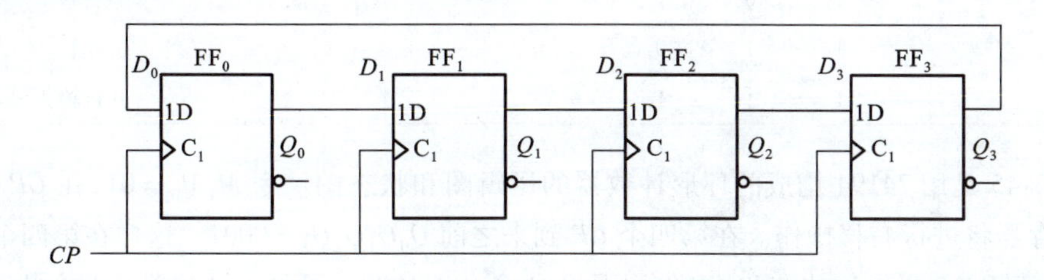

图 6-42　4 位环形计数器

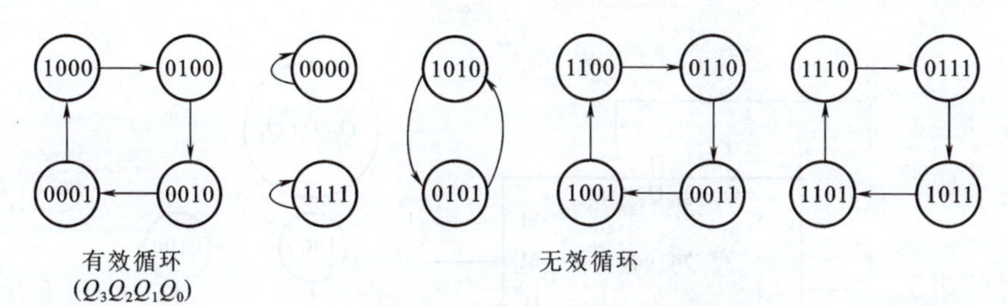

图 6-43　4 位环形计数器的状态图

环形计数器的突出特点是，正常工作时所有触发器中只有一个是 1（或 0）状态，因此，许多应用场合可以直接利用各个触发器的 Q 端作为电路的状态输出，不需要附加译码器。当连续输入 CP 脉冲时，各个触发器的 Q 端，将轮流地出现矩形脉冲，所以又常常把这种电路称为

学习笔记

环形脉冲分配器。

(3) 集成双向移位寄存器 74194

在实际应用中一般采用集成移位寄存器。集成寄存器的种类很多，在这里介绍一种具有多种功能的中规模集成电路 74194。它是具有左移、右移、清零、数据并入、并出、串入、串出等多种功能的双向移位寄存器。外引线排列如图 6-44 所示。其逻辑功能状态表见表 6-15，D_{SL} 和 D_{SR} 分别是左移和右移串行输入。D_0、D_1、D_2 和 D_3 是并行输入端。Q_0 和 Q_3 分别是左移和右移时的串行输出端，Q_0、Q_1、Q_2 和 Q_3 同时也可并行输出一组数据，作为并行输出端。

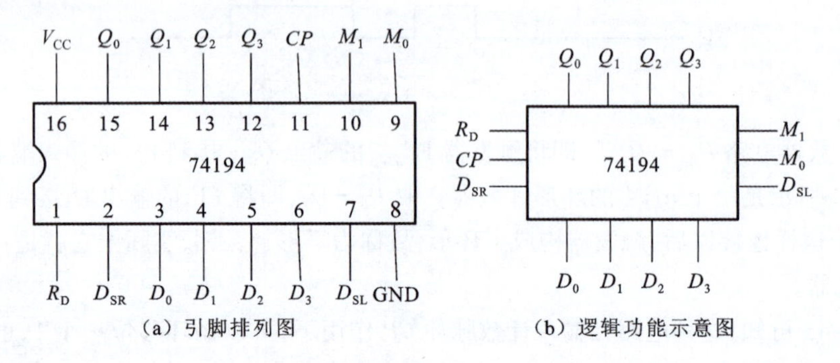

图 6-44　集成移位寄存器 74194

表 6-15　74194 逻辑功能状态表

R_D	M_1	M_0	CP	工作状态
0	×	×	×	异步清零
1	0	0	×	保持
1	0	1	↑	右移
1	1	0	↑	左移
1	1	1	×	并行输入

图 6-45 是用 74194 构成的环形计数器的逻辑图和状态图。令 $M_1M_0=01$，在 CP 作用下移位寄存器将进行右移操作。在第四个 CP 到来之前 $Q_0Q_1Q_2Q_3=0001$。这样在第四个 CP 到来时，由于 $D_{SR}=Q_3=1$，故在此 CP 作用下 $Q_0Q_1Q_2Q_3=1000$。可见该计数器共四个状态，为模 4 计数器。

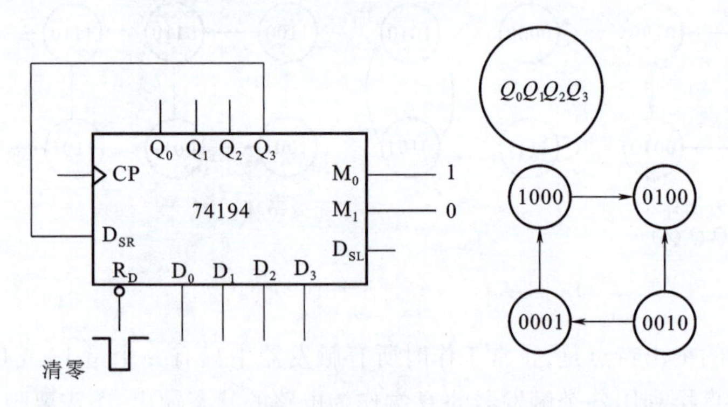

图 6-45　用 74194 构成的环形计数器

学习笔记

基础训练

1. D 触发器逻辑功能测试

①双 D 触发器 74LS74 的逻辑符号如图 6-13 所示。将 74LS74 正确放在实验板上，V_{CC}端(14 引脚)接至 +5 V 电源上，将 GND(7 引脚)接到地端，用万用表检查集成芯片上的 +5 V 电压。按表 6-16 测试 D 触发器的逻辑功能。

②D 触发器的置“0”和置“1”功能测试。$\overline{R}_D$ 和 $\overline{S}_D$ 分别为低电平，D 端和 CP 端任意(此时悬空即可)。输出接发光二极管，指示 Q 的高低(或用万用表测量)。把测试结果填入表 6-16中。

③D 触发器 D 输入端的功能测试。将 $\overline{R}_D$ 和 $\overline{S}_D$ 都接高电平 +5 V，D 端分别接高、低电平，将 CP 端接单次脉冲输出端，每按一下开关得到一个脉冲。Q 、$\overline{Q}$ 端接发光二极管。按表 6-16 顺序输入信号，观察并记录 Q 、$\overline{Q}$ 端状态填入表 6-16 中，并说明其逻辑功能。

④使 D 触发器处于计数状态，即 $\overline{R}_D$ 和 $\overline{S}_D$ 接高电平，将 D 和 $\overline{Q}$ 连接，从 CP 端输入 1 kHz 的连续方波，用示波器观察 CP、D、Q 的工作波形并记录。

表 6-16　D 触发器的逻辑功能测试表

输入				输出				逻辑功能
$\overline{S}_D$	$\overline{R}_D$	D	CP	Q 为初态 0		Q 为初态 1		
				Q	$\overline{Q}$	Q	$\overline{Q}$	
1	0	×	×					
0	1	×	×					
1	1	1	0					
			↑(0→1)					
			1					
			↓(1→0)					
1	1	0	0					
			↑(0→1)					
			1					
			↓(1→0)					

D 触发器逻辑功能测试工作波形图

2. JK 触发器逻辑功能测试

①双下降沿触发 JK 触发器 74LS112 的逻辑符号如图 6-13 所示。

学习笔记

②将图中 $\overline{S}_D$ 、$\overline{R}_D$ 端分别接低电平，Q 、$\overline{Q}$ 端接电平显示灯，按表6-17 顺序输入信号，观察并记录 Q 、$\overline{Q}$ 端状态填入表6-17 中，并说明其逻辑功能。

③ $\overline{S}_D$ 和 $\overline{R}_D$ 端接高电平，J、K 端分别接高电平和低电平，CP 输入点动脉冲，观察并记录 Q 、$\overline{Q}$ 端状态填入表6-17 中，并说明其逻辑功能。

④使 JK 触发器处于计数状态（$J=K=1$），从 CP 端输入 1 kHz 的连续方波，用示波器观察 CP、JK、Q 的工作波形并记录。

表 6-17　JK 触发器的逻辑功能测试表

输入					输出				逻辑功能
$\overline{S}_D$	$\overline{R}_D$	J	K	CP	Q 为初态 0		Q 为初态 1		
					Q	$\overline{Q}$	Q	$\overline{Q}$	
1	0	×	×	×					
0	1	×	×	×					
1	1	0	0	0					
				↑(0→1)					
				1					
				↓(1→0)					
1	1	0	1	0					
				↑(0→1)					
				1					
				↓(1→0)					
1	1	1	0	0					
				↑(0→1)					
				1					
				↓(1→0)					
1	1	1	1	0					
				↑(0→1)					
				1					
				↓(1→0)					

JK 触发器逻辑功能测试工作波形图

3. 二-五-十进制异步计数器 74LS290 逻辑功能测试

①置“9”功能测试。将 74LS290 的 14 引脚接 +5 V 电源，7 引脚接地。将 $R_{9(1)}$ 和 $R_{9(2)}$ 接实验箱的逻辑电平开关，并置“1”，其他端任意（可暂时悬空），观察数码管是否显示数字“9”。

②清“0”功能测试。令 $R_{9(1)}=R_{9(2)}=0$，将 $R_{0(1)}$ 和 $R_{0(2)}$ 置为“1”（直接接 +5 V 即可），观察数码管是否显示数字“0”。

③二分频（二进制计数器）。令 $R_{0(1)}=R_{0(2)}=R_{9(1)}=R_{9(2)}=0$，将电路的 CP_A 端接 CP 单脉冲，从 Q_A 输出，将 Q_A 接发光二极管，按动轻触开关，观察计数过程。

④五分频（五进制计数器）。令 $R_{0(1)}=R_{0(2)}=R_{9(1)}=R_{9(2)}=0$，将电路的 CP_B 端接 CP 单脉冲，从 Q_D 输出，将 Q_D、Q_C、Q_B 接发光二极管，按动轻触开关，观察计数过程。

⑤十进制计数器。令 $R_{0(1)}=R_{0(2)}=R_{9(1)}=R_{9(2)}=0$，将 Q_A 与 CP_B 端相连，将电路的 CP_A 端接 CP 单脉冲，从 Q_D 输出，将 Q_D、Q_C、Q_B、Q_A 接发光二极管，观察计数过程。然后 CP_A 端接 1 Hz 连续脉冲（从信号发生器获得），用示波器分别观察 Q_D、Q_C、Q_B、Q_A 对应 CP_A 的波形。

按照表 6-18 测试 74LS290 的各项功能，并将结果填入表 6-18 中。

表 6-18 74LS290 的功能表

功能	输入						输出			
	$R_{0(1)}$	$R_{0(2)}$	$R_{9(1)}$	$R_{9(2)}$	CP_A	CP_B	Q_D	Q_C	Q_B	Q_A
置 9	×	×	1	1	×	×				
清 0	1	1	0	0	×	×				
二进制计数器	0	0	0	0	↓	×	Q_A：			
五进制计数器	0	0	0	0	×	↓	$Q_D\ Q_C\ Q_B$:000→			
十进制计数器	0	0	0	0	↓	Q_A接 CP_B	000→			

4. 同步二进制计数器 74LS161 功能测试

①74LS161 计数功能测试。将 74LS161 的 16 引脚接 +5 V 电源，8 引脚接地。清零端 $\overline{R}_D$ 接地清零，然后接高电平；计数控制端 EP、ET 接 +5 V，置数控制端 $\overline{LD}$ 接高电平（或悬空），将 Q_D、Q_C、Q_B、Q_A 接发光二极管，CP 端接 CP 单脉冲，观察计数过程。

②置数控制端 $\overline{LD}$ 功能测试。将 $\overline{R}_D$ 悬空，其他端口不变，进位端 RCO 经非门后接置数控制端 $\overline{LD}$，$DCBA$ 置为 0011。在 CP 端送 CP 单脉冲，观察计数过程，并判断为几进制计数器。（当 $Q_DQ_CQ_BQ_A=1111$ 时，$RCO=0$，在下一个单脉冲时，$Q_DQ_CQ_BQ_A$ 被置为 $DCBA$ 值。）按照表 6-19 测试 74LS161 的各项功能，并将结果填入表 6-19 中。

表 6-19 74LS161 的功能表

功能	输入					输出			
	EP	ET	$\overline{R}_D$	$\overline{LD}$	CP	Q_D	Q_C	Q_B	Q_A
清 0	×	×	0	×	×				
计数	1	1	1	1	↑	0000→			
置数	1	1	1		↑	0011→			

学习笔记

视频

数字钟

项目实施

数字钟是一种用数字电子技术实现时、分、秒计时的装置，与机械式时钟相比具有更高的准确性和直观性，且无机械装置，具有更长的使用寿命，因此获得了广泛的应用。本项目中的数字钟能够用数码管显示出精确的时、分和秒，并具有校时的功能。

分析项目要求可知，数字钟电路应包含标准秒脉冲发生电路、时分秒计数及译码显示电路、时分校准电路三部分。

标准秒脉冲发生电路由石英晶体振荡器和6级10分频器组成。其中“非”门用作整形以进一步改善输出波形。利用二-十进制计数器的第四级触发器Q_3端输出脉冲频率是计数脉冲的1/10，构造一级十分频器。如果石英晶体振荡器的振荡频率为1 MHz，则经六级十分频后，输出脉冲的频率为1 Hz，即周期为1 s，即标准秒脉冲。

时分秒计数及译码显示电路中，集成计数器可选74LS160或者74LS290芯片，六十进制的计数器可由十进制计数器和六进制计数器串联得到，具体电路可参照图6-33。标准秒脉冲进入秒计数器进行60分频后，得出分脉冲；分脉冲进入分计数器再经60分频后得出时脉冲；时脉冲进入时计数器。时、分、秒各计数器经译码显示出来，译码显示电路参照项目五中图5-29数字显示电路逻辑电路图。最大显示值为23时59分59秒，再输入一个脉冲后，显示复位成零。

校“时”和校“分”的校准电路是相同的，现以校“分”为例。与非门G_1、G_2、G_3构成一个二选一电路。正常计时时，通过基本RS触发器打开与非门G_1，而封闭G_2门，这样秒计数器输出的脉冲可经G_1、G_3进入分计数器，而此时G_2由于一个输入端为0，校准用的秒脉冲进不去。在校准“分”时，按下开关S_1，触发器翻转，情况正好相反，G_1被封闭而G_2打开，标准秒脉冲直接进入分计数器进行快速校“分”。

图6-46所示为数字电子钟的原理电路。

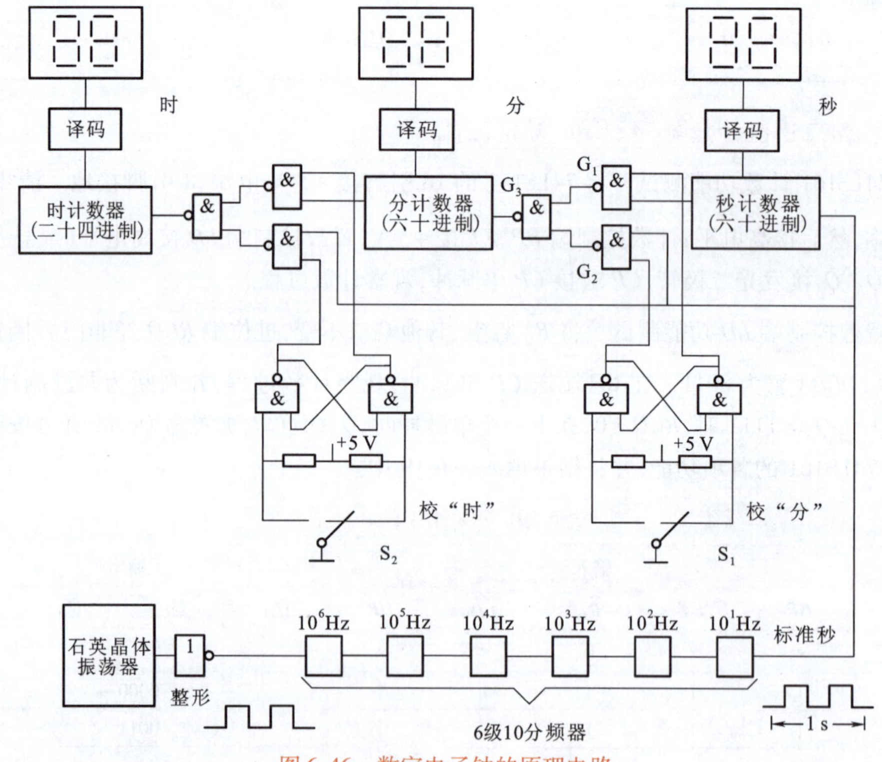

图6-46　数字电子钟的原理电路

学习笔记

项目评价

分组汇报项目的学习与电路的制作情况，演示电路的功能。项目考核内容见表6-20。

表6-20　数字钟电路的设计与制作工作过程考核表

评价内容		配分	考核要求	扣分标准	得分
工作态度	(1)工作的积极性。 (2)安全操作规程的遵守情况。 (3)纪律遵守情况	30分	积极参加工作，遵守安全操作规程和劳动纪律，有良好的职业道德和敬业精神	违反安全操作规程扣20分；不遵守劳动纪律扣10分	
元件识别	(1)计数器的型号识读。 (2)译码器引脚号的识读	20分	能回答型号含义，引脚功能明确，会画出器件引脚排列示意图	每错一处扣2分	
电路制作	(1)数字钟电路图的绘制。 (2)按照绘制好的电路图接好电路	40分	电路安装正确且符合工艺规范	电路安装不规范每处扣2分，电路接错扣5分	
功能测试	(1)数字钟电路的功能验证。 (2)记录测试结果	10分	(1)熟悉电路的逻辑功能。 (2)正确记录测试结果	(1)验证方法不正确每处扣2分 (2)记录测试结果不正确每处扣2分	
合计		100分			
自我总结					
总结电路搭建和调试的过程中遇到的问题以及解决的方法，目前仍然存在的问题等					

巩固练习

一、填空题

1. 基本RS触发器，在正常工作时，如果约束条件是$\overline{R}+\overline{S}=1$，则它的输入禁止状态为$R=$________，$S=$________。

2. 在一个时钟脉冲CP的作用下，引起触发器两次或多次翻转(状态改变)的现象称为触发器的__________。触发方式为__________式或__________式的触发器不会出现这种现象。

3. JK触发器的状态方程为__________。

4. JK触发器转换为T′触发器时，应该使$J=$__________。

学习笔记

5. 一个4位右移寄存器初态为0000，输入二进制数为 $D_3D_2D_1D_0=1011$，经过__________个 CP 脉冲后寄存器状态变为 $Q_3Q_2Q_1Q_0=1100$。

二、选择题

1. 下列逻辑电路中为时序逻辑电路的是(　　)。

A. 变量译码器　　B. 加法器　　C. 数码寄存器　　D. 数据选择器

2. 同步计数器和异步计数器比较，同步计数器的显著优点是(　　)。

A. 工作速度快　　B. 触发器利用率高

C. 电路简单　　D. 不受时钟 CP 控制

3. N 个触发器可以构成最大计数长度(进制数)为(　　)的计数器。

A. N　　B. $2N$　　C. N^2　　D. 2^N

4. 某电视机水平-垂直扫描发生器需要一个分频器将31 500 Hz的脉冲转换为60 Hz的脉冲，欲构成此分频器至少需要(　　)个触发器。

A. 10　　B. 60　　C. 525　　D. 31500

三、判断题

1. D触发器的状态方程为 $Q^{n+1}=D$，与 Q^n 无关，所以它没有记忆功能。(　　)

2. 对边沿JK触发器，在时钟脉冲 CP 为高电平期间，当 $J=K=1$ 时，状态将由原来的 Q^n 翻转为 $\overline{Q^n}$。(　　)

3. 欲使D触发器按 $Q^{n+1}=\overline{Q^n}$ 工作，应使输入 $D=\overline{Q^n}$，这样可以转换为T′触发器。(　　)

4. 计数器的模是指构成计数器的触发器的个数。(　　)

四、分析思考题

1. 波形如图6-47所示，假设基本RS触发器的初态为“0”，试画出输出 Q 的波形。

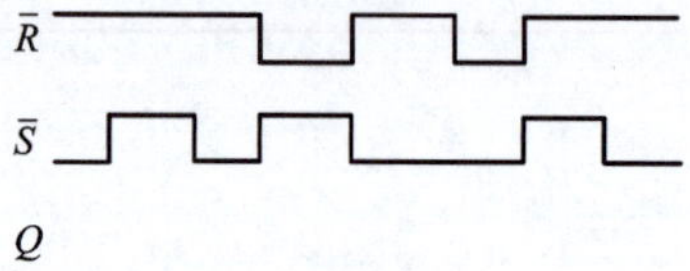

图6-47　题1图

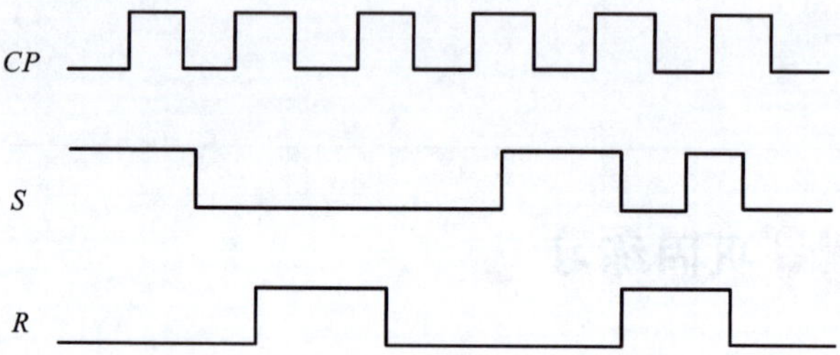

图6-48　题2图

2. 同步RS触发器的输入 R、S 的波形如图6-48所示。假设触发器的初态为“0”，试画出输出 Q 的波形。

3. 下降沿触发的边沿JK触发器，其输入 J、K 的波形如图6-49所示。假设触发器的初态为“0”，试画出输出 Q 的波形。若触发器的初态为“1”，试画出输出 Q 的波形。

4. 图6-50为JK触发器(下降沿触发的边沿触发器)的 CP、S_D、R_D、J、K 的波形，试画出触发器 Q 的波形。设触发器的初始状态为0。

5. 上升沿触发的 D 触发器，其输入 D 如图 6-51 所示。假设触发器的初态为“0”，试画出输出 Q 的波形。

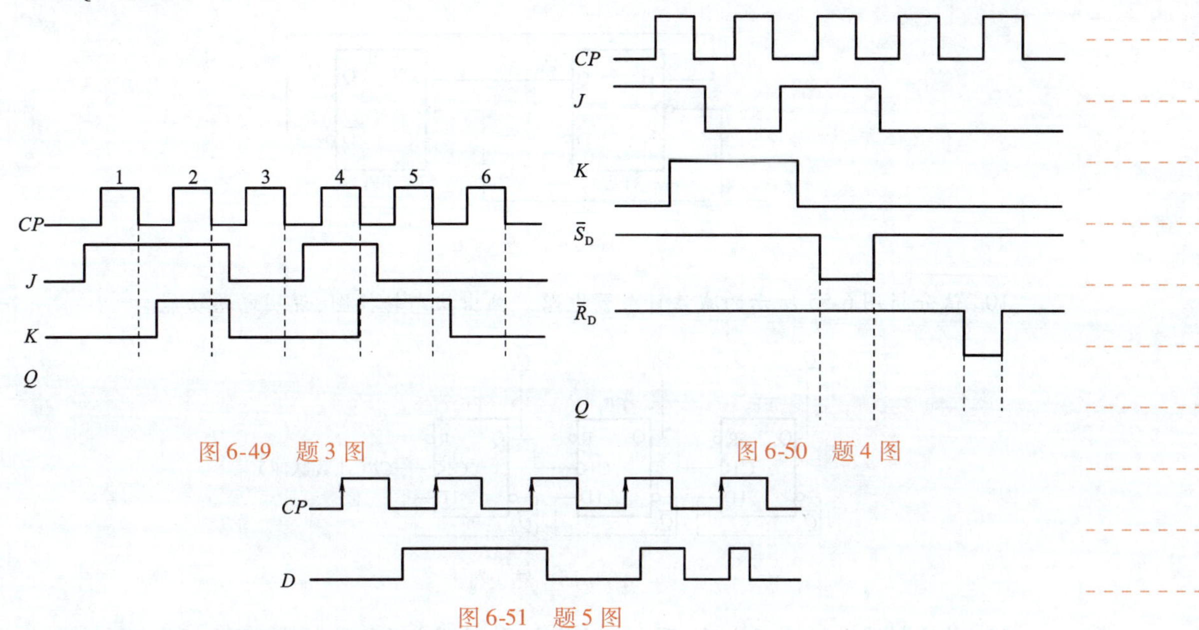

图 6-49　题 3 图　　图 6-50　题 4 图

CP
D

图 6-51　题 5 图

6. 逻辑电路如图 6-52 所示。试分析该电路具有何种触发器功能。

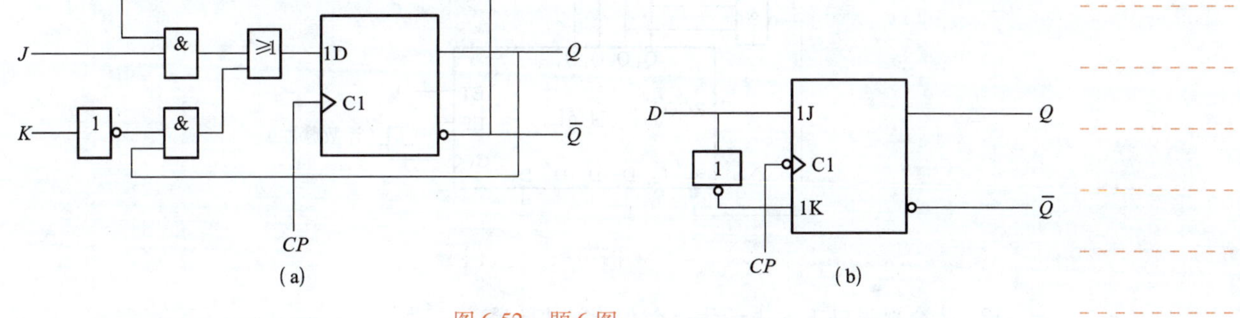

图 6-52　题 6 图

7. 试画出图 6-53 所示各触发器输出 Q 的波形。假设触发器的初态全部为“0”。

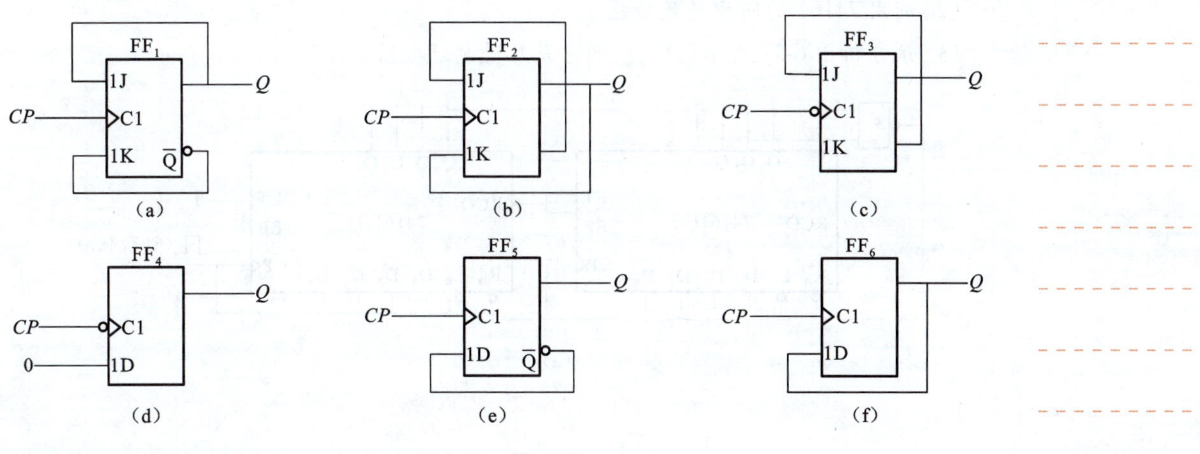

图 6-53　题 7 图

学习笔记

8. 试用 D 触发器组成 3 位二进制异步加法计数器，画出逻辑电路图。

9. 试分析图 6-54 所示电路，画出它的状态图，说明它是几进制计数器。

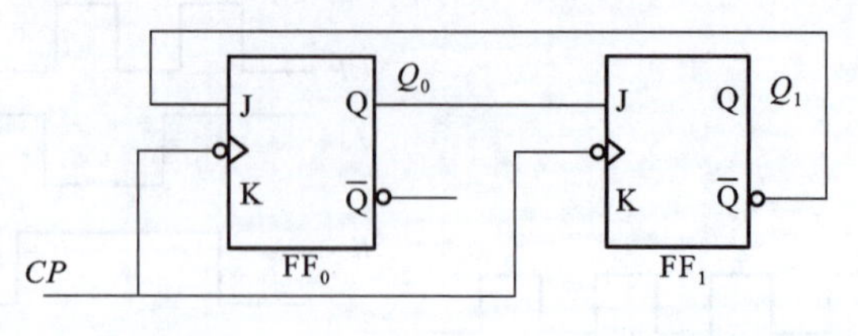

图 6-54　题 9 图

10. 试分析图 6-55 所示的减法计数器电路。画出状态转换图，说明电路功能。

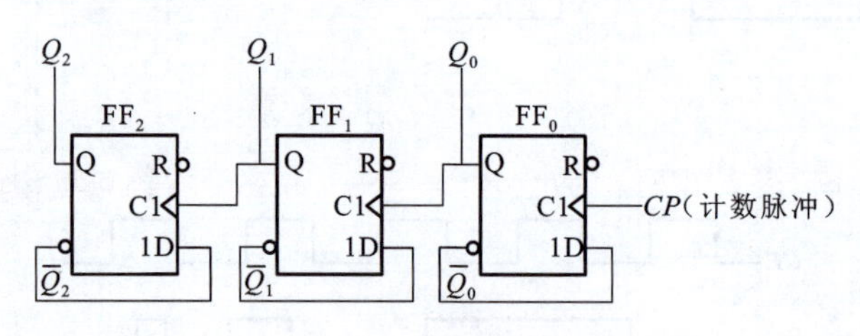

图 6-55　题 10 图

11. 试分析图 6-56 所示电路，画出它的状态图，说明它是几进制计数器。

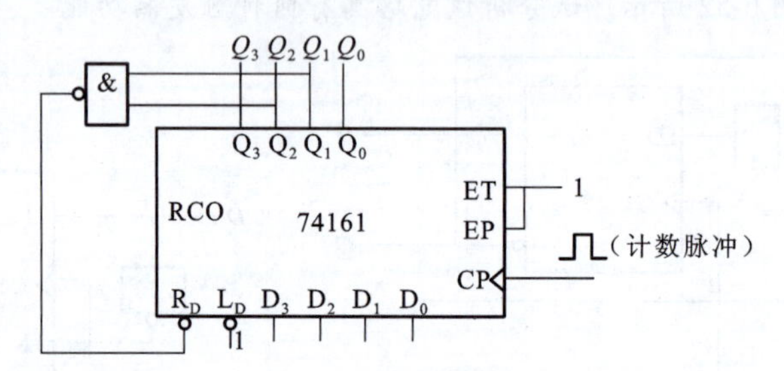

图 6-56　题 11 图

12. 试分别用以下方法设计一个九进制计数器。

(1) 利用 74290 的异步清零功能。

(2) 利用 74161 的同步置数功能。

13. 试分析图 6-57 所示电路，说明它是几进制计数器。

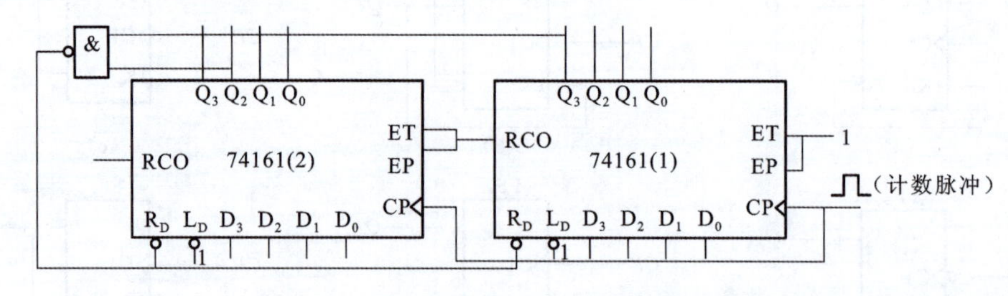

(a)

图 6-57　题 13 图

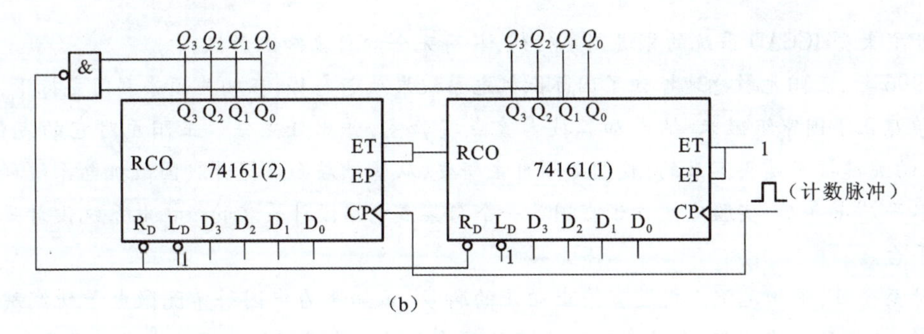

图 6-57　题 13 图(续)

14. 用异步清零法将集成计数器 74161 连接成下列计数器。

(1)十四进制计数器。

(2)二十四进制计数器。

15. 试分析图 6-58 所示电路,此电路是一晚会彩灯采光控制电路。设 $Q_A=1$ 时,对应的红灯亮;$Q_B=1$ 时,绿灯亮;$Q_C=1$ 时,黄灯亮。试分析该电路的状态变化,说明三组彩灯点亮的顺序。设初始状态为 000。

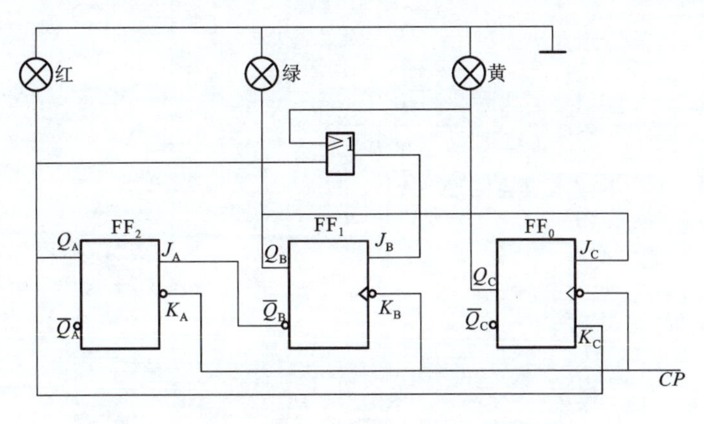

图 6-58　题 15 图

拓展阅读

王阳元:用一生见证中国集成电路事业的发展

1958 年,王阳元从北京大学物理系半导体专门化专业毕业,之后留校任教。1978 年,王阳元在北京大学建立微电子学研究室并任室主任,成为北大微电子学科的创建者。1986 年,北大微电子学研究所成立,王阳元任首任所长。

1987 年,以美国为首的“巴黎统筹委员会”对集成电路设计工具技术严密封锁,妄图将中国的集成电路产业扼杀在摇篮之中。王阳元临危受命,出任全国集成电路计算机辅助设计(ICCAD)专家委员会主任。王阳元带领全国 117 位专家,尽心竭力攻克技术难关。他总是勉励大家说:“这是我们科技人员报效祖国的最好机遇,我们一定要科学分析,克服困难,找到对策,然后集中优势兵力打歼灭战,不解决问题,决不罢休。”经过 6 年奋战,王阳元带领团队终于研制出了我国第一个大型集成化的 ICCAD 系统。这使我国继美国、欧洲、日本之后进入能

学习笔记

自行开发大型ICCAD系统的先进国家行列，具有完全的自主知识产权。

1996年，王阳元敏感地抓住了国际微机电系统发展新态势，在相关领导部门支持下，在北京大学建立了国家级微米/纳米加工技术重点实验室，并出任主任。王阳元对它的定位是："真正的关键技术是买不来的，我们必须自主研发，从基础层面上提升我国微机电系统研制和开发水平。"七年后，实验室建立了我国第一个与集成电路设计兼容的微机电系统设计平台和加工平台。

时至今日，王阳元院士仍没有停止向前的脚步，正如他为中国科学院微电子研究院题词中所说："发展未有穷期，奋斗永不言止"，他用自己的一生见证了中国集成电路事业的发展。

阶梯波发生器的设计与制作

学习笔记

D/A 转换器和 A/D 转换器作为模拟量和数字量之间的转换电路，在信号检测、控制、信息处理等方面发挥着越来越重要的作用。本项目利用 D/A 转换器和加/减计数器设计制作阶梯波发生器，使学生掌握相关知识和技能，提高职业素养。

学习目标

1. 知识目标

①掌握 D/A 转换器和 A/D 转换器的工作原理。

②熟悉倒 T 形电阻网络 D/A 转换器。

③熟悉集成 D/A 转换器芯片技术特点。

2. 技能目标

①能借助资料读懂集成 D/A 转换器和 A/D 转换器的型号，明确各引脚功能。

②能根据需要设计出简单的阶梯波发生器。

3. 素质目标

①明确任务分工，培养团队协作能力与统筹规划能力。

②进一步培养工程思维能力，具有电子设计工程师职业素养。

③通过项目设计，进一步加强逻辑思维能力，做到问题导向。

④培养严谨负责、求知进取的职业道德品质。

思维导图

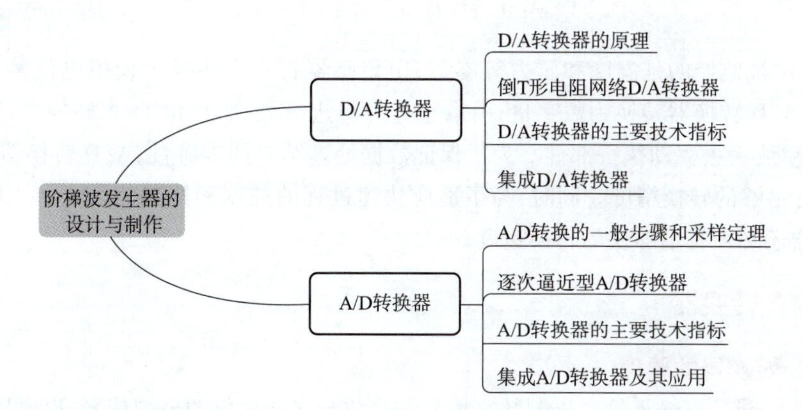

学习笔记

项目描述

随着数字电子技术的迅速发展，尤其是计算机的普遍应用，用数字系统来处理模拟信号的系统越来越多。本项目利用D/A转换器和A/D转换器设计并制作阶梯波发生器，生成不同的阶梯波波形，从而实现模拟量和数字量之间的转换。

相关知识

自然界中存在的物理量大都是连续变化的物理量，如温度、时间、角度、速度、流量、压力等。有规律但却不连续的变化量称为**数字量**(digital)，也叫**离散量**。

数字系统通常由输入接口、输出接口、数据处理和控制器构成。输入接口和输出接口的主要任务是将模拟量转换为数字量，或将数字量转换为模拟量，处理器的主要作用是控制系统内部各部件的工作，使它们按照一定的程序操作。

为了能够用数字系统或计算机处理模拟信号，必须把模拟信号转换成相应的数字信号才能够送入数字系统或计算机中进行处理。另一方面，实际中往往需要用被数字系统处理过的量去控制连续动作的执行机构，如电动机转速的连续调节等，所以又需将数字量转换为模拟量。

把从模拟信号到数字信号的转换称为**模-数转换**，或称为A/D转换(analog to digital)，把后一种从数字信号到模拟信号的转换称为**数-模转换**，或称为D/A转换(digital to analog)。同时，把实现A/D转换的电路称为**A/D转换器**(analog digital converter)，简写为**ADC**；把实现D/A转换的电路称为**D/A转换器**(digital analog converter)，简写为**DAC**。

由此可见，A/D转换器和D/A转换器是数字系统和各种工程技术相联系的**桥梁**，也可称之为两者之间的接口，在两者之间起着"**翻译**"的作用。带有模-数和数-模转换电路的监控系统大致可用图7-1所示的框图表示。

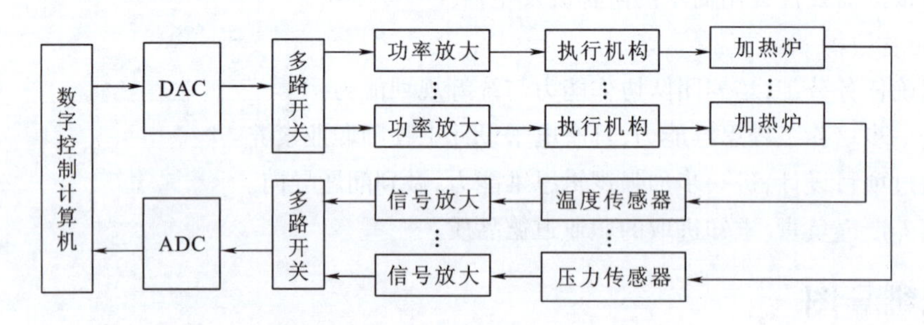

图7-1　A/D转换器和D/A转换器原理框图

图7-1中被监控的是温度和压力等参数，由传感器将它们转换为模拟电信号，经放大器放大，送入A/D转换器转换为数字量，由数字计算机进行处理，再由D/A转换器还原为模拟量，经过功率放大去驱动执行部件。为了保证数据处理结果的准确性，A/D转换器和D/A转换器必须有足够的转换精度。同时，为了适应快速过程的控制和检测的需要，A/D转换器和D/A转换器还必须有足够快的转换速度。

视频

DAC工作原理

一、D/A转换器

1. D/A转换器的原理

D/A转换器是将输入的二进制数字信号转换成与之成比例的模拟信号，以电压或电流的形式输出。因此，D/A 转换器可以看作是一个译码器。

前面讲过，把一个多位二进制数中每一位的 1 所代表的数字大小称为这一位的权，如果一个 n 位二进制数用 $D_n = d_{n-1}d_{n-2}\cdots d_1 d_0$ 表示，从最高位（most significant bit，MSB）到最低位（least significant bit，LSB）的权将依次为 2^{n-1}、2^{n-2}、…、2^1、2^0。将输入的每一位二进制代码按其权的大小转换成相应的模拟量，然后将代表各位的模拟量相加，所得的总模拟量就与数字量成正比，这样便实现了从数字量到模拟量的转换。一般常用的线性 D/A 转换器，其输出模拟电压 u_O和输入数字量 D_n之间成正比关系，可写作 $u_O = KD_n$，式中 K 为比例系数。

通过图 7-2 来理解 D/A 转换的含义。图中 $d_0 \sim d_{n-1}$为输入的 n 位二进制数，u_O或 i_O为与输入二进制数成比例的输出电压或电流。DAC 将输入的二进制数字信号 D（或称为编码信号）转换（翻译）成模拟信号，并以电压或电流的形式输出。

图 7-3 表示了 3 位二进制代码的数字信号与经过 D/A 转换器后的输出模拟（电压）信号的对应关系。每一个二进制代码的编码数字信号可翻译成一个相对应的十进制数值。3 位二进制 D/A 转换器对应着 8 个等级（成比例）的电压信号。

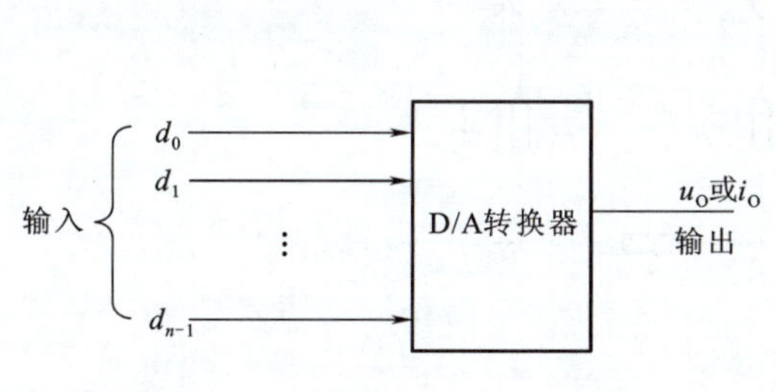

图 7-2　D/A 转换器的转换含义

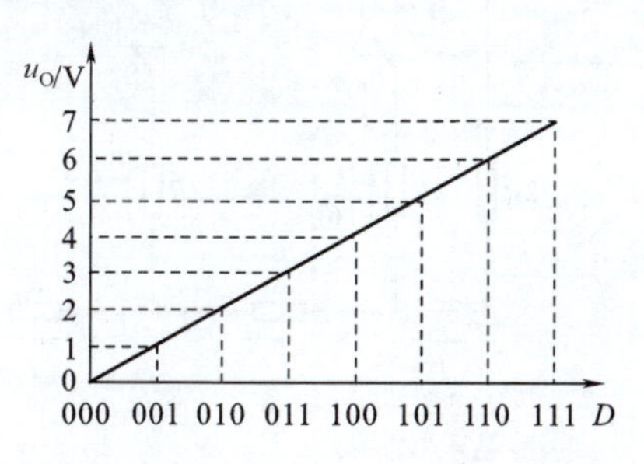

图 7-3　3 位 D/A 转换器的转换特性

由图 7-3 还可看出，两个相邻数码转换出的电压值是不连续的，两者的电压差由最低码位代表的位权值决定。它是信息所能分辨的**最小电压量**，最小电压量用 U_{LSB} 表示（即最低有效位 1 LSB 对应的模拟电压）。对于 3 位二进制代码，该差值为$\frac{1}{8}$的满量程电压。

对应于最大输入数字量的是**最大电压输出值**（数字量全为 1 时），最大输出电压用 U_{FSR} 表示（full scale range，FSR），也称为**满量程电压**。在图 7-3 中，1 LSB = 1 KV；1 FSR = 7KV（K 为比例系数）。

n 位 D/A 转换器的框图如图 7-4 所示。

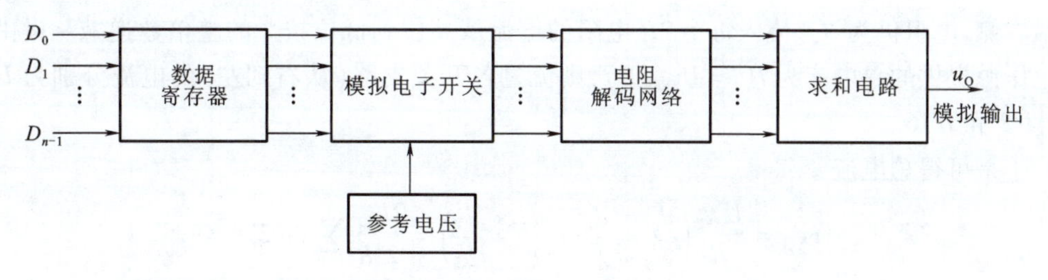

图 7-4　D/A 转换器的方框图

D/A 转换器通常由数据寄存器、模拟电子开关、电阻解码网络、求和电路及参考电压几部分组成。数字量以串行或并行方式输入，存储于数码寄存器中，数码寄存器输出的各位数码，

学习笔记

分别控制对应位的模拟电子开关，使数码为 1 的位在位权网络上产生与其权值成正比的电流值，再由求和电路将各种权值相加，即得到数字量对应的模拟量。

D/A 转换器按电阻解码网络结构不同分为 T 形电阻网络 D/A 转换器、倒 T 形电阻网络 D/A 转换器、权电流 D/A 转换器及权电阻网络 D/A 转换器等。按模拟电子开关电路的不同，又可分为 CMOS 开关型和双极型开关 D/A 转换器。下面介绍一种常用的 D/A 转换器——倒 T 形电阻网络 D/A 转换器。

2. 倒 T 形电阻网络 D/A 转换器

在单片集成 D/A 转换器中，使用最多的是倒 T 形电阻网络 D/A 转换器。4 位倒 T 形电阻网络 D/A 转换器的原理图如图 7-5 所示。

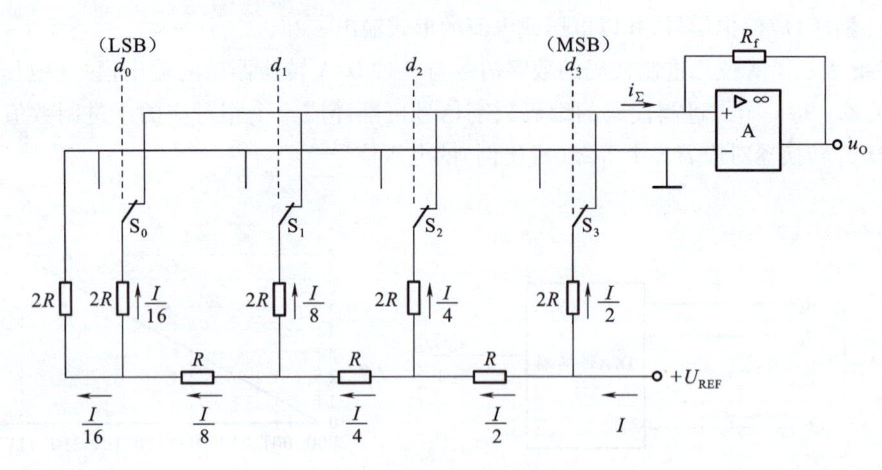

图 7-5　倒 T 形电阻网络 D/A 转换器

S_0 ~ S_3 为模拟开关，R-$2R$ 电阻解码网络呈倒 T 形，运算放大器 A 构成求和电路。S_i 由输入数码 d_i 控制，当 $d_i=1$ 时，S_i 接集成运放反相输入端（虚地），I_i 流入求和电路；当 $d_i=0$ 时，S_i 将电阻 $2R$ 接地。

由图 7-5 可知，按照虚短、虚断的近似计算方法，求和放大器反相输入端的电位始终接近于零，所以无论模拟开关 S_i 合到哪一边，与 S_i 相连的 $2R$ 电阻均等效接“地”（地或虚地）。流过每个支路的电流也始终不变。这样流经 $2R$ 电阻的电流与开关位置无关，为确定值。

分析 R-$2R$ 电阻解码网络可以发现，从每个接点向左看的二端网络等效电阻均为 R。从最左侧将电阻折算到最右侧，先是两个 $2R$ 并联，电阻值为 R，再和 R 串联，又是 $2R$，一直折算到最右侧，电阻仍为 R。流入每个 $2R$ 电阻的电流从高位到低位按 2 的整倍数递减。设由基准电压源提供的总电流为 $I(I=U_{REF}/R)$，则流过各开关支路（从右到左）的电流分别为 $I/2$、$I/4$、$I/8$ 和 $I/16$。

于是可得总电流

$$i_\Sigma = \frac{U_{REF}}{R}\left(\frac{d_0}{2^4}+\frac{d_1}{2^3}+\frac{d_2}{2^2}+\frac{d_3}{2^1}\right)=\frac{U_{REF}}{2^4 R}\sum_{i=0}^{3}(d_i 2^i)$$

输出电压为

$$u_O = -i_\Sigma R_f = -\frac{R_f}{R}\cdot\frac{U_{REF}}{2^4}\sum_{i=0}^{3}(d_i 2^i)$$

将输入数字量扩展到 n 位，可得 n 位倒T形电阻网络D/A转换器输出模拟量与输入数字量之间的一般关系式如下：

$$u_O = -\frac{R_f}{R}\cdot\frac{U_{REF}}{2^n}(d_{n-1}\cdot 2^{n-1}+d_{n-2}\cdot 2^{n-2}+\cdots+d_1\cdot 2^1+d_0\cdot 2^0)$$

$$= -\frac{R_f}{R}\cdot\frac{U_{REF}}{2^n}\left[\sum_{i=0}^{n-1}(d_i 2^i)\right]$$

设 $K=\frac{R_f}{R}\cdot\frac{U_{REF}}{2^n}$，$D_n$ 表示括号中的 n 位二进制数，则有

$$u_O = -KD_n$$

且当 $D_n=0$ 时，$u_O=0$。

当 $D_n=11\cdots11$ 时，最大输出电压为

$$U_m = U_{FSR} = -\frac{2^n-1}{2^n}U_{REF}$$

因此，输出 u_O 的变化范围是 $0\sim-\frac{2^n-1}{2^n}U_{REF}$。

上式表明，输出的模拟电压正比于输入的数字量 D_n，实现了从数字量到模拟量的转换。要使D/A转换器具有较高的精度，对电路中的参数有以下要求：

①倒T形电阻网络中 R 和 $2R$ 电阻的比值精度要高。

②基准电压稳定性好。

③倒T形电阻网络D/A转换器，由于各支路的电流直接流入求和运放的输入端，不存在传输时间差，从而提高了转换速度，减少了动态过程中输出端可能出现的尖峰脉冲。所用的电阻阻值仅两种，串联臂为 R，并联臂为 $2R$，便于制造。每个模拟开关的开关电压降要相等。为实现电流从高位到低位按2的整倍数递减，模拟开关的导通电阻也相应地按2的整倍数递增。

倒T形电阻网络D/A转换器是目前广泛使用的D/A转换器中速度较快的一种。常用的CMOS开关倒T形电阻网络D/A转换器的集成电路有AD7520（10位）、AD7524（8位）、DAC1210（12位）等。

3. D/A转换器的主要技术指标

为了保证信号处理结果的准确性，D/A转换器必须有足够的精度。D/A转换器的转换精度通常用分辨率和转换误差来描述。

（1）分辨率

分辨率用输入二进制数的有效位数表示。在分辨率为 n 位的D/A转换器中，输出电压能区分 2^n 个不同的输入二进制代码状态，能给出 2^n 个不同等级的输出模拟电压。

分辨率也可以用D/A转换器的最小输出电压 U_{LSB} 与最大输出电压 U_{FSR} 的比值来表示。U_{LSB} 是带有最低有效位LSB权重的数字信号相对应的模拟电平；U_{FSR} 表示满量程值，即对应于输入数字量全为“1”时的输出模拟量。

$$分辨率=\frac{U_{LSB}}{U_{FSR}}=\frac{-\frac{U_{REF}}{2^n}\times 1}{-\frac{U_{REF}(2^n-1)}{2^n}}=\frac{1}{2^n-1}$$

学习笔记

例如，10 位 D/A 转换器的分辨率为

$$\frac{U_{LSB}}{U_{FSR}}=\frac{1}{2^{10}-1}=\frac{1}{1\ 023}\approx 0.001$$

分辨率越高，转换时对输入量的微小变化的反应越灵敏。分辨率与输入数字量的位数有关，n 越大，分辨率越高。

（2）转换精度

转换精度是实际输出值与理论计算值之差，这种差值由转换过程中各种误差引起，主要指静态误差，它包括：

①非线性误差。它是电子开关导通的电压降和电阻网络电阻值偏差产生的，常用满量程的百分数来表示。

②比例系数误差。它是参考电压 U_{REF} 的偏离而引起的误差，因为 U_{REF} 是比例系数，故称之为比例系数误差。

③漂移误差。它是由运算放大器零点漂移产生的误差。当输入数字量为 0 时，由于运算放大器的零点漂移，输出模拟电压并不为 0。这使输出电压特性与理想电压特性产生一个相对位移。

D/A 转换器的转换误差通常用数字量的最低有效位（LSB）作为衡量单位。通常要求 D/A 转换器的误差小于 $U_{LSB}/2$。例如，一个 D/A 转换器的输出模拟电压满量程值为 10 V，转换精度为 ±0.2%，则其最大输出电压误差为

$$\Delta U_{max}=\pm 0.2\%\times 10\ \text{V}=\pm 20\ \text{mV}$$

（3）建立时间

从数字信号输入 D/A 转换器起，到输出电流（或电压）达到稳态值所需的时间为**建立时间**。建立时间的大小决定了转换速度。目前 10～12 位单片集成 D/A 转换器（不包括运算放大器）的建立时间可以在 1 μs 以内。

例 7-1 一个 6 位 D/A 转换器，若 $U_{REF}=-10$ V，$R_f=R/2$，求：

①当 LSB 自 0 变为 1 时，输出电压 u_O 的变化；

②当 $D=110101$ 时的 u_O；

③当 $D=111111$ 时的 u_O。

解 ①LSB 从 0 变为 1，即 D 从 000000 变为 000001。

$$u_O=-\frac{U_{REF}}{2^n}D^n=-\frac{-10}{2^6}(2^0\times d_0)=\frac{10}{2^6}(2^0\times 1)=0.16\ \text{V}=U_{LSB}$$

②$D=110101$ 时，代入同样公式，得 $u_O=8.28$ V。

③$D=111111$ 时，$u_O=U_{FSR}=-\frac{2^n-1}{2^n}U_{REF}=9.84$ V。

4. 集成 D/A 转换器

单片集成 D/A 转换器产品的种类繁多，性能指标各异，按其内部电路结构不同一般分为两类：一类集成芯片内部只集成了电阻网络（或恒流源网络）和模拟电子开关，另一类集成了组成 D/A 转换器的全部电路。根据输出模拟信号的类型，D/A 转换器可分为电流型和电压型两种。常用的 D/A 转换器大部分是电流型，当需要将模拟电流转换成模拟电压时，通常在输出端外加运算放大器。集成 D/A 转换器 AD7520 就属于这一类，应用时需要外接运算放大

学习笔记

器。下面以它为例介绍集成 D/A 转换器结构及其应用。

(1)D/A 转换器 AD7520 的组成

AD7520 是 10 位 CMOS 电流开关型 D/A 转换器，其结构简单，通用性好。AD7520 芯片内只含倒 T 形电阻网络、CMOS 电流开关和反馈电阻(R_f = 10 kΩ)，该集成 D/A 转换器在应用时必须外接参考电压源和运算放大器。AD7520 芯片引脚图如图 7-6 所示。

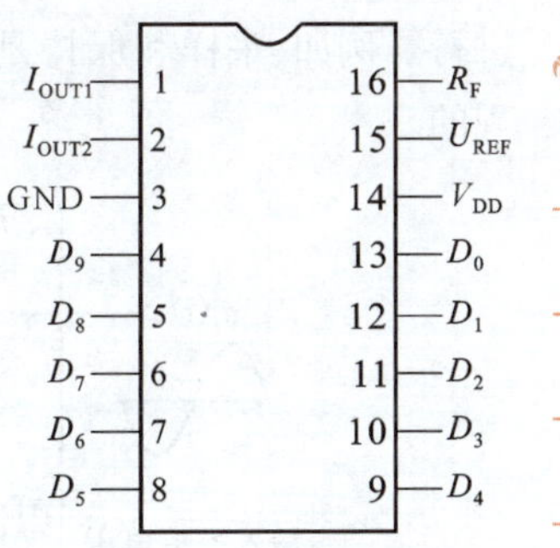

图 7-6　AD7520 芯片引脚图

(2)D/A 转换器 AD7520 的引脚与连接

AD7520 的引脚说明如下：

①D_0 ~ D_9(即 A_0 ~ A_9)为 10 个数码控制位，控制着内部 CMOS 的电流开关。

②I_{OUT1} 和 I_{OUT2} 为电流输出端。

③R_f端为反馈电阻 R_f的一个引出端，另一个引出端和 I_{OUT1} 端连接在一起。

④U_{REF}端为基准电压输入端。

⑤V_{DD}端接电源的正端。

⑥GND 端为接地端。

AD7520 的典型工作连接方式如图 7-7(a)所示。图 7-7(b)所示是电路的输入输出关系特性。由于 AD7520 内部反馈电阻 R_f = R，所以，AD7520 的转换关系可写为

$$u_O = -\frac{U_{REF}}{2^{10}}\sum_{i=0}^{9} D_i \times 2^i$$

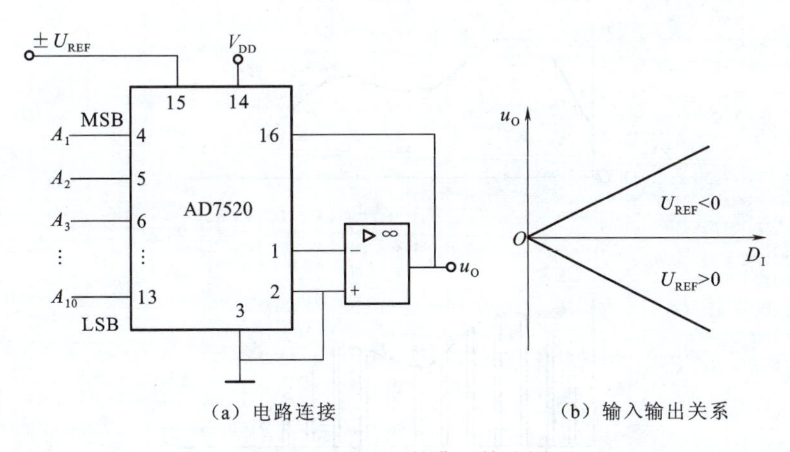

(a) 电路连接　　　　(b) 输入输出关系

图 7-7　AD7520 的典型接法图

二、A/D 转换器

1. A/D 转换的一般步骤和采样定理

A/D 转换器的功能是将输入的模拟电压转换为输出的数字信号，将模拟量转换成与其成比例的数字量。因为输入的模拟信号在时间上是连续量，输出的数字信号代码是离散量，所以进行转换时必须在一系列选定的瞬间(亦即时间坐标轴上的一些规定点上)对输入的模拟信号采样，然后再把这些采样值转换为输出的数字量。因此，一般的 A/D 转换过程是通过**采样、保持、量化和编码**这四个步骤完成的，如图 7-8 所示。在具体实施时，常把这四个步骤合并

学习笔记

进行。例如，采样和保持是利用同一电路连续完成的，量化和编码是在转换过程中同步实现的。

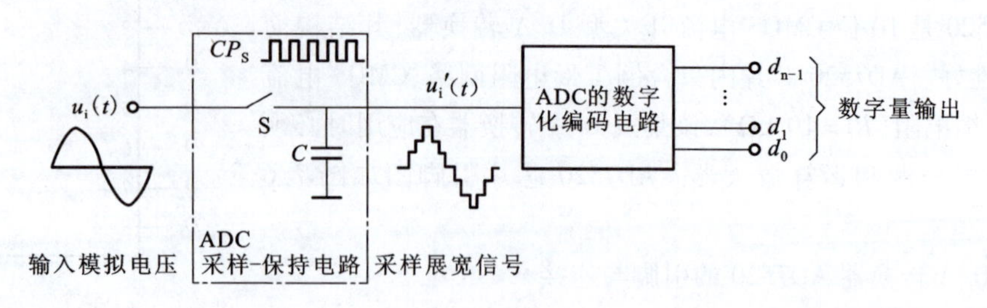

图 7-8　模拟量到数字量的转换过程

(1)采样定理

读者可能会想，一个连续的波形经采样后变成了一个离散的波形，那它还代表着原始的信息吗？可以证明，为了正确无误地用图 7-9 中所示的采样信号 u_S 表示模拟信号 u_I，必须满足

$$f_S \geqslant 2f_{imax}$$

式中　f_S——采样频率；

f_{imax}——输入信号 u_I 的最高频率分量的频率。

采样频率提高以后留给每次进行转换的时间也相应地缩短了，这就要求转换电路必须具备更快的工作速度。因此，不能无限制地提高采样频率，通常取 $f_S=(3\sim5)f_{imax}$ 已满足要求。

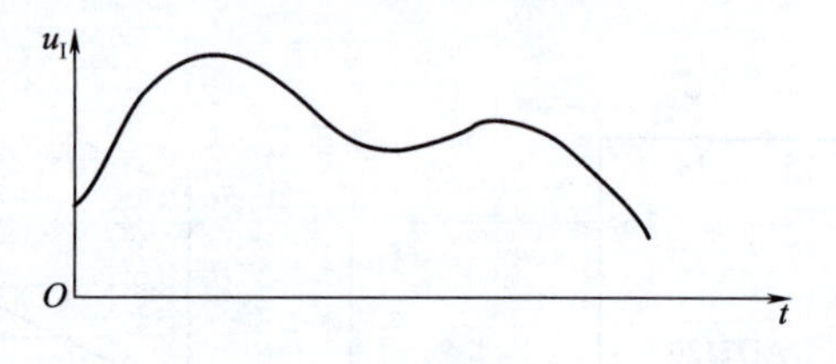

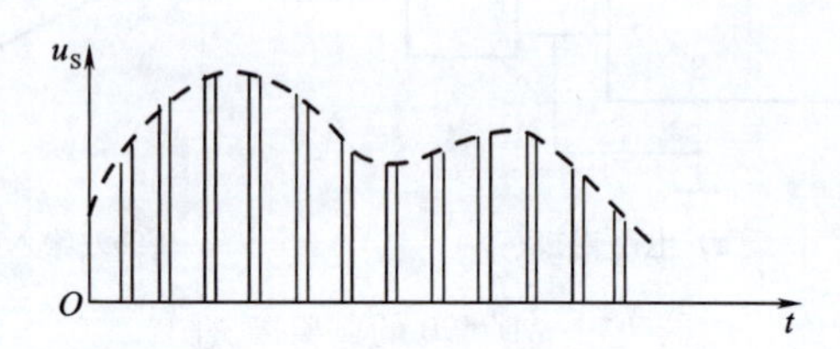

图 7-9　对输入模拟信号的采样

因为每次把采样电压转换为相应的数字量都需要一定的时间，所以在每次采样以后必须把采样电压保持一段时间。可见，进行 A/D 转换时所用的输入电压，实际上是每次采样结束时的 u_i 值。通常采样-保持电路是不可分割的整体。

(2)量化和编码

输入的模拟电压经过采样-保持后，得到的是阶梯波。由于阶梯的幅度是任意的，将会有无限个数值，因此该阶梯波仍是一个可以连续取值的模拟量。另一方面，由于数字量的位数有限，只能表示有限个数值（n 位数字量只能表示 2^n 个数值）。因此，用数字量表示连续变化的模拟量时就有一个类似于四舍五入的近似问题。必须将采样后的样值电平归并到与之接近的离散电平上。任何一个数字量的大小都是以某个最小数量单位的整倍数来表示的。因此，在用数字量表示采样电压时，也必须把它化成这个最小数量单位的整倍数，这个转化过程就称为**量化**。所规定的最小数量单位称为**量化单位**，用 Δ 表示。显然，数字信号最低有效位中的 1 表示的数量大小，就等于 Δ。把量化的数值用二进制代码表示，称为**编码**。这个二进制代码就是 A/D 转换的输出信号。既然模拟电压是连续的，那么它就不一定能被 Δ 整除，因而不可避免地会引入误差，把这种误差称为**量化误差**。在把模拟信号划分为不同的量化等级时，用不同的划分方法可以得到不同的量化误差。

(3) 采样-保持电路

电路组成及工作原理如图 7-10 所示。

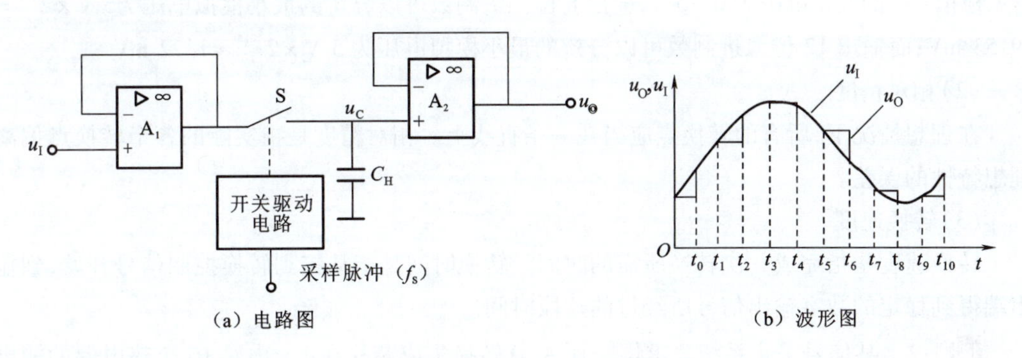

图 7-10　采样-保持电路原理图

在实际系统中用到 ADC 时，如果 ADC 的转换速度比模拟信号高许多倍，则模拟信号可直接加到 ADC；若模拟信号变化比较快，为保证转换精度，要在 A/D 转换之前加采样-保持电路，使得在 A/D 转换期间保持输入模拟信号不变。ADC 也有很多种，从电路结构看可分为**并联比较型、双积分型和逐次逼近型**等。并联比较型具有转换速度快的优点，但随着位数的增加，所使用的元件数量以几何级数上升，使得造价剧增，故应用并不广泛；双积分型具有精度高的优点，但转换速度太慢，一般应用于非实时控制的高精度数字仪器仪表中；逐次逼近型转换速度虽然不及并联比较型，属于中速 ADC，但具有结构简单的优势，在精度上可以达到一般工业控制要求，故目前应用比较广泛。

2. 逐次逼近型 A/D 转换器

逐次逼近的基本思路是：先把一个 *n* 位二进制代码假想为转换结果，然后把这个假想结果通过 D/A 转换器转换成模拟电压，接下来通过比较器验证；如果这个电压比待转换的电压低，就把一个较大的二进制代码作为新的假想结果；如果这个电压比待转换的电压高，就把一个较小的二进制代码作为新的假想结果。这个过程反复进行，直至假想结果最接近待转换的电压。逐次逼近转换过程也与用天平称物重非常相似，只不过是使用了**电压砝码**。

ADC 在结构上由顺序脉冲发生器、逐次逼近寄存器、DAC 和电压比较器等组成，图 7-11 为其原理框图。

逐次逼近型 A/D 转换器属于直接型 A/D 转换器，它能把输入的模拟电压直接转换为输出的数字代码，而不需要经过中间变量。

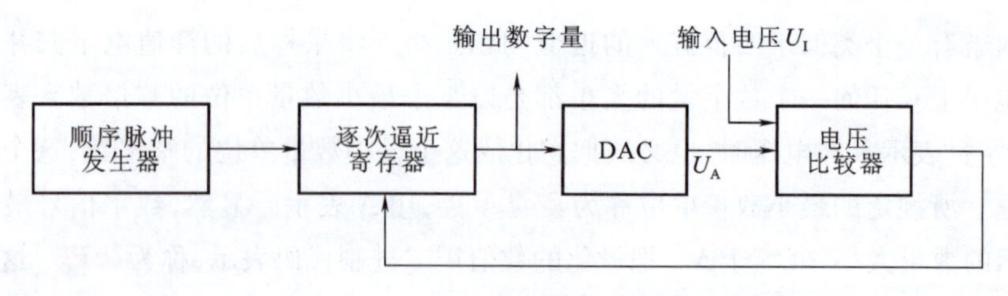

图 7-11　逐次逼近原理框图

3. A/D 转换器的主要技术指标

(1)分辨率

A/D 转换器的分辨率用输出二进制数的位数表示,位数越多,误差越小,转换精度越高。例如,输入模拟电压的变化范围为 0～5 V,输出 8 位二进制数可以分辨的最小模拟电压为$5\ \text{V}\times 2^{-8}=19.53\ \text{mV}$;而输出 12 位二进制数可以分辨的最小模拟电压为 $5\ \text{V}\times 2^{-12}\approx 1.22\ \text{mV}$。

(2)相对精度

在理想情况下,所有的转换点应当在一条直线上。相对精度是指实际的各个转换点偏离理想特性的误差。

(3)转换速度

转换速度是指完成一次转换所需的时间。转换时间是指从接到转换控制信号开始,到输出端得到稳定的数字输出信号所经过的这段时间。

例 7-2　某信号采集系统要求用一片 A/D 转换集成芯片在 1 s 内对 16 个热电偶的输出电压分时进行 A/D 转换。已知热电偶输出电压范围为 0～0.025 V(对应于 0～300 ℃温度范围),需要分辨的温度为 0.1 ℃,试问应选择多少位的 A/D 转换器,其转换时间为多少?

解　对于从 0～300 ℃温度范围,信号电压范围为 0～0.025 V,分辨的温度为 0.1 ℃,这相当于$\frac{0.1}{300}=\frac{1}{3\ 000}$的分辨率。易知 10 位 A/D 转换器的分辨率为$\frac{1}{2^{10}}=\frac{1}{1\ 024}$,这个分辨率不够;而 12 位 A/D 转换器的分辨率为$\frac{1}{2^{12}}=\frac{1}{4\ 096}$,所以必须选用 12 位的 A/D 转换器方可满足要求。

系统的采样速率为每秒 16 次,采样时间为 62.5 ms。对于这样慢的采样,任何一个 A/D 转换器都可以达到。可选用带有采样-保持(S/H)的逐次逼近型 A/D 转换器或不带 S/H 的双积分型 A/D 转换器。

4. 集成 A/D 转换器及其应用

A/D 转换器集成芯片种类较多,下面以常用的 AD574 为例介绍其功能及应用。图 7-12 为 AD574 引脚图,为 8 路输入 12 位逐次逼近型 A/D 转换器。其转换原理与 3 位逐次逼近型 A/D 转换器的转换原理相同。另外,它从方便应用角度增加了模拟输入通路选择、输出锁存及控制等,可直接与单片微机系统相连接。

AD574 是一个完整的 12 位逐次逼近式带三态缓冲器的 A/D 转换器,它可直接与 8 位或 16 位微型机相连。AD574 的分辨率为 12 位,转换时间为 15～35 μs。

(1)AD574 的电路组成

AD574 由模拟芯片和数字芯片两部分组成。其中,模拟芯片由高性能的 AD565(12 位

学习笔记

D/A转换器)和参考电压模块组成。它包括高速电流输出开关电路、激光切割的膜片式电阻网络,故其精度高,可达 $\pm\frac{1}{4}$LSB。数字芯片是由逐次逼近寄存器(SAR)、转换控制逻辑、时钟、总线接口、高性能的锁存器、比较器组成。逐次逼近的转换原理前已述及,此处不再重复。

(2)AD574 引脚功能说明

AD574 各个型号都采用 28 引脚双列直插式封装,引脚图如图 7-12 所示。

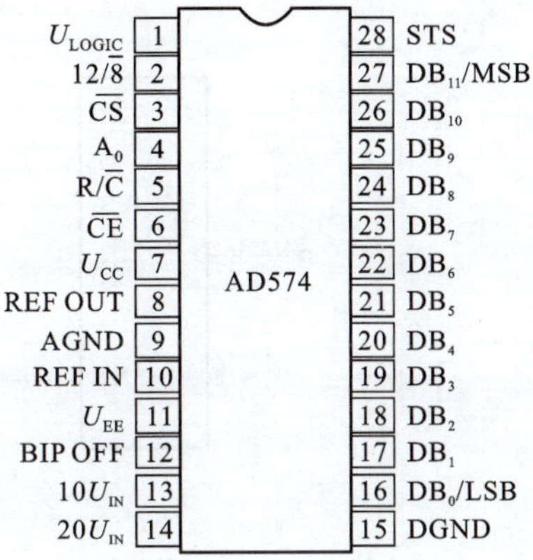

引脚名	引脚号	引脚号	引脚名
U_{LOGIC}	1	28	STS
$12/\overline{8}$	2	27	DB_{11}/MSB
$\overline{CS}$	3	26	DB_{10}
A_0	4	25	DB_9
$R/\overline{C}$	5	24	DB_8
$\overline{CE}$	6	23	DB_7
U_{CC}	7	22	DB_6
REF OUT	8	21	DB_5
AGND	9	20	DB_4
REF IN	10	19	DB_3
U_{EE}	11	18	DB_2
BIP OFF	12	17	DB_1
$10U_{IN}$	13	16	DB_0/LSB
$20U_{IN}$	14	15	DGND

AD574

图 7-12　AD574 引脚图

DB_0 ~ DB_{11}:12 位数据输出,分三组,均带三态输出缓冲器。

U_{LOGIC}:逻辑电源 +5 V(+4.5 ~ +5.5 V)。

V_{CC}:正电源 +15 V(+13.5 ~ +16.5 V)。

V_{EE}:负电源 −15 V(−13.5 ~ −16.5 V)。

AGND、DGND:模拟、数字地。

$\overline{CE}$:片允许信号,高电平有效。简单应用中固定接高电平。

$\overline{CS}$:片选择信号,低电平有效。

$R/\overline{C}$:读/转换信号。$\overline{CE}=1$,$\overline{CS}=0$,$R/\overline{C}=0$ 时,转换开始,启动负脉冲,周期为 400 ns。$\overline{CE}=1$、$\overline{CS}=0$、$R/\overline{C}=1$ 时,允许读数据。

A_0:转换和读字节选择信号。

$\begin{cases}\overline{CE}=1、\overline{CS}=0、R/\overline{C}=0、A_0=0 \text{ 时,启动按 12 位转换。} \\ \overline{CE}=1、\overline{CS}=0、R/\overline{C}=0、A_0=1 \text{ 时,启动按 8 位转换。}\end{cases}$

$\begin{cases}\overline{CE}=1、\overline{CS}=0、R/\overline{C}=1、A_0=0 \text{ 时,读取转换后高 8 位数据。} \\ \overline{CE}=1、\overline{CS}=0、R/\overline{C}=1、A_0=1 \text{ 时,读取转换后的低 4 位数据(低 4 位 +0000)。}\end{cases}$

$12/\overline{8}$:输出数据形式选择信号。$12/\overline{8}$ 端接 PIN1(U_{LOGIC})时,数据按 12 位形式输出;$12/\overline{8}$ 端接 PIN15(DGND)时,数据按双 8 位形式输出。

STS:转换状态信号。转换开始 STS =1;转换结束 STS =0。

$10U_{IN}$:模拟信号输入。单极性 0 ~ 10 V,双极性 ±5 V。

$20U_{IN}$:模拟信号输入。单极性 0 ~ 20 V,双极性 ±10 V。

REF IN:参考电压输入;REF OUT:参考电压输出。

BIP OFF:双极性偏置。

(3)A/D 转换器的应用

A/D 转换器的应用几乎遍及科学、技术、生产和生活的各个领域。A/D 转换器的种类很多,按转换二进制的位数分类包括:8 位的 0804、0808、0809;10 位的 AD7570、AD573、AD575;12 位的 AD574、AD578、AD7582 等。在现代过程控制及各种智能仪器、智能家电、仪表中,常用微处理器和 A/D 转换器组成数据采集系统,用来采集被控(被测)对象数据以达到由计算机进行实时检测、控制的目的。

学习笔记

基础训练

将权电阻网络 DAC 和二进制加法计数器相连，分析输出电压与输出波形。

①分析项目要求，画出电路图如图 7-13 所示。$Q_i=1$ 时，S_i 处在位置 1；$Q_i=0$ 时，S_i 处在位置 0。

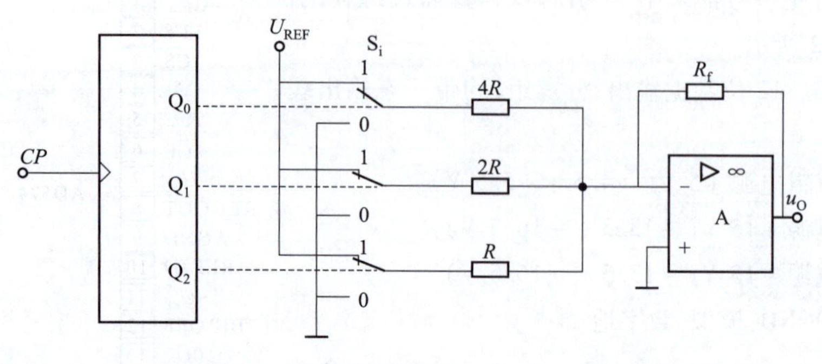

图 7-13　电路图

②设 $R_f=R/2$，求解 $u_O=f(Q_2,Q_1,Q_0)$。

根据集成运放求和电路导出：$u_O=-\frac{U_{REF}}{2^3}\sum_{i=0}^{2}Q_i\cdot 2^i$。

③设计数器初态为 000，画出对应 CP 的 10 个连续脉冲的输出波形，如图 7-14 所示。

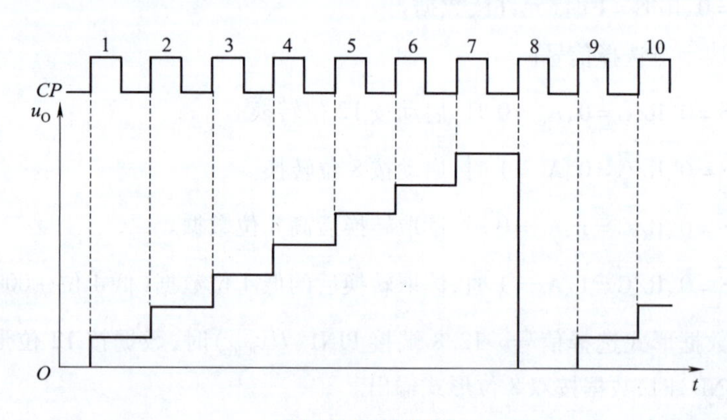

图 7-14　波形图

项目实施

本项目需要设计和制作阶梯波发生器，由 D/A 转换器和加/减计数器组成，计数器和 D/A 转换器相适应，能够生成不同的阶梯波波形。

①分析项目要求，画出电路图如图 7-15 所示。计数器是加/减计数器，它和 D/A 转换器相适应，均是 10 位(二进制)，时钟频率为 1 MHz，使能信号 $E=0$ 时，为加计数；$E=1$ 时，为减计数。

②试求解阶梯波的周期。

③试分析加计数和减计数时 D/A 转换器的输出波形并在图 7-16、图 7-17 上绘制。

学习笔记

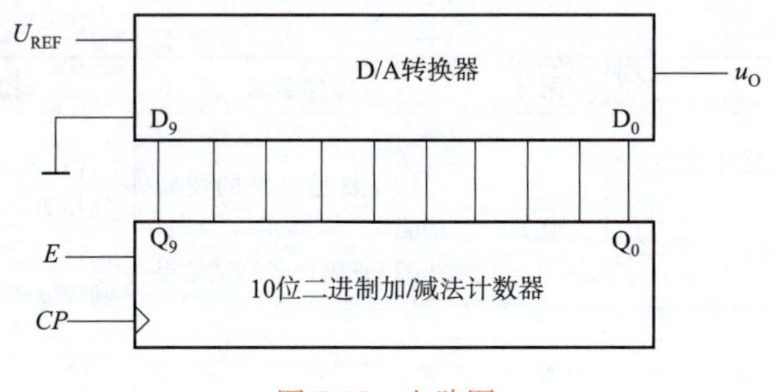

图 7-15　电路图

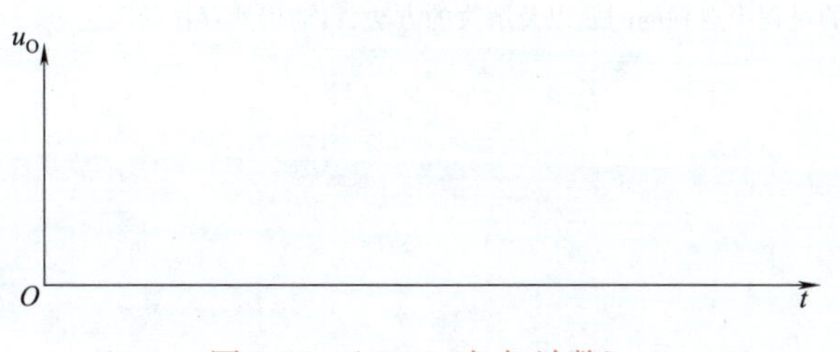

图 7-16　（$E=0$ 时，加计数）

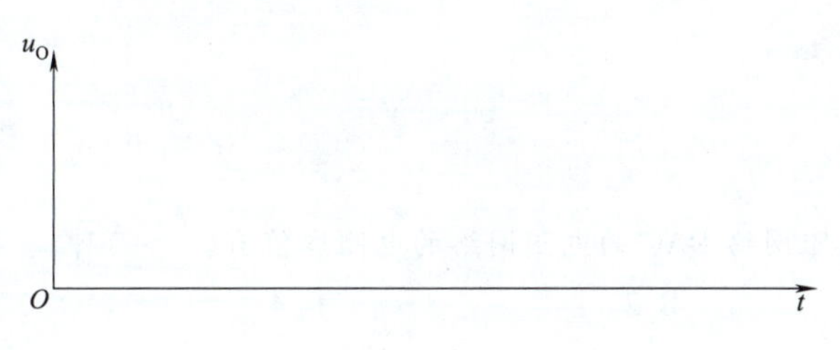

图 7-17　（$E=1$ 时，减计数）

项目评价

分组汇报项目的学习与分析情况。项目考核内容见表 7-1。

表 7-1　阶梯波发生器的设计与制作工作过程考核表

评价内容		配分	考核要求	扣分标准	得分
工作态度	(1)工作的积极性。 (2)安全操作规程的遵守情况。 (3)纪律遵守情况	30 分	积极参加工作，遵守安全操作规程和劳动纪律，有良好的职业道德和敬业精神	违反安全操作规程扣 20 分；不遵守劳动纪律扣 10 分	
元件识别	D/A 转换器的型号识读及引脚号的识读	10 分	能回答型号含义，引脚功能明确，会画出器件引脚排列示意图	每错一处扣 2 分	
电路制作	(1)电路图的绘制。 (2)按照绘制好的电路图接好电路	30 分	电路安装正确且符合工艺规范	电路安装不规范每处扣 2 分，电路接错扣 5 分	

学习笔记

续表

评价内容		配分	考核要求	扣分标准	得分
功能测试	(1)阶梯波发生器的功能验证。 (2)记录测试结果，画出输出波形	30分	(1)熟悉电路的逻辑功能。 (2)正确记录测试结果	(1)验证方法不正确每处扣2分。 (2)记录测试结果不正确每处扣2分	
合计		100分			

自我总结

总结电路搭建和调试的过程中遇到的问题以及解决的方法，目前仍然存在的问题等

巩固练习

一、选择题

1. 4位倒T形电阻网络DAC的电阻网络的电阻取值有(　　)种。

A. 1　　B. 2　　C. 4　　D. 8

2. 一个无符号10位数字输入的DAC，其输出电平的级数为(　　)。

A. 4　　B. 10　　C. 1 024　　D. 2^{10}

3. 为使采样输出信号不失真地代表输入模拟信号，采样频率f_S和输入模拟信号的最高频率f_{imax}的关系是(　　)。

A. $f_S \geqslant f_{imax}$　　B. $f_S \leqslant f_{imax}$　　C. $f_S \geqslant f_{imax}$　　D. $f_S \leqslant f_{imax}$

4. 将幅值上、时间上离散的阶梯电平统一归并到最邻近的指定电平的过程称为(　　)。

A. 采样　　B. 量化　　C. 保持　　D. 编码

5. D/A转换器的位数越多，能够分辨的最小输出电压变化量就越(　　)，转换精度越(　　)。

A. 小　　B. 大　　C. 高　　D. 低

二、分析计算题

1. 什么是ADC和DAC？举例说明其用途。

2. 已知DAC的最小分辨电压$U_{LSB}=2.442$ mV、最大满量程输出模拟电压$U_{FSR}=10$ V，求该转换器输入二进制数字量的位数n。

3. 在一个10位二进制数的DAC中，已知最大满量程输出模拟电压$U_{FSR}=5$ V，求最小分辨电压U_{LSB}和分辨率。

4. 在如图7-18给出的倒T形电阻网络DAC中，已知$R=R_f$、$U_{REF}=-8$ V，试计算输入数

学习笔记

字量从全0变到全1时,输出电压的变化范围。

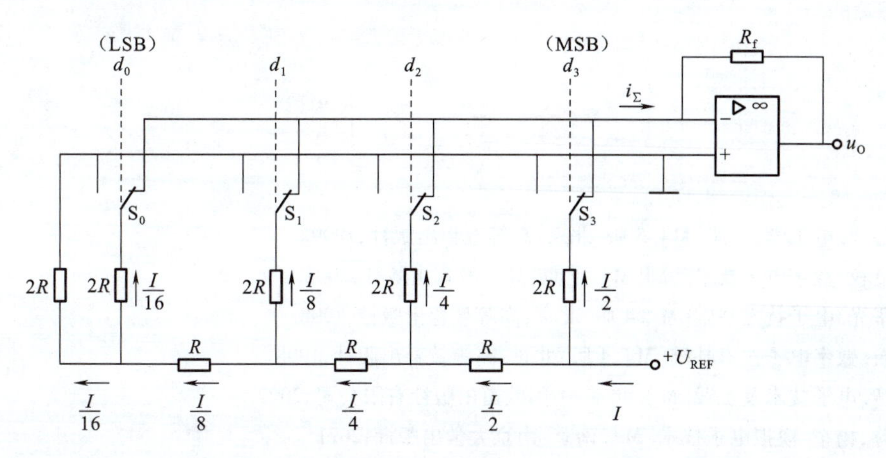

图7-18 题4图

5. 某信号采集系统要求用一片A/D转换集成芯片在1 s内对15个热电偶的输出电压分时进行A/D转换。已知热电偶输出电压范围为0~0.05 V(对应于0~200 ℃温度范围),需要分辨的温度为0.1 ℃,试问应选择多少位的A/D转换器,其转换时间为多少?

拓展阅读

王守武:中国半导体研究的"拾荒者"

王守武出身于书香门第,其父王季同先生是当时有名的电气工程师。1945年夏天,在二哥王守融的陪同下,他进入普渡大学攻读工程力学,并因兴趣转到物理系攻读博士学位。新中国成立后,他积极响应"留美中国科学工作者协会"的号召,克服美国政府和国民党特务的重重阻碍刁难,携妻儿回到祖国。

回国后,王守武专注于我国半导体行业的发展研究。1957年,王守武研制成功中国第一只锗合金扩散晶体管,设计制造了中国第一台单晶炉,拉制成功了中国第一根锗单晶,研制成功了中国第一批锗合金结晶体管,并掌握了锗单晶中的掺杂技术;1962年,他领导参与了对半导体材料的电阻率、少数载流子寿命以及锗晶体管频率特性的标准测试方法的研究,建立了相应的标准测试系统;1964年,研制成功了中国第一只半导体激光器。指导参与了激光通信机和激光测距仪的研制工作;1978年,承担了4千位的MOS随机存储器大规模集成电路的研制,又研制了16千位的MOS随机存储器大规模集成电路;1980年,改建109厂,建成4千位大规模集成电路生产线。王守武还指导参与了许多半导体器件和器件物理方面的基础研究工作,如在半导体性能测试方面的研究、半导体异质结激光器性质的研究、平面Gunn器件的研究、PNPN结构器件的研究、器件物理和器件设计的计算机模拟研究等。

《中国科学报》评价他:"王守武是中国半导体科学技术事业的重要开拓者和奠基人之一,对中国的半导体事业,特别是半导体器件物理和产品的研发和生产方面作出了重大的贡献。"

学习笔记

参考文献

[1] 秦曾煌. 电工学:下册[M]. 5 版. 北京:高等教育出版社,1999.
[2] 周良权. 数字电子技术基础[M]. 北京:高等教育出版社,2002.
[3] 康华光. 电子技术基础[M]. 4 版:北京:高等教育出版社,1998.
[4] 阎石. 数字电子技术基础[M]. 4 版:北京:高等教育出版社,1998.
[5] 吉智. 电子技术及实践[M]. 北京:中国铁道出版社有限公司,2022.
[6] 左芬,杨军. 模拟电子技术[M]. 南京:南京大学出版社,2021.
[7] 张文辉,李芳,孟瑞敏,等. 电路与电子技术基础[M]. 北京:电子工业出版社,2020.
[8] 俞阿龙,孙红兵,魏东旭,等. 数字电子技术[M]. 南京:南京大学出版社,2019.
[9] 李可为. 电子技术实验教程[M]. 重庆:重庆大学出版社,2019.
[10] 廖化容,张俊佳,朱文艳. 电子技术[M]. 成都:西南交通大学出版社,2022.
[11] 孙梯全. 电子技术实验指导书[M]. 南京:东南大学出版社,2021.
[12] 田宏,武丽英,杨丽,等. 电工电子技术[M]. 北京:中国水利水电出版社,2019.